PHYSIOGRAPHIE

AUTRES OUVRAGES DE M. TH. H. HUXLEY

TRADUITS EN FRANÇAIS

Hume, sa vie et ses travaux, traduit et précédé d'une introduction par G. COMPAYRÉ. 1 vol. in-8°. (Félix Alcan.)

L'Écrevisse, introduction à l'étude de la zoologie. 1 vol. in-8°, de la *Bibliothèque scientifique internationale,* cartonné à l'anglaise, avec figures dans le texte. (Félix Alcan.)

Premières notions sur les sciences, traduit par M. H. GRAVEZ. 1 vol. in-32 de la *Bibliothèque utile.* (Félix Alcan.)

La place de l'Homme dans la nature. 1 vol. in-8°, avec 68 figures.

Eléments d'anatomie comparée des animaux vertébrés. 1 vol. in-18, avec 12 figures.

Eléments d'anatomie comparée des animaux invertébrés. 1 vol. in-12 avec 156 gravures dans le texte.

Les sciences naturelles et les problèmes qu'elles font surgir (*Lay Sermons*). 1 vol. in-18.

Leçons de Physiologie élémentaire. 1 vol. in-12, avec figures dans le texte.

Les sciences naturelles et l'éducation. 1 vol. in-8°.

7708. — Imprimeries réunies, rue Mignon, 2, Paris

Le Grand Cãnon, Colorado, Etats-Unis. (Voy. p. 153.

PHYSIOGRAPHIE

INTRODUCTION
A L'ÉTUDE DE LA NATURE

PAR

TH. H. HUXLEY
MEMBRE DE LA SOCIÉTÉ ROYALE DE LONDRES

TRADUCTION DE L'ANGLAIS ET ADAPTATION

PAR M. GEORGES LAMY
PROFESSEUR AU LYCÉE LAKANAL ET A L'ÉCOLE COLONIALE

DEUXIÈME ÉDITION
REVUE ET CORRIGÉE D'APRÈS LA QUATORZIÈME ÉDITION ANGLAISE
Avec 128 gravures dans le texte et 2 planches hors texte.

PARIS
ANCIENNE LIBRAIRIE GERMER BAILLIÈRE ET Cie
FÉLIX ALCAN, ÉDITEUR
108, BOULEVARD SAINT-GERMAIN, 108

—

1892

TABLE DES MATIÈRES

TABLE DES MATIÈRES.

PLANCHES HORS TEXTE

FIN DE LA TABLE DES MATIÈRES

AVERTISSEMENT DU TRADUCTEUR

L'ouvrage que nous présentons aux lecteurs français se recommande à eux, dans la mesure où le succès est une recommandation, par l'accueil qu'il a reçu en Angleterre où il a pris rang, dès sa publication, parmi les classiques[1]. L'enseignement d'un grand savant n'est jamais si précieux que quand il descend jusqu'à la jeunesse et revêt une forme élémentaire. Nous avons donc cru utile d'associer les jeunes gens de nos écoles au bénéfice de leçons qui, au mérite d'avoir été professées devant un jeune auditoire, et non pas seulement écrites pour lui, joignent l'attrait d'une simplicité familière et imagée. Nous nous sommes efforcé de leur conserver ce charme d'une exactitude pittoresque, qui est celui de l'enseignement oral, et nous croyons avoir respecté l'esprit de l'ouvrage alors même que nous nous sommes écarté de la traduction littérale. Nous avons dû, en effet, remanier entièrement deux chapitres[2] et modifier un assez grand nombre de passages pour approprier le livre non pas seulement au goût, mais aux connaissances des lecteurs français, en lui donnant dans la traduction la couleur locale qu'il possède dans l'ori-

---

1. Treize éditions en ont été épuisées en quatorze ans (1877-1891).
2. Le chapitre II, *les Sources*, et le chapitre XVII, *la Géologie du bassin de la Seine*.

ginal. C'est surtout en matière d'enseignement que
la démonstration vaut ce que vaut l'exemple. Il im-
portait donc que nous fissions choix, comme théâtre
d'investigation des lois de la physique géographique,
d'une partie du sol natal familière à chacun et, partant, intéressante pour tous. Voilà comment le bassin
de la Seine remplace dans la traduction le bassin de
la Tamise. Région géographique incomparablement
dessinée, remarquable entre toutes par la diversité de
ses traits et l'harmonie de l'ensemble dans lequel ils
se fondent, le bassin de la Seine était d'ailleurs un
admirable sujet de démonstration : notre seule
crainte est de n'avoir pas tiré, d'une si riche matière,
tout le parti qu'elle comportait là où nous l'avons
mise à contribution[1].

GEORGES LAMY.

1. Les ouvrages dont nous nous sommes le plus aidé sont : le beau
livre de M. Belgrand, *la Seine*, dont la carte hydrologique et géologique
nous a fourni les principaux éléments de notre petite carte géologique
du bassin de la Seine;

La *Géologie des environs de Paris*, par M. Stanislas Meunier, ouvrage
que nous avons suivi pas à pas dans certaines parties du chapitre sur la
géologie du bassin de la Seine;

Les intéressantes études de M. Blerzy, publiées sous le titre de *Torrents, fleuves et canaux de la France;*

Enfin les *Notions de Géologie*, du colonel Niox, la meilleure introduction élémentaire à l'étude de la géographie que nous possédions en
France

PRÉFACE

Je fus invité, il y a près de neuf ans, par les Directeurs de la « London Institution, » à participer à une série de leçons dont le but était d'initier les jeunes gens aux éléments des sciences physiques.

Mon cours devait ouvrir la série; je profitai de l'occasion ainsi offerte pour revêtir d'une forme pratique les idées que je m'étais faites et que j'avais défendues depuis longtemps sur la véritable méthode d'aborder l'étude de la nature.

Dans mon sentiment, au professeur jaloux d'amener son élève à concevoir une idée nette de l'ordre répandu dans les phénomènes aux formes multiples et sans cesse ondoyantes de la nature, le sens commun commande clairement de débuter par l'explication de faits familiers à l'écolier et dont il fait son expérience journalière. C'est au maître d'élever ensuite le commençant, du terrain solide d'une telle expérience, pas à pas, jusqu'à des objets plus éloignés et jusqu'aux rapports plus difficiles à saisir. Bref, j'estime qu'il faut, de propos délibéré, développer la connaissance de l'enfant comme s'est spontanément développée celle de l'humanité.

Je crus qu'il n'était pas impossible de communiquer à des jeunes gens une vaste somme de connaissances touchant les phénomènes naturels et leur dépendance réciproque, voire même une certaine expérience pratique de la méthode scientifique, avec cette précision d'exposé qui distingue la science du savoir ordinaire, et sans dépasser néanmoins la compréhension d'écoliers dont le lot préliminaire de discipline intellectuelle ne va pas au delà de celui qui est échu en partage aux garçons et aux filles des écoles primaires. Et je pensai que si mon dessein pouvait être mené à bien, les résultats n'en seraient pas seulement importants en eux-mêmes, mais faciliteraient encore aux jeunes gens l'accès des sciences spéciales.

Je me chargeai donc de faire douze leçons, non pas sur une branche particulière des sciences naturelles, mais sur les phénomènes naturels en général, et j'empruntai pour mon sujet le titre de « Physiographie, » voulant par là établir une ligne de démarcation bien nette, à la fois quant à la matière et à la méthode, entre ce sujet et ce qu'on entend communément par « Géographie physique ».

Le nombre est grand des précis estimables de Géographie physique à l'usage de ceux qui abordent scientifiquement cette étude ; mais, à mon sens, la

plupart des ouvrages élémentaires que j'ai vus commencent à rebours et trop souvent se terminent en
un pêle-mêle de renseignements de toute sorte, coupés en morceaux indigestes et décousus. Ainsi se
trouvent anéantis les avantages que l'éducation doit
retirer de l'étude que Kant a justement qualifiée d'introduction aux sciences naturelles. Je ne puis croire
qu'une description de la terre, qui apprend à l'enfant, en commençant, que la terre est un sphéroïde
aplati se mouvant autour du soleil dans une orbite
elliptique, et qui finit sans lui fournir la moindre
donnée capable de l'aider à comprendre la carte
d'état-major de son propre pays, la moindre idée
du phénomène qu'offre à ses yeux le ruisseau qui
baigne son village ou la sablonnière qui sert à
réparer les routes, soit propre à l'intéresser ou à
l'instruire. Et quant à l'entreprise de peupler la tête
de l'enfant de notions scientifiques sans en appeler
à l'observation, je la juge en directe opposition
avec les principes fondamentaux de l'éducation
scientifique.

Cette « Physiographie » n'a guère rien de commun
avec cette sorte de « Géographie physique. » Mes
auditeurs n'ont pas eu à s'embarrasser des latitudes
et des longitudes, de la hauteur des montagnes, de
la profondeur des mers ou encore de la distribution
géographique des Kanguroos et des « Compositæ ».
Négligeant ce genre de renseignements dont je ne
nie nullement l'importance quand ils sont à leur
place, je tâchai de leur donner, esquissée à grands

traits, mais j'espère avec exactitude, une vue de la
position qu'occupe dans la nature une région particulière de l'Angleterre, le bassin de la Tamise. Je
m'efforçai de graver dans leurs esprits cette impression que les eaux limoneuses du fleuve de notre capitale, les collines entre lesquelles il coule, les vents
qui soufflent au-dessus de sa nappe, ne sont point
des phénomènes isolés qu'on puisse tenir pour compris parce qu'ils sont familiers. J'essayai au contraire
de leur montrer que l'application à l'un de ces phénomènes des procédés de raisonnement les plus
simples et les plus communs suffit à révéler, cachée
derrière le phénomène, une cause qui en suggère une
autre et ainsi de suite, jusqu'à ce que progressivement la conviction se fasse jour dans l'esprit de l'élève
que, pour atteindre à une notion même élémentaire
de ce qui se passe dans son village, il doit savoir
quelque chose de l'univers; que le caillou qu'il
repousse du pied ne serait ni ce qu'il est ni où il
est, si un chapitre particulier de l'histoire de la terre,
achevé dans un âge dont nul n'a parlé, n'eût été exactement ce qu'il a été.

Il était nécessaire d'éclairer ma méthode par un
exemple, et en Londonien parlant à des Lon-
doniens, je choisis pour texte la Tamise et son bassin. Mais un professeur intelligent pourra facilement faire servir à la même fin le bassin du fleuve
et le fleuve même arrosant la région où est placée
son école.

Ces leçons sur la Physiographie furent données à

la « London Institution » en 1869 et je les répétai à South Kensington en 1870. Elles furent sténographiées lors de la première occasion, car j'avais l'intention de publier l'ensemble du cours. Mais, j'ai le regret de le dire, en cette circonstance comme en bien d'autres, j'ai pu mesurer la distance qui sépare une publication projetée d'une publication accomplie.

Veiller à l'impression d'un volume est affaire de travail et de temps ; dans le cas présent, la nécessité d'avoir la main à l'exécution des cartes et des figures ajoutait beaucoup à ce labeur. Impuissant à réunir assez de courage ou de loisir pour tenter l'entreprise, je laissai le manuscrit sans le toucher jusqu'à l'année dernière.

J'eus alors la bonne fortune d'obtenir les services de mon ami, M. Rudler, dont le savoir étendu dans les différentes branches de la Physique m'était bien connu ; je savais d'ailleurs que je pouvais m'en remettre avec une entière confiance à ses soins consciencieux d'éditeur.

En préparant pour l'impression les matériaux de ces leçons, M. Rudler n'a pas trompé mon attente, et je lui dois nombre d'utiles suggestions et additions. J'ai refondu entièrement les parties de l'ouvrage que j'ai cru pouvoir améliorer, j'en ai augmenté d'autres et j'ai soigneusement revu les épreuves de tous les chapitres.

J'ai confiance que ce livre pourra être utile à la fois aux élèves et aux maîtres, mais je voudrais surtout que ces derniers trouvassent dans ce volume la base d'une introduction à l'étude de la nature. Sur cette fondation, leur expérience pratique ne sera pas en peine d'ériger un bien meilleur édifice que celui que j'ai pu moi-même élever.

TH. H. HUXLEY.

PHYSIOGRAPHIE

CHAPITRE PREMIER

LA SEINE

Il n'y a pas de fleuve au monde mieux connu que la Seine et pas de partie du cours de la Seine mieux connue que celle qui s'étend de Paris au Havre, où l'on a dit que le fleuve forme comme la grande rue d'une ville unique. Que le lecteur suppose qu'il se trouve à peu près à mi-chemin entre Paris et l'embouchure de la Seine, sur le pont de Rouen, à 124 kilomètres du Havre par la voie du fleuve, et qu'inattentif au courant de la circulation, il fixe seulement ses yeux sur le fleuve qui fuit au-dessous. Peu importe le côté du pont sur lequel le hasard le fait s'arrêter, s'il regarde en amont ou en aval, en deçà ou au delà du pont. Dans les deux cas il se trouvera en présence d'un courant mesurant 200 mètres de largeur environ. Cependant la quantité d'eau qui passe sous le pont varie beaucoup selon les saisons et même selon les heures dans une même journée. Tantôt l'eau est haute et sa profon-

deur est alors plus grande; tantôt elle est basse et sa
profondeur est moindre. La largeur de la nappe du
fleuve varie elle-même avec le niveau des eaux. Cette
variation dans le volume des eaux montre que le fleuve
n'est pas en repos et qu'en fait sa surface s'élève et s'a-
baisse alternativement. De plus, en dehors de l'agitation
locale due à la circulation, en dehors aussi des rides
tracées à la surface par les brises qui passent, la
masse entière des eaux est dans un mouvement perpétuel. Pendant une partie de la journée, l'eau glisse
sous le pont en descendant vers Quillebeuf; ce mouvement, après s'être continué pendant plusieurs heures,
va en se ralentissant progressivement, et l'eau finit
par faire halte; alors le mouvement recommence,
mais sa direction est renversée, le flot remontant cette
fois vers Elbeuf et jusqu'à Pont-de-l'Arche; après une
pause, ce mouvement s'affaiblit lentement et un nouveau mouvement en sens inverse lui succède une fois
encore. Tout le monde sait que ce mouvement de va-et-
vient de la grande masse d'eau est dû à l'action de la
marée. Durant environ sept heures de *marée descendante*, les eaux de la Seine coulent vers la mer et pendant cinq heures de *marée montante*, le mouvement
est dirigé en sens contraire, l'eau refluant vers le haut
de la rivière. C'est à la fin de la marée descendante que
le fleuve présente la moindre profondeur, à la fin de la
marée montante qu'il présente la plus grande. A Rouen,
l'eau se trouve donc en vingt-quatre heures deux fois
à son plus haut et deux fois à son plus bas niveau.

A mesure qu'on remonte le fleuve, on observe que
l'effet de la marée diminue graduellement jusqu'à ce
qu'enfin il cesse d'être ressenti. En fait le flot de la marée
n'a pas d'influence perceptible au-dessus du barrage du
Martot, à 23 kilomètres en amont de Rouen. Ainsi jusqu'au barrage du Martot la Seine est un fleuve à marées

dont les eaux ont un mouvement alternatif de va-et-vient
à intervalles définis. Le flot de la marée ne s'avance pas
avec une vitesse égale sur tout le parcours ; il se ralentit
peu à peu en se rapprochant de son terminus, tandis qu'à
son point de départ, à l'embouchure de la Seine, la barre
ou *mascaret* parcourt près de 7 mètres par seconde :
vitesse qui suppose un élan prodigieux si l'on songe que
la marée refoule alors le courant naturel du fleuve. Il est
presque inutile d'ajouter que cette action de la marée
rend d'immenses services au port de Rouen, puisque
barques, allèges et autres bateaux peuvent ainsi, à des
heures déterminées, naviguer vers le haut ou le bas de la
rivière avec une dépense médiocre ou nulle de travail
de la part des bateliers [1].

Au-dessus du barrage du Martot, le mouvement du
fleuve est totalement différent de ce que l'on observe au
pont de Rouen. Il n'y a pas mouvement alternatif d'aller
et retour, ni soulèvement et affaissement de l'eau, mais le
fleuve coule dans une direction constante, descendant
toujours vers Rouen. Des observations soigneusement
relevées ont montré que le débit moyen de la Seine à
Paris est de 250 mètres par seconde (75 seulement dans
les sécheresses), qu'il est de 694 mètres après que la
Seine a absorbé tous ses affluents et qu'elle verse à la

---

1. Les travaux exécutés dans la Seine maritime ont changé complètement les conditions dans lesquelles Rouen était placé relativement au
Havre. Après une longue décadence qui semblait le menacer d'une dé-
chéance maritime irrémédiable, le port de Rouen a retrouvé l'activité
de ses meilleurs jours. Naguère encore les voiliers s'attardaient dans les
sinuosités du fleuve et le voyage de la mer à Rouen ne durait pas moins
de huit jours et parfois même de trois semaines. La navigation à vapeur
et l'amélioration du chenal de la Seine ont fait disparaître cette cause
d'infériorité ; on a vu dans ces dernières années des steamers de plus
de 1500 tonneaux arriver jusqu'à Rouen. Rouen a d'ailleurs sur le Havre
deux avantages très appréciables : il est plus près de Paris et il est à la
fois port de mer et port de rivière, étant situé au point de jonction des
voies fluviale et maritime.

Manche environ 2500 mètres cubes, 10 fois son débit à
Paris. Ce vaste volume d'eau est entraîné à la descente
au delà de Paris et, toujours grossissant, au delà de Rouen,
puis finalement emporté à la mer. Comme la marée descendante ou reflux se fait sentir près de sept heures
et le flux ou marée montante seulement cinq, il
est clair qu'il descend beaucoup plus d'eau qu'il n'en
remonte; c'est de la sorte que le volume d'eau considérable envoyé de Pont-de- l'Arche et d'au delà s'écoule
vers la mer.

Si l'on recherche l'origine de l'eau ainsi emportée par
la Seine, il est nécessaire de remonter le fleuve jusqu'à
ce que l'on appelle communément sa *source*. En allant en
amont, on observe que le fleuve va en se rétrécissant, le
volume des eaux diminuant de plus en plus. Ainsi, tandis qu'en aval de Quillebeuf la largeur de la Seine atteint
jusqu'à huit et dix kilomètres, elle n'est plus à Paris que
de cent-cinquante mètres et de cent à Montereau. En suivant au-dessus de Paris les replis nombreux du fleuve,
on observe que son cours devient de moins en moins
large et profond jusqu'à Méry, où la Seine cesse d'être
navigable. Au delà de Châtillon le courant principal se
divise en une foule de moindres courants qui forment
comme les eaux mères du fleuve. Il n'est pas facile
de décider laquelle de ces branches il faudrait suivre
pour remonter à la véritable source de la Seine. D'ailleurs
la chose n'en vaut guère la peine, car l'origine du premier
venu de ces cours d'eau ressemble fort à celle de tous les
autres. Cependant il est d'usage de distinguer un de ces
ruisseaux qui naît au village de Saint-Germain-la-Feuille
(Côte-d'Or), à quelque distance du seuil qui fait communiquer le bassin du Rhône avec celui de la Seine. On a
trouvé quelques vestiges d'un temple romain aux alentours de cette humble fontaine : « Aujourd'hui c'est une
statue élevée par la ville de Paris qui consacre les pre-

miers balbutiements de la Seine ; » mais cette naïade ne
se mire pas toujours dans le ruisseau ; il la délaisse aux
mois de chaleur et se reporte fort en avant : c'est cette
fontaine intermittente qu'on décore du nom de source
du fleuve de Paris.

Quoique la fontaine de Saint-Germain soit appelée
communément la source du fleuve, il faut se rappeler
que la quantité d'eau qu'elle débite est tout à fait insignifiante si on la compare à celle qu'apportent à la
Seine les nombreux ruisseaux et rivières qu'elle reçoit en
différents endroits de son cours. Chaque tributaire
contribue à grossir la masse des eaux du fleuve en dé-
chargeant les siennes dans le courant principal ; cependant il ne s'ensuit pas que la largeur du fleuve soit
nécessairement augmentée par l'afflux de ces eaux ; car
il arrive souvent que le trop-plein disparaît, entraîné
par la rapidité accrue du courant. Tout en cheminant
la Seine reçoit ainsi un grand nombre de ces ruisseaux
qui l'alimentent : ce sont les *affluents* [1] qui se déversent
sur une rive ou l'autre du fleuve.

L'utilité de distinguer facilement les deux rives d'un
fleuve est évidente. A cette fin, les géographes sont
convenus d'appeler *rive droite* la rive qui s'étend à la
droite de celui qui descend vers la mer, *rive gauche* la
rive opposée. Il suffit donc, pour distinguer les deux
rives, d'avoir le visage tourné vers l'embouchure du
fleuve et le dos vers la source ; la rive droite est à la
droite et la rive gauche est à la gauche de l'observateur
ainsi placé. A Quillebeuf, par exemple, la rive droite
est celle qui forme la limite du département de la

---

1. *Affluent*, du lat. *ad* et *fluo*, couler, en anglais « to flow. » L'endroit
où l'affluent se jette dans le cours d'eau principal s'appelle *confluent*,
c'est-à-dire le lieu où deux courants *coulent ensemble*, se confondent.
Ainsi la ville de Coblentz tire son nom du lat. *confluentes*, par allusion à sa position à la jonction de la Moselle et du Rhin.

Seine-Inférieure, la rive gauche étant la limite du département de l'Eure. On dit donc, en parlant des rivières tributaires de la Seine, que l'Aube, l'Yères, la Marne, l'Oise, l'Epte, l'Andelle, sont les affluents de la rive droite de la Seine; l'Yonne, le Loing, l'Essonne, l'Orge, la Bièvre, l'Eure, la Rille, les affluents de la rive gauche. On peut voir les positions respectives de ces affluents et le rapport de chacun d'eux à la Seine sur la carte donnée dans la planche I, à la fin du volume.

Si un homme, passant en ballon à une grande hauteur au-dessus de la surface de la terre, s'avisait de dessiner ce qu'il apercevrait au-dessous de lui, cette esquisse dressée sur une surface plane comme une page de ce livre, prendrait le nom de *carte géographique*. Quand la région ainsi figurée est de peu d'étendue, on donne généralement à cette représentation le nom de *plan*, et si la surface reproduite est une surface non plus terrestre, mais surtout maritime, on l'appelle *carte marine*. C'est ainsi que l'on dit communément le plan d'une propriété, la carte géographique d'un pays, les cartes marines d'un océan. Une carte de la Seine est donc simplement un tracé représentant les contours du fleuve et de la portion de la surface terrestre qui l'avoisine, tels que pourrait les voir un observateur placé dans un ballon planant à une grande hauteur directement au-dessus de cette région. On dresse habituellement les cartes de telle sorte que le nord soit au haut et le sud au bas de la carte, l'est à droite de la personne qui la regarde et l'ouest à sa gauche. En jetant un simple coup d'œil sur la carte formant la planche I, on voit tout de suite que la Seine, quoiqu'elle décrive, comme la plupart des rivières, une course irrégulière, se repliant tantôt dans un sens, tantôt dans l'autre, n'en garde pas moins dans l'ensemble la direction générale de l'ouest; elle coule, en un mot, de l'est à l'ouest. On voit en même temps que la rive droite du fleuve est la rive septentrionale, la rive gauche la rive méridionale. Il est clair aussi que les tributaires affluents de la rive droite ou septentrionale coulent généralement du nord au sud, tandis que ceux de la rive gauche ou méridionale coulent généralement du sud au nord.

Ces termes de nord et sud, est et ouest, ont une signification entièrement indépendante des circonstances locales et indiquent des directions définies que l'on peut déterminer dans tout endroit et à toute heure. Quand, au début de ce chapitre, on se servait des expressions locales *en amont*, *en aval* de Rouen, *en deçà*, *au delà* du pont, on supposait le lecteur familier avec la Seine. Mais pour un étranger qui n'aurait jamais vu le fleuve et qui ne saurait rien du « pont de Rouen », un tel procédé de description serait inintelligible. En employant au contraire les termes nord et sud, est et ouest, nous usons d'expressions familières à tous les gens instruits, puisqu'elles se rapportent à des moyens d'orientation uniformes et universellement acceptés. Il est bon d'expliquer comment on peut déterminer ces points cardinaux.

Des quatre points cardinaux, le plus facile à trouver est peut-être le sud, du moins par un jour de soleil. Tous les matins le soleil semble s'élever lentement dans le ciel et c'est à midi qu'il atteint sa plus grande hauteur. Au moment où il l'atteint, en d'autres termes, à midi juste, le soleil est précisément au midi. Si alors vous vous placez dans une position telle que vous ayez à cet instant même le soleil frappant en plein votre visage, vous faites face au sud; vous tournez par conséquent le dos au nord, l'ouest est à votre droite et l'est à votre gauche.

Comme le midi vrai ne coïncide pas toujours avec l'heure de midi indiquée par une horloge ordinaire, il est nécessaire d'expliquer comment on peut le déterminer. En-

foncez un bâton dans la terre et observez à différentes
heures du jour la longueur et la direction de son ombre.
Quand le soleil se lève dans le ciel, l'ombre est projetée
vers l'ouest, à midi elle n'incline ni vers l'est ni vers
l'ouest, mais s'étend exactement selon une ligne nord-
sud et elle est en outre plus courte qu'à tout autre
moment. Si donc l'on observe le moment où l'ombre
est le plus courte, ce moment est midi précis. La ligne
formée par l'ombre à midi est connue sous le nom de
méridienne. L'extrémité de la ligne ombrée qui est
tournée vers le soleil marque le sud et l'extrémité
opposée le nord. Si l'on
tire une ligne quelcon-
que coupant l'ombre à
angles droits, l'extrémité
de la ligne transversale
placée à la droite de celui
qui regarde le sud marque
l'ouest et celle à gauche
l'est.

Fig. 1. — Comment on trouve le nord.

Il n'est pas facile cepen-
dant de dire, par une simple inspection de l'ombre, le
moment où elle est à sa moindre longueur. Aussi faut-il
observer l'ombre à une heure quelconque de la matinée
et marquer sa longueur en enfonçant un jalon dans
la terre, puis l'observer de nouveau dans l'après-midi
quand elle a atteint exactement la même longueur.
L'ombre de l'après-midi se trouvera juste aussi inclinée
d'un côté de la ligne méridienne que l'ombre de la
matinée l'était de l'autre. La ligne de midi ou la ligne
qui s'allonge directement du nord au sud sera donc à
distance exactement égale de l'une et de l'autre ombre.

Mais il n'est pas nécessaire d'avoir à sa disposition
la lumière du jour pour trouver la direction des points
cardinaux. Si vous regardez le ciel par une nuit

claire et étoilée, il vous sera facile, dans notre partie du monde, de découvrir ce curieux groupe de sept étoiles brillantes connues sous le nom du *Chariot* et faisant partie de la *Grande Ourse* (fig. 1). Une ligne joignant deux de ces étoiles (α, β), puis prolongée d'environ cinq fois sa longueur, passe tout près de la fameuse *Etoile polaire*[1]. Par une nuit claire tous les groupes d'étoiles semblent se mouvoir lentement autour d'un certain point fixe dans le ciel, lequel est le pôle nord céleste. Le point de la terre immédiatement au-dessous du pôle nord céleste est le pôle nord terrestre. Si les explorateurs de l' « Alert » et de la « Discovery » avaient pu atteindre le pôle nord, ils auraient découvert le pôle céleste presque directement au-dessus d'eux. Il faut se rappeler néanmoins que l'étoile polaire n'est pas exactement à la place du pôle nord céleste, quoique dans son voisinage immédiat. En observant la position de l'étoile polaire, on peut, par une nuit claire, déterminer le nord aussi aisément que le sud à midi à l'aide du soleil.

Mais si le ciel est couvert de manière à dérober la vue des corps célestes, il existe encore un autre moyen aisé de reconnaître la direction des points cardinaux. Posez sur un pivot une mince tringle d'acier ou seulement une aiguille, ou bien suspendez-la par un fil ou enfin

---

1. Les astronomes distinguent ordinairement les différentes étoiles d'un même groupe ou *constellation* au moyen de lettres grecques. Ainsi deux des étoiles de la Grande Ourse sont distinguées dans la fig. 1 par les lettres α et β. En langage technique, la première de ces étoiles se décrirait comme α de la *Grande Ourse*. Cette constellation renferme plusieurs étoiles, mais on n'a représenté sur la figure que les sept plus remarquables. L'étoile polaire, ou simplement la *Polaire*, est la plus brillante du groupe de la *Petite Ourse*, aussi la décrit-on comme α de la *Petite Ourse*. Le mot « pôle » s'emploie en astronomie et en géographie dans le sens du mot grec πόλος qui signifie un pivot sur lequel tout tourne. Le ciel semble en effet tourner autour du pôle nord comme autour d'un pivot.

faites-la flotter dans l'eau sur un bouchon, de telle
sorte qu'elle puisse librement tourner dans toutes les
directions horizontales, vous verrez que la tringle
peut être amenée à s'arrêter dans n'importe quelle
position. Si au contraire la tringle a été frottée
avec un aimant, une modification particulière s'opère
dans l'acier qui ne témoigne plus cette sorte d'indiffé-
rence à toute direction, mais, abandonné à lui-même,
prend toujours une position déterminée, une de ses
extrémités indiquant le nord et l'autre le sud. C'est
cette propriété qu'on utilise pour la construction des
boussoles. Il y a environ deux cent vingt ans la boussole
indiquait exactement à Pa-
ris le nord et le sud, mais
à partir de l'année 1660 ou
vers cette époque, l'extrémité dirigée vers le nord
commença à dévier légère-
ment vers l'ouest. Cet écart
du nord vrai continua jusqu'à l'année 1818, où fut atteinte la divergence la plus
grande. Depuis lors l'ai-
guille a marché régulière-
ment vers sa position primitive. On nomme *déclinaison*
de l'aiguille aimantée et les marins appellent *variation* du
compas l'écart de position entre l'aiguille aimantée et la
ligne vraie du nord-sud. En 1818 la déclinaison s'éleva à
près de 25° et au 1er janvier 1892 elle était de 15° 35',
c'est-à-dire que l'extrémité ou pôle de l'aiguille qui
indique la direction du nord, au lieu de marquer exactement le nord, marquait 15° 35' à l'ouest du nord réel.
La figure 2 montre cette déclinaison, AA' étant l'aiguille
aimantée, et la ligne NS la direction Nord-Sud. Connais-
sant la déclinaison totale on fait aisément la correction

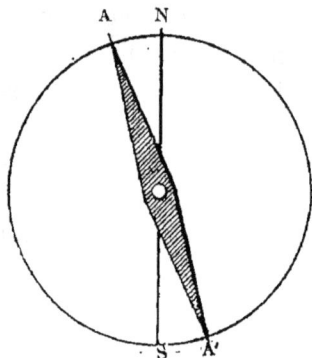

Fig. 2. — Déclinaison magnétique.

exacte et l'on obtient ainsi la direction vraie de la boussole. Au moyen de la boussole, on peut suivre la direction
du fleuve à travers tous ses replis et transcrire sur une
carte le cours de son flot sinueux, comme on l'a fait, par
exemple, dans la planche I.

Mais cette carte fait plus que montrer la *direction* de
la Seine et de ses tributaires; elle nous donne, en outre,
quelque idée de leur *longueur*. Une carte est, comme
nous l'avons vu, une sorte de tableau, et les dimensions
de ce tableau doivent être dans un rapport déterminé
avec les dimensions de l'objet représenté. Ce rapport,
cette proportion est ce qu'on appelle l'*échelle* de la carte.
Quand on dit qu'une carte est à l'échelle d'un centimètre par kilomètre, cela veut dire simplement qu'un
kilomètre mesuré sur la terre est représenté par un centimètre mesuré sur la carte ou qu'un kilomètre carré
de terrain est représenté par un centimètre carré sur la
carte et ainsi de suite. En Angleterre la plupart des
cartes admirables de l'*Ordnance Survey* sont con-
struites à l'échelle d'un centimètre et demi par kilomètre. La carte de France construite par le corps d'état-
major couvre une superficie de 82 mètres carrés.
L'échelle de cette carte est de $\frac{1}{80000}$ ou de 1 centimètre
pour 800 mètres, puisqu'il y a 80000 centimètres dans
800 mètres. En d'autres termes, la carte d'une localité
quelconque y est réduite à $\frac{1}{80000}$ des dimensions de la superficie naturelle. On nomme quelquefois *fraction représentative* la fraction qui indique le rapport de la carte
à la superficie réelle. Une carte du bassin de la Seine à
l'échelle de $\frac{1}{100000}$ s'étendrait sur une longueur d'environ
4 mètres, puisque la plus grande largeur du bassin du
fleuve, de l'est à l'ouest, est d'environ 400 kilomètres.
On construit occasionnellement des cartes sur une
échelle bien plus considérable. Ainsi l'*Ordnance Survey* publie en Angleterre des cartes des comtés dont

la fraction représentative ou l'échelle est de $\frac{1}{10800}$. Il est évident, d'après les porportions d'une page de ce livre, que notre carte (pl. I) est nécessairement d'une échelle beaucoup plus réduite; en effet un centimètre y représente 24300 mètres.

Dans la plupart des cartes, en dehors de celles d'une très petite échelle, on essaye de montrer quelque chose de la configuration du sol et particulièrement de faire ressortir les accidents et l'altitude du pays. On y arrive

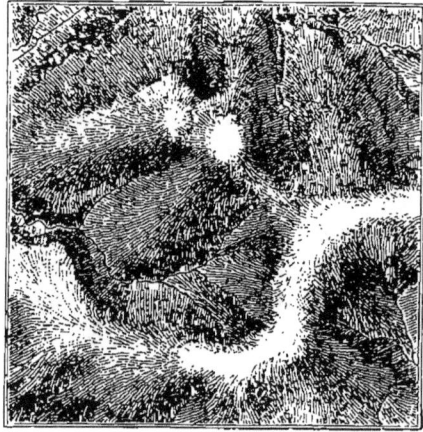

Fig. 3. — Hachures figurant les hauteurs.

généralement par un système de teintes ombrées telles qu'on les voit représentées dans la figure 3. Si le terrain est escarpé, les lignes ou *hachures* sont serrées et rapprochées de manière à donner aux parties montueuses une teinte sombre; quand le terrain est suffisamment uni, les traits sont moins épais, plus écartés, et la carte est, par conséquent, plus claire d'aspect. Mais un tel système de teintes ombrées, quelque efficace que soit cette combinaison de lumière et d'ombre, ne montre rien dans la plupart des cas, sinon qu'une partie de la région est plus élevée ou plus basse qu'une autre, sans mettre à même de juger de combien elle est ou plus élevée ou plus basse. Mais dans les cartes très exactes, telles que les cartes militaires, on emploie souvent une échelle définie de teintes ombrées. On peut néanmoins obtenir le même résultat à l'aide d'un système tout différent, celui-là même qui a été employé dans la construction de la carte du bassin de la Seine formant la planche I.

On remarquera qu'au lieu de teintes ombrées on a tracé sur la carte un grand nombre de lignes courbes qui lui donnent une apparence particulière. On donne à ces lignes le nom de *courbes de niveau* et le sens de cette expression est extrêmement simple. Supposez que la vallée de la Seine fût submergée et qu'on pût endiguer l'eau ou l'empêcher de s'échapper au moyen d'un mur construit au débouché de la vallée. Si l'eau était en quantité suffisante pour recouvrir le sol à une hauteur de 100 mètres au-dessus du niveau de la mer, la surface de l'eau formerait une surface plane et ses rivages dessineraient une ligne serpentant autour de chaque colline et au-dessus de chaque vallée à la hauteur exacte de 100 mètres. C'est une ligne de ce genre qui a été tracée sur notre carte et comme elle est la première de la série des lignes courbes, elle correspond au chiffre de 100 mètres. Dans l'intérieur de cette courbe les chiffres compris de 100 à 200 indiquent les différences d'altitude. Cette ligne est donc la courbe de niveau de 100 mètres. La seconde ligne passe à une hauteur de 200 mètres au-dessus du niveau de la mer; elle représente en conséquence les rivages d'une masse d'eau qui s'étendrait dans la vallée de la Seine à une altitude de 200 mètres au-dessus de l'Océan. On a tiré de la même manière une série de ces lignes de contour, chacune à une distance de 100 mètres de celle immédiatement au-dessous, exactement comme si le flot en montant dans la vallée s'était arrêté tous les 100 mètres pour laisser sa marque à l'entour sur ses rives. Il est évident que l'ensemble de ces lignes donne une idée bien meilleure de la nature du terrain que celle dérivée du système ordinaire des teintes ombrées. Là où le sol est très escarpé, les lignes de contour courent très rapprochées les unes des autres; là où il est plat, elles s'écartent considérablement. La figure 4 montre clairement le rapport des lignes de contour à la configuration du sol. Dans la partie supérieure de la figure, une colline est re-

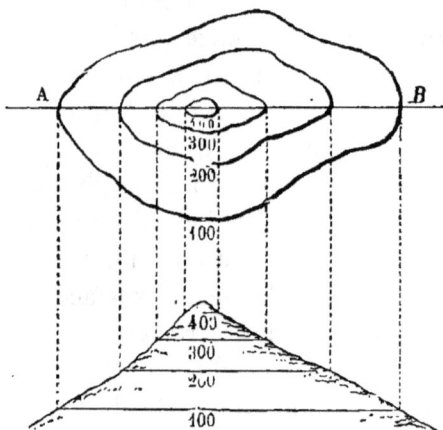

Fig. 4. — Courbes de niveau autour d'une colline.

présentée par des lignes de contour; une section verticale de cette colline selon la ligne AB peut se représenter comme dans la partie inférieure de la figure, les points correspondants du plan et de la section étant rattachés par des lignes ponctuées. Un coup d'œil jeté sur la carte de la planche I montre, comme on pouvait s'y attendre, que le fleuve qu'elle représente coule d'un niveau élevé à un niveau bas : et en effet si le lecteur s'avisait de remonter la Seine en suivant ses rives, il aurait à faire une ascension continuelle. Entre la source de la Seine (471 mètres d'altitude) et Paris (25 mètres), la distance étant de 350 à 400 kilomètres, si on la mesure au cours tortueux du fleuve, il y a une différence de niveau de 446 mètres. La tête de la navigation étant à Bar-sur-Seine (162 mètres d'altitude), entre Bar-sur-Seine et Paris le fleuve a une chute totale de 137 mètres environ. A partir de son confluent avec l'Yonne à Montereau, la pente est suffisamment uniforme : on peut en fixer la moyenne à 18 centimètres par kilomètre.

Au-dessous de Paris, la Seine, tous ses grands affluents reçus, augmente en volume et en largeur, mais sa pente diminue et n'est plus que de 10 centimètres par kilomètre. La rapidité du cours d'un fleuve dépend naturellement de l'inclinaison totale de son lit; quand la pente est forte, le courant est rapide; quand elle est médiocre, le courant est lent. Le lit de la Seine heureusement est assez uniforme dans son inclinaison; aussi le cours du fleuve est-il libre de rapides. Il en est tout autrement de l'Yonne, dont les crues soudaines sont dues à la pente excessive de son lit (41 centimètres par kilomètre entre Auxerre et Montereau).

Ce que nous avons dit de la Seine est également vrai de chacun de ses affluents : la source est toujours plus élevée que l'embouchure. On voit, par les lignes de contour de la carte, que si l'on suit un quelconque des affluents que reçoit la rive gauche de la Seine, on va en s'élevant du nord au sud; si l'on suit un quelconque des tributaires de l'autre rive du fleuve, on va en montant vers le nord ou vers l'est. Comme conséquence de ces faits, il résulte que la région baignée par la Seine et ses affluents est bornée sur trois côtés au moins, à l'est, au nord et au sud, par un sol comparativement élevé. Cette configuration forme une dépression peu profonde avec une issue vers l'ouest par laquelle le fleuve s'échappe à la mer. Une telle dépression est ce que l'on appelle le *bassin d'un fleuve* et le pays qu'arrosent la Seine et ses affluents se nomme par suite le *bassin de la Seine ;* enfin on donne à la partie la plus profonde du bassin par laquelle s'écoule la masse principale des eaux le nom de *vallée de la Seine.* Le bassin de la Seine représenté dans la planche I comprend une superficie considérable dépassant 77000 kilomètres carrés; en fait, la Seine draine un peu moins de la septième partie de toute la France.

Peut-être le mot de « bassin » que nous venons d'employer prête-t-il à méprise si on ne le définit exactement. Il est vrai que si, de n'importe quelle partie de la vallée de la Seine, on se dirige vers le nord, on voit tôt ou tard le terrain s'exhausser et on se trouve soi-même sur un sol plus élevé que la région à travers laquelle s'écoule le

Fic. 5. — Coupe générale du bassin de la Seine do l'est à l'ouest.

fleuve ; si l'on se dirige vers le sud, on a encore à monter, et en allant vers l'est, le phénomène n'est pas moins marqué. Le fleuve occupe réellement une sorte de cuvette fermée de trois côtés par des terrains élevés. Mais il faut bien s'imaginer que cette cuvette ne ressemble en rien à la cavité profonde inséparable dans notre esprit de l'idée de bassin; en réalité, si légère est la dépression qu'il serait peut-être plus juste de comparer la région arrosée par le fleuve à une « assiette » que de parler de son « bassin ». La figure 5 représente le contour général de la surface et la disposition des couches de la région parisienne selon une ligne tirée à travers le bassin de la Seine des collines de Normandie, à l'ouest, à l'Argonne, aux côtes Lorraines et aux Vosges, à l'est. Les accidents

relativement très peu saillants de la surface montrent à
la fois le peu de profondeur de ce prétendu bassin et les
irrégularités de la configuration du terrain. Quoique
les collines qui se font face à l'est et à l'ouest s'élèvent
à une hauteur de plusieurs centaines de mètres au-
dessus du fleuve, cependant la distance qui les sépare,
près de 450 kilomètres dans la plus grande longueur
du bassin, est telle que la différence de niveau entre le
fleuve et leurs sommets serait presque inappréciable
dans un dessin réduit aux proportions de cette page.
Aussi a-t-on l'habitude, dans des coupes semblables,
de représenter les hauteurs à une échelle bien plus considérable que celle employée pour les longueurs. C'est
ce qu'on a fait dans la figure 10 (p. 31). Sans cette dispro-
portion, la surface du pays semblerait, dans une figure
réduite, absolument plate et cette exagération même
n'empêche pas le peu de profondeur du bassin de la
Seine de ressortir d'une manière frappante. Il n'y a évidemment pas d'inconvénient à figurer les coupes d'après
ce principe, pourvu que le lecteur en soit informé et
qu'il se souvienne toujours de l'exagération d'une des
dimensions. Néanmoins cette altération voulue de proportions que beaucoup croient exactes donne constamment naissance à des notions erronées.

. La limite du bassin de la Seine est formée en partie au
nord-est par les dernières pentes de l'Ardenne, au sud
par une région granitique élevée, les monts du Morvan,
et à l'est, en dépassant la source de la Seine pour atteindre
celle de l'Aube, par le plateau de Langres; Supposons que
le lecteur gravisse une de ces lignes de hauteurs, les
monts du Morvan, par exemple. En montant il rencontrera quantité de petits ruisseaux qui descendent alimenter les affluents de la Seine. Mais parvenu au sommet, s'il continue à marcher dans la même direction, il
descendra bientôt l'autre versant, où il rencontrera de

nouveaux ruisseaux courant dans une direction opposée
à ceux qu'il a laissés derrière lui. Ces nouveaux ruisseaux
ne sauraient aboutir à la Seine, car pour la rejoindre ils
devraient passer par dessus la montagne. Mais en suivant
ces ruisseaux, il découvrira qu'ils finissent par déboucher
dans une rivière entièrement distincte de la Seine; c'est
ainsi qu'il constatera que sur le versant méridional du
Morvan les courants d'eau vont se perdre tôt ou tard dans
la Loire. En franchissant les monts du Morvan, nous
sommes donc passés du bassin de la Seine dans celui de
la Loire. Le faîte qui forme la ligne de séparation des deux
bassins contigus s'appelle *ligne de partage des eaux*.

Au lieu de *ligne de partage des eaux*, quelques écrivains
emploient le mot de *versant;* mais, quoique les deux termes
aient eu à l'origine une signification identique, le second
est devenu quelque peu ambigu. Aujourd'hui la plupart
des auteurs emploient avec raison le mot de versant pour
indiquer la surface d'où les eaux sont versées ou la pente
le long de laquelle elles s'écoulent; dans ce sens, l'arête
du versant correspond exactement à l'antique *Divortium
aquarum*, ou à la ligne de partage des eaux, c'est-à-dire
à la ligne frontière de deux systèmes de rivières adja-
cents. C'est cette ligne que le professeur Phillipps a appelée le *niveau d'écoulement des eaux*, et que dans le nord
de l'Angleterre, où souvent elle sépare un domaine d'un
autre, on nomme le *point de partage des eaux du ciel*.

Pour éviter toute ambiguïté, le mieux est peut-être
d'employer le terme de versant dans le sens indiqué plus
haut, c'est-à-dire pour désigner la pente le long de laquelle descendent les eaux, en réservant l'expression de
ligne de partage des eaux à la désignation de l'arête de
cette pente. Ainsi, le faîte d'un toit est la ligne de partage des eaux pluviales et sur chaque côté les ardoises
ou les tuiles au bas desquelles l'eau s'écoule forment le
versant. Mais il faut se rappeler que la ligne de partage

des eaux n'est pas nécessairement l'arête d'une chaîne
de montagnes ou de collines, comme est l'arête d'un
toit. Souvent en effet le terrain n'a qu'une élévation relative : tel est le plateau d'Orléans, ondulation à peine
sensible qui suffit cependant à rejeter la Loire vers le
sud-ouest et à l'empêcher de s'unir à la Seine pour
former le fleuve de Paris. Mais les eaux trouvent aisément la pente, si médiocre qu'elle soit, et la descendent,
indiquant par là immédiatement la direction de la ligne
de partage.

On voit avec un peu de réflexion qu'on peut représenter les lignes de partage des eaux sur la carte de
n'importe quel pays, de manière à diviser la région tout
entière en une série de bassins de rivières. C'est ainsi
que, pour les besoins de l'enseignement, il est d'usage
de diviser de la sorte nos cartes classiques en bassins de
fleuves subdivisés en bassins secondaires. En France la
ligne principale de partage des eaux se confond avec la
ligne générale de partage des eaux de l'Europe. La
France est coupée par cette ligne en deux versants d'iné-
gale étendue ; le versant de l'Océan Atlantique à l'ouest
et au nord ; le versant de la Méditerranée au sud-est.
C'est une ligne sinueuse courant du nord-est au sud-
ouest, qui se détache des Pyrénées, et, empruntant le
faîte des Corbières, des Cévennes, de la Côte-d'Or, du plateau de Langres et des monts Faucilles, aboutit au Jura.
Le versant de l'Atlantique, beaucoup plus considérable
que celui de la Méditerranée, se subdivise en trois versants qui empruntent leurs noms aux mers vers lesquelles ils sont inclinés : mer du Nord, Manche et mer
de France.

Pour le moment, nous consacrerons notre attention à
l'un des bassins français, celui de la Seine, et nous tâche-
rons de tirer de l'étude de ce bassin tous les renseignements qu'elle comporte. Nous allons donc, dans quel-

ques-uns des chapitres qui suivent, rechercher comment ce bassin recueille l'eau qui l'alimente, à quel ensemble de circonstances il doit sa configuration présente, et quelle a été son histoire dans le passé. La première question, celle de l'alimentation du bassin, fournit à elle seule une ample matière de recherches et d'informations. Nous avons, il est vrai, dans le chapitre présent, remonté la Seine jusqu'à la fontaine d'où sa source jaillit; mais il ne faut pas un seul instant imaginer que par là nous avons atteint sa véritable origine. Les ruisseaux et les fontaines auxquelles on rapporte communément l'honneur de donner naissance au fleuve ne sont réellement que ses sources prochaines; c'est ailleurs qu'il en faut chercher la source dernière. Et dans cette recherche, le début naturel de notre investigation sera d'examiner de plus près la nature et l'origine des sources en général.

CHAPITRE II

Observez ce qui se produit quand une ondée abondante
de pluie vient à s'abattre sur un terrain sec. Si le sol est
formé d'une roche dure et compacte, telle que le granit,
la pluie, après avoir trempé la surface, s'écoule dans
toutes les directions; une partie court au ruisseau voisin qui l'emporte tôt ou tard à quelque rivière, et l'autre,
se logeant dans d'étroites cavités de la roche, s'y amasse
en flaques que le vent et le soleil dessèchent lentement.
Mais si le sol, au lieu d'être dur comme le granit, est
tendre et poreux comme le sable ou la craie, l'eau en
pénètre la substance et elle peut même disparaître sans
mouiller seulement la surface de la terre altérée. On
nomme *perméables* les terrains qui se laissent ainsi
pénétrer par l'eau, *imperméables* ceux qu'elle ne peut
pénétrer : une couche de sable, par exemple, est perméable, une couche d'argile est imperméable.

Il n'est pourtant nullement nécessaire qu'un sol, pour
être poreux et perméable, soit ou tendre comme la craie
ou inconsistant comme le sable. Ainsi prenez du grès ou
du calcaire dur : leur grain est suffisamment compact
pour former des pierres à bâtir durables, quoiqu'ils soient
assez poreux, dans la plupart des cas, pour laisser l'eau

s'infiltrer plus ou moins librement. Les particules qui les composent sont elles-mêmes imperméables, mais elles sont entassées de manière à laisser généralement entre elles de petits espaces vides ou interstices qui les séparent les unes des autres ; de là, la formation d'une roche qui, si dure qu'elle puisse être, présente une texture analogue à celle d'une éponge. L'eau s'insinue entre les particules d'une telle roche et en pénètre ainsi graduellement la masse. Si serré que puisse paraître à l'œil le grain de la roche, il n'en est pas moins capable le plus souvent d'absorber l'eau ; c'est pourquoi une pierre récemment extraite de la carrière est d'ordinaire imprégnée d'une humidité que les carriers connaissent bien. Alors même qu'une roche possède une texture trop serrée pour se laisser pénétrer aisément par l'humidité, il arrive généralement qu'elle présente plus ou moins de fissures ; l'eau qui tombe sur la roche se glisse alors lentement à travers les petites fentes et trouve ainsi un prompt accès jusqu'aux canaux souterrains, presque aussi facilement que si la roche était de texture perméable.

Après une chute de pluie abondante, les pores d'une roche perméable s'engorgent d'eau et la roche finit par être saturée comme un morceau de sucre trempé quelques instants dans une tasse de thé. Qu'ensuite la pluie vienne à tomber de nouveau, la roche étant impuissante à l'absorber et à la retenir plus longtemps, elle déborde de la surface humectée tout comme elle le ferait de la surface d'une roche imperméable.

Supposez qu'une couche de terrain perméable repose sur une couche de roche complètement impénétrable : il n'est pas difficile de voir ce qu'il adviendra, dans de telles circonstances, de la pluie qui tombe sur la surface. La figure 6 éclaire ce cas particulier. La partie ponctuée de la figure ABCD représente une roche perméable, des couches de sables, par exemple ; la partie inférieure

ombrée, une roche imperméable, telle qu'une argile compacte. On suppose, dans une figure comme celle-ci, que
les roches dont il s'agit ont été coupées verticalement,
de manière à présenter des surfaces nettement tranchées; de là vient le nom de sections appliqué aux
figures qu'on emploie constamment dans les ouvrages
sur la structure de la terre. Les lits des rivières, les falaises des côtes, les vallées de l'intérieur, présentent
souvent des sections naturelles; quant aux sections artificielles, on en voit dans les puits et les fosses, les mines,
les carrières, et surtout dans les tranchées de chemins

Fig. 6. — Formation d'une source.

de fer. On peut fréquemment, durant un voyage en
chemin de fer, acquérir une notion générale assez exacte
de la nature des roches formant une région, par l'examen
des déblais le long de la ligne.

Il est clair que quand la pluie tombe sur la surface AB
(fig. 6), elle est rapidement absorbée, du moins si la couche
sablonneuse est sèche; elle s'enfonce ainsi de plus en plus
jusqu'à ce qu'elle atteigne l'extrémité inférieure CD de
l'assise supérieure. Là elle vient en contact avec la surface
de l'argile, et, comme l'argile se refuse à absorber l'eau,
celle-ci est arrêtée dans sa descente. Si la surface de
l'argile présente des irrégularités, l'eau, après avoir

filtré à travers la couche de sable, vient se loger dans les cavités, comme on le voit en G. Mais quand ces cavités sont remplies, l'eau qui charge la roche s'épanche au dehors et continue sa descente dans la direction que lui commande la pente de cette roche.

Il arrive rarement que les assises successives de roches ou, comme on les appelle en langage technique, les *strates*[1], telles que les présente une section donnée, soient parfaitement horizontales ou s'étendent en surfaces unies comme l'est la surface d'une pièce d'eau tranquille. Généralement les couches penchent ou s'infléchissent dans une direction déterminée ; cette pente est ce que l'on nomme en termes techniques *l'inclinaison*. Si donc nous lisons dans une description scientifique d'une section donnée que « les strates s'inclinent de 30° S. O. », cela veut dire simplement que les couches de roche s'enfoncent selon une direction sud-ouest et font un angle de trente degrés avec une surface parfaitement horizontale. Ainsi, dans la figure 6, l'inclinaison est indiquée par la direction générale de la ligne CD, et sa valeur peut se mesurer par l'inclinaison de cette ligne à l'horizon, c'est-à-dire par l'angle que fait la ligne CD avec l'arête supérieure ou l'arête inférieure de la page, quand ces arêtes sont horizontales. Puis quand l'eau, après avoir filtré à travers la couche de sable ABCD, a atteint la ligne de contact des deux couches représentée dans la section par CD, elle descend ce plan selon le sens de l'inclinaison et s'échappe par la première issue, en D, par exemple. Une nappe d'eau s'élançant ainsi de la roche constitue une *source*.

Les sources de cette nature simple qui s'échappent à la jonction de deux strates, l'une perméable et l'autre imperméable, sont extrêmement communes. Dans le

---

1. Du latin *stratum*, signifiant « ce qui s'étend, ce qui repose. »

bassin de la Seine, Paris même et ses environs en fournissent d'abondants exemples. Le sol le plus élevé de la
butte Montmartre atteint une hauteur de 105 mètres; il
consiste dans son assise supérieure en un sable non
compact entièrement semblable au sable qui recouvre
une étendue assez considérable des environs de Paris,
à l'ouest et au sud, particulièrement le sol de la forêt
de Fontainebleau; de là le nom qu'on lui donne de sable
de Fontainebleau. Ces sables ne sont pas partout à découvert, en d'autres termes, ils ne forment pas partout
la surface visible du sol comme à Montmartre. Mais ils
recouvrent en général une terre argileuse imperméable
que l'on désigne sous le nom de marnes vertes ou
glaises de Montmartre. La séparation des deux terrains
est nettement marquée par l'effet de la pluie. Quiconque
se promène après une averse dans la campagne, à
Meudon, par exemple, ne manque pas d'observer que
le sol sablonneux demeure presque parfaitement sec, la
pluie ayant été immédiatement absorbée, tandis que
l'argile, à quelques mètres de là, reste détrempée et
gluante. L'eau que les sables ont *bue* filtre jusqu'à ce
qu'elle atteigne la couche sous-jacente imperméable;
elle en suit la pente jusqu'à ce que la couche imperméable vienne *à fleur* du sol; de là elle s'échappe en
une nappe d'eau irrégulière ou bien s'écoule en *sources*
par des canaux réguliers. La ligne des sources marque
donc le point d'*affleurement* des deux terrains.
Lorsque la surface est très perméable, comme dans
le cas que nous envisageons, la masse entière des
eaux pluviales, à part ce qu'en distrait l'évaporation ou
la végétation, finit par remonter à la surface et profite
tout entière aux sources. Les glaises ou marnes vertes
de Montmartre viennent affleurer sur les bords de la
plupart des vallées des environs de Paris et donnent
naissance, le plus souvent à flanc de coteaux, à une foule

de sources. Ce sont ces sources qui entretiennent la verdure et la fraîcheur des vallées de l'Yères, du Grand-Mo-
rin et du Petit-Morin, et donnent à Paris une ceinture
d'ombrages et de coteaux, Bellevue, Meudon, Montmorency, Brunoy, que peu de capitales peuvent lui disputer.
Nombre de riants villages qui sont villes par la population
et ne sont villages qu'au prix de Paris, se pressent à cette
ligne d'affleurement, et des châteaux fameux « Vaux, près
de Melun, Ferrières, Saint-Germain près de Corbeil,
n'ont pas dédaigné la petite source des marnes vertes [1]. »

Les sables que l'on voit exploiter dans les sablonnières
des environs de Paris sont souvent d'une couleur jaunâtre ou brunâtre. Cette coloration est due à la présence
d'un composé particulier de fer, d'oxygène [2] et d'eau connu sous le nom de *sesquioxyde de fer hydraté*. En s'in-
filtrant lentement à travers ces sables ferrugineux, l'eau
peut dissoudre plus ou moins de ce composé et, en entraînant le fer sous une forme soluble, acquérir des propriétés médicinales. Toutes les *sources minérales* ont une
origine analogue. Les substances salines et autres qu'elles
renferment et auxquelles elles doivent leurs propriétés
spéciales sont généralement empruntées par les eaux aux
terrains qu'elles traversent et conservées par elles en dissolution. Ces sources ne se rencontrent qu'en très petit
nombre dans le bassin de la Seine ; on peut citer, aux
portes de Paris, celles de Bagneux, de Passy et la plus
célèbre de toutes, la source sulfureuse d'Enghien.

Si de Montmartre ou de Meudon l'on descend au terrain
de niveau inférieur sur lequel la plus grande partie de la
capitale est assise, on rencontre un état de choses identique, c'est-à-dire qu'un lit d'une substance essentiellement perméable recouvre une roche presque imper-

---

1. Belgrand, la *Seine*, I, p. 191.
2. Pour la description du gaz appelé *oxygène*, voir page 83.

méable. Mais la matière poreuse, au lieu des sables
de Fontainebleau, est ici un lit de gravier qui tapisse le
fond de la vallée de la Seine et qui repose sur l'argile
plastique. Après avoir détrempé ce gravier, la pluie pénètre jusqu'à l'argile de la couche sous-jacente et s'y conserve comme dans un grand réservoir souterrain, source
inépuisable qui alimente les puits peu profonds qu'on
creusa jadis et qui existent encore en si grand nombre
dans Paris[1]. La *nappe d'eau des puits* se trouvant sur la
rive droite de la Seine, à un niveau peu profond, Paris
s'étendit surtout sur cette rive, et dès Louis XIII, la ville
atteignit la limite des grands boulevards, tandis qu'elle
ne franchissait point l'enceinte de Philippe-Auguste sur la
rive gauche, où la profondeur de la nappe d'eau des puits
réduisait les habitants à une véritable disette d'eau. On
peut faire entre les agrandissements de Londres et ceux
de Paris un curieux rapprochement, car les mêmes
causes influèrent sur le développement de la métropole
anglaise.

A Londres comme à Paris, les puits alimentés par l'eau
des graviers fournirent pendant des siècles tout l'approvisionnement de la ville, et M. le professeur Prestwich a
fait ressortir « comment le développement de Londres,
dans les premiers temps, suivit, sans s'en écarter, la direction de ce lit de gravier. » Aussi longtemps que la
situation fut telle à Londres, il fut impossible d'élire
domicile dans les endroits où le gravier manquait et où
l'argile était au jour. Et de même que les districts argileux
de Camden Town, Saint-John's Wood, Notting-Hill, ne s'y
peuplèrent que lorsque la distribution de l'eau fut assurée
par le service de compagnies spéciales, de même Paris
ne s'étendit jusqu'aux boulevards extérieurs, où la nappe

---

1. Le 31 décembre 1875 on comptait à Paris 30 042 puits. (D'après
Belgrand.)

d'eau des puits n'est atteinte qu'à une profondeur considérable, que lorsque des distributions indépendantes
eurent assuré le service des eaux dans toute la ville.

Des cas particuliers que nous avons jusqu'ici considérés,
à savoir ceux dans lesquels une roche poreuse repose sur
une autre qui n'est pas sensiblement perméable, il est
temps d'en venir au cas dans lequel la matière poreuse

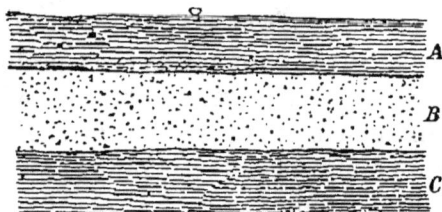

Fig. 7. — Couches perméables et imperméables horizontales.

n'est pas seulement supportée, mais recouverte par une
strate imperméable. La roche perméable est alors
renfermée entre deux couches imperméables, l'une formant, pour ainsi dire, le lit, et l'autre la voûte. Ainsi le

Fig. 8. — Couches perméables et imperméables inclinées.

lit de sable B est dans la figure 7 supporté par une
couche argileuse, C, et recouvert par une autre, A. Tant
que les strates demeurent dans la position horizontale
représentée ici, la pluie qui tombe sur la surface de la
couche A n'a point accès à la roche perméable B, si ce
n'est par les fissures qui peuvent se produire dans la
couche supérieure. Quoique la roche en B puisse être

aussi poreuse qu'une éponge, pas une goutte d'eau ne
peut arriver jusqu'à elle aussi longtemps que la voûte
imperméable demeure en bon état. Mais le cas est tout
différent quand les couches sont inclinées comme dans
la figure 8. On y voit trois couches dans le même ordre
que celles précédemment décrites, mais légèrement inclinées. La couche perméable B est exposée à la surface,
elle *affleure*. La pluie qui tombe sur le sol ABC est re-
jetée par les deux couches argileuses A et C, mais est
absorbée par l'affleurement ou la surface exposée de la
couche de sable B. Cette eau absorbée, soit qu'elle
tombe directement sur B, soit qu'elle s'écoule de A,
court vers le bas dans la direction de la pente jusqu'à
ce qu'elle rencontre une issue d'où elle jaillit en source.
Si une vallée interrompt les couches et que le fond en
soit au-dessous du niveau de l'eau, les sources jaillissent sur les flancs de la vallée comme en D.

En suivant la direction d'une série de couches, il arrive souvent qu'on s'aperçoit qu'elles finissent brusquement, que leur continuité est soudainement rompue et
qu'une série de couches s'embranche au-dessus d'une
autre selon une section parfaitement nette. C'est qu'en
effet les couches ont été brisées et ont glissé l'une sur
l'autre. Une telle fracture, accompagnée par un déplacement des strates, constitue ce que les géologues appellent
une *faille*. Ainsi la série de couches reproduite dans
la figure 9 a été rompue selon un plan représenté en
section par la ligne DE; quoique jadis continues, les
couches sont maintenant séparées, la couche A étant
descendue jusqu'en A', la couche B ayant glissé jusqu'en
B' et la couche C jusqu'en C'. Les eaux que reçoit la
surface de la strate perméable B couleront vers le bas
jusqu'à la faille où elles seront arrêtées par la muraille
argileuse A'. Si donc on perce un trou de sonde jusqu'en
F, l'eau qui a filtré à travers la couche inférieure jus-

qu'en ce point sera lancée vers le haut par la pression
de l'eau dans la roche environnante et s'élèvera dans
le puits presque jusqu'au niveau qu'elle occupe dans
la couche B. Ou bien, en l'absence d'un trou de sonde,
l'eau s'échappera de la couche saturée B, en jaillissant à
la surface près de la jonction des strates adjacentes. Il
résulte de ces détails qu'il est très important de connaître les failles pour déterminer la position des sources
et des puits.

Il arrive souvent que les couches de roche, au lieu
d'avoir une pente uniforme, s'enfoncent, puis remontent de manière à affecter la forme d'un bassin,

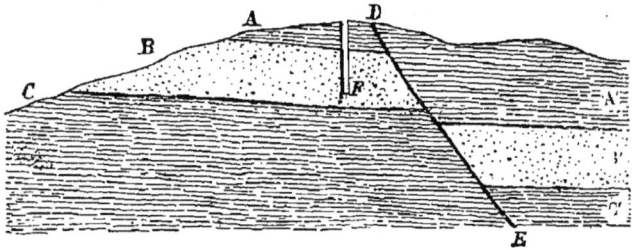

Fig. 9. — Effet d'une faille sur la position d'une source ou d'un puits.

comme le montre la figure 10. On peut y voir que les
strates des côtés opposés s'inclinent dans des directions contraires. Si la pluie vient à tomber sur les
affleurements de la roche CC', elle sera rapidement
absorbée et s'insinuera à travers la roche perméable
jusqu'à ce qu'elle atteigne la couche imperméable D où
elle s'accumulera et sera naturellement accessible à la
tige de sonde. Un trou de sonde foré en E à travers les
couches imperméables AA', BB' viendra donc percer le
réservoir d'eau, et le liquide s'élèvera alors jusqu'à une
hauteur correspondante au niveau de l'eau dans le lit
CC'. Les lois qui règlent l'écoulement des eaux souter-

raines sont précisément celles qui règlent leur écoulement à la surface. L'eau resserrée dans la couche CC' s'élancera donc dans le tuyau et tendra à se mettre de niveau.

On peut considérer l'arrangement des couches reproduit dans la figure 10, comme représentant assez exactement la disposition des roches qui s'étendent au-dessous de Paris. Les couches ont été, dans cette étendue, soulevées de manière à présenter la forme d'une sorte de creuset ou de cuvette , et elles ont ainsi produit

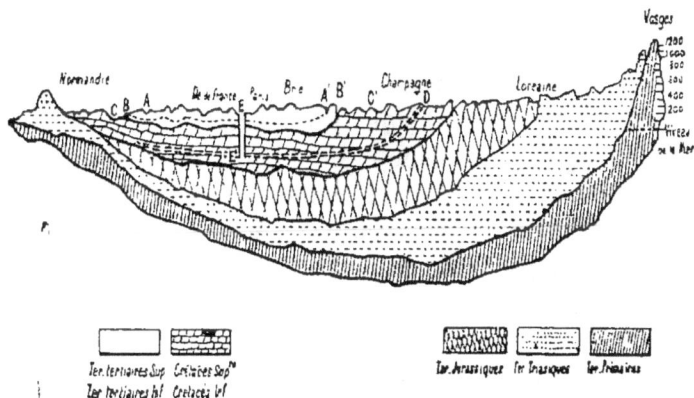

Fig. 10. — Disposition des couches géologiques au-dessous de Paris.
L'échelle des hauteurs est exagérée relativement à l'échelle des longueurs dans le rapport de 1 à 90.

ce qui est connu communément sous le nom de *Bassin de Paris*[1]. Cependant il ne faut pas supposer un seul instant qu'elles s'étendent dans une cavité profonde qui ressemble à celle d'un bassin domestique ordinaire, ou même à celle que représentent les contours de la figure. Il est vrai que les roches, à l'est et à l'ouest de Paris, s'inclinent doucement vers l'intérieur et forment de la sorte une dépression, mais c'est une dépression fort

---

1. Le bassin de la Seine ne forme qu'une partie du bassin géologique de Paris. Il faut soigneusement distinguer les deux bassins.

peu accentuée. L'inclinaison est même si légère qu'on
peut à peine l'indiquer dans une figure réduite aux
proportions d'une page de ce livre. Aussi la plupart des
sections figurées sont-elles nécessairement exagérées
dans une de leurs proportions : il en est ainsi de celle
que représente la figure 10 où l'échelle des hauteurs est
environ quatre-vingt-dix fois plus grande que l'échelle
des longueurs. Ce n'est que lorsqu'on représente des
sections réelles, où les hauteurs verticales sont à la
même échelle que les distances horizontales, que le peu
de profondeur de la concavité devient apparent.

Après avoir ainsi mis en garde le lecteur, nous pouvons
en venir à examiner de plus près la section que reproduit
la figure 10. On peut supposer qu'elle représente une section exagérée, prise de l'est à l'ouest dans le bassin de la
Seine, AA' représentant l'argile plastique et BB' indiquant
la disposition de certaines couches inférieures que les
géologues appellent *terrains tertiaires inférieurs* ou *terrain parisien*. Rien de plus varié que la composition des
terrains tertiaires; on y trouve des argiles mélangées de
sables, ailleurs le gypse ou pierre à plâtre avec ses
diverses variétés et encore la meulière ou pierre à meu-
les de moulin, et enfin le calcaire grossier auquel Paris
doit ses plus beaux monuments. Dans le voisinage de
Londres, comme dans celui de Paris, ainsi que nous
l'avons vu, ils consistent souvent en sables et sont,
par conséquent, éminemment perméables. De minces
couches d'argile répandues à différents niveaux dans les
sables servent à retenir les eaux, et la provision, ainsi
emmagasinée, a été mise à profit dans la capitale anglaise au moyen de forages exécutés à travers la couche
supérieure de l'argile plastique ou argile londonienne.
De nombreux forages de cette sorte y donnèrent, dans
les premières années de ce siècle, un abondant approvisionnement d'eau, à des profondeurs variant de 30 à

50 mètres. Mais ces puits se multiplièrent tellement que la puissance des sources en fut considérablement affaiblie et finalement l'approvisionnement ne suffit plus aux besoins. Aussi, dans ces dernières années, la plupart des puits profonds de Londres ont été creusés à des niveaux plus bas encore, de manière à atteindre la grande masse de craie qui s'étend au-dessous du terrain tertiaire inférieur dans la position représentée par CC' (fig. 10). L'eau vient en partie de la craie saturée, en partie des fissures qui, lorsqu'on les rencontre, fournissent des sources beaucoup plus abondantes. Comme on ne peut prévoir la position de ces cavités irrégulières, il est évidemment impossible de prédire la profondeur à laquelle on rencontrera l'eau en abondance dans la craie.

Quand un forage profond est exécuté à travers l'argile plastique jusqu'aux sables du terrain tertiaire inférieur ou plus bas encore jusqu'à la craie, l'eau tend à s'élever dans le tube et il se peut même qu'elle gagne la surface et déborde. Si l'endroit d'où on tire l'eau est dans un terrain bas, comme serait le cas avec le forage EE' (fig. 10), dans le fond du bassin de Paris, cet endroit est nécessairement à un niveau de beaucoup inférieur à celui de l'affleurement des couches sur les bords de la cuvette, comme en CC'. L'eau est donc refoulée vers le haut du conduit par la pression du liquide qui charge la couche aquifère. Quand la pression est suffisante pour faire jaillir l'eau au-dessus de la surface du trou de sonde, elle produit ce qu'on appelle un puits *artésien*. Pourtant ce nom est appliqué d'ordinaire aux autres puits dans lesquels l'eau, sans déborder, ne s'en élève pas moins à une hauteur telle qu'on puisse l'utiliser économiquement. Les puits artésiens sont connus depuis fort longtemps en Orient; dans l'Europe occidentale ils furent pour la première fois creusés dans la province d'Artois, en France, d'où leur nom d' « artésiens. »

Le bassin de la Seine compte nombre de puits artésiens et certains forages y ont atteint des profondeurs extraordinaires. Le plus célèbre de tous est le puits artésien de Grenelle que l'on mit sept ans à forer. La couche aquifère est ici une couche argileuse du terrain de grès vert, D (fig. 10), qui affleure à plus de 200 kilomètres de Paris, à Saint-Dizier.

A Paris, cette couche est à plus de 500 mètres de la surface. Le puits artésien de Grenelle a 548 mètres de profondeur. L'eau s'élève dans une élégante pyramide à 21 mètres au-dessus du sol, en vertu du principe des vases communiquants, pour atteindre le niveau des parties les plus élevées. Le puits de Grenelle débite par minute au niveau du sol 2300 litres et 1300 environ au sommet de la colonne. Ces sources jaillissantes sont souvent thermales; celles du puits de Grenelle, par exemple, ont une température de 28° Cent. qu'on songea à utiliser il y a quelques années pour le chauffage des Invalides. L'histoire d'une goutte d'eau conduite au jour par le puits de Grenelle serait curieuse à connaître. Peut-être tombat-elle à l'origine, bien loin de Paris, sous forme de pluie sur quelque colline de la Champagne crayeuse; durement comprimée, elle chemina longtemps et lentement dans la nuit d'une route souterraine, avant de trouver sa délivrance dans l'orifice du puits artésien.

Londres et Paris participent de conditions géologiques presque identiques, et ce qui est dit des puits profonds d'une des deux villes peut s'appliquer sans beaucoup de modification aux puits de l'autre. Ainsi les fontaines de Trafalgar Square sont alimentées par l'eau d'un puits artésien qui pénètre dans la craie jusqu'à une profondeur de 130 mètres environ au-dessous de la surface.

Après avoir expliqué l'origine des sources ordinaires et la nature des puits artésiens qui ne sont en fait que des sources artificielles, il est temps maintenant de retourner à l'étude du bassin de la Seine, dont les sources sont l'origine immédiate de toute l'eau du fleuve, si l'on en excepte le volume insignifiant qu'apporte la pluie qui tombe directement sur la Seine.

L'alternance de strates perméables et imperméables qui constitue cette région offre toutes les conditions nécessaires pour la présence de sources abondantes. Le bassin de la Seine, comme nous l'avons vu plus haut, a une superficie de plus de 77 000 kilomètres carrés ; les terrains perméables recouvrent les trois quarts de cette surface (environ 58 000 kilomètres carrés), les terrains imperméables un quart seulement (19 000 kilomètres carrés). « Cette variété géologique de notre sol apparaît ici comme un bienfait de la Providence. Un fleuve qui coulerait tout entier dans un bassin de nature argileuse ou granitique aurait des crues subites et formidables après les pluies et serait à sec le reste de l'année ; dans un terrain spongieux, tel que la craie blanche, il ne ressentirait guère l'influence des pluies, mais il débiterait très peu d'eau en toute saison [1]. » Le terrain perméable qui absorbe la pluie est, en majeure partie, livré à l'agriculture ; le terrain imperméable qui repousse la pluie est le plus souvent terrain de prairie et de pâturage. Un trait caractéristique du bassin de la Seine, c'est que le fleuve principal et ses affluents coupent à angles droits les différentes formations géologiques sans s'attarder dans aucune ; aussi rien d'extrême dans le régime du fleuve de Paris, les crues de ses affluents se tempèrent d'elles-mêmes en passant des terrains imperméables aux terrains perméables, et c'est cette heureuse modération qui fait de la Seine la rivière la plus « disciplinable » de France. Lorsque la Seine traverse Paris, trois rivières

---

1. Blerzy, *Torrents, fleuves et canaux de la France*, p. 49.

se sont réunies pour la former : la Haute-Seine avec
l'Aube, qui est moins un affluent qu'un bras latéral de la
Seine, l'Yonne et la Marne. Le Morvan où l'Yonne prend
sa source est une région granitique et montagneuse, la
plus élevée du bassin de la Seine ; ce massif reçoit une
quantité de pluie considérable par suite de son altitude
et aussi de sa disposition ; le Morvan est en effet comme
un carrefour où se croisent et s'engouffrent les vents
du sud, du nord et du sud-ouest. Pas une goutte de pluie
ne se perd dans cette roche imperméable et d'innombrables filets d'eau, que le moindre orage transforme en
nappes torrentielles, en ruissellent de cascade en cascade. Un seul des affluents de l'Yonne, la Cure, ne compte
pas moins de 150 de ces tributaires infimes. De là les
crues soudaines de cette rivière déréglée dont la Seine
n'amortit pas toujours l'élan, même après un long voyage.
L'Yonne traverse ensuite la série de roches également
imperméables connue des géologues sous le nom de
lias; c'est là que naît et grandit son affluent principal,
l'Armançon : elle le reçoit à son passage dans la couche
supérieure des calcaires auxquels on donne, en langage
technique, le nom d'*Oolithe inférieure.* L'oolithe (ὠόν, œuf)
tire son nom des grains d'une forme ronde particulière
qui la composent et qui donnent à cette roche quelque
chose de l'apparence des œufs de poisson. On donne,
d'après leur position, le nom d'oolithe inférieure aux dernières de cette série de couches d'oolithe, à celles qui sont
assises directement sur le lias. La pluie tombant sur les
calcaires, sur les grès et sur les sables de l'oolithe inférieure, glisse vers le bas par les crevasses et les fissures
nombreuses de cette roche spongieuse, jusqu'à ce qu'elle
atteigne l'argile imperméable du lias; de là elle s'é-
chappe par le premier canal qui s'ouvre à elle. Environ
un tiers' de toute la pluie qui tombe sur l'oolithe inférieure, est restituée sous forme de sources. Quelques-

unes des roches de cette série sont si poreuses et d'un
grain si peu serré que là où elles forment le lit de la
Seine, elles « boivent le fleuve à mesure. »

Un grand nombre de sources dans le bassin supérieur
de la Seine tirent leur origine des lits de calcaire aquifère connu sous le nom de *Grande Oolithe*, système de
roches séparées de l'oolithe inférieure par ce qu'on appelle communément la *Terre à foulon*. Cette terre à
foulon forme un lit épais d'argile qui retient l'eau venue
en quantité énorme par infiltration à travers les calcaires
et les sables poreux du système de la Grande Oolithe.
La Seine et l'Aube y prennent naissance. Après avoir
franchi l'oolithe, où la Douix lui verse du rocher même
ses eaux pérennes admirablement belles, la Seine coupe
l'argile *téguline*, ainsi appelée parce qu'elle est très
propre à la fabrication des tuiles; les eaux s'accumulent
en étangs, en ruisseaux fangeux sur ce terrain imperméable qui forme dans la vallée de la Marne les forêts et
les marécages de l'Argonne. Ensuite la Seine traverse la
craie blanche aride et desséchée répandue de l'Yonne à
l'Oise sur plus de 14000 kilomètres carrés. Les sources
y sont peu nombreuses, mais sont parmi les plus pures
du bassin de la Seine; aussi la ville de Paris a-t-elle prolongé la tête de ses aqueducs jusque dans la vallée de la
Vanne, affluent de l'Yonne, dont elle a capté les sources
à 173 kilomètres de Paris. Les treize fontaines que Paris
a achetées lui envoient de 680 à 1200 litres par seconde,
selon les mois, et le débit total de cette pure rivière est,
suivant les chaleurs, de 2500 à 5000 litres. La craie est
donc par son étendue le grand réservoir du bassin de la
Seine. Mais il arrive souvent que l'eau, après avoir filtré
à travers la partie supérieure et poreuse de cette formation et s'être insinuée par les fissures, est arrêtée par les
couches inférieures de la craie qui devient compacte et
étanche. C'est à son passage dans la craie que la Seine

reçoit l'Aube qui s'y alimente. A son confluent avec
l'Yonne, à Montereau-fault-Yonne, la Seine, en temps de
crues, est devancée par les eaux de son tributaire qui,
tombant de plus haut, s'écoulent violemment, mais avant
que les deux crues coïncident en s'ajoutant l'une à
l'autre. La Marne, que la Seine reçoit à Charenton, est
issue du lias du plateau de Langres; elle coupe tour à
tour l'argile et les grès verts imperméables du terrain
crétacé inférieur qui lui envoient les eaux boueuses
qu'elle conserve jusqu'à Paris, puis la craie blanche qui
tempère son allure torrentielle.

A mesure que la Seine poursuit sa route, elle s'alimente non seulement des cours d'eau qui sont ses
affluents, mais des sources qui jaillissent dans le lit
même du fleuve. Ces sources sont, dans certains cas,
d'une énorme puissance, surtout entre Paris et Rouen,
où la largeur et le volume des eaux du fleuve augmentent
dans des proportions inexplicables autrement, et dont
ne rendent nullement compte le nombre et l'importance
de ses tributaires dans cette partie de son cours. Ce
« chapelet de sources » débouchant dans le lit même d'un
fleuve, fournit le plus souvent un débit bien plus considérable que la source originelle. Si, par exemple, on
supprime la partie supérieure d'un cours d'eau en le
détournant de son lit primitif, la partie inférieure n'en
continuera pas moins à former un courant, ruisseau ou
rivière. Si l'on essaye de combler le lit du ruisseau, ses
eaux se frayeront un chemin dans les matières même du
remblai, ou, à défaut, dans le terrain voisin le plus friable. C'est ainsi qu'on a retrouvé, lorsqu'on a établi les
fondations du nouvel Opéra, le ruisseau de Ménilmon-
tant, qu'avaient entièrement recouvert les constructions
nouvelles. On exhuma le lit souterrain qu'il s'était creusé,
et ce ne fut qu'au prix de travaux considérables que l'on
réussit à préserver de ses eaux les fondations.

On en a dit assez dans ce chapitre sur la nature et l'origine des sources pour montrer que toutes les sources doivent leur origine directement ou indirectement à la pluie qui, après sa chute sur le sol qui la recueille, se glisse dans le sous-sol à travers les pores et les fissures des roches. Si donc l'origine immédiate de la Seine et des autres rivières dérive des sources, c'est à la pluie qu'il faut faire remonter leur origine dernière. Les sources alimentent, il est vrai, les rivières, mais c'est la pluie qui alimente les sources. Il est donc nécessaire d'étudier, dans le chapitre qui suit, la formation de la pluie et des phénomènes de la même nature.

CHAPITRE III

En voyageant en bateau à vapeur, il arrive souvent que si l'on se dirige vers le côté du navire directement sous le vent, on se trouve au milieu d'une ondée de pluie fine. Cette averse artificielle est produite par la vapeur s'échappant du tuyau de trop-plein, que refroidit le contact de l'air froid ambiant, jusqu'à ce qu'elle se condense sous la forme de gouttelettes liquides. Toutes les averses naturelles tirent leur origine d'un procédé de condensation semblable, mais qui s'exécute dans les régions supérieures de l'atmosphère.

Il est instructif d'observer les nuages épais de vapeur qui sortent en volutes du bec d'une bouilloire ou bien du tuyau de dégagement d'une machine à vapeur. Dans la plupart des cas, on ne peut rien distinguer autour du point d'où la vapeur s'échappe, et ce n'est qu'à quelque distance de ce point que les nuages blancs font leur apparition.

Mais puisque cet espace intermédiaire se trouve directement sur le chemin de la vapeur à sa sortie du tuyau, il est clair que la vapeur doit le traverser, quoiqu'elle échappe entièrement à l'œil. En effet la vapeur d'eau ou simplement la vapeur, quand elle est pure et non condensée, est aussi transparente, aussi incolore et aussi invisible que l'air que nous respirons ou le gaz que nous brûlons. C'est seulement quand la vapeur est partiellement condensée et cesse, par conséquent, d'être réellement de la vapeur, qu'elle apparaît dans ces simulacres de nuages qu'on appelle communément « vapeur. » Si l'on pouvait regarder l'intérieur d'une bouilloire ou d'une chaudière, on ne verrait absolument rien dans l'espace qui s'étend au-dessus de l'eau bouillante. Il suffit de faire bouillir de l'eau dans un vase en verre, tel qu'une bouteille de Florence, pour observer que la vapeur reste invisible jusqu'à l'instant où elle est exposée à une influence refroidissante, comme celle d'un courant d'air froid.

Une quantité plus ou moins considérable de cette vapeur d'eau, ou simplement vapeur dans son état invisible, est constamment présente dans l'atmosphère. Elle s'élève, dans l'air, des pièces d'eau exposées aux rayons de la chaleur solaire, exactement comme la vapeur est produite dans la chaudière par une chaleur artificielle. Que cette vapeur s'échappe en spirales rapides et en formant des bulles comme dans la marche ordinaire de l'ébullition, ou lentement et sans bruit, comme dans le cours de l'évaporation, le résultat est le même, à savoir la formation d'une vapeur d'eau invisible. Mais que l'air ainsi chargé d'humidité soit suffisamment refroidi, et l'humidité qu'il contient, auparavant invisible, apparaît sous la forme de nuage, de brume ou de brouillard. Dans certaines conditions atmosphériques, la condensation va même jusqu'à un point tel que l'humidité finit par s'abattre sur la terre sous forme de pluie. Tout le monde sait que si on tient un objet froid, tel qu'un canif en acier, au milieu d'un nuage de vapeur, la surface se couvre rapidement de gouttes d'eau condensée; dans une averse, les gouttes de pluie sont produites par un procédé semblable de condensation, mais c'est la nature qui intervient ici.

Dans la plupart des cas, l'humidité atmosphérique commence par être à l'état de nuage visible ou de brouillard avant d'en arriver à se condenser en pluie. Cependant il arrive parfois que la pluie tombe d'un ciel clair et sans nuage. Après le coucher du soleil, par suite d'un refroidissement partiel, la vapeur répandue invisiblement à travers l'atmosphère se condense tout d'un coup en gouttes d'eau extrêmement fines : c'est ce qu'on appelle le *serein*. Mais de tels phénomènes sont rares et, en règle générale, on peut pleinement s'attendre à ce que la formation de la pluie soit précédée par celle de nuages.

On a avancé bien des opinions pour expliquer quelle est la condition précise de l'eau à l'état de nuage. Il fut un temps où l'on supposait communément qu'un nuage était fait d'une multitude de bulles très minces, ou de petits globules d'eau qui resteraient suspendus dans l'air en raison de leur petitesse et de leur structure creuse. Aujourd'hui il semble probable que l'eau est simplement condensée en parties très ténues, ses particules extrêmement fines restant suspendues dans l'air humide ambiant comme le ferait une fine poussière. C'est en effet de ce nom que M. Tyndall a désigné ces particules qu'il appelle *poussière d'eau*. Dans les régions supérieures de l'atmosphère la vapeur d'eau des nuages se congèle fréquemment, comme le démontrent les caractères optiques de certains nuages qui accusent une structure cristalline.

Quand un courant d'air chaud chargé d'humidité s'élève de la surface de la terre et atteint des régions plus hautes et plus froides, la portion supérieure du courant ascendant dépose son humidité sous une forme visible et produit ainsi un nuage planant au sommet d'une colonne invisible qui le soutient. Si la température s'abaisse ou que la marche du courant soit arrêtée, le nuage descend, et regagnant les régions plus basses et plus chaudes, revient à son état primitif de vapeur invisible et se dissipe. Observez les nuages de vapeur qui s'échappent de la cheminée d'une locomotive et vous verrez qu'à mesure qu'ils s'éloignent en flottant dans l'air, ils disparaissent graduellement. En réalité ils sont absorbés par l'atmosphère, et plus l'air se trouve sec et chaud, plus il boit avidement leur humidité.

Mais si un courant d'air chaud et humide rencontre un courant plus froid, sa température s'abaisse et il perd plus ou moins de son humidité. Les vents du sud-ouest, après avoir passé sur les eaux relativement chaudes de l'Atlantique, arrivent en France chargés d'humidité et tout prêts à déposer une partie de leur charge dès qu'ils seront suffisamment refroidis, comme ils peuvent l'être, par exemple, par la rencontre d'un vent d'est froid. Les vents du sud-ouest sont donc ceux qui nous apportent le plus souvent la pluie.

Si fantastiques et variées sont les formes que présentent les nuages qu'elles semblent à première vue défier toute classification scientifique. Cependant en 1802, un météorologiste éminent, M. Luke Howard, proposa dans un essai « *On the Modifications of Clouds* » (*Sur les Modifications des Nuages*) un système de nomenclature et de classification ; ce système a été depuis lors si communément adopté que les termes dont il s'est servi sont fréquemment employés dans les descriptions populaires de paysage. En se reportant à la figure 11, on acquerra des formes typiques des nuages une notion meilleure que ne pourraient en donner les plus longues descriptions techniques.

On peut voir souvent des nuages blancs, délicats et floconneux flotter dans les régions supérieures de l'at-

mosphère où ils sont réunis en groupes courant dans des
directions plus ou moins parallèles. Fréquemment les
nuages de cette classe rappellent par leurs filaments
bouclés l'aspect de plumes d'oiseau ou d'une touffe
de cheveux ; aussi leur a-t-on donné le nom de *cirrus* [1].
Quand leurs flocons arrondis s'étendent en lignes irré--

Fig. 14. — Différentes formes des nuages ; ces formes : stratus, cumulus, cir us,
nimbus, sont respectivement représentées par 1, 2, 3 ou 4 oiseaux.

gulières et moutonnées, on que dit le ciel est *pommelé*.
Les cirrus sont toujours très élevés, parfois à quinze ou
seize mille mètres au-dessus de la surface de la terre,
et on peut les voir souvent portés par quelque courant
des couches supérieures de l'atmosphère, se mouvoir
dans une direction opposée à celle du vent qui souffle au-
dessus de la surface. Ce sont ces nuages que l'on suppose

1. *Cirrus*, boucle.

faits de particules de glace extrêmement fines (p. 42),
parce qu'ils produisent, quand ils viennent à se placer
entre nous et le soleil ou la lune, ces cercles colorés
connus sous le nom de halos.

Bien différent du cirrus est le *cumulus* [1] si connu, nuage
épais fait d'entassements qui dressent comme des tours
leurs formes convexes ou concaves reposant sur une base
presque horizontale. Différents encore sont ces nuages
s'étageant en assises continues que l'on voit souvent
s'étendre au loin dans une direction horizontale, d'où
leur nom de *stratus* [2].

Il arrive fréquemment que les nuages observés ne ren-
trent dans aucune catégorie de la classification précédente. Il se peut qu'au lieu d'appartenir à une classe précise, ils combinent les caractères de deux groupes ou
davantage; dans ce cas, on forme les désignations
expressives en combinant les termes élémentaires qui
précèdent. Ainsi le bel effet de ce ciel strié et comme
écaillé de lames d'argent que l'on voit parfois aux heures
déclinantes du jour, est dû à de nombreux nuages détachés aux formes composites appelées *cirro-cumulus* [3].
On peut avoir de même un *strato-cirrus* et un *strato-
cumulus*, mais ces mots s'expliquent assez d'eux-mêmes.
Le nuage pluvieux à la marche lourde, qu'on appelle
le *nimbus* [4], est une forme composite décrite parfois
comme un *cumulo-cirro-stratus*. C'est ce nuage ou
système de nuages d'un gris sombre, véritable réservoir
de pluie.

Dans les comptes-rendus météorologiques, il est utile
de pouvoir indiquer approximativement l'étendue du ciel

1. *Cumulus*, amas.
2. *Stratus* ou *stratum*, assise.
3. C'est ce que les Anglais désignent par l'expression populaire et in-
traduisible de « Macquerel Sky. »
4. *Nimbus*, nuage pluvieux.

que couvre un nuage à un moment donné. On y réussit en se servant d'une échelle arbitraire. Ainsi un ciel bleu clair est représenté par zéro, un ciel complètement obscurci par 10, les chiffres intermédiaires de 0 à 10 exprimant la proportion variable de l'état nuageux.

On a montré que quand la vapeur d'eau se condense dans les régions supérieures de l'atmosphère, elle donne naissance aux nuages. Mais si la condensation s'opère près de la surface de la terre, elle produit ces vapeurs visibles connues sous le nom de *brume* ou *brouillard*. En dehors de leur lieu de naissance, il n'y a guère de différence, s'il y en a, entre un nuage et un brouillard. Un brouillard est un nuage formé à la surface du sol; un nuage est un brouillard flottant dans les régions élevées de l'air.

Quand la température de l'air humide aux alentours de la surface de la terre est suffisamment abaissée, l'humidité peut se condenser sous forme de brume ou de brouillard. C'est ainsi que les brouillards sont établis comme à demeure fixe au-dessus des bancs qui s'étendent au large de la côte de Terre-Neuve; ils y sont produits par la rencontre de l'air humide et chaud du Gulf-Stream [1] et de l'air froid du courant du Labrador. De même, les « icebergs » sont souvent enveloppés de brouillards, simplement parce qu'une telle masse de glace refroidit l'air ambiant et précipite ainsi son humidité. De même encore les montagnes sont fréquemment environnées de vapeurs, parce que l'air chaud se refroidit, en remontant leurs versants, au point où son humidité se condense partiellement. C'est ainsi enfin que la position d'une rivière est souvent marquée par la brume; peu importe alors que la

1. On expliquera au chapitre XI que le Gulf-Stream est un courant d'eau chaude qui sort du golfe du Mexique et coule à travers l'Atlantique; le courant du Labrador est un courant d'eau froide descendant du Nord le long de la côte du Labrador.

température de l'eau soit inférieure ou supérieure à celle
de l'air qui l'environne : dans le premier cas, l'air est refroidi par le contact de l'eau et se décharge de son humidité ; dans le second, de l'eau relativement chaude se
dégage plus de vapeur que l'air n'en peut absorber à la
température donnée. Les Iles Britanniques dont des
eaux tièdes baignent le littoral occidental sont particulièrement sujettes aux brouillards, et, de tous les
endroits, les grandes villes situées sur des rivières en
sont le plus affectées, parce que la chaleur artificielle et l'humidité de l'air au-dessus d'un fleuve déter-
minent des conditions favorables à la production des
brouillards dès que l'air est suffisamment refroidi. Le
brouillard proverbial de Londres doit son épaisseur
et sa couleur sombre à la fumée, c'est-à-dire aux
particules de matière carbonique disséminées dans
l'atmosphère et mélangées avec de l'eau partiellement
condensée.

Tant que l'eau persiste dans l'état de nuage ou de
brouillard, ses particules sont si ténues qu'elles demeurent suspendues en l'air ou s'élèvent au souffle du
plus léger courant. Mais quand ces gouttelettes se réu-
nissent, elles forment des gouttes trop lourdes pour rester en l'air et elles sont précipitées sur la terre sous forme
de pluie. La « chute de pluie », ou la quantité de pluie qui
tombe sur une localité quelconque, est un élément très
important dans la détermination de son climat.

Que veut dire un météorologiste quand il dit, dans son
langage technique, que la chute de pluie annuelle à Paris,
est d'environ 67 centimètres ? Il veut dire simplement par
là que si l'on pouvait recueillir toute la pluie qui tombe
sur un terrain uni à Paris durant une année moyenne,
sans que rien s'en perdît par évaporation, écoulement à
la surface ou infiltration à l'intérieur, cette pluie formerait
à la fin de l'année une couche recouvrant ce terrain à la

hauteur uniforme de 67 centimètres. L'accumulation
de la pluie d'une année constituerait ainsi une masse d'eau
considérable. Si l'on se rappelle que 1 centimètre de pluie
représente environ 100 000 kilogrammes ou 100 mètres
cubes d'eau par hectare, on verra que chaque hectare de
la capitale ne reçoit pas moins par an, quand l'année n'est
ni très humide ni très sèche, de 6 700 000 kilogrammes
ou 6 700 mètres cubes de pluie. Paris couvrant 7802 hectares, la chute totale de pluie ne s'y élève donc pas à moins
de 52 273 400 mètres cubes.

En traversant la France de l'est à l'ouest, on trouve
en général que la chute de pluie augmente à mesure que
l'on se rapproche de la mer. Ainsi dans le bassin de la
Seine, la couche de pluie varie d'environ 80 centimètres
dans la partie maritime à 67 centimètres à Paris et à
40 centimètres dans la Champagne. Si l'on considère
l'ensemble du bassin de la Seine, on peut dire que la
moyenne annuelle de pluie y est d'à peu près 63 centimètres (moyenne de la France 77). Or la superficie du
bassin, comme on l'a déjà dit, est d'environ 77 000 kilomètres carrés. Supposez donc une nappe d'eau d'une
profondeur uniforme de 622 mètres recouvrant la
superficie de Paris ; ou bien encore sur une base carrée
de trois kilomètres de côté (la distance du Louvre à
l'Observatoire) une tour gigantesque à quadruple face
entièrement remplie d'eau douce et qui s'élèverait à
5400 mètres : ce lac ou cette énorme colonne repré-
senterait la quantité d'eau qui tombe sur la surface du
bassin de la Seine dans l'espace de douze mois. Et il
faut avoir présent à l'esprit que chaque goutte de cette
eau a existé à un moment dans l'atmosphère à l'état
de vapeur invisible. En un sens on peut donc dire avec
vérité que la Seine a sa source dans l'air.

Si l'on franchit les limites occidentales du bassin de
la Seine, on trouve que la chute de pluie devient de plus

en plus forte jusqu'au promontoire occidental de la Bretagne où elle dépasse 90 centimètres. Néanmoins, c'est dans les Cévennes et dans le massif de la Lozère, dans le voisinage des sources de l'Ardèche, que le maximum est atteint en France; on a relevé 2^m,46 à Villefort en 1864.

En examinant la distribution de la pluie, on découvre qu'elle est réglée en partie par la configuration physique du pays et en partie par la nature des vents dominants. Dans le voisinage des montagnes, la couche de pluie est supérieure parce que, comme on l'a déjà indiqué, l'air humide entraîné sur le versant de la montagne subit un refroidissement dans cette ascension et se décharge en conséquence de son humidité.

Cette règle se vérifie dans le bassin même de la Seine. Aux Settons, dans le Morvan, à une altitude de 596 mètres, on a mesuré, en 1868, 2 mètres de pluie, tandis qu'à Avallon, à une altitude de 240 mètres, la hauteur de la pluie ne dépassait pas, la même année, 61 centimètres. Aussi les cartes représentant la distribution des pluies en France donnent-elles généralement une idée assez exacte du relief du sol; elles sont, pour l'œil, de véritables cartes hypsométriques où la hauteur de la couche de pluie correspond au niveau des terrains. Un plateau, c'est-à-dire une plaine élevée environnée de montagnes, ne reçoit généralement que peu de pluie, parce que les vents, quand ils y arrivent, ont plus ou moins déposé leur humidité en passant sur le cercle des montagnes voisines. Pour la même raison, il ne tombe d'ordinaire que peu de pluie sur le versant directement sous le vent d'une montagne, et nombre de montagnes ont, en conséquence, un versant humide et un versant sec, le versant humide étant naturellement celui dans la direction duquel soufflent les vents prédominants. Quant à l'influence des vents sur la pluie, il est

évident qu'apres être passé sur une vaste étendue d'eau
relativement chaude, l'air doit s'être chargé d'humidité,
et que cette humidité se précipitera, dès qu'elle sera
exposée à des influences réfrigérantes. Aussi les vents
du sud et de l'ouest apportent la pluie dans la plus
grande partie de l'Europe, comme en Angleterre et en
France, et la chute de pluie est le plus considérable
dans les régions de l'ouest les plus exposées, telles que
les côtes du Portugal, de l'Espagne, de la France, de
la Grande-Bretagne et de la Norvège. Une statistique
intéressante met en lumière l'influence du vent du sud-
ouest sur la quantité de pluie : on a calculé qu'à Paris,
« sur cent jours, le vent du nord amène 13 jours de
pluie ; le vent du nord-est, 9 ; le vent d'est, 11 ; le vent
du sud-est, 29 ; le vend du sud, 39 ; *le vent du sud-ouest,*
85 ; le vent d'ouest, 54 ; le vent du nord-ouest, 18[1]. »

C'est dans les régions où la chaleur du soleil est intense et où circulent dans l'atmosphère de puissants
courants d'un air brûlant saturé de vapeur d'eau, que l'on
rencontre les pluies les plus fortes. Mais les grandes
pluies tropicales n'ont lieu généralement qu'à des époques déterminées, durant la *saison des pluies*, et ne
sont pas disséminées dans l'année entière comme dans
la zone tempérée.

Les monts Khasi, à 160 kilomètres environ au nord-
est de Calcutta, présentent la chute de pluie la plus
considérable du monde. Sir J. Hooker y enregistra plus
de 12^m,50 durant un séjour de neuf mois et la couche
totale annuelle y atteint à peu près 13^m,10. D'autre
part, il y a certaines localités où la quantité de pluie
est très médiocre ou même nulle ; au premier rang
parmi ces régions sans pluie sont la Haute-Égypte,
le Sahara, le désert de Gobi dans l'Asie centrale et le

1. Niox, *Notions de géologie, de climatologie,* etc.

littoral du Pérou. A mesure qu'on s'éloigne des régions les plus chaudes de la terre, soit vers le nord, soit vers le sud, la chute de pluie, en règle générale, diminue, en sorte qu'on peut dire avec une vérité relative que la quantité de pluie est le plus considérable là où les jours pluvieux sont le moins nombreux.

Dans les régions tempérées le chiffre des jours pluvieux varie avec les localités et les saisons. Mais il n'est pas aisé de savoir exactement ce que signifie une expression aussi vague, « une journée pluvieuse. » Aussi, afin d'assurer l'uniformité des observations, M. Symons a-t-il proposé aux météorologistes de considérer comme « jour pluvieux » toute journée où la quantité de pluie atteint $\frac{1}{4}$ de millimètre environ.

Une observation qu'on a souvent lieu de faire, c'est que la quantité de pluie varie non seulement avec les localités, mais dans une même localité avec les époques. Une année peut être beaucoup plus humide qu'une autre. On en vit un exemple remarquable dans la chute de pluie exceptionnelle de 1872 : l'abondance des pluies fut extraordinaire dans la plupart des régions et sans précédent dans quelques-unes. On croit que jamais, depuis l'origine des observations, qui remontent maintenant à deux siècles, on n'avait enregistré une telle chute de pluie.

Il est curieux de comparer la quantité de pluie de 1872 avec celle de l'année suivante qui fut remarquablement sèche. Ainsi M. Symons a enregistré la quantité de pluie tombée dans Camden Square à Londres, comme atteignant $0^m,84$ en 1872 et seulement $0^m,56$ en 1873. Mais si frappante que soit ici la différence, elle fut encore plus marquée dans d'autres localités. Ainsi à Barnsley, la chute de pluie en 1872 fut de $1^m,05$ et en 1873 de $0^m,37$ seulement; en d'autres termes, la quantité de pluie dans cette année sèche ne fut que 38 pour 100 de celle de l'année précédente.

Il ne sera peut être pas sans utilité, avant de quitter
ce sujet, d'expliquer comment on peut déterminer dans
une station quelconque la chute de pluie. Quoique
l'opération soit extrêmement simple, on a imaginé de
nombreux genres de pluviomètres. La figure ci-jointe
(fig. 12) en représente une forme très simple recom-
mandée dans les *Instructions in the Use of Meteorogical
instruments* (1875), composées par M. R. H. Scott,
Directeur du *Meteorogical Office*. L'instrument ne con-

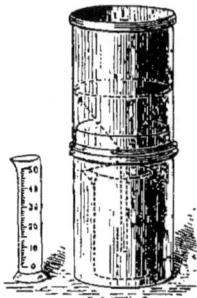

siste guère qu'en un tuyau métallique
et circulaire pour recevoir la pluie
et un réceptacle pour l'emmagasiner.
Toute la pluie qui tombe sur l'orifice
ouvert est recueillie et n'est exposée,
une fois recueillie, qu'à une faible diminution par évaporation. La surface
du collecteur varie selon les formes
de l'appareil; le *Meteorogical Office*
emploie un tuyau de vingt centimètres

Fɪ. 12. — Pluviomètre.

de diamètre. Au moyen du cylindre
qui entoure le sommet du tuyau, on peut recueillir la
neige, mais il y a des difficultés sérieuses à faire des observations exactes sur la chute de la neige. Une remarque
curieuse, c'est que des pluviomètres, placés à des hauteurs différentes dans une même localité, recueillent des
quantités de pluie inégales, le pluviomètre placé à un
niveau plus bas marquant toujours une quantité supérieure à celle indiquée par le pluviomètre plus élevé. Dans
tous les cas, il faut, naturellement, placer l'instrument
dans une situation aussi exposée que possible. Tous les
matins à neuf heures on transporte du collecteur à
un vase en verre gradué, la pluie reçue durant les
vingt-quatre heures précédentes et on enregistre soigneusement la quantité recueillie.

Une partie de la pluie qui tombe dans une région

quelconque, telle que le bassin de la Seine, se perd par
évaporation et passe invisiblement dans l'air ; en même
temps une autre partie s'infiltre à travers le sol et semble
aussi s'y perdre, et enfin une certaine quantité s'écoule
à la surface vers des niveaux plus bas. D'après des
calculs dignes de foi, les fleuves ne conduisent à la mer
que le tiers environ de l'eau qui tombe sur leur bassin
sous forme de pluie, l'évaporation et les végétaux absorbant les deux autres tiers. La pluie disparaît ainsi de
trois manières, mais la proportion entre les trois quantités varie considérablement selon les localités et selon
les époques dans une même localité. Elle dépend du
climat et de la saison, de la nature du sol et de la configuration physique de la région. Mais quelle que soit la
proportion, la pluie absorbée par le sol et celle qui
s'écoule à la surface contribuent tôt ou tard à la formation
de sources et de ruisseaux[1]. C'est de la sorte que la pluie
alimente indirectement les rivières, puisque les rivières
elles-mêmes, comme nous l'avons déjà vu, sont surtout
alimentées par les sources et les ruisseaux. Plus il tombe
de pluie sur la surface, plus est considérable, par conséquent, le débit de la rivière. « Les rivières, a dit le
capitaine Maury, sont les pluviomètres de la nature. »

L'humidité atmosphérique se condense fréquemment
sous d'autres formes que celle de pluie. Si l'on apporte
dans une chambre où la température est élevée un verre
plein d'eau puisée récemment à une source froide, on
voit la surface extérieure du verre perdre peu à peu son

---

1. De ce qu'on a dit touchant l'origine des sources, il résulte qu'in-
dépendamment des effets de l'évaporation, la quantité d'eau qui arrive
à une rivière peut être inférieure à celle qui tombe sous forme de pluie
sur son bassin, parce qu'une partie peut aller alimenter les sources d'autres
bassins. D'autre part aussi, la quantité d'eau charriée par une rivière peut
être infiniment supérieure à celle qui tombe sur son bassin si la structure géologique est telle qu'elle amène jusqu'aux sources du fleuve les
pluies de régions situées au delà des limites de son bassin.

éclat; de nette et luisante qu'elle était elle devient terne
et bientôt on peut voir des gouttes d'eau glisser vers le
bas sur les parois du vase. Certaines espèces de verre, il est
vrai, telles que le vieux verre de Venise, exsudent constamment de l'humidité; on a beau essuyer la surface,
elle redevient bientôt humide : effet probablement dû
à un excès de soude dans le verre. Mais l'humidité qui
apparaît sur un verre ordinaire, dans les circonstances
indiquées plus haut, est évidemment due à une cause
entièrement différente, puisqu'elle se produit avec une
rapidité égale sur un verre d'une composition chimique
quelconque ou sur un vase en métal poli. Il est donc
évident que l'humidité ne vient pas de la substance
du vase lui-même et qu'elle ne se produit pas non
plus par infiltration à travers les parois du vase, car
le métal n'est pas poreux. La seule source d'humidité
qui reste, c'est le milieu environnant, ou l'atmosphère.
Ce milieu contient toujours plus ou moins de vapeur
d'eau prête à se déposer sur un objet quelconque
dès qu'il est suffisamment refroidi, et le refroidissement nécessaire est amené par l'eau froide du
vase de verre ou de métal. On appelle *rosée* l'humidité qui se dépose ainsi sur une surface froide
quelconque.

La proportion de vapeur d'eau que l'atmosphère peut
renfermer dépend principalement de la température de
l'air; plus la température est basse, moins l'atmosphère
en conserve. Si l'air est tellement chargé d'humidité
qu'il n'en puisse prendre davantage, on dit qu'il est
saturé. Quand un volume d'air humide est refroidi, le
point de saturation est atteint graduellement et l'air
étant saturé, tout nouveau refroidissement amène un
dépôt de rosée; c'est pourquoi l'on appelle *point de
rosée* la température à laquelle cette transformation
s'opère. On peut déterminer ce point de bien des

manières ; mais il n'est pas sans intérêt de noter que quelques-uns des instruments employés pour cette détermination reposent sur le principe dont nous venons de parler. Ainsi l'instrument construit par Daniell et représenté dans la figure 13, consiste en un tube de verre recourbé à angles droits et terminé à chaque extrémité par une boule ; une de ces boules, A, contient de l'éther ; l'autre, B, est vide et enveloppée de mousseline. Si l'on répand quelques gouttes d'éther sur cette mousseline, la vapeur d'éther à l'intérieur du tube se condense et le liquide du ballon A s'évapore rapidement ; mais cette évaporation est accompagnée d'un abaissement de température et en conséquence la boule A se refroidit rapidement. Quand la température de l'air ambiant est suffisamment abaissée, le point de rosée est atteint

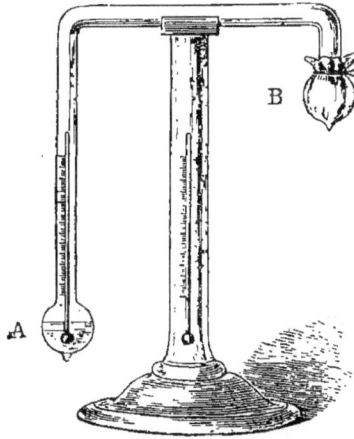

Fig. 13. — Hygromètre de Daniell.

et un nuage d'humidité se dépose alors à l'extérieur sur la boule A. La température à laquelle ce phénomène se produit est indiquée approximativement par le thermomètre placé à l'intérieur de la boule, la température de l'air extérieur étant donnée par le thermomètre placé sur le support vertical. Dans une autre forme de l'instrument imaginée par M. Regnault, l'humidité se précipite sur la surface d'un petit dé en argent poli. On peut voir néanmoins que ces deux instruments ne sont que des modifications ingénieuses de l'expérience que nous faisons journellement avec le verre d'eau froide.

Après le coucher du soleil, par une nuit claire, l'herbe

et les autres objets à la surface de la terre émettent la
chaleur qu'ils ont absorbée pendant le jour, alors que
le soleil brillait au-dessus d'eux, et leur température
s'abaisse ainsi graduellement. L'air en contact avec ces
objets se refroidit ainsi et en se refroidissant, perd de
plus en plus de son aptitude à retenir son humidité jusqu'à ce qu'enfin, le point de rosée étant atteint, des
gouttes de liquide viennent se déposer sur les brins
d'herbe. Certains corps émettent ou perdent *par rayonnement* leur chaleur beaucoup plus rapidement que
d'autres et la rosée se dépose abondamment sur ces
substances qui ont un grand pouvoir émissif.

Ainsi on peut voir parfois dans un jardin tous les brins
d'herbe décorés de gouttes étincelantes de rosée, tandis
qu'à côté le chemin sablé demeure presque sec. L'herbe
s'est dépouillée de sa chaleur, et s'est en conséquence
refroidie, plus rapidement que le sable; aussi la rosée
s'est-elle répandue plus abondamment sur l'herbe que
sur le sable.

Tout ce qui empêche le rayonnement ou l'émission de la
chaleur des corps terrestres tend à prévenir la formation
de la rosée. Un nuage, par exemple, produit ce résultat,
parce qu'il réfléchit, ou renvoie vers la terre, la chaleur
qui, autrement, se fût répandue dans l'espace. C'est donc
dans les nuits les plus claires que la rosée est le plus
abondante. Une atmosphère calme favorise aussi la formation de la rosée, car il est évident que l'agitation produite par des courants d'air doit nuire au refroidissement
local tout en favorisant l'évaporation de la rosée qui peut
s'être déposée.

Ce n'est qu'au commencement de ce siècle qu'on a
réussi à expliquer complètement ce phénomène si simple
de la formation de la rosée. A la vérité, on avait fait sur
ce sujet des observations bien antérieures, mais il
devait appartenir à un Américain fixé en Angleterre, le

Dr W. C. Wells, de faire l'enquête systématique des conditions dans lesquelles la rosée se dépose. Après de longues et patientes investigations, il publia en 1814 son fameux essai intitulé *The Theory of Dew* (*Théorie de la Rosée*), et l'explication si simple qu'il donne dans cet essai a été confirmée par les recherches postérieures.

L'humidité atmosphérique se précipite non seulement en pluie et en rosée, formes particulières que nous avons étudiées dans ce chapitre, mais aussi parfois sous celles de neige et de givre, dont la production fait le sujet du chapitre suivant.

CHAPITRE IV

CRISTALLISATION DE L'EAU : LA NEIGE ET LA GLACE

Dans notre pays, pendant la plus grande partie de l'année, l'humidité atmosphérique se condense à l'état liquide en partie sous la forme de pluie, en partie sous celle de rosée. Mais quand la température de l'air s'abaisse au-dessous du point de congélation, l'eau, incapable de persévérer dans l'état liquide, se solidifie et l'humidité atmosphérique se précipite en conséquence sous forme de neige, au lieu de pluie, et sous forme de givre au lieu de rosée. Il importe de savoir la manière dont s'opère cette grande transformation dans la condition physique de l'eau.

L'observation de chaque jour nous montre que presque tous les corps diminuent de volume en se refroidissant. En règle générale, l'abaissement de la température a pour effet de resserrer les molécules dont un corps quelconque se compose et de réduire leur volume. Supposez une certaine quantité d'air enfermé dans un vase dont l'orifice tourné vers le bas plongerait dans une cuve à eau ou à mercure; cet air, à une température donnée, a un certain volume, mais si la température s'abaisse, son volume se réduit, c'est-à-dire qu'il occupe moins de place, si bien que l'eau ou le mercure tend à s'élever dans le vase pour remplir la place que laisserait vide la contraction de l'air. On a découvert par une observation attentive que le retrait augmente avec une grande régularité à mesure que l'air se refroidit, mais nous n'avons pas à nous inquiéter pour le moment de la loi de contraction.

Or, de la vapeur d'eau, de celle qui existe dans l'atmosphère, on peut dire avec une exactitude relative qu'elle a une constitution physique analogue à celle de l'air auquel elle est associée. Mais cette vapeur en se refroidissant atteint bientôt une limite au-dessous de laquelle tout nouveau refroidissement détermine sa condensation en eau. En fait la vapeur d'eau ou vapeur diffère des fluides tels que l'air, surtout par la faculté qu'elle possède de se condenser ou de se liquéfier.

La vapeur d'eau étant passée de la sorte à l'état liquide, il importe d'observer l'effet produit par un abaissement encore plus grand de sa température. A mesure que l'eau se refroidit, le volume du liquide diminue. Pour la plupart des liquides, cette réduction de volume continue jusqu'à ce que leurs molécules aient perdu cette faculté de glisser les unes sur les autres qui est caractéristique des liquides, et jusqu'à ce que le liquide mobile se soit transformé en un corps solide compact et rigide.

La matière solide ainsi obtenue par la congélation de l'eau s'appelle *glace*. Il importe cependant de noter que l'eau et quelques autres liquides, au lieu de continuer régulièrement à se contracter à mesure qu'ils se refroidissent, atteignent une limite à laquelle la contraction s'arrête et est remplacée par l'expansion ; c'est ainsi que l'eau solidifiée occupe réellement une place beaucoup plus grande que le liquide dont elle provient. Une conduite d'eau venant à crever durant une gelée, ou une cruche qui éclate sous la pression du liquide congelé, nous enseignent d'une manière pratique que l'eau, durant le cours de sa solidification, subit un accroissement considérable de volume.

Par suite de cette expansion, un morceau de glace pèse nécessairement beaucoup moins qu'un volume égal d'eau ; si, par exemple, on trouve qu'un volume d'eau, à la température à laquelle son poids relatif est le plus élevé, pèse 1000 kilogrammes, un volume égal de glace ne pèsera que 916 kilogrammes. Aussi la glace flotte-t-elle sans peine sur l'eau, un dixième environ seulement de son volume restant au-dessus de la surface. C'est ce qu'on peut vérifier en plongeant un morceau de glace dans un verre d'eau et en comparant la partie qui dépasse la surface à celle qui s'enfonce au-dessous (fig. 14).

Fig. 14. — Glace dans l'eau.

L'eau de mer est plus dense, ou plus lourde à égalité de volume, que l'eau douce ; il en résulte qu'une masse de glace flottant dans l'Océan s'élève plus haut : un neuvième environ de son volume est apparent.

Ainsi, dans ces énormes masses de glace que l'on voit souvent flottant en mer et qui sont connues sous le nom d'*icebergs*, le volume de la glace immergée est près de huit fois plus grand que celui de la glace qui surnage. Mais on doit se rappeler que le rapport des hauteurs de la partie immergée et de la partie exposée de l'iceberg se modifie selon la forme de la masse ; et probablement dans bien des cas, la forme de l'iceberg est telle qu'elle détermine une immersion beaucoup moindre, proportionnellement à sa hauteur totale, au-dessous de la surface, que celle représentée dans la figure 14.

Il ne faut pas croire que la substance dure et compacte produite par la congélation ou la solidification de l'eau soit un corps solide ayant une structure homogène, comme un morceau de verre. Regardez par une froide matinée la fenêtre d'une chambre à coucher et vous verrez probablement que la vapeur d'eau de la chambre s'est condensée sur la vitre et s'est congelée sous la forme de glace solide; mais vous observerez immédiatement que cette glace, au lieu de se répandre uniformément sur la surface de la vitre, s'est projetée dans des directions définies en produisant de beaux rameaux rappelant le gracieux feuillage d'une fougère. En réalité la glace a adopté des formes bien déterminées connues sous le nom de *cristaux*.

Dans les roches du Snowdon, en Angleterre, dans les Alpes du Dauphiné, en France, et dans une foule d'autres régions, on trouve une belle substance transparente, d'une grande dureté et qui affecte des formes très régulières. Ces formes, représentées dans la figure 15[1], ressemblent d'ordinaire à de petites tours à six faces surgissant de la roche dans toutes les directions, et se terminant à une extrémité ou parfois même aux deux par une courte flèche hexagonale. Les faces sont aussi lisses et aussi brillantes que si elles venaient d'être polies par la roue du lapidaire, et les arêtes sont aussi effilées et aussi droites que si elles avaient été taillées par un habile ouvrier. Les anciens, familiers avec ces minéraux transparents et incolores tels qu'on les rencontre dans les roches granitiques des Alpes, supposaient qu'ils étaient faits de glace et n'étaient au fond que de l'eau congelée par un froid si intense qu'il était impossible de la dégeler. C'est ainsi que du mot grec signifiant *glace*

---

1. Les lignes tracées sur ces cristaux indiquent l'ombre et non pas des marques existant sur les spécimens naturels. Les prismes des cristaux de roches sont souvent marqués par des lignes, mais ces lignes coupent les prismes au lieu de s'étendre longitudinalement dans la direction de l'ombre de la figure.

(χρύσταλλος) nous vient notre terme de *cristal*. La substance
dont on vient de parler comme ayant donné naissance
au mot *cristal* est connue sous le nom de *cristal de
roche*, et doit être familière à la plupart de nos lecteurs;
elle est communément employée par les joailliers dans
la fabrication de certains objets d'ornement, et les opti-
ciens en font des verres de lunettes. Le terme de *cristal*
s'applique maintenant à toutes les formes solides symé-
triques que prend spontanément la matière inanimée.

FIG. 15. — Cristal de roche.

Le cristal de roche se trouve parfois en cristaux d'une
forme gigantesque, parfois en échantillons extrêmement petits. Cette inégalité semble montrer que
des substances de même nature peuvent prendre des
formes infiniment variées quant à leurs dimensions. Il y
a quelques années, on trouva dans les cavités d'une
roche au-dessus du glacier de Tiefen, en Suisse, d'é-
normes échantillons de cristal de roche d'une teinte
sombre; un de ces échantillons, baptisé le *Grand-Père*,
ne pesait pas moins de 125 kilogrammes, et un autre,
surnommé le *Roi*, pas moins de 115 kilogrammes.
Et pourtant on peut obtenir cette même substance en

cristaux si minces qu'il faut l'aide d'un microscope
pour les distinguer. Une telle variété de dimensions
dans la même espèce de matière cristalline n'a point
d'analogue chez les corps vivants. Il est vrai que certains animaux, que certaines plantes, placés dans des
conditions très favorables, peuvent dépasser leurs dimensions ordinaires, mais cette croissance exceptionnelle est enfermée dans des limites comparativement
étroites. Au contraire il n'y a nulle limite à la croissance
d'un cristal; ses dimensions s'augmentent par l'addition
de matière venant du dehors, et, tant que de la matière
nouvelle s'offre à lui, il continue à se développer. Un
mince cristal d'alun, par exemple, suspendu dans une
solution saturée du même sel, s'accroît graduellement
par le dépôt d'alun solidifié venu du milieu environnant.
Ce mode d'accroissement est donc entièrement différent
de la méthode de croissance d'un corps vivant. C'est
exactement comme si un homme pouvait réellement
devenir plus gros en revêtant pardessus sur pardessus,
au lieu de se développer du dedans même par le procédé
ordinaire de la nutrition.

De même qu'il n'y a rien de déterminé dans les dimensions d'un cristal particulier, de même il n'y a rien de
déterminé dans les dimensions de plusieurs des faces du
cristal. Une pointe ou pyramide hexagonale de cristal de
roche peut avoir une face très large et la suivante assez
petite pour n'être guère plus large qu'une simple ligne.
Les dimensions du cristal et les dimensions de la face
ne comptent donc pour rien, mais ce qui importe dans
l'étude des cristaux, c'est la pente ou l'inclinaison d'une
face sur l'autre, en d'autres termes, l'angle de deux faces
consécutives. Une suite de faces dans une relation symé-
trique, telles que le sont les six faces du prisme du cristal
de roche, s'appelle en langage technique une *forme cristalline*, et les faces d'une forme quelconque, quelque

irrégulières que soient leurs dimensions et leurs apparences, sont toujours inclinées l'une sur l'autre suivant
un même angle.

Quoique toutes les substances ne soient pas capables de
prendre des formes aussi régulières, cependant tous les
corps, y compris l'eau, sont susceptibles de cristalli-
sation. Quand l'eau se solidifie par le fait de l'abaissement
de la température, les molécules se groupent dans des
directions définies et produisent de la sorte des solides
de formes déterminées très voisines de celles du cristal
de roche. En fait le même genre de symétrie caractérise
les formes de la glace et les formes du cristal de roche,
et cette symétrie est telle qu'on peut diviser en six parties
semblables chaque cristal. Les meilleurs exemples de
cette symétrie hexagonale de l'eau solidifiée sont fournis
par les cristaux de la *neige*.

Si l'air est calme pendant une tempête de neige, on
remarque que chaque flocon qui tombe est d'une
forme régulière. Et en effet un flocon de neige parfaitement formé est un petit cristal d'une délicatesse exquise ;
mais il arrive généralement qu'un flocon est fait de plusieurs de ces cristaux groupés ensemble. On peut se former une idée de la beauté et de la variété des cristaux
de neige en se reportant à la figure 16, qui représente
quelques-unes des formes observées dans les régions
arctiques par le Capitaine Scoresby. On en a décrit plus
de mille espèces différentes, mais, si variées qu'elles
soient, elles sont toutes caractérisées par le même genre
de symétrie. Quelques-uns de ces flocons de neige sont
simplement de petites baguettes solides ou des lames
plates, chaque flocon ne renfermant pas moins de six
de ces aiguilles ; d'autres sont des pyramides hexago-
nales, mais la forme la plus commune est celle de petites
étoiles à six pointes diversement modifiées. Chaque étoile
a un centre de glace semblable à un noyau d'où

rayonnent à angles réguliers six petites tiges ou aiguilles de glace, et de ces rayons se détachent parfois
des rayons secondaires ou petits rayons, produisant ainsi
des étoiles complexes d'une grande beauté, mais toujours
fidèles, en dépit de leur complexité, à la symétrie hexagonale du système auquel la glace se rattache. Chaque

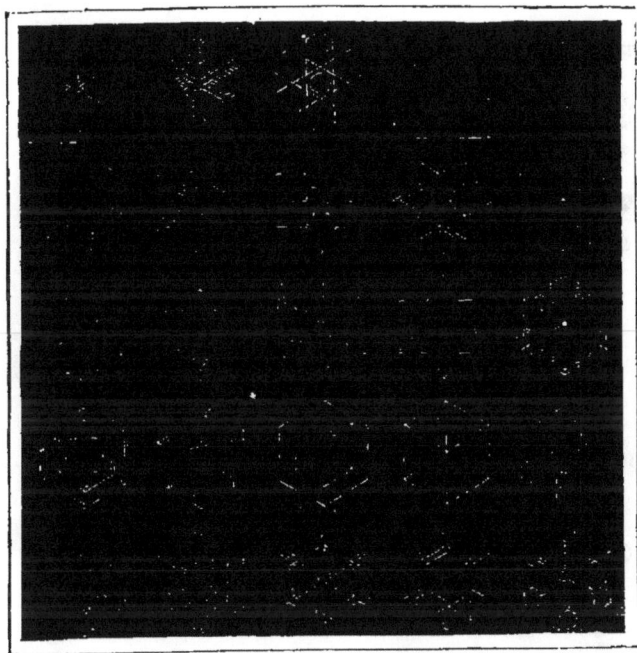

Fig. 16. — Cristaux de neige.

partie du modèle est répétée six fois autour du centre
commun, comme c'est généralement le cas avec les formes
d'une symétrie si belle qu'on voit dans un kaléidoscope
ordinaire.

Bien que la glace ne laisse pas voir en général de cristaux bien définis, elle n'en est pas moins composée de
particules cristallines entremêlées. M. Tyndall a montré
comment on peut mettre en lumière cette belle archi-

tecture en soumettant un bloc de glace à l'action d'un
rayon solaire ou même à celle d'un rayon de lumière
électrique. Une partie de la chaleur pénètre dans la
masse solide et détermine une liquéfaction intérieure
qui s'opère avec une grande régularité. On voit d'abord
apparaître dans la glace des petits points brillants et
de chacun de ces points comme centre partent six

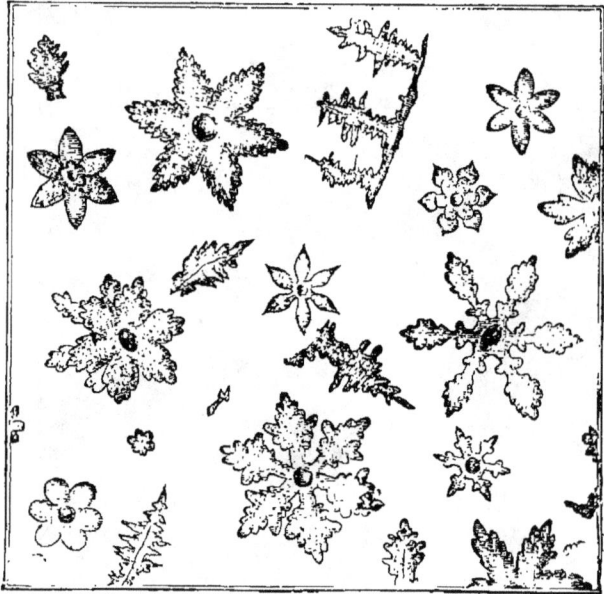

FIG. 17. — Fleurs de glace.

rayons produisant des figures pareilles à celles représentées dans la figure 17. Ces belles formes qui ressemblent
généralement à des fleurs à six pétales ou à six feuilles
florales ne sont pas des cristaux solides comme nos cristaux de neige, mais simplement des cavités de dimensions régulières remplies d'eau; on peut même les
appeler cristaux *négatifs* ou *inverses* produits par la
fusion ou *décristallisation* de la glace. En réalité la glace a
une structure *cristalline* tandis que la neige est *cristallisée*.

Quand l'air est agité, la neige tombe en une masse informe ou même en petites boules durcies. Si les flocons de neige se fondent partiellement en rencontrant dans leur descente une couche d'air chaud humide, ils produisent ce qu'on appelle le givre. C'est quand la température est voisine du point de congélation, que tombent les plus gros flocons de neige, et les plus petits quand la température est très basse. Il est à peine nécessaire de dire que la neige est beaucoup plus légère que la pluie ; on estime d'ordinaire le poids de la neige à environ un dixième de celui d'un volume égal d'eau, en sorte qu'une couche de neige recouvrant le sol à une profondeur de vingt centimètres représente approximativement deux centimètres de pluie. Mais la neige étant plus ou moins compacte, il est évident que cette évaluation, dans nombre de cas, est loin d'être correcte. Sa texture lâche rend la neige mauvaise conductrice de la chaleur, et c'est ainsi qu'une couche de neige agit à la façon d'un manteau de fourrure étendu sur la terre. L'air emprisonné dans la neige lui donne, outre cette propriété précieuse, son apparence blanche et opaque si différente de la transparence de la glace ordinaire. La lumière, au lieu de pénétrer la neige, est renvoyée par les cloisons de glace de chaque cellule d'air ou cavité, et se trouve ainsi diffusée, la neige perdant en même temps sa transparence, exactement comme l'écume de la mer devient d'une blancheur opaque lorsque les rayons de lumière sont dispersés par le jaillissement des molécules d'eau, débris de la vague.

Lorsque la neige tombe sur une montagne en hiver, elle y reste sans se fondre jusqu'à ce que la chaleur de l'été vienne la dégeler. Mais si la montagne est très élevée, la chaleur même de l'été peut être impuissante à fondre la glace qui couronne son sommet, et la cime reste alors enveloppée de neiges perpétuelles. On appelle

limite des neiges perpétuelles la limite qui marque le
niveau au-dessus duquel la neige ne fond jamais. Sur le
versant septentrional de l'Himalaya, cette limite est
atteinte à 5000 mètres, c'est-à-dire que toute la neige
qui tombe au-dessous de cette limite est fondue en été,
celle qui tombe au-dessus ne dégelant jamais. Dans les
Andes du Pérou la limite des neiges perpétuelles est à
environ 4650 mètres, mais en allant soit au nord, soit
au sud de ces régions chaudes, on doit s'attendre à voir
la limite des neiges perpétuelles s'abaisser; ainsi dans
les Alpes suisses, elle descend jusqu'à 2550 mètres
au-dessus du niveau de la mer. Dans les régions plus
septentrionales elle est encore inférieure, comme
dans les Alpes scandinaves, où elle n'est plus qu'à
1500 mètres, et dans les régions arctiques elle s'abaisse
jusqu'au niveau même de la mer; la neige amoncelée
pendant l'hiver n'est plus jamais fondue entièrement
par le soleil d'été et la terre conserve toute l'année cette
blanche fourrure.

La neige n'est pas la seule forme solide que prenne
l'humidité atmosphérique en se précipitant. Quelquefois durant un orage elle revêt la forme de *grêle;* la
grêle consiste en petites masses durcies de glace dont
les dimensions varient de celles du plomb le plus mince
à celles de blocs de plusieurs centimètres de diamètre.
Ces grêlons offrent dans certains cas une forme sphéroïdale parfaite comme si les gouttes de pluie s'étaient
en tombant subitement congelées. Quand on en brise un,
il laisse voir parfois des cristaux rayonnant du centre
dans tous les sens vers la surface; mais on trouve plus
souvent une série de couches de glace, les unes transparentes, les autres opaques, recouvrant un noyau central blanc et neigeux, autour duquel elles semblent
avoir été congelées dans une succession régulière. D'ordinaire, la grêle tombe en été plutôt qu'en hiver et dans

le jour plutôt que dans la nuit. L'origine de la grêle est encore obscure, mais il est probable qu'elle est formée par de l'eau en surfusion, c'est-à-dire refroidie à l'état liquide au-dessous de son point de congélation.

Il y a encore une autre forme de précipitation atmosphérique qu'il faut mentionner en passant. Si la température du sol, au moment du dépôt de la rosée, descend au-dessous du point de congélation, l'humidité, qui dans les circonstances ordinaires se fût déposée en rosée, revêt une forme solide : c'est celle qu'on appelle la *gelée blanche* ou *givre*. Des brins d'herbe et d'autres objets, refroidis par l'émission abondante de leur chaleur à travers l'espace, se couvrent ainsi de délicats cristaux de glace au lieu de rosée. La gelée blanche n'est en réalité que de la rosée congelée au moment de sa formation.

Dans toutes les formes décrites dans ce chapitre et le précédent, il faut toujours que l'humidité atmosphérique soit précipitée. Mais il n'est pas toujours facile et il n'est en rien nécessaire d'établir des distinctions entre ces différentes formes; aussi les réunit-on pratiquement sous la rubrique de « chute de pluie. » Si donc on dit que le bassin de la Seine reçoit une couche de pluie de 63 centimètres, l'on entend que la quantité totale d'humidité précipitée sur cette surface en additionnant la pluie et la neige, la grêle et la rosée, s'élève, dans une année moyenne, à une épaisseur de 63 centimètres répandue uniformément sur la superficie du bassin.

CHAPITRE V

ÉVAPORATION

Quelle que soit la forme sous laquelle l'eau est précipitée sur la terre, pluie ou rosée, neige ou grêle, il faut qu'elle ait, pendant un temps, existé à l'état de vapeur invisible répandue dans l'atmosphère et impossible à distinguer de l'air lui-même. Quelque sec que l'air puisse paraître, il contient toujours plus ou moins de cette humidité. Quoique les sens soient impuissants à la constater, sa présence est promptement dénoncée par les modifications de certaines substances avides de cette humidité et qu'on appelle, pour cette raison, *hygroscopiques*[1]. L'huile de vitriol ou acide sulfurique, par exemple, est une de ces substances hygroscopiques. Si on laisse débouchée une bouteille de ce liquide corrosif, on constate, après que le liquide a été exposé à l'air quelques heures, une augmentation sensible dans son volume et son poids; 1 kilogramme d'acide sulfurique peut, de la sorte, peser 2 kilogrammes au bout de quelques jours. Cet accroissement de poids est dû à l'absorption de l'humidité fournie par l'air environnant, et on découvre par suite qu'après avoir été ainsi exposé, l'acide est devenu plus faible. Quand l'air est humide, l'accroissement de poids

1. Hygroscopique, de ὑγρὸς, humide.

est rapide; quand il est sec, cet accroissement est lent.
Mais le liquide ne peut jamais être exposé, même à l'air le
plus sec, sans qu'il absorbe une certaine quantité d'humidité, si faible qu'on la suppose. Il est donc clair que
l'atmosphère doit toujours contenir de la vapeur d'eau
et il n'est pas besoin d'aller chercher bien loin la source
de cette vapeur.

La serviette humide à laquelle vous venez d'essuyer vos
mains détrempées n'est pas longtemps sur le séchoir
sans perdre son humidité; l'eau oubliée dans le vase à
fleurs il y a une semaine a disparu. Dans ces différents
cas, l'eau passe imperceptiblement à l'état de vapeur
dans l'air environnant, par une opération nommée
évaporation. C'est une opération silencieuse bien différente de la production bruyante de vapeur durant l'*ébullition* et cependant identique quant au résultat final. La
transformation d'un liquide en vapeur par un moyen
quelconque est ce qu'on appelle la *vaporisation*, et l'on
peut distinguer deux formes de cette opération générale,
l'évaporation et l'ébullition. Tandis que l'ébullition n'a
lieu qu'au moment où le liquide soumis à la vaporisation
atteint une température déterminée, nommée le *point
d'ébullition*, l'évaporation est une opération permanente
s'exécutant à tout moment et en tout endroit. Toute pièce
d'eau découverte, depuis le plus mince ruisseau jusqu'à
la mer la plus vaste, émet constamment de la vapeur en
quantité plus ou moins grande. La quantité sera plus
grande par une chaude que par une froide journée, mais,
même dans le jour le plus froid, l'évaporation est simplement ralentie, non pas arrêtée. Un morceau de glace lui-
même exposé à l'air au point de congélation diminue
graduellement de volume, ce qui prouve que la surface
congelée émet de la vapeur. Une couche de neige peut
s'évaporer, exactement comme est séchée et bue une
averse de pluie, mais l'opération est incomparablement

plus lente. Il n'est donc pas difficile de rendre compte de la présence de vapeur d'eau dans l'atmosphère. Mais il faut se rappeler qu'outre l'humidité qui se répand dans l'air par l'évaporation directe des rivières, des lacs et des océans, il y a une quantité considérable d'eau versée dans l'atmosphère sous la forme de vapeur par l'intermédiaire des êtres vivants : c'est celle qui s'exhale des feuilles des plantes, des poumons et de la peau des animaux. La décomposition et d'autres phénomènes chimiques apportent aussi leur contingent à l'humidité de l'atmosphère. Mais l'évaporation reste néanmoins la source principale de la vapeur d'eau présente dans l'air.

Il est à peine nécessaire de dire que la rapidité de l'évaporation peut être modifiée matériellement d'une foule de manières. Si vous voulez sécher promptement un objet mouillé, placez-le devant le feu; plus la température est élevée, plus l'opération s'exécute vite, les autres conditions demeurant les mêmes. La rapidité de l'évaporation dépend grandement aussi de l'état hygrométrique de l'air, en d'autres termes, de la proportion d'humidité déjà présente dans l'atmosphère. Si l'air est parfaitement sec, l'évaporation sera extrêmement rapide et la vapeur promptement absorbée. Si, au contraire, l'air est entièrement saturé d'humidité, l'évaporation sera rendue impossible. En fait nous ne faisons que rarement, si même nous la faisons jamais, l'expérience de l'une ou l'autre de ces conditions extrêmes; mais entre les extrêmes, il y a place pour un nombre infini d'états intermédiaires. Toutes les blanchisseuses savent qu'il y a de « bons jours pour sécher », et aussi de mauvais. Quand il n'y a que peu d'humidité dans l'air, le linge sèche rapidement; quand il y en a beaucoup, il sèche lentement. Il ne faut pas supposer néanmoins que la proportion de l'humidité dans l'air soit aisément estimée par nos sensations. Nous disons, il est

vrai, qu'une journée est sèche, une autre humide, mais
en somme, ce n'est pas tant la quantité absolue de vapeur
d'eau dans l'air que son humidité relative qui détermine
nos sensations, c'est-à-dire le rapport de la vapeur actuellement présente à la quantité qui saturerait l'air à la
température donnée. Plus l'air est chaud, plus est grande
sa capacité d'humidité; l'air peut donc sembler sec, alors
que, d'une manière absolue, il contient une grande quantité de vapeur. Si, d'autre part, la température est basse,
il suffit d'une petite quantité de vapeur pour rendre l'air
humide, parce qu'il est plus près du point de saturation.
De là ce paradoxe apparent que, sec comme on croit
le sentir en été, l'air contient d'ordinaire plus d'humidité qu'en hiver, alors qu'on le dit communément plus
humide.

Une autre condition influant sur l'évaporation, c'est la
rapidité avec laquelle l'air se renouvelle dans le voisinage
de l'eau soumise à l'évaporation. Dans un jour de grand
vent, le pavé détrempé est bientôt desséché, les courants
d'air favorisant l'évaporation. L'air qui se trouve immédiatement au-dessus de l'objet humide absorbe la vapeur
et reçoit bientôt le complément de sa capacité, de manière à prévenir une plus longue évaporation; mais
quand l'air est troublé, les parties chargées de vapeur
sont entraînées et de nouvelles leur succèdent, qui à
leur tour, après avoir reçu leur contingent de vapeur,
sont emportées pour faire place à d'autres. Il est à peine
nécessaire de dire aussi que la rapidité de l'évaporation
dépend de l'étendue de la surface liquide exposée.
L'encre sèche bientôt dans un encrier à large orifice,
mais la même quantité peut se conserver plus longtemps
dans un flacon au goulot étroit. En effet la vapeur
n'est produite que par la *surface* exposée du liquide et
c'est là que réside une des principales différences entre
l'évaporation et l'ébullition : dans l'opération plus ra-

pide de l'ébullition, les bulles de vapeur se développent dans la masse tout entière du liquide, tandis que dans l'opération plus lente de l'évaporation, la vapeur est émise de la surface seule.

Les météorologistes mesurent parfois la rapidité de l'évaporation à l'aide d'instruments appelés *atmomètres*[1]. Mais il est plus utile de déterminer la proportion de l'humidité dans l'atmosphère, et cette détermination s'exécute au moyen d'instruments appelés *hygromètres*. La construction des plus simples, mais aussi des moins exacts de ces instruments repose sur ce fait que les substances organiques absorbent rapidement l'humidité et modifient alors leurs dimensions; un cheveu, par exemple, est plus long quand il est humide que quand il est sec. Mettant ce fait à profit, de Saussure construisit le petit instrument fort simple représenté dans la figure 18. Il consiste en un cheveu humain bien dégraissé, tendu par un petit poids et pourvu d'une aiguille indicatrice se mouvant au-dessus d'un arc gradué. Selon que l'humidité affecte le cheveu, l'aiguille se meut sur l'échelle, mais ses indications ne sont pas suffisamment précises pour avoir une grande valeur scientifique. Cet instrument, quoique employé encore dans certaines parties de l'Europe, accuse simplement la présence de l'humidité sans en mesurer correctement la quantité; c'est, à vrai dire, un *hygroscope* plutôt qu'un *hygromètre*[2]. Plus grossiers en-

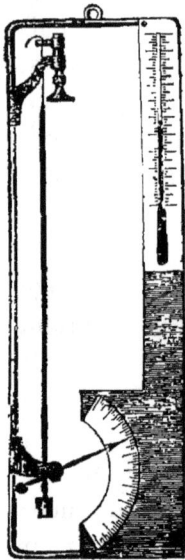

Fig. 18. — Hygromètre à cheveu.

---

1. *Atmomètre*, de ἀτμὸς, vapeur, d'où aussi *atmosphère*, la sphère de vapeur ou l'air.

2. Les instruments dont les noms se terminent en *mètre* (μέτρον, mesure)

core que l'hygromètre à cheveu sont ces instruments qui
représentent un moine dont un capuchon recouvre la
tête lorsque le temps est à la pluie, ou bien une maison à
deux portes qui s'ouvrent pour laisser voir, l'une la figure
d'un homme, l'autre celle d'une femme : quand l'air est
humide et qu'on peut s'attendre à la pluie, l'homme
sort; quand l'air est sec et le temps vraisemblablement au
beau, c'est la femme qui fait son apparition. Les mouve-
mentsdes figures sont produits par l'action de l'humidité
sur des morceaux de cordes à boyau.

De véritables hygromètres, des
instruments mesurant l'humidité avec une précision considérable, ont été construits par Daniell, Regnault et Mason et sont
employés journellement par les
météorologistes. Quelques-uns de
ces instruments remplissent le but
proposé en indiquant directement
le point de rosée, tandis que les
indications des autres sont basées
sur la rapidité de l'évaporation.
L'hygromètre de Daniell, instrument bien connu de la première
de ces catégories, est représenté

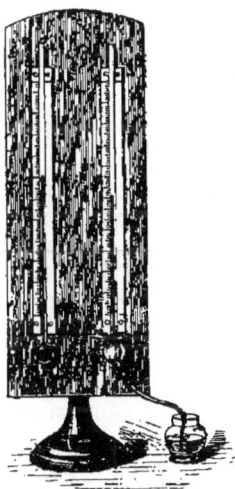

Fig. 19. — Thermomètres à
boules humide et sèche.

dans la fig. 13 et décrit à la page 55. Un des hygromètres
le plus en usage aujourd'hui est connu sous le nom
de *thermomètres à boules humide et sèche*, dénomination qui en décrit assez bien la construction. Cet
hygromètre consiste en effet en deux thermomètres placés
l'un à côté de l'autre tels que les représente la figure 19;

donnent généralement des indications plus exactes que ceux qui se
terminent en *soope* (σκοπέω, voir). Ainsi un *microscope* nous permet
de voir des objets très petits tandis qu'un *micromètre* nous permet de les
mesurer.

la boule d'un des instruments est à découvert, tandis que l'autre est enveloppée de mousseline et reliée par un cordon de coton à un petit réservoir d'eau : le fil ne cesse d'aspirer le liquide, exactement comme la mèche d'une chandelle pompe la cire fondue ou le suif, et la boule se maintient de la sorte constamment humide. Quand un corps passe de l'état liquide à celui de vapeur, il absorbe de la chaleur : c'est ce qui fait qu'un peu d'eau versée sur la main donne en s'évaporant naissance à une sensation de froid. Une aspersion faite avec de l'*eau de Cologne* ou tout autre liquide contenant de l'alcool produit un plus grand froid parce que ce liquide est plus volatil que l'eau et sèche beaucoup plus vite ; un peu d'éther, liquide encore plus volatil, abaisse encore davantage la température. L'eau, en s'évaporant de la boule humide, en abaisse donc la température, et plus rapide est l'évaporation, plus est grande la différence de température entre la boule humide et la boule sèche. Si l'air était saturé d'humidité, il ne pourrait y avoir d'évaporation et par conséquent les deux thermomètres resteraient stationnaires exactement au même point. Quand au contraire l'air est très sec, l'évaporation devient extrêmement rapide et en conséquence la température de la boule humide s'abaisse considérablement. De la comparaison des températures indiquées par les deux thermomètres, on peut déduire, par un simple calcul, le point de rosée, l'humidité relative de l'atmosphère et la quantité de vapeur contenue dans un volume donné d'air. On appelle souvent *psychromètre*[1] l'instrument que nous venons de décrire.

Il est évident, d'après ce que nous avons dit dans ce chapitre, qu'on trouve toujours dans l'atmosphère plus

---

1. *Psychromètre*, de ψυχρός, froid.

ou moins de vapeur d'eau ; la présence en est constante,
mais la proportion variable. On peut dire peut-être que
l'air en Angleterre contient en moyenne près de un et
demi pour cent de vapeur d'eau. Cette vapeur est associée d'une manière intime avec les autres éléments
constitutifs de l'atmosphère, qui sont tous des corps
gazeux existant à l'état de mélange mécanique. Mais la
composition de l'atmosphère est un sujet si important
qu'il faut nous réserver de le traiter pleinement au chapitre suivant.

Quand la température de l'air est suffisamment abaissée dans un endroit quelconque, la vapeur d'eau qu'il
contient se condense en liquide, tandis que les autres
éléments conservent leur état gazeux. Les gouttes liquides d'eau ainsi condensée en pluie sont dites
distillées. En effet le procédé que suit la nature est exactement semblable en principe à notre procédé artificiel
de distillation. Quand on veut distiller un liquide, on le
fait évaporer dans une chaudière et la vapeur est entraînée vers le condenseur où elle se refroidit suffisamment pour se déposer en gouttes. La nature agit,
non en faisant bouillir l'eau sur un foyer, mais par la
chaleur du soleil qui pompe silencieusement la vapeur
de toutes les pièces d'eau exposées à l'air, et la vapeur
ainsi introduite dans l'atmosphère se condense finalement en gouttes de pluie.

Dans la distillation artificielle, toute matière solide
dissoute dans le liquide primitif demeure dans la
chaudière ; le liquide est ainsi distillé dans un état
de pureté parfaite, autant du moins qu'il n'est pas
souillé par la présence de matières volatiles. C'est
une purification de l'eau identique qu'accomplit la
nature par son procédé de distillation. La mer qui
couvre une si vaste proportion de la surface du globe
expose une immense surface d'eau salée à la chaleur

du soleil, mais le sel reste où il est et il n'y a d'éva-
poré que de l'eau pure. C'est ainsi que des eaux
douces ne cessent d'être distillées du sein du saumâtre
océan.

Ainsi, en allant à la recherche des sources de la Seine,
nous sommes conduits des fontaines de la terre à la
pluie des cieux, de la pluie à la vapeur d'eau qui est un des
éléments de l'atmosphère, et de cette vapeur à l'Océan,
chaudière immense où la chaleur du soleil distille
cette vapeur. Le grand courant d'eau douce qui traverse
Paris est alimenté dans une large mesure par la vapeur
qui un jour, bien loin de nous, s'éleva de l'Atlantique. Les vents de l'ouest et du sud-ouest glissant sur cet
océan se chargent de vapeur d'eau, et ces vents humides
et chauds, venant frapper les hauteurs du Morvan, déposent leur chargement d'humidité en averses dont une
partie considérable arrive jusqu'au bassin de la Seine.
Cette eau est finalement entraînée à la mer par le flot du
fleuve et se marie une fois de plus à l'Océan d'où elle
est sortie, mais pour lui être un jour ravie encore par
une nouvelle évaporation. Les eaux de la terre se
meuvent ainsi dans une circulation sans commencement et sans fin. De la pluie à la rivière, de la rivière à la
mer, de la mer à l'air, et derechef de l'air à la terre, tel
est le circuit dans lequel chaque goutte d'eau est forcée
de voyager éternellement. L'observateur qui, regardant
du haut d'un pont la Seine couler au-dessous de lui, con-
temple les flots qui se hâtent vers la mer, doit se rappeler que la mer n'est point pour cette eau le lieu du repos,
mais que la plus grande partie de ce qu'il en voit fuir,
peut-être la masse entière, sera distillée de nouveau
et retournera à la terre en averses qui s'écouleront
peut-être encore dans le flot de la Seine; à moins
qu'elles n'aillent enfler les affluents de quelque fleuve
sur une autre rive du globe, ou bien s'engloutir pour

des siècles sans nombre dans des réservoirs souterrains.

Selon les paroles d'un sage du passé : « Tous les
fleuves coulent à la mer et la mer n'est point remplie;
et le lieu d'où viennent les rivières, elles y retournent
encore. »

CHAPITRE VI

Le phénomène si commun que présente la rouille rongeant un morceau de métal est familier à chacun. Une plaque de fer poli ou d'acier, par exemple, exposée à une atmosphère humide, perd bientôt son éclat et se recouvre graduellement d'une couche terne de rouille d'un brun rougeâtre; et cette action de la rouille une fois commencée peut se continuer jusqu'à la disparition de la dernière particule du métal primitif. Mais que le même morceau de métal brillant soit conservé dans un vase d'eau pure de manière à éviter le contact de l'air, il pourra garder son lustre intact pendant de longues années, faisant voir par là que l'air doit influer directement ou indirectement sur le phénomène de la rouille. Et, en effet, il est aisé de montrer que nombre de métaux se rouillent ou se ternissent quand ils sont exposés à l'air même le plus sec. Coupez une lame de plomb ou de zinc et observez le lustre de la surface fraîchement tranchée; elle est réellement presque aussi brillante qu'une lame d'argent poli, mais cet éclat se perd rapidement et la surface s'obscurcit bientôt si on l'expose à l'atmosphère. Au contraire il y a de nombreux métaux, tels que l'or, qui ne se rouillent ni ne se ternis-

sent jamais, si longtemps qu'on les y expose. D'autres
métaux encore qui ne se rouillent pas aux températures
ordinaires se couvrent de rouille plus ou moins rapidement quand on les expose à l'air à une haute température. C'est le cas du vif-argent ou mercure, par exemple.
L'action de la rouille sur ce métal particulier mérite
que nous nous y arrêtions, puisque ce fut l'observation
de ce phénomène qui conduisit, il y a un siècle environ,
à la découverte de la composition chimique de l'atmosphère.

Le vif-argent ou mercure, tel qu'on peut le voir dans
un baromètre, est aussi brillant qu'un morceau d'argent
poli et cet éclat se conserve même après une longue
exposition du métal à l'air et à l'humidité. Mais si l'on
maintient quelque temps le métal liquide à une température élevée et en contact avec l'air, on voit apparaître
lentement à sa surface de petites écailles rougeâtres,
et il peut finir par se convertir entièrement en cette
substance. La rouille rouge de mercure ainsi obtenue est identique à une substance depuis longtemps
connue en pharmacie sous le nom de « précipité rouge »,
substance qu'on prépare dans le commerce par d'autres
procédés plus commodes et plus rapides que le chauffage
du mercure.

Il est particulièrement à remarquer que durant la
période où se forme la rouille du mercure, comme celle
de tous les autres métaux d'ailleurs, il y a une augmentation très appréciable de poids dans la substance sur
laquelle on opère. Un kilogramme du métal produit bien
plus d'un kilogramme de rouille de ce même métal. En
effet 100 grammes de mercure ne produisent pas moins
de 108 grammes de rouille rouge. Cette augmentation de
poids montre que, tandis que la rouille se formait, le
métal a dû absorber quelque substance étrangère, et
comme le mercure peut être converti en rouille lors-

qu'on le chauffe au contact de l'air seul, il est évident que
c'est dans l'atmosphère qu'il a puisé la matière nouvelle
qu'il a absorbée. La nature de cette substance peut se
déterminer par une expérience fort simple.

Chauffez fortement dans un tube de verre, représenté en A dans la figure 20, une petite quantité de précipité rouge ou rouille de mercure. Si l'on chauffe le tube
pendant un temps suffisant, la poudre rouge peut disparaître entièrement. Mais en recourbant le tube comme
en B, on peut recueillir tout ce qui se distille au-dessus,
et on trouve, à la fin de l'expérience, que cette partie du

FIG. 20. — Décomposition de l'oxyde rouge de mercure.

tube contient du mercure métallique. Si on chauffe en A
108 grammes de la poudre rouge, on obtient en B
100 grammes du métal liquide; en d'autres termes, on
a chassé toute la matière qui avait été empruntée à l'atmosphère et absorbée pendant la formation de la rouille
et on a de la sorte regagné le poids primitif de mercure.
Il n'est pas nécessaire que la matière ainsi chassée de
la poudre par la chaleur soit perdue, car en attachant à
l'appareil un tube C qui plonge sous l'eau dans un vase
D, on découvrira, en chauffant la poudre en A, que des
bulles de gaz s'élèvent dans l'eau et on peut commodé-
ment recueillir ces bulles dans la cloche E. On obtient de

la sorte un corps gazeux, incolore et transparent, qu'il est impossible à l'œil de distinguer de l'air ordinaire. Mais on n'a qu'à y plonger une bougie allumée pour voir immédiatement qu'on est en présence d'un corps distinct de l'air commun. La bougie y brûle avec un éclat extraordinaire, et si même elle est éteinte avant d'être introduite dans le gaz de telle sorte que la pointe extrème de la mèche seule reste à l'état incandescent, cette pointe incandescente se rallume et la bougie s'enflamme de nouveau. Ce gaz est celui que les chimistes désignent sous le nom d'*oxygène*. La poudre rouge est une combinaison de cet oxygène avec le mercure et s'appelle en conséquence oxyde rouge de mercure. Quand on la chauffe fortement, elle se décompose entièrement, en d'autres termes elle se sépare en ses éléments constitutifs, 108 grammes de l'oxyde rouge produisant 100 grammes de mercure métallique et 8 gram.nes de gaz oxygène.

C'est le 1er août 1774 que l'oxygène fut découvert par Priestley. Il le retira de la poudre rouge de mercure comme nous l'avons obtenu, sauf qu'il chauffa la poudre au moyen d'un large verre brûlant. On découvrit bientôt plusieurs autres méthodes pour obtenir le gaz, et ses propriétés furent complètement mises en lumière, surtout par le chimiste suédois Scheele et le chimiste français Lavoisier. C'est Lavoisier qui donna à ce gaz curieux le nom d'*oxygène*[1] sous lequel il est maintenant universellement connu; c'est lui aussi qui le premier montra, par des expériences concluantes, quelle est réellement la composition de l'air atmosphérique. Il détermina la constitution de l'air en l'année 1777. C'est donc seulement dans le siècle dernier que les

---

1. *Oxygène*, d'ὀξὺς acide, et γεννάω, produire : nom fondé sur la supposition que les acides sont tous oxygénés.

chimistes ont connu la nature exacte d'un corps aussi commun que l'air que nous respirons.

Lavoisier prit une quantité pesée de mercure et la soumit à une forte chaleur dans un vase contenant un volume limité d'air atmosphérique. Dans l'espace de douze jours le métal fut complètement calciné, c'est-à-dire converti en rouille rouge ou oxyde. Pendant cette conversion l'air diminua de volume, tandis que le mercure augmentait de poids; en effet le mercure avait emprunté de l'oxygène à l'air et s'était combiné avec lui pour former l'oxyde rouge, d'où on pouvait facilement, en le soumettant à une chaleur plus forte, retirer l'oxygène à l'état pur. Il restait néanmoins à connaître quelle était la nature de l'air demeuré dans le vase et qu'on avait ainsi dépouillé de son oxygène. En plongeant une bougie dans l'air qui restait, on vit qu'elle s'éteignait immédiatement et aussi qu'en introduisant dans cet air un animal vivant, il était suffoqué. D'après cette dernière propriété, Lavoisier pensa qu'il était convenable de donner à cet air irrespirable le nom d'*azote*[1], nom qu'on lui conserve encore en France, mais qui a été remplacé partout ailleurs par celui de *nitrogène*[2].

En examinant attentivement un volume donné d'air atmosphérique, on découvrit que ce volume se composait pour un cinquième environ de gaz oxygène et pour quatre cinquièmes d'azote. Pour parler plus exactement, 100 volumes d'air pur contiennent 20,8 volumes d'oxygène et 79,2 volumes d'azote. Si au lieu d'un *volume* donné, on examine un *poids* donné d'air, on constate que 100 parties en poids, — grammes ou

1. *Azote*, de l'ἀ privatif grec et de Ζωὴ, vie.
2. *Nitrogène*, de *nitre*, le nitrogène étant un des éléments du sel appelé nitre ou salpêtre.

kilogrammes, — contiennent 23 parties d'oxygène et
77 d'azote.

Avant d'étudier de plus près la composition de l'air
atmosphérique, il peut être bon de noter les caractères
des deux éléments constitutifs produits, ainsi que nous
venons de le voir, par la décomposition de l'air. Dans
la plupart des phénomènes chimiques dans lesquels
l'air intervient, c'est l'oxygène qui est l'agent actif.
On a montré qu'une bougie incandescente s'enflamme quand on la plonge dans l'oxygène. De même
le soufre, le phosphore, le charbon, un fil de fer même
brûlent dans ce gaz avec une grande intensité, les
substances combustibles se combinant dans tous les
cas avec l'oxygène pour former des oxydes. Quelques-
uns de ces oxydes sont des corps solides, tandis que
d'autres sont gazeux. Tout acte de combustion dans
l'air dépend de la présence de l'oxygène. Quand un
morceau de fil de magnésium brûle avec un éclat
éblouissant, le métal se combine avec l'oxygène de
l'air pour former l'oxyde de magnésium ou la *magnésie*
qui, après la combustion, demeure sous la forme d'une
substance légère, solide et blanche. Lorsqu'un morceau de charbon brûle dans l'air, la substance solide
disparaît, à l'exception d'un peu de cendre; en effet le
charbon s'est combiné avec l'oxygène pour former un
oxyde qui est ici un gaz invisible connu sous le nom
d'*acide carbonique*. Tous nos combustibles ordinaires,
tels que la houille, le bois, l'huile, le suif et la cire,
contiennent une large proportion de carbone et par
conséquent ce gaz se produit en volume considérable
pendant leur combustion. De même aussi la respiration
des animaux dépend de la présence de l'oxygène dans le
milieu, air ou eau, qui les entoure. La respiration est en
effet une sorte de combustion lente dans laquelle l'oxygène introduit dans le système par les poumons ou

les bronches est consumé en formant des produits
oxydés tels que le gaz acide carbonique. L'oxygène est
donc nécessaire à l'entretien de la vie animale comme il
l'est à l'entretien de la flamme; de là le nom qu'on lui
donna pendant un temps d' « air vital. » Après la mort,
la matière jadis vivante est soumise à une nouvelle oxydation ou combustion lente qui en convertit la majeure
partie en composés contenant une plus grande proportion
d'oxygène. L'oxygène est donc indispensable à l'entretien de la combustion, de la respiration, de la décomposition et d'un grand nombre d'autres opérations journa-
lières soit naturelles, soit artificielles. Dans l'oxygène
pur, toutes les actions s'accompliraient avec une énergie
excessive et la grande utilité de l'azote dans l'air paraît
être de modérer l'activité de l'oxygène auquel il est
associé. L'azote est remarquable par son inertie; il
éteint la flamme et n'entretient pas la vie; cependant
il tue, non parce qu'il est vénéneux en lui-même, mais
simplement parce qu'il exclut l'oxygène. Un animal
vivant a donc besoin constamment d'une provision d'air
frais, non parce que l'azote est mortel, mais parce que
l'oxygène qui lui est nécessaire en est absent.

Mais si l'azote n'est pas un gaz dangereux, il y a d'autres
corps gazeux toujours présents dans l'atmosphère qui,
à l'état pur, sont des poisons actifs. Qu'une soucoupe contenant une dissolution limpide d'eau de chaux soit exposée à l'air, au bout de quelques heures la surface du
liquide sera recouverte d'une mince pellicule de matière
blanchâtre; cette matière est produite par une substance
empruntée à l'atmosphère; mais ni l'oxygène ni l'azote
ne produisent cet effet. Il est dû à la présence du corps
gazeux dont nous avons déjà parlé sous le nom de *gaz
acide carbonique*. Ce gaz agissant sur l'eau de chaux
forme un carbonate de calcium ou, comme on le désigne plus communément, un carbonate de chaux solide :

c'est cette substance blanche et solide qui forme la pellicule mince recouvrant la surface de l'eau. Le gaz acide carbonique, dont l'existence dans l'atmosphère est ainsi établie, est un composé de deux substances distinctes, le carbone et l'oxygène. L'oxygène a déjà été décrit; le carbone est un corps solide répandu en abondance dans la nature, quoiqu'on le rencontre rarement à l'état pur. Dans sa forme naturelle la plus pure, il cristallise en diamant; dans une condition moins pure, il constitue le graphite ou la *mine de plomb;* en combinaison chimique avec d'autres substances, il entre pour une proportion considérable dans la composition de la houille et de tous les autres combustibles ordinaires. Il est aussi pour beaucoup dans la constitution de toute matière vivante, animale ou végétale, et il subsiste, plus ou moins mélangé d'impuretés, quand ces substances sont carbonisées ou imparfaitement brûlées, comme dans le coke, le charbon de bois, le noir animal, etc. Pendant les opérations de combustion, respiration et décomposition, le carbone se combine avec l'oxygène de l'air pour former l'acide carbonique, et c'est ainsi que ce gaz est sans cesse versé dans l'atmosphère. Soufflez avec une paille dans un verre d'eau de chaux limpide et vous verrez le liquide devenir laiteux à mesure que le gaz acide carbonique est expiré ou exhalé de vos poumons à travers le liquide primitivement limpide. Si vous versez alors un peu de vinaigre dans le liquide trouble, l'apparence laiteuse se dissipe parce que l'acide dissout le carbonate de chaux solide et blanc que votre respiration avait formé. Le gaz acide carbonique est dégagé par l'action du vinaigre, et si le carbonate solide est en quantité suffisante dans l'eau de chaux, on peut voir en effet le gaz s'échapper en petites bulles. Cette ébullition ou cette effervescence se produit aussi quand du vinaigre ou tout autre acide est versé sur

une coque d'œuf ou une écaille d'huître, sur un morceau de craie, de pierre à chaux ou de marbre. Toutes ces
substances ne sont en effet que du carbonate de chaux
et sont décomposés par l'acide avec dégagement
d'acide carbonique. Si Cléopâtre, comme l'histoire le
prétend, a jamais dissous sa perle, ou si Annibal fondit
jamais les rochers des Alpes avec du vinaigre, il se produisit alors une décomposition chimique en tout semblable à celle que nous venons de décrire. Ce gaz
étant ainsi fixé dans différentes substances solides, le
Dr Black, d'Édimbourg, lui donna le nom d'air fixe. Une
bougie plongée dans ce gaz s'éteint immédiatement et
un animal y est asphyxié. De là la nécessité impérieuse
de renouveler avec soin l'air des chambres d'habitation. Il est évident que plus est grand le nombre des
gens dans la chambre, ou celui des becs de gaz, des
lampes ou des chandelles allumés, plus est nécessaire
une ventilation efficace.

L'acide carbonique étant produit incessamment par
les opérations de combustion et de respiration, il est
clair que la proportion de ce gaz dans l'atmosphère doit
varier selon les lieux ; qu'elle sera, par exemple, plus
considérable dans un endroit où il y aura foule qu'en
rase campagne. La proportion moyenne d'acide carbonique dans l'air est comprise entre 3 et 4 dix-millièmes
en volume ; ainsi dix mètres cubes d'air contiendront de
trois à quatre litres d'acide carbonique. Le Dr Angus
Smith a publié dans son ouvrage *Air and Rain* (*L'Air
et la Pluie*) un grand nombre d'analyses d'air prises
dans des localités différentes, dans le but de déterminer
les variations dans la proportion d'acide carbonique ;
les exemples suivants sont choisis parmi ses analyses :

PROPORTION POUR CENT D'ACIDE CARBONIQUE DANS L'AIR

Sur la Tamise à Londres, moyenne	0,0343
Dans les rues de Londres	0,0380
Au sommet de Ben Nevis	0,0327
Dans la salle de la Reine, hôpital de Saint-Thomas.	0,0400
Dans le théâtre de Haymarket, à 11.30 du soir...	0,0757
Dans la cour de la Chancellerie, à 20 centimètres du sol	0,1930
Dans le chemin de fer souterrain, moyenne	0,1452
Dans les galeries de mines, moyenne de 339 analyses	0,7850
Maximum dans une mine de la Cornouaille	2,5000

Ces chiffres expriment la quantité *pour cent*, mais il va sans dire qu'on peut les lire en nombres entiers *pour million*. Par exemple, au lieu de dire que l'air des rues de Londres contient une moyenne de 0,0380 d'acide carbonique pour cent, on peut dire que mille mètres cubes ou un million de litres de cet air contiennent 380 litres d'acide carbonique ; qu'un million de litres d'air au-dessus de la Tamise contiennent 343 litres de ce gaz et ainsi de suite.

Puisque l'atmosphère ne cesse de recevoir de différentes sources d'immenses quantités d'acide carbonique, on pourrait non sans raison supposer que ce gaz, s'accumulant à l'excès, doit finir par vicier la masse entière de l'atmosphère ; mais l'action des plantes vivantes empêche cette accumulation. Pour montrer qu'une proportion aussi médiocre que 0,035 pour cent d'acide carbonique dans l'atmosphère suffit pour approvisionner de carbone le monde végétal, on n'a qu'à calculer le poids de ce gaz dans l'atmosphère qui recouvre un kilomètre carré de terrain. Le poids de l'air au-dessus de cette surface est d'environ 10 300 000 000 kilog., et l'acide carbonique qu'il contient ne pèse pas moins de 5 150 000 kilog. Le poids de carbone dans cet acide

carbonique est d'environ 1 400 000 kilog. On a calculé que
la production d'acide carbonique à Paris atteignait journellement le chiffre prodigieux de 3 millions de mètres
cubes ou de 6 millions de kilogrammes. L'acide carbonique, si nuisible à l'animal, est la source d'où les plantes
ordinaires tirent tout le carbone de leurs tissus. Le bois,
par exemple, contient en carbone près de la moitié de
son poids, et cependant chaque particule de carbone
dans une forêt d'arbres vient de l'acide carbonique
gazeux répandu invisiblement dans l'atmosphère environnante[1].

Avant d'en finir avec l'acide carbonique, il faut noter
que ce gaz a une grande densité; il est en effet environ
une fois et demie plus lourd, à volume égal, que l'air atmosphérique. On pourrait donc croire que l'acide carbonique
de l'atmosphère doit avoir une tendance à se fixer en une
couche distincte au ras du sol. Si nous secouons un
mélange composé de liquides de densités différentes, de
mercure, d'eau et d'huile, par exemple, les liquides se
fixent, après avoir été agités, en couches successives dans
l'ordre de leurs poids relatifs, le mercure, le plus lourd
de tous, tombant au fond, et l'huile flottant, par suite
de sa légèreté, à la surface de l'eau. Mais une séparation
semblable ne s'accomplit pas quand ce sont des *gaz* de
densités différentes qui sont mélangés. Le tableau suivant montre les densités des trois gaz qui composent
l'atmosphère :

Azote	0,9713
Oxygène	1,1056
Gaz acide carbonique	1,5203

On emploie l'expression de *densité* pour indiquer le
rapport des poids d'une matière quelconque et d'un

1. Ce sujet sera plus complètement traité au chapitre XIV.

corps déterminé sous le même volume. C'est à l'air que
nous nous sommes référés dans la comparaison que
nous venons de faire, et l'on peut voir par les chiffres
indiqués plus haut que si un volume donné d'air atmosphérique pèse 100 grammes, le même volume d'azote
pèsera 97 grammes, le même volume d'oxygène 110 grammes, et un volume égal d'acide carbonique 152 grammes.
On pourrait inférer de là que l'atmosphère est composée
de trois couches de gaz superposés, comme le mélange
de mercure, d'eau et d'huile, l'azote formant la couche
supérieure et l'acide carbonique la plus basse. Mais
en réalité tel n'est pas le cas. Tous les gaz tendant
à se mélanger entre eux, le mélange de différents gaz
produit une composition uniforme en dépit de leurs
différences de densité; en effet, les molécules du gaz
le plus lourd s'élèvent et les molécules du gaz le plus
léger descendent jusqu'à ce qu'elles soient complètement
mélangées les unes avec les autres. Par suite de cette
propriété, la composition de l'atmosphère se maintient
en fait uniforme, quoique l'on puisse constater des
variations locales très limitées.

Outre l'oxygène, l'azote et l'acide carbonique, l'atmosphère contient toujours d'autres éléments constitutifs, mais en proportions secondaires et variables. Le
gaz ammoniac est constamment présent dans l'air,
car il se dégage de toutes les matières animales et végétales en décomposition. Néanmoins la proportion en
est toujours extrêmement faible; on a calculé, par
exemple, qu'elle est de 1 à 2 milligrammes par mètre
cube à la surface du sol; mais elle augmente à mesure
que l'on s'élève dans l'atmosphère; c'est ainsi qu'elle
est de 3 milligrammes au sommet du Puy de Dôme, à
1465 mètres au-dessus du niveau de la mer, et de 5 milligrammes sur le Puy de Sancy, à 1886 mètres. L'ammoniaque est un composé d'azote et d'un gaz appelé

hydrogène que l'on décrira au chapitre suivant; mais
il est nécessaire de parler brièvement ici même de la
composition de l'ammoniaque, puisque ce gaz, quoique
présent dans l'air en proportion si réduite, fournit aux
plantes une grande partie de leur azote, de même que
l'acide carbonique leur donne leur carbone. On trouve
parfois, particulièrement après les orages, dans l'atmosphère, des traces d'*acide nitrique*, la substance connue
communément sous le nom d'*eau forte; cet* acide nitrique
se combine avidement avec l'ammoniaque pour former le
nitrate d'ammoniaque dont on peut souvent constater la
présence dans l'eau de pluie. On trouve aussi fréquemment
dans l'air de l'*hydrogène sulfuré*, ou *acide sulfhydrique*,
gaz vénéneux qui se produit dans la putréfaction des
matières animales ou végétales; quelques autres gaz
se rencontrent parfois aussi dans l'atmosphère, spécialement dans l'air recueilli aux alentours des grandes
villes. Enfin il ne faut pas oublier de mentionner les
germes organiques qui flottent constamment dans l'atmosphère, mais dont nous n'avons pas l'intention de
parler maintenant. Quant à la *vapeur d'eau* qui est toujours présente dans l'air, il n'est pas nécessaire d'en
rien dire ici, le sujet ayant été pleinement traité dans le
dernier chapitre.

La vapeur d'eau diffère des autres éléments de l'atmosphère surtout par la facilité avec laquelle on peut la
condenser ou la liquéfier. Aussi l'appelle-t-on *vapeur*
plutôt que *gaz*. Mais il y a réellement peu de différence
entre ces deux espèces de corps, une vapeur n'étant
qu'un gaz aisément condensable. La vapeur proprement
dite, par exemple, est liquéfiée par un abaissement relativement léger de température; l'acide carbonique et
un grand nombre d'autres gaz, pour prendre la forme
liquide, exigent un abaissement considérable de température, ou une grande pression, ou même une combi-

naison de froid et de pression. Six gaz avaient jusqu'à
ces derniers temps résisté à toutes les tentatives de
liquéfaction, ce sont ceux qu'on appelait en conséquence des *gaz permanents*. Mais dans les derniers mois
de 1877, MM. Pictet et Cailletet ont réussi à liquéfier
jusqu'aux gaz les plus réfractaires, tels que l'oxygène,
l'azote et l'hydrogène.

Quand un liquide s'évapore, c'est-à-dire se convertit en
gaz ou en vapeur, il subit un accroissement considérable
de volume, mais son *poids* ne change pas. Un kilogramme
d'eau, par exemple, ne produit ni plus ni moins qu'un
kilogramme de vapeur. Il est donc clair que les gaz et les
vapeurs, quoique généralement invisibles, doivent avoir
du poids ; mais ce poids est nécessairement léger si on le
compare à celui d'un volume égal de la même substance
à l'état liquide ou solide. L'air atmosphérique est en effet
près de 800 fois plus léger qu'un volume égal d'eau et
il n'est pas moins de 10 500 fois plus léger qu'un volume
égal de mercure. Cependant le poids de l'air, si léger
qu'il paraisse, s'élève à un total considérable quand on
considère un vaste volume, ou même seulement la quantité que contient une chambre d'habitation ordinaire. On
constate par un pesage exact que, dans les conditions
ordinaires, un litre d'air pèse 1^{gr},3 en d'autres termes,
un mètre cube d'air pèsera 1^{kil},300. Supposez donc que
nous ayons une salle mesurant dix mètres de longueur,
dix mètres de largeur et dix mètres de hauteur : cette salle
contiendra 1000 mètres cubes d'air et le poids de cet
air sera de 1 300 kilogrammes environ. Mais si on applique ce calcul à un vaste bâtiment public, on verra
que l'air qu'il contient pèse plus qu'on ne l'imagine
communément. Ainsi Westminster Hall, à Londres,
s'étend sur une longueur de 58 mètres, une largeur de
20 et une hauteur de 33 ; sa capacité doit donc être
de 38 280 mètres cubes, et le poids de l'air qu'il contient

doit atteindre l'énorme total de 49 764 kilogrammes.

Puisque l'air a du poids, il doit nécessairement exercer une pression sur tout objet exposé à son influence. L'atmosphère forme un océan d'air baignant la terre entière et sur le lit de cet océan l'homme a sa demeure en commun avec tous les êtres terrestres. Tout donc autour de nous, à la surface de la terre, doit subir la pression de l'air immédiatement au-dessus, exactement comme dans le lit de l'océan tout corps est pressé par la couche d'eau supérieure. La profondeur ou plutôt la hauteur de cette mer aérienne n'a jamais été déterminée, mais on a des raisons de croire que l'atmosphère s'étend à 80 kilomètres au moins au-dessus de la surface de la terre. Il est donc clair que tous les objets terrestres doivent subir une énorme pression. Le toit d'une maison, par exemple, a à supporter la pression d'une colonne d'air reposant sur sa surface et s'élevant vers le haut jusqu'à la limite de l'atmosphère. Or il est constaté que notre atmosphère exerce une pression de 10 336 kilogrammes sur chaque mètre carré de surface exposée. Le toit a donc à supporter une pression d'un grand nombre de tonnes. Et cependant le plus fragile édifice peut être librement exposé à l'atmosphère sans le moindre danger d'être écrasé. Cette anomalie apparente s'explique par ce fait que la transmission des pressions par les fluides[1] diffère entièrement de la transmission des pressions par les corps solides. La pression d'un solide ne s'exerce que de haut en bas, celle d'un fluide dans toutes les directions, de bas en haut aussi bien que de haut en bas. Dans une chambre, par exemple, la pression de l'air ne s'exerce pas moins sur le plafond

---

1. Fluide, de *fluo*, couler, dénomination qui comprend à la fois les *liquides* et les *gaz* ou *vapeurs*, parce que les molécules de ces deux espèces de corps glissent ou coulent librement les unes au-dessus des autres.

que sur le plancher et sur chaque mur que sur le plafond.
Dans les conditions ordinaires, l'atmosphère ne peut
écraser, parce que la pression qu'elle exerce de haut en
bas est exactement neutralisée par celle qu'elle exerce de
bas en haut. Étendez votre main, vous ne sentez pas de
pression, et cependant il est certain que chaque centimètre carré de sa surface supporte une pression de
$1^{kil.},033$ et que la main entière doit en conséquence
subir une pression totale très considérable ; mais le
poids sur la surface supérieure est contre-balancé par
la pression de bas en haut exercée par l'air sur la surface inférieure, et les deux pressions égales et opposées
se neutralisent l'une l'autre. Il n'y a pour la main aucun
risque d'être écrasée entre ces deux pressions opposées,
car l'air et les autres fluides des vaisseaux et des différents tissus du corps exercent une pression égale dans
toutes les directions, en sorte qu'une pression quelconque du dehors est exactement contre-balancée par
une pression égale intérieure. La bulle de savon la plus
légère vogue sans accident à travers l'air, quoique sa
surface extérieure ait à soutenir une pression d'un grand
nombre de kilogrammes ; l'air au dedans de la bulle
exerce, par suite de son élasticité, une forte pression
contre la paroi intérieure et en prévient ainsi l'écrase-
ment. Dans le jouet si connu consistant en une boîte
d'où s'élance, dès qu'on l'ouvre, un petit personnage,
un ressort placé à l'intérieur de la figure exerce une pression de bas en haut contre le couvercle quand il est
étroitement fermé ; de même les parois d'un vase fermé
contenant de l'air subissent une pression intérieure
résultant de la force élastique de l'air emprisonné. Si
l'air est chassé de l'intérieur d'un vase fermé, de manière à laisser un espace entièrement vide (c'est-à-dire
dépourvu d'air), la pression de l'atmosphère extérieure
devient aussitôt évidente, parce qu'elle n'est plus contre-

balancée par aucune force intérieure; on peut, par
exemple, faire éclater aisément un vase en verre léger,
en pompant l'air qu'il renfermait.

On peut facilement mesurer la pression atmosphérique par une expérience fort simple faite pour la première fois en 1643 par un savant italien nommé Torricelli. Prenez un tube de
verre d'une longueur de
1 mètre fermé à un bout et
ouvert à l'autre; remplis-
sez ce tube de mercure, et,
bouchant l'extrémité ou-
verte avec le pouce, comme
l'indique la main droite de
la figure 21, retournez le
tube et plongez-le dans une
cuvette de mercure de telle
sorte que l'extrémité ou-
verte puisse s'enfoncer au-
dessous du liquide; on peut
constater que le mercure
s'abaisse un peu dans le
tube, mais en conservant
toujours une hauteur d'environ 76 centimètres comme
le montre la partie gauche
de la figure. Torricelli en

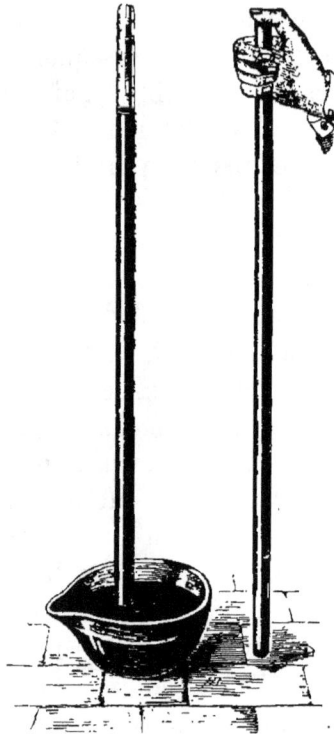

FIG. 21. — Expérience de Torricelli.

conclut qu'il fallait que cette
colonne de 76 centimètres fût soutenue par la pression
de l'atmosphère extérieure sur la surface du mercure,
la pression de haut en bas de la colonne de mercure étant
exactement balancée par la pression de bas en haut de l'atmosphère transmise à travers le mercure. En effet, si l'on
perce un trou au sommet du tube, la colonne s'affaisse
immédiatement, parce qu'elle subit alors la pression de

haut en bas exercée par l'atmosphère au-dessus; mais quand le tube est fermé, il n'y a pas de pression atmosphérique sur le sommet intérieur du tube, car l'espace compris au-dessus de la colonne de mercure est complètement vide ou plutôt ne contient que des vapeurs de mercure, et c'est pourquoi on l'appelle le *vide de Torricelli*. Mais, de ce que la pression de la colonne intérieure du mercure est contre-balancée par l'atmosphère extérieure, il résulte que si nous connaissons le poids du mercure, nous connaissons aussi le poids d'une colonne d'air reposant sur une base semblable et s'étendant au-dessus jusqu'à l'extrême limite de l'atmosphère. Or une colonne de mercure haute de 76 centimètres, dans un tube de 1 centimètre carré de section, pèse environ 1^{kil},033; on en déduit, comme nous l'avons dit plus haut, que le poids ou la pression de l'atmosphère est d'environ 103 kil. sur chaque décimètre carré ou **de** 10336 kilogrammes sur chaque mètre carré.

Si, au lieu de prendre un liquide très dense, comme le mercure, on en prenait un plus léger tel que l'eau, on devrait naturellement s'attendre à ce que la colonne nécessaire pour faire équilibre à l'atmosphère extérieure s'élevât en proportion. En effet on trouve, en remplissant d'eau le tube, que la colonne suspendue a une hauteur de 10^m,4 : en d'autres termes, l'eau étant environ 13 fois et demie plus légère que le mercure, à volume égal, la colonne d'eau sera 13 fois et demie plus haute que la colonne de mercure. Cette expérience fut exécutée d'après les indications de Pascal, en 1648, sur le Puy de Dôme. Ce fut d'ailleurs précisément en observant à Florence le fonctionnement d'une pompe qui aspirait l'eau que Torricelli fut conduit à répéter l'expérience en employant le mercure. Quand on fait manœuvrer une pompe ordinaire, l'air est aspiré et rejeté hors du tuyau communiquant avec la source, et la pression de

l'atmosphère fait remonter l'eau dans le tuyau pour
remplir la place de l'air expulsé. Mais, quand le tuyau
a plus de 10 mètres, la colonne d'eau qu'il contient
fait équilibre à la pression atmosphérique; si donc le
tuyau dépasse cette longueur, l'eau ne s'élève plus et
la pompe cesse d'agir. En cherchant à découvrir pourquoi l'eau ne peut s'élever, Torricelli fut conduit à faire
l'expérience que nous avons racontée et à construire
l'instrument représenté dans la partie gauche de la
figure 21. C'est l'appareil nommé *baromètre*[1].

On a donné au baromètre diverses formes; mais, à
l'exception du baromètre *anéroïde*[2], qui est un instrument entièrement différent, ils sont tous fondés sur
le même principe, à savoir la pression de l'atmosphère
équilibrant celle d'une colonne de liquide. On peut employer pour leur construction presque tous les liquides;
mais, eu égard à sa commodité, le mercure est la seule
substance dont on fasse un usage ordinaire[3].

La pression de l'atmosphère dans une localité quelconque variant d'un jour à l'autre, et même d'une heure
à l'autre, la hauteur de la colonne de mercure est soumise à des fluctuations correspondantes. Le baromètre
sert surtout à indiquer ces variations de la pression atmosphérique, variations très importantes à connaître

1. *Baromètre*, de βάρος, poids, et μέτρον, mesure, instrument pour
mesurer le poids de l'atmosphère. *Thermomètre*, de θερμός, chaud, instrument pour mesurer la température.

2. *Anéroïde*, de ά privatif, et νηρός, humide, instrument dans lequel la
pression de l'atmosphère agit sur un tube à parois très minces de métal
élastique dont les mouvements sont transmis à une aiguille parcourant
un cadran.

3. Des baromètres à eau ont été construits quelquefois, mais leur grande
longueur les rend d'un maniement difficile et ils prêtent aussi à d'autres
critiques. On peut voir un de ces instruments dans le *Museum of Prac-
tical Geology*, dans Jermyn Street, à Londres. M. J.-B. Jordan s'est aussi
servi de la glycérine, comme on peut le voir dans l'instrument qu'il a
construit à South Kensington. Mais pour les usages ordinaires on emploie
invariablement le mercure.

pour la météorologie, parce qu'elles se rattachent aux changements de temps. Non que le baromètre soit un « indicateur du temps, » ainsi qu'on l'imagine communément : il n'indique pas absolument la nature du temps qui va suivre, et les pronostics donnés par le cadran des instruments ordinaires ont à peine une valeur scientifique. Mais cependant une modification dans la pression atmosphérique accuse une modification dans la direction du vent, et les vents sont la cause première des variations du temps. Aussi les indications du baromètre forment-elles l'élément principal des cartes du temps et des bulletins météorologiques publiés depuis un certain nombre d'années par la plupart des journaux quotidiens de Londres et par quelques-uns de Paris; il vaut peut-être la peine de s'y arrêter un instant pour expliquer le genre de renseignements que donnent ces relevés et comment il faut les interpréter.

La figure 22 est la reproduction de la carte du temps donnée dans le *Times* (9 novembre 1891) et elle montre la situation du temps à 6 heures du soir la veille. Le trait distinctif de cette carte, c'est la série de lignes courbes qu'on appelle *isobares*[1]. Les isobares sont simplement des lignes reliant tous les endroits qui ont, à un moment donné, la même pression barométrique. Ainsi la première ligne isobare, à partir du bas de la carte, sur les bords de la Méditerranée, coupe les Pyrénées, puis glisse en une courbe prononcée à travers le sud-ouest et l'ouest de la France et franchit la mer du Nord pour aboutir à la Suède. Sur tous les points le long de cette direction, le baromètre était à 30,1 pouces (764^{mm},53), comme l'indiquent les chiffres placés à chaque extrémité de la courbe. La ligne isobare suivante, coupant l'Angleterre méridionale et centrale et la Norvège, porte

---

1. *Isobares*, de ἴσος, égal, et βάρος, poids.

l'indication de 29,9 pouces (759ᵐᵐ,45) ; en sorte qu'il y
a entre les deux lignes une différence de pression égale

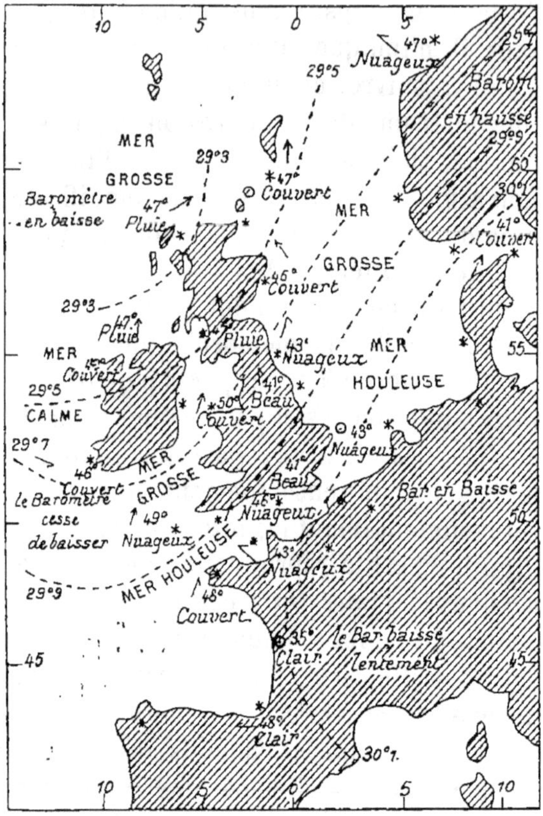

FIG. 22. — Carte du temps publiée par le *Times*.

Dans la carte ci-dessus, les lignes pointillées figurent les isobares ou lignes d'égale
pression barométrique ; la pression est indiquée aux extrémités de chacune d'elles.
Les chiffres placés en divers endroits du littoral expriment la température à
l'ombre (en degrés Fahrenheit). Les mots *clair, nuageux, couvert*, etc., indiquent
l'état du temps, les flèches la direction du vent. Le signe ⟶ annonce un vent
léger ; ⟶, un vent fort ; ⥤, un vent soufflant en bourrasque ; ⥤, un vent
soufflant en tempête ; ⊙, un temps calme. L'état de la mer est indiqué en lettres
capitales. Les astérisques ★ marquent l'emplacement des stations météorologiques.

à celle de 5ᵐᵐ,08. La troisième courbe isobare s'étend à
travers le nord de l'Angleterre et l'ouest de la Norvège
et indique une pression de 29,7 pouces (754ᵐᵐ,37) ;

la quatrième courbe marquée sur la carte coupe le
nord de l'Irlande et l'Écosse, où le mercure était à
29,5 pouces (749^{mm},29), tandis que la dernière isobare
qui effleure l'extrémité septentrionale de l'Écosse accuse
une pression de 29,3 pouces (744^{mm},21). On voit donc
d'un coup d'œil la distribution de la pression atmosphérique sur la surface représentée, et nous pouvons
tirer de là ample information sur la nature des vents.
Entre deux courbes isobares successives il y a une différence de pression représentée par 5^{mm},08, et la distance
entre ces deux lignes nous donne le *gradient*. Ce terme
est familier aux ingénieurs; si une voie ferrée, par
exemple, s'élève d'un mètre pour chaque kilomètre de
distance, on dit que la voie présente un gradient de
1 p. 1000. C'est donc là une expression d'ingénieur signifiant la pente du terrain; de même c'est aussi l'expression qu'emploient les météorologistes pour désigner
ce qu'on a appelé la pente de l'atmosphère, c'est-à-dire
« la direction dans laquelle il est naturel que le vent se
dirige et s'engouffre ». Seulement, en parlant des gra-
dients météorologiques, il faut se rappeler que l'échelle
verticale s'y divise en quarts de millimètre de pression
barométrique, tandis que l'échelle horizontale se mesure en milles de distance, l'unité étant 1 degré ou
60 milles nautiques (111 kilomètres). Un gradient de 4,
cela veut donc dire que sur une distance de 60 milles
nautiques le baromètre s'élève de $\frac{4}{100}$ ou 1 millimètre.
Des isobares très rapprochées indiquent que le gradient
est considérable et qu'en conséquence les vents sont
forts; si les isobares sont très espacées, le gradient est
faible et les vents sont modérés. Ainsi dans la figure 22
les isobares indiquent seulement des vents modérés.
   Quoiqu'on puisse recueillir beaucoup de renseignements sur les vents en étudiant les lignes isobares, il ne
faut pas supposer que le vent souffle *directement* des

aires de haute pression aux aires de basse pression. M. le professeur Buys Ballot, d'Utrecht, a énoncé une loi qui donne la relation exacte entre la direction des vents et la

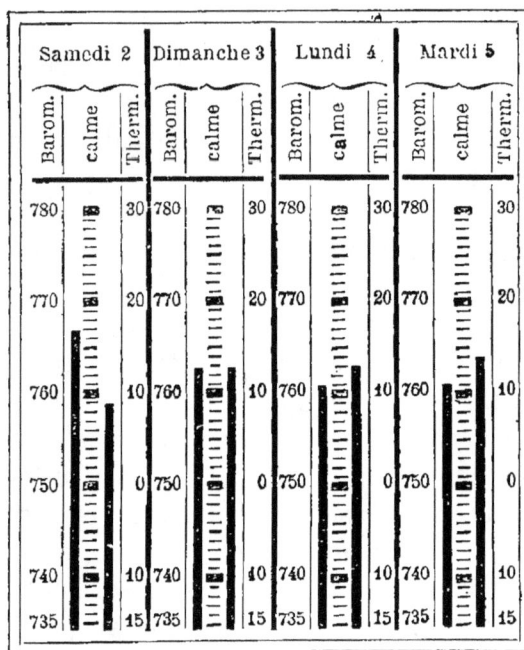

Fig. 23. — Bulletin météorologique des journaux *le Matin* et le *Daily News*
(du samedi 2 au mardi 5 avril 1892).

Les observations sont prises à 4 heures du matin. Les gros traits noirs indiquent pour chaque jour : celui de gauche, la hauteur barométrique ; celui de droite, les degrés de température.

La baisse du mercure annonce la pluie, si elle est accompagnée de vents du S.-O., du S.-E. ou de l'O. ; si la baisse est rapide, elle annonce une tempête ; si elle est lente, un mauvais temps continu.

La hausse du mercure annonce, si elle est rapide, un temps variable ; si elle est graduelle, un beau temps continu.

Une hausse, accompagnée d'un vent virant au N.-E., peut annoncer la pluie.

pression barométrique et qui peut se formuler ainsi :
« Tournez le dos au vent, le baromètre sera plus bas à votre gauche qu'à votre droite. » Ainsi exprimée, néan-

moins, la loi n'est vraie que pour l'hémisphère nord ;
dans l'hémisphère sud elle est renversée, le baromètre
étant plus bas à la droite qu'à la gauche de l'observateur.
On peut énoncer le même principe sous une autre forme :
« Tournez le dos au vent, étendez le bras gauche, il sera
sensiblement dans la direction du tourbillon. » La direction du vent accuse donc aussi la direction du centre
du cyclone. Ainsi la marche des isobares sur la carte
indique la *direction* du vent exactement comme les distances entre ces courbes en indiquent la force[1].

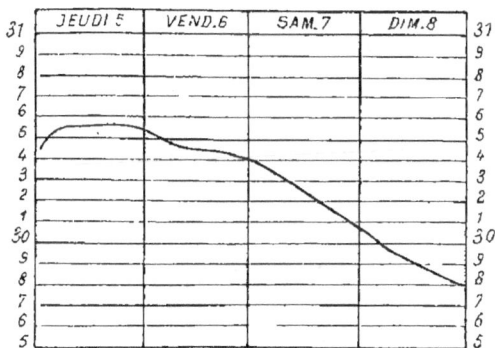

Fig. 24. — Tracé barométrique du *Daily Telegraph*
(du jeudi 5 au dimanche 8 novembre 1891).

Tous les jeudis le *Times* publie une carte météorologique donnant une représentation graphique de l'état de
l'atmosphère pendant la semaine; mais cette table est
suffisamment expliquée par la description qui y est
jointe.

Tandis qu'à Londres le *Times* publie des cartes quo-
tidiennes avec courbes isobares, les autres journaux an-

---

1. Pour renseignements plus complets, voir *Weather Charts* (*les Cartes
du temps*), par M. Scott, 1876.

glais et français présentent leurs bulletins météorologiques sous des formes différentes. La figure 23 reproduit
le *bulletin météorologique* du journal *le Matin* du mardi
5 avril 1892, bulletin dressé d'après le modèle adopté
par le *Daily News*. Elle représente la partie supérieure
de l'échelle du baromètre, entre 735 et 780ᵐᵐ. On voit
d'un coup d'œil la hauteur du mercure par les gros
traits noirs à gauche de chaque colonne, et nous apprenons de la sorte non seulement quelle était cette hauteur
à Paris à 4 heures du matin le jour de la publication du
journal, mais nous sommes à même de comparer cette
indication aux observations des trois jours précédents.
On voit ainsi que, le 2 avril, le baromètre était à environ 767ᵐᵐ ; le 3, à 763 ; le 4, à 761, et le 5, à 761,3. Il est
donc évident, d'après ce tableau, que le mercure a baissé
d'une manière régulière les trois premiers jours, et qu'il
s'est relevé très légèrement le quatrième. Ces relevés
comparatifs ont une grande valeur, parce que la nature
du temps dépend non pas tant de la hauteur absolue du
baromètre que de l'ascension ou de la baisse du mercure, de la rapidité ou de la lenteur de ses mouvements.

Le tracé barométrique publié par le *Daily Telegraph*
est reproduit dans la figure 24. Il représente graphi-
quement les mouvements du baromètre pendant quatre
jours finissant à minuit le 8-9 novembre 1891. La ligne
courbe courant à travers la figure représente les
variations de la colonne de mercure, et l'on voit que
le baromètre a baissé d'abord lentement, puis plus
vite, la courbe accusant une chute de 30,4 à 29,8
pouces. Il faut ajouter que dans tous ces tracés on ramène les lectures du baromètre à un point de repère fixe
pour assurer l'uniformité nécessaire à l'établissement des
comparaisons. Ces corrections se rapportent à la hauteur
à laquelle l'instrument est placé et à la température à
laquelle se fait le relevé. Il est évident que le baromètre

est affecté par la hauteur où il se trouve au-dessus du
niveau de la mer, car en montant nous laissons au-dessous de nous une portion de l'atmosphère ; la pression
diminue en conséquence et le mercure baisse. Aussi la
colonne de mercure d'un baromètre placé à un étage
supérieur d'une maison est-elle toujours moins élevée
que celle d'un autre placé au rez-de-chaussée. On se sert
même souvent de cet instrument pour mesurer approximativement les hauteurs. Les indications barométriques
venues de différentes stations ne peuvent donc être comparées les unes aux autres tant qu'on ne connaît point
l'altitude à laquelle les instruments sont placés ; un
observateur peut être sur un terrain élevé et un autre
dans une plaine basse, l'un peut avoir son baromètre à
l'étage supérieur, et l'autre à l'étage inférieur de l'observatoire. On en est donc arrivé à convenir que toutes les
indications barométriques doivent être ramenées à ce
qu'elles seraient si l'instrument était au niveau de la
mer, ce qui donne naturellement un point de repère
invariable. Une autre correction barométrique pour la
température est encore nécessaire. Le mercure, comme
tous les liquides, se dilate par la chaleur et devient plus
léger ; il en résulte que le baromètre monte par une
journée chaude et baisse par une journée froide, quoique
la pression atmosphérique n'ait peut-être pas changé. Il
est donc essentiel que toutes les indications barométriques soient ramenées à la même température, et le
point fixe adopté dans ce but est le point de congélation
de l'eau, 0° Cent. ou 32° Fahr. Tous les chiffres donnés
dans les journaux anglais sont en conséquence ramenés
par des corrections au niveau de la mer et à 32° Fahr.

Le *Standard*, au lieu de donner un tracé ou une carte,
publie un relevé d'observations qui, s'ajoutant aux indications barométriques, fournissent au lecteur bon nombre
d'utiles renseignements sur l'état de l'atmosphère. On

peut s'en assurer par l'extrait suivant du numéro du 9 novembre 1891 :

DATES	BAROMÈTRE ramené au niveau de la mer et à 32° F.	DIRECTION DU VENT	BOULE HUMIDE	BOULE SÈCHE	DURANT LES DERNIÈRES 24 HEURES			
					RADIATION solaire maxima dans le vide	TEMPÉRATURE maxima à l'ombre	TEMPÉRATURE minima	CHUTE DE PLUIE
	pouces					Fahr.	Fahr.	
2 nov.	30,47	E.	48	46	68	54°	46°	—
3 »	30,37	E.	50	46	61	52°	42°	—
4 »	30,40	N.	50	49	69	53°	45°	—
5 »	30,60	N.-E.	46	41	54	51°	45°	—
6 »	30,50	N.-E.	47	44	—	48°	41°	—
7 »	30,38	N.	49	45	56	50°	43°	—
8 »	29,92	S.-E.	42	40	—	50°	38°	—

.*. A 2 heures du matin, le baromètre était tombé à 29,82.

Ce tableau résume les relevés barométriques de six jours consécutifs pris chaque soir à 7 heures et dûment corrigés, ainsi que nous l'avons expliqué. Il donne aussi la direction du vent à la même heure chaque jour, et indique le degré d'humidité de l'atmosphère par la comparaison des deux boules humide et sèche du psychromètre, représenté dans la figure 18. Il enregistre également la plus haute et la plus basse température de chaque jour et l'épaisseur de la couche de pluie tombée dans les vingt-quatre heures précédentes. La colonne portant en tête « Radiation solaire maxima dans le vide, » est là pour recevoir les indications d'un thermomètre de radiation. Cet instrument consiste généralement en un thermomètre très délicat pourvu d'une boule noircie et qui est lui-même enfermé dans un tube de verre d'où l'on a chassé l'air. L'instrument est exposé à découvert à la chaleur du soleil et l'on enregistre son indication maxima. La radiation solaire qui se produit pendant le jour est alors indiquée par l'excès de cette température sur celle qu'indique un thermomètre ordinaire.

En France, le *Bureau central météorologique* publie chaque jour, d'après les renseignements qui lui par-

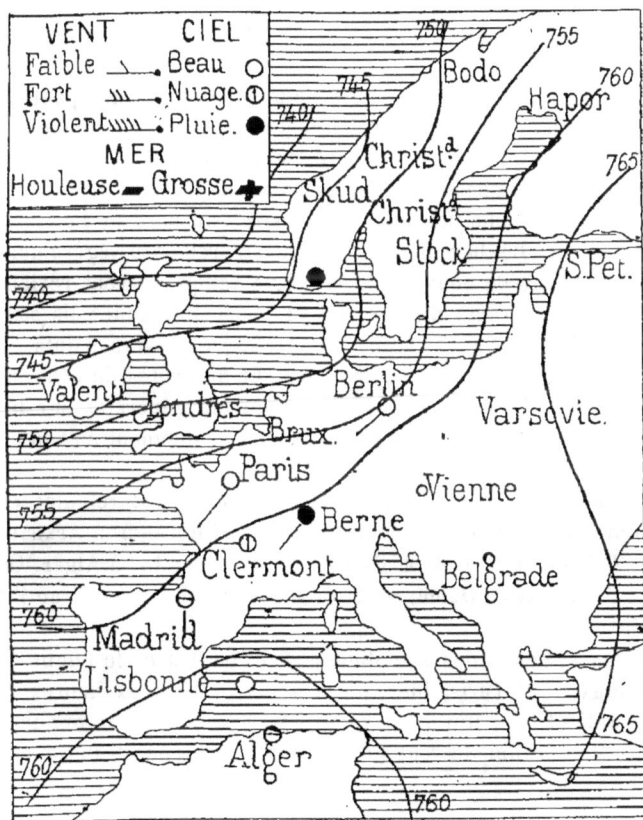

FIG. 25. — Carte de l'état atmosphérique publiée par *le Temps*.

viennent télégraphiquement des différentes stations météorologiques du continent, une carte figurant la situation générale du temps. Certains journaux quotidiens de Paris, tels que *le Temps* et *le Moniteur universel*, reproduisent cette carte, que représente pour le mardi

10 novembre 1891 la figure 25 empruntée au *Temps*.
Ci-joint le bulletin ou commentaire développé qui s'y
réfère.

SITUATION GÉNÉRALE

Mardi 10 novembre 1891

Un régime doux et pluvieux succède aujourd'hui au temps froid
et sec qui régnait depuis douze jours. Les faibles pressions océa-
niennes couvrent l'ouest et le nord du continent; elles se sont
étendues jusqu'au centre. De fortes pressions existent encore sur
toute la Russie et une nouvelle aire apparaît au nord de l'Afrique
(Alger, 767^{mm}). Le baromètre, après avoir remonté légèrement
à Valentia, baisse de nouveau et en même temps le vent revient
au S.-O. Les courants d'entre sud et ouest dominent; ils sont
forts sur le Pas de Calais; la mer est grosse en divers points de
la Manche et de la Bretagne, houleuse sur nos côtes de l'Océan,
belle sur la Méditerranée. Les pluies ont été générales sur les
Iles Britanniques et la France; on en signale également au sud de
la Scandinavie et à Alger.

La température monte et la limite des gelées est refoulée en
Allemagne. Le thermomètre marquait ce matin : — 5° à Arkhan-
gel, — 2° à Vienne, + 3° à Paris, 8° à Brest et 15° à Alger. On
notait : 0° au Puy de Dôme, — 2° au Mont-Ventoux et — 5° au Pic
du Midi.

En France, des pluies sont toujours probables et le temps va
rester doux. — A Paris, hier, pluie à partir de deux heures de
l'après-midi et ce matin beau temps. Maximum : 8°; minimum :
3°,1. A la tour Eiffel, le vent souffle très fort de l'ouest-sud-ouest.

Outre la situation générale du temps pendant les
vingt-quatre heures dernières, le Bureau central météorologique publie pour les vingt-quatre heures suivantes,
dans son bulletin international quotidien, des prévisions
qui sont expédiées par le télégraphe. Nous reproduisons ci-dessous les prévisions transmises ainsi le 22 novembre 1891 pour les vingt-quatre heures suivantes.

Avis transmis le 22 novembre, à midi.

Probable. { *Manche.* — Vent variable, faible ou modéré.
{ *Bretagne.* — id.
{ *Océan.* — id.

Probable. { *Provence.* — Vent d'entre O. et N. assez fort et modéré.
{ *Algérie.* — Vent variable. Grains.

(1) *Nord-Ouest.* — Vent variable. Nuageux. Averses. Temps frais.
(2) *Nord.* — Vent d'entre S.-O. et N.-O. id. id.
(3) *Nord-Est.* — id. id. id.
(4) *Ouest.* — Comme Nord-Ouest.
(5) *Centre.* — Comme id.
(6) *Est.* — Comme Nord.
(7) *Sud-Ouest.* — Comme Nord-Ouest.
(8) *Sud.* — Vent d'entre O. et N. Nuageux. Temps frais.

A ces prévisions sont jointes, ainsi qu'il suit, les dépêches d'Amérique de la veille et les observations de Paris du jour même.

DÉPÊCHES D'AMÉRIQUE. — LE 21 NOVEMBRE.

(Temps moyen de Washington)

États-Unis. . { 8ʰs { Max. . .| bar.: 777 par 47 N., 62 W.
{ Minim. .| bar.: 752 par 48 N., 88 W.
{ Courbe . 762 par 50 N., 98 W.; 32 N., 108 W.;
47 N., 75 W.; 30 N., 88 W.

Canada. . . . { 8ʰs { Chatham| bar.: 776, vent: calme.
{ Anticosti| bar.: 776, vent : S.-E. modéré.

Terre-Neuve. { 7ʰm } Sᵗ-Pierre { bar.: 776, vent : N. modéré.
{ 8ʰs } { bar.: 776, vent : N. id.

Dépêches maritimes. . . { 7ʰm { Le 15. .| bar.:766, vent: S.-O. fort par 45 N., 54 W.
{ Le 16. .| bar.:776, vent: N. id. par 43 N., 60 W.
{ Le 17. .| bar.:772, vent: S. id. par 42 N., 66 W.

OBSERVATIONS DE PARIS. — LE 22 NOVEMBRE.

		Tour Eiffel (300ᵐ)	Bureau météor. (20ᵐ)
Température	Thermomètre 7ʰm.	2.5.	4.4.
	Maximum		9.6 le 21 à 2ʰs.
	Minimum	2.5 le 22 à 7ʰm.	4.4 le 22 à 7ʰm.
Vent	7ʰm. { vitesse . .	7.0.	1.3.
	{ direction .	N.-N.-W.	W.-N.-W.
	max. { vitesse . .	10.2 le 21 à 11ʰ15s.	2.6 le 21 à 11ʰ7 s.
	des 24ʰ { direction .	N.-N.-W.	W.-S.-W.

Enfin la revue hebdomadaire des sciences, *la Nature*, publie toutes les semaines un *bulletin météorologique*, avec diagramme, dont les données sont empruntées aux observations faites à l'observatoire du Parc de Saint-Maur. Le premier numéro de chaque mois contient en outre un résumé des observations météorologiques faites pendant le mois précédent.

Nous reproduisons, d'après le numéro de *la Nature* du 14 novembre 1891, le tableau des observations météorologiques faites au Parc de Saint-Maur pendant la semaine du 2 au 8 novembre 1891 et le diagramme (fig. 26) représentant les diverses variations atmosphériques pendant la même semaine.

Observations de M. Renou (Parc de Saint-Maur, altitude 49ᵐ,30)

Bureau central météorologique de France.

(DU LUNDI 2 AU DIMANCHE 8 NOVEMBRE 1891.)

OBSERVATIONS à 7 heures du matin	THERMOMÈTRE	VENT direction et force de 0 à 9	ÉTAT du ciel	PLUIE en millimètres
Lundi 2 novemb.	3°,5	N.-E. 3	Beau.	0,0
Mardi 3.	0°,7	N.-E. 3	Beau.	0,0
Mercredi 4	— 3°,1	N.-N.-E. 2	Beau.	0,0
Jeudi 5.	1°,3	N.-E. 3	Couvert.	0,0
Vendredi 6. . . .	— 4°,0	N.-N.-E. 2	Beau.	0,0
Samedi 7.	— 4°,2	N. 1	Beau.	0,0
Dimanche 8 . . .	— 4°,7	N. 1	Couvert.	0,0

OBSERVATIONS GÉNÉRALES

LUNDI 2 novembre. — Gelée bl.; très peu nuageux; lumière zodiacale.
MARDI 3. — Peu nuag. de 14 h. à 18 h.; beau avant et après; gelée bl.; lumière zodiacale.
MERCREDI 4. — Beau avant 8 h. et à 14-15 h.; couv. le reste du temps; lum. zodiacale.
JEUDI 5. — Nuageux le matin, beau le soir; gelée blanche; lumière zodiacale.
VENDREDI 6. — Beau; horizon brumeux; lumière zodiacale.
SAMEDI 7. — Beau; horizon brumeux; lumière zodiacale.
DIMANCHE 8. — Brouillard épais toute la journée de 40 m. à 19 h.; beau de 12 à 13 h.

Quoique dans ce chapitre nous nous soyons étendus assez longuement sur la pression atmosphérique, il ne

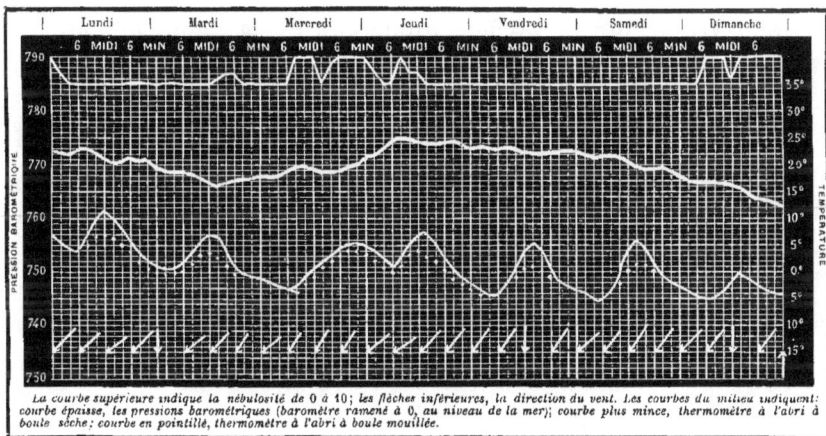

La courbe supérieure indique la nébulosité de 0 à 10; les flèches inférieures, la direction du vent. Les courbes du milieu indiquent: courbe épaisse, les pressions barométriques (baromètre ramené à 0, au niveau de la mer); courbe plus mince, thermomètre à l'abri à boule sèche; courbe en pointillé, thermomètre à l'abri à boule mouillée.

FIG. 20. — Bulletin météorologique de la revue *la Nature*
(du 2 au 8 novembre 1891).

faut pas supposer que nous soyons sortis de notre sujet particulier, l'étude du bassin de la Seine. On a fait ressortir que les différences de pression atmosphérique donnent naissance aux vents : or c'est de la nature des vents que dépend la provision d'humidité qui alimente les rivières. Il n'y a donc guère d'exagération à affirmer que dans sa longue course le flot de la Seine est réglé par les changements qui, se produisant dans l'atmosphère, sont enregistrés par le baromètre.

En outre, tous les phénomènes d'oxydation et de combustion, le bien-être et l'existence même de tout être vivant sur la surface du bassin de la Seine dépendent d'une manière absolue de la composition de l'air qui recouvre ce bassin.

CHAPITRE VII

Qu'est-ce que l'eau? A qui eût posé la question il y a un siècle, le plus habile chimiste de l'époque n'aurait pu répondre que ce que l'on eût pu répondre des milliers d'années plus tôt. L'eau, eût-il dit en substance, est, comme l'air, un des principes élémentaires de la nature. Et pourtant on n'avait pas laissé de recueillir des observations propres à suggérer que l'eau, en somme, n'était peut-être pas une substance simple. Ainsi le génie intuitif d'Isaac Newton l'amena à conclure de ses études d'optique que l'eau pouvait bien se composer d'éléments dissemblables et qu'un ou plus d'un de ces éléments était peut-être inflammable. Mais des conjectures aussi hypothétiques ne pouvaient se vérifier que dans un état beaucoup plus avancé de la chimie, et il était réservé aux chimistes de la fin du dix-huitième siècle de démontrer la véritable composition chimique de l'eau, peu de temps après avoir déterminé la composition de l'air atmosphérique. On a rapporté l'honneur de cette découverte à Cavendish et à Watt en Angleterre, à Lavoisier en France, pour ne citer que ceux-là, mais les titres de Cavendish semblent bien fondés. Sans entrer dans cette controverse fameuse sur la découverte de la composition

de l'eau, voyons quels sont les moyens très simples
par lesquels on peut s'assurer de la composition d'une
substance aussi commune. Dans ce temps de télégraphie
électrique l'instrument connu sous le nom de pile de
Volta est familier à chacun. En l'année 1800, MM. Ni-
cholson et Carlisle découvrirent que quand un courant
d'électricité sortant d'une pile vient à traverser un

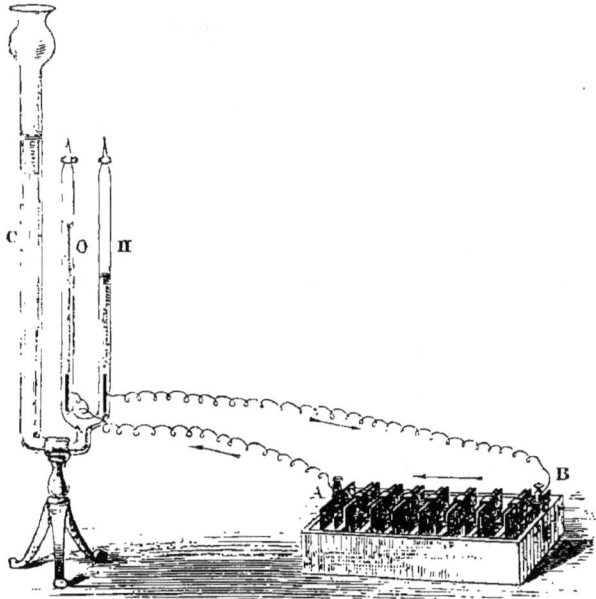

FIG. 27. — Décomposition de l'eau par l'électricité.

volume d'eau, le liquide se décompose immédiatement
en ses éléments. La figure 27 représente un ingénieux
appareil imaginé par M. Hofmann pour réaliser cette
décomposition. Il consiste en un tube de verre OH en
forme d'U, relié à un long tube droit C qui s'élève de
la base de l'U. Chaque branche du tube en forme d'U,
est pourvue à son sommet d'un orifice fermé par un
robinet d'arrêt. Ce tube et une partie du tube ascendant sont remplis d'une eau légèrement acidulée par

l'addition d'un peu d'acide sulfurique pour la rendre meilleure conductrice de l'électricité, mais il faut se rappeler que la présence de l'acide n'affecte autrement en rien le résultat de l'expérience. Dans chaque branche du tube en forme d'U un morceau de platine communique par un fil avec une des extrémités de la batterie AB. Quand la batterie est en action, un courant d'électricité passe dans la direction indiquée par les flèches. Partant de l'extrémité A de la batterie, il circule dans le fil jusqu'au tube O où il pénètre dans l'eau à travers la plaque de platine. Cette plaque forme une des *électrodes*[1] ou une des entrées par lesquelles l'électricité débouche dans le liquide. Le courant est alors conduit à travers l'eau acidulée jusqu'à l'électrode de platine du tube H et de là retourne à la batterie en B, complétant ainsi le circuit. Mais dans ce circuit le courant a opéré un curieux changement dans l'eau qu'il a traversée. En effet, dès que le courant électrique pénètre dans le liquide, on voit des jets de petites bulles s'élever des plaques de platine, et les gaz ainsi produits s'accumulent dans la partie supérieure des tubes fermés, tandis que le liquide déplacé est entraîné dans le tube C, où par suite la colonne s'élève.

Ces bulles de gaz sont le résultat de la décomposition de l'eau. En effet l'électricité sépare l'eau en deux substances distinctes, toutes deux gazeuses; un des gaz apparaît au pôle où le courant pénètre dans l'eau et l'autre à celui où il en sort. Notre appareil nous permet de recueillir chaque élément séparément et d'en examiner les propriétés. En ouvrant le robinet d'arrêt, au sommet de la branche O, la colonne d'eau en C force le gaz à s'échapper par l'orifice étroit et on peut l'examiner au moment où il s'échappe. En approchant une allumette

---

1. *Électrode*, de ὁδός, route

dont l'extrémité est à l'état incandescent, elle s'enflamme
soudainement et brûle avec éclat (fig. 28), exactement
comme elle faisait dans l'oxygène décrit au précédent
chapitre; c'est en effet de l'oxygène que nous avons
obtenu par la décomposition de l'eau. Si l'on approche
une flamme du gaz qui sort de l'autre tube H, il prend
feu et brûle avec une flamme pâle; c'est le gaz que l'on
connaissait jadis sous le nom d'*air inflammable* et que
l'on appelle aujourd'hui *hydrogène*[1]. Plus on prolonge la
transmission du courant électrique, plus est abondante

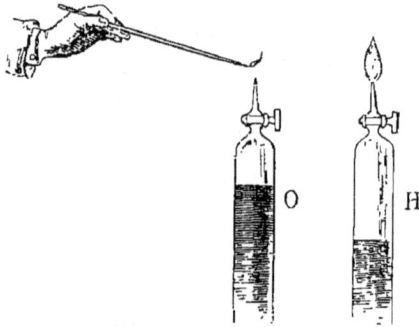

Fig. 28. — Oxygène et hydrogène résultant de la décomposition de l'eau.

la production d'oxygène et d'hydrogène; et si on pouvait
suffisamment prolonger la transmission du courant,
toute l'eau pourrait être décomposée de la sorte en ces
deux gaz. Cette expérience montre donc que l'eau pure
se compose d'oxygène et d'hydrogène. Mais elle apprend
davantage. On ne peut manquer d'observer, d'après
la figure 28, que la quantité de gaz produite n'est pas
la même dans les deux tubes. Et en effet un examen
attentif montre qu'on a obtenu deux fois plus d'hydrogène que d'oxygène. Pour un centimètre cube d'oxygène

1. *Hydrogène*, de ὕδωο, eau; γεννάω, produire.

on obtient dans le même temps deux centimètres cubes d'hydrogène, et on trouve que ces proportions se maintiennent exactement, n'importe où et quand l'eau est soumise à la décomposition. On voit donc non seulement que l'eau se compose de deux substances, oxygène et hydrogène, mais que ces substances existent dans l'eau dans une proportion constante, de sorte que lorsqu'on les met en liberté et qu'elles adoptent l'état gazeux, il y a toujours un volume d'oxygène pour deux volumes d'hydrogène.

Cette expérience éclaire d'une vive lumière la constitution élémentaire de l'eau. Aucun des changements que nous avons décrits aux chapitres précédents n'altère cette constitution. L'eau, par exemple, peut se congeler et revêtir la forme de glace solide, mais la glace se composera d'oxygène et d'hydrogène dans des proportions exactement égales à celles de l'eau liquide. On peut faire bouillir l'eau et la réduire à l'état de gaz invisible, de vapeur, mais la vapeur se composera d'oxygène et d'hydrogène dans des proportions exactement égales à celles de l'eau ou de la glace. On peut comprendre par là comment les propriétés *physiques* de la matière peuvent être altérées sans que sa constitution *chimique*, plus profonde, en soit affectée. Les trois conditions solide, liquide et gazeuse représentées respectivement par la glace, l'eau et la vapeur, sont des états physiques qui résultent surtout de la température, et la constitution chimique de la vapeur reste inaltérée par une température bien supérieure au point d'ébullition, tandis que celle de la glace n'est affectée par aucun degré connu de froid. Néanmoins il arrive souvent que la chaleur, au lieu d'amener une modification purement physique, produit une altération chimique dans la substance. Tel était le cas, on doit se le rappeler, avec l'oxyde rouge de mercure dont nous avons parlé au chapitre précédent :

chauffé, il ne s'est point fondu ni dissous ou liquéfié, mais s'est décomposé immédiatement en ses éléments, le mercure et l'oxygène.

De même, dans certaines conditions, on peut décomposer l'eau en ses éléments par la chaleur seule, exactement comme on peut le faire au moyen de l'électricité. Ce fait intéressant fut découvert il y a plus de trente ans par Sir W. R. Grove. Il constata que si l'on chauffe à blanc un morceau de platine, une petite boule de ce métal, par exemple, comme on peut le faire avec la chaleur intense du chalumeau à gaz oxygène et hydrogène, et puis qu'on la plonge soudainement dans l'eau, le liquide se décompose immédiatement en ses gaz constitutifs. Mais quel que soit l'intérêt théorique de cette méthode, elle n'est point telle que la science, dans son état actuel, puisse l'appliquer avec avantage à la décomposition de l'eau.

L'oxygène et l'hydrogène étant ainsi obtenus par la décomposition de l'eau, il est naturel de se demander si ces substances ne peuvent à leur tour être décomposées. On peut répondre seulement que les plus habiles chimistes ont jusqu'ici échoué dans leurs tentatives pour accomplir une telle décomposition. De l'oxygène ils n'ont pu obtenir que de l'oxygène et de l'hydrogène que de l'hydrogène; aussi regarde-t-on, dans l'état présent de nos connaissances, ces corps comme substances *élémentaires* ou *simples*. L'azote que nous avons retiré de l'atmosphère est un autre de ces éléments, et, au total, les chimistes ne connaissent pas moins de soixante-treize de ces corps simples, dont une large proportion consiste en métaux. Tout ce qui existe autour de nous est pour les chimistes *élément* ou *composé*. L'oxygène, l'hydrogène et l'azote sont des éléments; l'acide carbonique, l'ammoniaque et l'eau sont des composés. Ces composés ont généralement des propriétés très différentes de celles de leurs constituants; ainsi, dans aucune de ses formes physiques, l'eau ne possède les propriétés de l'hydrogène ou de l'oxygène; même à l'état de vapeur, elle en diffère notablement, n'étant point combustible, comme l'un, et ne favorisant pas la combustion, comme l'autre. Quand on mêle simplement deux substances, sans qu'elles forment une combinaison chimique, elles produisent un mélange ayant des propriétés qui participent de celles des constituants. Ainsi si l'on mélange quatre volumes d'azote avec un volume d'oxygène, on obtient un mélange qui ressemble à l'air atmosphérique et qui est précisément ce qu'on pouvait s'attendre à produire, l'activité de l'oxygène étant tempérée par sa dilution dans l'azote. Pour cette raison et pour d'autres, les chimistes croient que l'air atmosphérique est un *mélange mécanique* de gaz, tandis que l'eau est un *composé chimique*.

Les méthodes d'analyse ou de décomposition de l'eau décrites jusqu'ici ne mettent en œuvre que des forces purement physiques, l'électricité dans un cas, la chaleur dans l'autre. Mais on peut réaliser aussi cette décomposition au moyen d'agents chimiques. On vient de montrer que l'eau est un composé d'oxygène et d'hydrogène; si donc on met en contact avec un volume d'eau un corps doué d'une forte attraction pour un de ces éléments, l'oxygène, par exemple, il semble assez probable que nous pourrons enlever l'oxygène et rendre libre l'autre élément. C'est ce qui se produit en effet. Nombre de métaux ont une puissante attraction pour l'oxygène, et, dans des circonstances convenables, peuvent le retirer de l'eau, dégageant ainsi l'hydrogène. Il y a, par exemple, un métal bien connu des chimistes sous le nom de *potassium;* il est ainsi appelé parce qu'on le trouve dans les « potasses » communes. Le potassium se combine si avidement avec l'oxygène, qu'au moment où on l'expose à l'atmosphère, sa surface se recouvre d'une pellicule d'oxyde. Jetez sur l'eau un petit morceau de potassium et aussitôt une petite flamme violette s'élève au-dessus de la surface du liquide et se projette çà et là jusqu'à ce que tout le métal soit consumé. L'eau est de la sorte décomposée, et le potassium a déplacé si énergiquement une partie de l'hydrogène, qu'il s'est développé une chaleur suffisante pour enflammer le gaz ainsi mis en liberté. Quelques autres métaux se rattachant au même groupe que le potassium décomposent également

FIG. 29. — Décomposition de l'eau par le sodium.

l'eau, mais l'action est moins énergique qu'avec le potassium. Le métal nommé *sodium*, un des constituants de la soude vulgaire, décompose l'eau en se combinant avec son oxygène et en éliminant l'hydrogène ; mais le gaz mis en liberté ne prend pas feu spontanément, du moins quand l'eau est froide. Si l'on tient avec précaution un morceau de sodium sous l'eau au moyen d'une petite cuillère en toile métallique (fig. 29), on voit des bulles de gaz s'élever immédiatement dans le voisinage du métal ; on peut recueillir ce gaz dans une cloche renversée et remplie d'eau et on découvre qu'il brûle avec la flamme caractéristique de l'hydrogène. Si l'on jette

sur la surface d'un volume d'eau *chaude* un morceau de
sodium, il est immédiatement environné de flammes,
comme l'était le potassium, mais la flamme est jaune au
lieu d'être violette.

Le potassium et le sodium sont des métaux peu connus
en dehors des laboratoires de chimie. Mais on peut décomposer l'eau à l'aide de métaux communs d'un usage
journalier. Le fer, par exemple, remplit assez bien cet
office, pourvu qu'on chauffe le métal suffisamment pour
exciter son attraction pour l'oxygène et lui permettre de

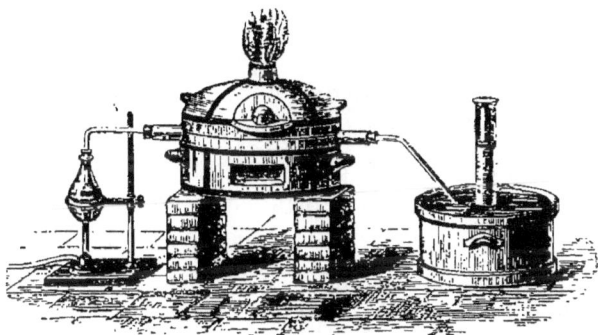

Fig. 30. — Décomposition de l'eau par le fer chauffé.

vaincre l'intime union de l'oxygène et de l'hydrogène.
La figure 30 représente une méthode assez généralement
employée pour effectuer la décomposition de l'eau au
moyen du fer. Un tube de fer, tel qu'un canon de
fusil, par exemple, est chauffé fortement dans un fourneau; on fait bouillir l'eau dans le vase de verre et sa
vapeur est conduite à travers le tube de fer; en traversant le fer chauffé, la vapeur est décomposée, son
oxygène se combinant avec le fer pour former un oxyde,
tandis que son hydrogène mis en liberté brûle directement ou s'accumule sous l'éprouvette placée à droite de
la figure. Cette expérience montre que la vapeur, ou

gaz d'eau, a la même composition chimique que l'eau
liquide. Un composé gazeux d'oxygène et d'hydrogène
entre dans le tube de fer et l'hydrogène mis en liberté
sort sous l'éprouvette; quant à l'oxygène, le fer s'en
empare pour former un oxyde, non assurément le même
que celui qui existe dans la rouille de fer, mais un oxyde
identique à celui qui forme l'aimant naturel; de là le
nom qu'on lui donne d'*oxyde magnétique de fer*.

Dans ces expériences l'hydrogène seul a été mis en liberté; pour compléter la démonstration de la décomposition chimique de l'eau, il est nécessaire d'expliquer
comment on peut affranchir l'oxygène. Pour obtenir
l'oxygène à l'état libre, il est évidemment nécessaire de
mettre en contact avec l'eau une substance ayant une
forte attraction pour l'hydrogène. On trouve cette substance dans l'élément gazeux connu des chimistes sous
le nom de chlore. Ce corps existe en abondance dans le
sel commun et dans les substances bien connues, « l'esprit de sel » et le « chlorure de chaux. » A l'état libre, c'est
un gaz extrêmement vénéneux, qui diffère de tous les gaz
dont nous avons parlé jusqu'ici, par sa couleur très prononcée d'un jaune verdâtre : de là son nom (χλωρὸς, vert).

Une des propriétés les plus caractéristiques du chlore
est sa puissante attraction pour l'hydrogène. Mélangez
les deux gaz, ils se combinent avec une violente explosion, si vous les exposez aux rayons du soleil; même à la
lumière diffuse, la combinaison s'effectue, mais lentement et paisiblement. On met à profit cette attraction
du chlore pour l'hydrogène quand on veut dégager
l'oxygène de l'eau. On fait passer à travers un tube
fortement chauffé un mélange de chlore et de vapeur;
le chlore s'empare avidement de l'hydrogène pour
former un composé gazeux connu sous le nom d'*acide
chlorhydrique*, tandis que l'oxygène est mis en liberté.
On obtient une action semblable, mais d'une manière

moins frappante, dans nombre d'industries. On se sert beaucoup du chlore pour le blanchiment; à l'état sec, il est impuissant à blanchir et ce n'est qu'au contact de l'humidité qu'il devient actif. Mais quand il n'est plus sec, il décompose l'eau lentement, se combinant avec son hydrogène et mettant en liberté son oxygène; c'est cet oxygène qui, au moment de son dégagement, est l'agent réellement actif dans le blanchiment.

La démonstration de la composition de l'eau, tirée de l'action des agents chimiques sur l'un ou l'autre de ses éléments, est maintenant complète. On a vu d'une part que certains métaux se combinent avec l'oxygène et éliminent l'hydrogène; de l'autre, que le chlore se combine avec l'hydrogène et met en liberté l'oxygène. Si ces expériences avaient été conduites avec beaucoup de soin, en employant sans cesse la balance, on aurait pu déterminer les proportions précises de l'oxygène et de l'hydrogène dans l'eau. C'est en effet l'expérience que nous avons faite avec le tube de fer qui fournit au chimiste français Lavoisier le moyen de prouver pour la première fois analytiquement la composition de l'eau. Supposez qu'on fasse passer à travers le tube de fer, préalablement chauffé, un poids donné d'eau réduite en vapeur et qu'on pèse l'oxyde de fer ainsi produit pour s'assurer de la quantité d'oxygène obtenue : il est dès lors facile de dire combien il existe d'oxygène dans un poids donné d'eau, le reste étant naturellement de l'hydrogène. On a trouvé de cette manière que 100 parties d'eau en poids contiennent 88,89 d'oxygène et 11,11 d'hydrogène ; en d'autres termes, les $\frac{8}{9}$ de l'eau en poids se composent d'oxygène et $\frac{1}{9}$ d'hydrogène, en sorte que 9 grammes d'eau contiennent 8 grammes d'oxygène et 1 gramme d'hydrogène. Voilà donc la composition de l'eau en *poids* et cette composition concorde parfaitement avec ce que nous avions

conclu de notre première expérience faite à l'aide de
l'électricité et se rapportant à la composition de l'eau en
volume. Nous avions trouvé alors, en traitant des volumes,
qu'on retirait de l'eau deux fois plus d'hydrogène que
d'oxygène. Or l'oxygène est seize fois plus lourd que
l'hydrogène, à volume égal; si donc nous avons retiré
d'une quantité d'eau donnée un volume d'oxygène
pesant 16 grammes, nous devrions trouver qu'un volume égal d'hydrogène pèse 1 gramme, mais en fait
nous avons dans notre expérience obtenu deux fois
le volume d'hydrogène, de sorte que cette quantité,
au lieu de peser 1 gramme, doit peser 2 grammes. La
proportion en poids est donc de 16 grammes d'oxygène à 2 d'hydrogène, ou de 8 à 1, comme on l'avait
exprimée plus haut. Les chimistes sont ainsi amenés
à conclure que l'eau est une combinaison d'hydrogène et d'oxygène dans les proportions définies de
2 volumes d'hydrogène à 1 volume d'oxygène ou de
2 parties en poids d'hydrogène à 16 parties en poids
d'oxygène.

On appelle *analyse*[1] l'opération par laquelle un composé est séparé en ses éléments. Tous les procédés
décrits jusqu'ici ont donc été des procédés analy-
tiques, mais pour achever d'éclairer la question, il
est nécessaire d'établir qu'on peut démontrer la composition de l'eau par *synthèse*[2], c'est-à-dire en mettant
ensemble les constituants et en formant le composé.
C'est même par des procédés synthétiques, et non par
analyse, qu'on découvrit à l'origine la composition de
l'eau.

Desséchez complètement de l'hydrogène pur, puis
faites-le brûler, tenez au-dessus du jet de gaz brûlant une

---

1. *Analyse*, de ἀνα, de nouveau, et λύσις, séparation.
2. *Synthèse*, de σύν, ensemble, et θέσις, action de placer.

cloche de verre froide et sèche (fig. 31), la surface
se mouille rapidement et l'humidité se condense en
gouttes qui ruissellent sur les parois et peuvent être
recueillies. Ces gouttes ne sont que de l'eau pure qui
a été produite par l'union de l'hydrogène enflammé
avec l'oxygène de l'air environnant. La plupart de nos
combustibles ordinaires, tels que la houille, le bois,
l'huile, la cire, le suif et le gaz, sont riches en hydro-

Fig. 31. — Production de l'eau par la combustion de l'hydrogène desséché.

gène et produisent en conséquence de l'eau durant leur
combustion. Tenez un miroir brillant et froid près d'une
flamme, et l'humidité se condense instantanément sur
la surface.

Au lieu de faire brûler l'hydrogène dans l'air et de le
faire combiner ainsi avec l'oxygène de l'atmosphère, on
peut mélanger l'hydrogène avec de l'oxygène pur dans
la proportion convenable pour former de l'eau. L'association de ces gaz peut subsister ainsi indéfiniment sans
former de combinaison ; elle sera simplement à l'état de

mélange mécanique intime des gaz, mais il n'y aura
point production d'eau aussi longtemps qu'il n'y aura pas
union chimique. Mais, à l'instant où l'on approche une
flamme du gaz, une violente explosion retentit; la combinaison chimique s'opère instantanément, les gaz cessent
d'exister en tant qu'oxygène et hydrogène, il y a contraction, et l'eau est formée. Si la température était
maintenue suffisamment élevée, cette eau conserverait
la forme de vapeur, et l'on trouverait alors que trois volumes d'oxygène et d'hydrogène mélangés auraient produit deux volumes seulement de vapeur ou gaz d'eau,
en d'autres termes, la contraction se produit jusqu'à
concurrence d'un tiers du volume primitif. Un litre ou
décimètre cube de vapeur se compose donc d'un litre
d'hydrogène et de cinquante centilitres d'oxygène à
l'état de combinaison chimique, cette combinaison ré-
duisant le litre et demi de gaz mélangés à un litre de
gaz d'eau ou de vapeur. Mais aux températures ordinaires, la vapeur se condense rapidement en liquide et
un litre de vapeur se réduit à environ huit centilitres
d'eau. Si l'on détermine l'explosion de l'oxygène et de
l'hydrogène dans un vase sec, l'intérieur de ce vase
devient ruisselant par le fait de la condensation de
l'humidité.

On peut ne pas se déclarer convaincu au spectacle
de quelques gouttes de liquide limpide obtenues dans le
laboratoire par l'union de l'oxygène et de l'hydrogène,
et avoir peine à croire qu'elles sont réellement de l'eau
pure. Mais on a fait des expériences sur une vaste échelle
et recueilli assez d'eau pour dissiper tous les doutes. Les
auteurs de l'expérience de ce genre la plus importante
furent trois chimistes français éminents, Fourcroy,
Vauquelin et Seguin. L'expérience fut commencée le
13 mai 1790 et complétée le 22 du même mois. Pendant ce laps de temps, on ne perdit pas de vue l'ap-

pareil, les expérimentateurs dormant alternativement. quelques heures sur des matelas étendus dans le laboratoire. On prolongea la combustion presque sans interruption pendant cent quatre-vingt-cinq heures; on consomma 423 décimètres cubes d'hydrogène et 204 d'oxygène, et la combinaison de ces gaz produisit 464 grammes de liquide. Avec une aussi grande quantité à leur disposition, les chimistes éprouvèrent le liquide de toutes les manières imaginables et le trouvèrent identique à l'eau distillée.

Il y a encore un autre moyen de déterminer la composition chimique de l'eau et il est nécessaire de l'expliquer brièvement, parce qu'il fournit la plus exacte de toutes les méthodes pour la solution de cette importante question. Faites passer un courant d'hydrogène pur et sec sur une quantité pesée d'oxyde pur de cuivre (composé d'oxygène et de cuivre) chauffé au rouge sombre. Dans ces conditions, l'hydrogène s'empare de l'oxygène de l'oxyde et forme de l'eau qu'on peut recueillir et peser, la perte de poids supportée par l'oxyde devant représenter la quantité d'oxygène que ce volume d'eau contient. Cette expérience a été faite par le chimiste français Dumas. Il n'est pas nécessaire d'entrer dans les détails exigés pour l'exactitude d'une expérience si délicate; mais dans les mains des chimistes modernes, elle a produit les résultats les plus dignes de foi que nous possédions sur le sujet. Ces résultats concordent en substance avec ceux que nous avons déjà exposés. Et même il n'y a pas dans l'ordre des connaissances chimiques de fait mieux établi que celui-ci, à savoir que l'eau est un composé chimique défini d'oxygène et d'hydrogène dans les proportions en poids et en volume indiquées plus haut.

Nous arrivons ainsi au dernier mot de la science, dans son état présent, touchant l'origine de la Seine. En tant

que ses flots sont d'eau pure, nous pouvons en faire remonter la source jusqu'à l'Océan. Et l'eau pure, qui est
l'élément principal de la mer, a été certainement formée
dans un temps ou dans l'autre par l'union de ces deux
corps, oxygène et hydrogène, qui, à l'état de liberté, ne
sont connus que dans la condition physique de gaz.

CHAPITRE VIII

Notre étude de la constitution chimique de l'eau, au dernier chapitre, nous a conduits à conclure que ce liquide se compose de deux gaz, oxygène et hydrogène, unis en proportions définies. Telle est assurément la composition de l'eau absolument pure, mais telle n'est pas la composition de toutes les eaux sur la surface de la terre. En effet on ne trouve jamais d'eau absolument pure dans l'économie de la nature. Le grand courant d'eau douce qu'on appelle la Seine est loin d'être absolument pur dans aucune partie de son cours. Dans le voisinage de la capitale, il est, comme chacun sait, tellement souillé d'impuretés qu'il en acquiert une sorte d'opacité. La couleur limoneuse de ses eaux, à certaines époques, est due à la présence de particules solides suspendues mécaniquement dans l'eau, particules qui tomberaient au fond en majeure partie si l'eau était débarrassée de toute cause perturbatrice, et qu'on pourrait faire disparaître plus ou moins par le simple procédé du filtrage. Mais, en dehors de ces impuretés suspendues mécaniquement, l'eau de la Seine, comme l'eau de tous les autres fleuves, contient certains composés chimiques à l'état de dissolution. Ces impuretés, quoique

existant parfois en proportion très considérable,
peuvent échapper entièrement au regard, l'eau n'en
restant pas moins claire et incolore. Ces éléments solubles, à la différence des impuretés en suspension, ne se
déposent pas quand on laisse reposer la dissolution, et
ne disparaissent pas par le seul fait du filtrage. Toute
eau naturelle, ruisseau ou fleuve, lac ou mer, contient
de semblables matières à l'état de dissolution, principalement sous la forme des composés divers qu'on appelle
sels ; mais elles varient considérablement en nature et en
qualité, selon les variétés mêmes d'eaux naturelles.

Il n'est pas nécessaire d'aller chercher bien loin la
source de ces impuretés qui existent à l'état de dissolution. Toutes les roches de la terre, au-dessus ou au
travers desquelles s'écoulent les eaux, contiennent des
éléments minéraux plus ou moins solubles dans l'eau.
L'eau est en effet le dissolvant presque universel des
solides aussi bien que des liquides ou des gaz. Il faut donc
considérer l'eau de rivière, non pas comme de l'eau
absolument pure, mais plutôt comme une dissolution
extrêmement faible de certains composés chimiques.
Nous allons expliquer maintenant ce que sont ces composés.

Dans l'évaporation de l'eau naturelle, toutes les impuretés que cette eau renferme, à l'exception de celles qui
sont volatiles, se déposent et la vapeur qui s'élève est très
voisine de l'eau pure. Quand la vapeur d'eau se condense, elle reproduit de l'eau pure. Mais cette eau
absorbe rapidement à la fois l'oxygène, l'azote, l'acide
carbonique et l'ammoniaque ; c'est pourquoi la pluie,
quand elle atteint la terre, n'est déjà plus de l'eau pure,
car elle a absorbé certains gaz de l'atmosphère. L'eau
de pluie, quoique la forme la plus pure de l'eau naturelle, contient donc certaines impuretés qu'elle a enlevées à l'atmosphère en la lavant. L'oxygène de l'air

est plus soluble que l'azote, l'acide carbonique est
beaucoup plus soluble que l'oxygène ou l'azote, et l'ammoniaque est bien plus soluble encore que n'importe
lequel de ces gaz. Ainsi, dans les conditions normales
de température et de pression, 100 volumes d'eau dissolvent 1,48 volume d'azote, 2,99 volumes d'oxygène,
100,2 d'acide carbonique et 78,270 d'ammoniaque. On
trouve donc à l'état de dissolution dans l'eau de pluie
tous les éléments de l'atmosphère; en outre, d'autres
corps, tels que l'acide nitrique, dérivé lui aussi de l'atmosphère, s'y rencontrent fréquemment.

En effet tous les éléments solubles qui existent dans
l'air sont absorbés par la pluie. C'est pour cette raison
que dans le voisinage des villes où l'atmosphère est impure, l'eau de pluie la nettoye plus ou moins de ses impuretés et, en conséquence, la pluie recueillie dans des
districts populeux est moins pure que celle qu'on recueille en rase campagne. En outre la pluie qui tombe
au commencement d'une averse est plus souillée que
celle qui s'abat en dernier lieu, et la pluie qui tombe
après une longue sécheresse est plus impure que celle
que l'on recueille vers la fin d'une saison pluvieuse. Mais
même après une longue période de temps humide, la
pluie contient encore des gaz de l'atmosphère jusqu'à
concurrence de près de 2^{cmc},5 pour 100 centimètres
cubes d'eau.

Quand la pluie a atteint la surface de la terre, elle
commence immédiatement à attaquer les roches sur lesquelles le hasard la fait tomber. Elle les dissout plus ou
moins, selon que le sol contient plus ou moins de matière
meuble. Mais, quelle que soit la nature du terrain, il y en
aura toujours quelque partie dissoute. Chaque fontaine,
chaque ruisseau, chaque ruisselet, dérobe quelques-uns
de ses éléments solubles à la roche sur laquelle il coule
et les entraîne au fleuve avec son flot. Le fleuve devient

donc le réceptacle commun de toutes les matières solubles apportées par ses tributaires. A mesure qu'il
s'avance, il s'enrichit de plus en plus de ces éléments
solubles qu'il retire en partie de l'érosion de son propre
lit et en partie de celle de ses rives. Mais ce n'est pas en
coulant simplement au-dessus de la surface du sol que
le fleuve et ses affluents latéraux recrutent leur contingent le plus important d'impuretés solubles; ils en
doivent probablement bien plus aux sources qui alimentent principalement les courants. L'eau de source
est en effet beaucoup plus riche que l'eau de rivière en
éléments solubles de cette classe. Et il est aisé de voir
pourquoi.

Pour former une source, il faut que l'eau de pluie
s'enfonce à une profondeur plus ou moins grande dans
le sol. Durant son voyage souterrain, elle exerce son
action dissolvante sur les roches environnantes. Dans
certains cas, l'eau pénètre à de grandes profondeurs,
traversant des passages longs et tortueux; dans ces
conditions, la seule prévision possible, c'est que, quand
elle reparaîtra à la surface, elle devra être fortement
chargée d'éléments solubles. Elle peut, sous la pression,
à de grandes profondeurs, absorber des volumes considérables de gaz, tels que l'acide carbonique et l'hydrogène sulfuré, ou bien dissoudre des matières salines de
différentes sortes et acquérir ainsi des propriétés spéciales qui lui confèrent une valeur médicinale.

L'analyse de l'eau de la source de la Vanne, affluent de
l'Yonne, dont les sources captées pour l'alimentation de
Paris sont parmi les plus pures du bassin de la Seine,
montre qu'elle contient 0^{gr},2253 d'impuretés solides par
litre. Le plus notable des éléments minéraux qui affectent
la qualité des sources dans le bassin de la Seine, est le
carbonate de chaux.

Une grande portion du cours du fleuve s'étend même

à travers un terrain calcaire. Dans la partie supérieure
du bassin, ce sont les calcaires des formations oolithiques
qui fournissent la plupart des sources. Tous les calcaires,
depuis la craie la plus tendre jusqu'au marbre le plus
dur, sont constitués essentiellement par le carbonate de
chaux; et comme ce composé est légèrement soluble dans
l'eau, les sources et les courants d'eau des terrains calcaires le contiennent toujours en dissolution. Il est
vrai, la proportion de carbonate de chaux dissoute par
l'eau *pure* est extrêmement médiocre; on n'en trouve
pas plus de 18 à 20 centigrammes dans un litre d'eau, si
l'eau n'est pas incrustante. Mais quand l'eau est chargée
d'acide carbonique, elle dissout facilement le carbonate de chaux, et, comme ce gaz se rencontre dans la
plupart des eaux de sources, on comprend aisément
comment ces eaux peuvent exercer une action si puissante sur les roches calcaires. On a vu que l'acide
carbonique est dissous et enlevé à l'atmosphère par l'eau
de pluie; toute pièce d'eau exposée à l'air doit l'absorber
d'une manière analogue. Voilà pourquoi toutes les eaux
naturelles peuvent dissoudre le carbonate de chaux avec
plus ou moins de facilité et ronger ainsi les roches calcaires à travers lesquelles elles s'écoulent.

Quand on emploie ces eaux calcaires pour les usages
domestiques, on trouve qu'elles précipitent le savon et
on les appelle, pour cette raison, *eaux dures*. Une partie
du savon est perdue parce que ses acides gras forment
avec la chaux des sels insolubles. Aussi longtemps donc
que cette précipitation se continue, le savon se consomme
inutilement et on ne peut arriver à le faire mousser. Il
est évidemment utile d'avoir un moyen de comparer la
dureté relative d'eaux différentes. Dans ce but, MM. Bou-
tron et Boudet ont imaginé une échelle dans laquelle
chaque degré, dit degré hydrotimétrique, indique qu'un
mètre cube d'eau renferme des sels terreux (carbonates

et sulfates) en proportion suffisante pour neutraliser un hectogramme de savon ordinaire. D'après cette échelle, l'eau de Grenelle, dont le titre est de 9°,50 à 12°, neutralise par mètre cube à peu près un kilogramme de savon; l'eau de Seine, qui marque de 18° à 20°, deux kilogrammes; l'eau d'Ourcq, qui donne de 30° à 34°, trois kilogrammes; l'eau d'Arcueil, qui marque près de 40°, de 3 kilog. 50 à 4 kilogrammes. Il est possible d'améliorer la condition de ces eaux dures par une méthode aisée de correction due au savant anglais Clarke. Ce procédé consiste simplement à additionner d'eau de chaux l'eau dont il s'agit de corriger la dureté; la chaux se combine avec l'excès d'acide carbonique pour former un carbonate de chaux à peu près insoluble, qui se précipite en compagnie du carbonate de chaux primitif rendu lui-même insoluble par le dégagement de l'acide carbonique qui le maintenait à l'état de dissolution. Une eau est incrustante, c'est-à-dire qu'elle se dépouille d'une partie de son carbonate de chaux, lorsque son titre hydrotimétrique est supérieur à 20°. Mais dans ce cas on peut diminuer la propriété incrustante des eaux, « soit en s'opposant au dégagement de l'acide carbonique qu'elles contiennent, par exemple, en les emprisonnant dans une conduite forcée à leur sortie de la source, soit, au contraire, en déterminant, par l'agitation de l'eau, le dégagement de l'excès d'acide carbonique, et, par suite, la formation complète des dépôts en des points où ils ont peu d'inconvénients[1]. » C'est ainsi que M. Belgrand, mettant à profit la chute de l'aqueduc d'Arcueil, plaça au-dessous

1. Belgrand, *la Seine*, tome Ier, p. 149. — On n'est pas d'ailleurs d'accord sur les effets de la présence du carbonate de chaux dans les eaux potables. On est porté en France à juger qu'une petite quantité de carbonate de chaux est indispensable pour donner une bonne eau potable, tandis qu'on considère en Angleterre que les eaux les moins chargées sont toujours les meilleures.

de cette chute un grand récipient en tôle criblé de petits trous. L'eau, en passant par ces ouvertures étroites, se réduisait en poussière fine, et au bout de quatre mois, on constata que, par suite de cette agitation artificielle, « des brins de balai placés là à dessein étaient entièrement pétrifiés, c'est-à-dire enveloppés de carbonate de chaux. »

On appelle dureté *temporaire* des eaux la dureté qui est ainsi susceptible de correction, pour la distinguer de celle qu'on ne peut faire disparaître par le traitement à la chaux, et qu'on nomme en conséquence dureté *permanente*. Cette dureté permanente est due à la présence de sulfate de chaux. On peut donc dire que l'eau de l'aqueduc d'Arcueil (vallée de Bièvre) a une dureté de 38° dont 16° environ représentent la dureté permanente et 22° la dureté temporaire. Les eaux des terrains gypsifères qui s'étendent entre Meulan et Château-Thierry et auxquelles est emprunté l'exemple précédent renferment donc des sulfates en proportions considérables; aussi sont-elles impropres aux usages domestiques. Le sulfate de chaux se trouve en cristaux dans la nature, et il est quelquefois désigné par les minéralogistes sous le nom assez fantaisiste de *sélénite*[1]; de là l'appellation d'*eaux séléniteuses* donnée aux eaux qui contiennent beaucoup de sulfate de chaux. Quand on décrit une eau simplement comme *calcaire*, on suppose en général que le sel particulier de chaux qu'elle renferme en dissolution est le carbonate.

Les eaux qui traversent des terrains calcaires sont généralement chargées de ce sel; et souvent elles le sont tellement que si l'eau est exposée à l'air, le carbonate de chaux se dépose spontanément sous une forme solide. Les sources de ce genre sont appelées vulgairement *sources pétrifiantes*. Mais « pétrifier » signifie littérale-

---

1. *Sélénite*, de σελήνη, la lune.

ment changer en pierre; il faut donc bien entendre, ainsi
que nous l'avons vu plus haut, que tout ce que peuvent
faire ces sources, c'est de recouvrir simplement les objets
plongés dans leurs eaux d'une croûte de carbonate de
chaux, et non pas les convertir réellement en matière
minérale. Ainsi, à Clermont-Ferrand, en Auvergne, les
eaux de la fontaine Sainte-Allyre déposent leur carbo-

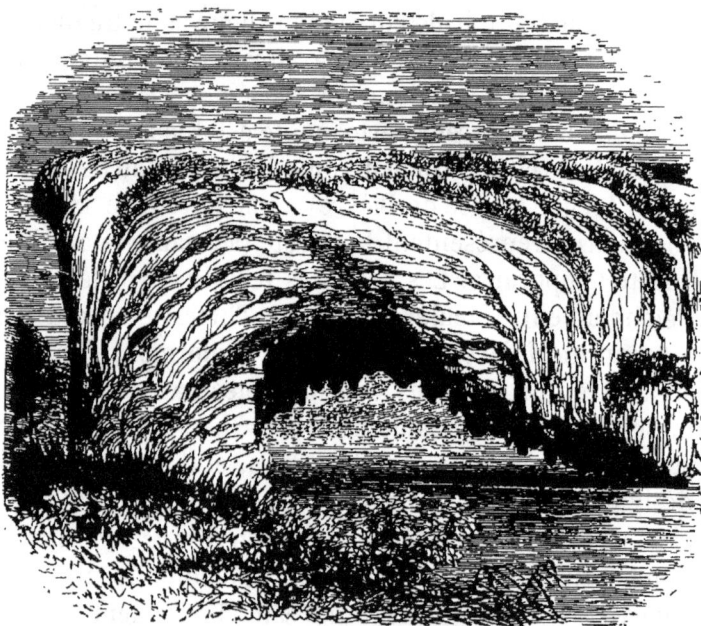

FIG. 32. — Pont de travertin à Clermont (Puy-de-Dôme.)

nate de chaux, après avoir traversé une fine ramée qui les
divise en gouttelettes et favorise l'élimination de l'acide
carbonique; divers objets exposés à leur action se revêtent d'une couche pierreuse, et c'est ainsi qu'on produit
les nids d'oiseaux et autres curiosités réputées pétrifiées.
Les sources calcaires forment souvent d'épais dépôts
de carbonate de chaux à l'endroit où elles jaillissent.
La figure 32 représente un pont naturel de carbonate de

chaux, formé par l'eau calcaire à Clermont, en Auvergne, tel que l'a décrit, il y a un certain nombre d'années, M. Poulett Scrope[1]. On y voit que l'eau s'est formé à elle-même un aqueduc de 72 mètres de longueur qui se termine par une arche, dont la largeur mesure celle du courant par où l'eau s'écoulait jadis. Toute cette masse solide doit avoir existé primitivement, à l'état de dissolution invisible, dans l'eau de la source. On donne d'ordinaire à ces dépôts de carbonate de chaux le nom de *travertin;* on le suppose dérivé du vieux nom *Lapis Tiburtinus* qu'on appliquait jadis à cette pierre, parce que les eaux calcaires de la rivière l'Anio en formaient de vastes dépôts à Tivoli, l'ancien Tibur, près de Rome. Aux chutes de l'Anio, le travertin a formé, couche sur couche, un lit d'une épaisseur de 120 à 150 mètres.

Par suite de la facilité relative avec laquelle le calcaire cède à l'action dissolvante des eaux chargées de gaz acide carbonique en dissolution, cette roche est souvent creusée par l'eau en grottes et en cavernes. Quand l'eau calcaire est arrivée à la voûte d'une caverne, elle dépose lentement sa charge de carbonate de chaux, ou tout au moins une partie de cette charge, sous une forme solide, et si cette action se continue longtemps, elle finit par produire un corps conique ou cylindrique suspendu à la voûte rocheuse à la façon d'un petit glaçon. On appelle *stalactites*[2] ces sortes de tiges pendantes. De la pointe de la stalactite, l'eau dégoutte lentement sur le sol, et comme cette eau contient probablement du carbonate de chaux, il se forme un autre dépôt calcaire, présentant l'apparence d'une petite masse conique tassée sur le sol; on appelle ce dépôt *stalagmite*[3], pour le distinguer de la stalac-

---

1. *The Geology and Extinct Volcanoes of Central France*, par G. Poulett Scrope. 2ᵉ édition, p. 22, 1858.
2. *Stalactite*, de σταλάσσω, dégoutter.
3. *Stalagmite*, de στάλαγμα, goutte.

tite. A mesure que la stalagmite grossit et s'exhausse,
elle se rapproche de la stalactite placée au-dessus et qui
s'abaisse elle-même en grossissant; elles finissent parfois
par se rencontrer et forment ainsi un pilier solide, s'élevant du sol à la voûte. La figure 33 donnera une idée des
formes ordinaires qu'affectent les stalactites et les stala-

Fig. 33. — Stalactites et stalagmites, île de Caldy.

gmites. Elle représente une cavité, décrite par M. le Professeur Boyd Dawkins sous le nom de Chambre des Fées,
dans une caverne calcaire de l'île de Caldy, vis-à-vis de
Tenby, dans le Pembrokeshire[1]. Dans la formation et la
décoration de grottes semblables, l'eau est l'agent

1. *Cave Hunting*, par W. Boyd Dawkins, p. 64, 1874.

principal du commencement à la fin. Se frayant un
chemin à travers les crevasses et les fissures de la roche
solide, elle ronge d'abord le calcaire de manière à
former la cavité, puis elle décore la voûte, le sol et les
murs de dépôts calcaires aux formes les plus fantastiques. Même sans aller dans une caverne calcaire, on
peut voir aisément des échantillons de ces stalactites.
Il est en effet très commun de voir de petites stalactites
pendre, comme de petits glaçons, de la voûte des
arches d'un pont de chemin de fer; elles y sont produites par l'eau de pluie qui dissout la matière calcaire
contenue dans la voûte ou dans les matériaux dont
l'arche est faite.

Les sels calcaires, pour être les plus communs, ne sont
nullement les seuls composés minéraux que l'on trouve
dans les eaux naturelles. Certaines sources, telles que
celles d'Epsom, sont riches en sulfate de magnésie ; de là
le nom de *Sels d'Epsom* donné vulgairement en Angleterre à ce sel, et celui de *salines* aux sources elles-mêmes.
D'autres contiennent parfois des sels de fer et forment
les sources *ferrugineuses,* dont nous avons parlé à la p. 26.
Il est à remarquer qu'un grand nombre de sources minérales ont une température plus élevée que celle de l'endroit où elles jaillissent; ainsi les sources thermales de
Bath ont une température de près de 49° Cent. Dans les
régions volcaniques, ces sources thermales sont extrêmement communes, et comme l'eau, quand elle est chaude,
dissout les substances plus facilement que lorsqu'elle est
froide, il arrive que ces sources sont souvent riches en
matières minérales. Les fameux *geysers* de l'Islande et du
Colorado sont des sources bouillantes intermittentes,
qui contiennent en dissolution une grande quantité de
silice, la matière dont sont composés les cailloux et le
cristal de roche (Voir Chapitre XIII).

Les sources du genre de celles que nous venons de

mentionner sont, bien entendu, exceptionnelles; mais il faut se rappeler que toute eau de source contient plus ou moins de matière minérale en dissolution. En comparant la composition de l'eau de *rivière* avec celle de l'eau de source, on trouvera généralement que l'eau de rivière contient moins de matières salines. En effet l'eau que les sources déchargent dans la rivière se dilue en se mêlant directement à la pluie, et cette dilution compense et au delà la perte qu'elle peut subir par l'évaporation; si bien qu'en somme la proportion des sels diminue. En outre les organismes qui peuplent la rivière tirent leur approvisionnement indispensable de matière minérale, directement ou indirectement, du milieu qui les environne, et c'est ainsi que les coquillages et les crustacés d'eau douce s'approprient une quantité considérable de chaux, empruntée à la rivière même dans laquelle ils vivent, pour former leurs coquilles. Mais il en retourne beaucoup à la rivière par la décomposition des coquilles après la mort des animaux.

Par là et d'autre manière encore, on peut aisément s'expliquer pourquoi la proportion des sels est moindre dans l'eau de rivière que dans l'eau de source. Si la rivière reçoit les eaux d'un pays où le sol est formé de roches résistantes et presque insolubles, l'eau ne contiendra que peu d'impuretés minérales. Ainsi les sources du granit du Morvan marquent en degrés hydrotimétriques de 2° à 7°. Mais le cas est tout différent avec les sources de la région gypsifère du bassin de la Seine, qui indiquent de 23° à 55°, ou avec un fleuve tel que la Tamise, qui reçoit des eaux venues à travers des roches comparativement tendres et solubles. L'analyse suivante indique la composition de l'eau de la Tamise [1] :

1. *Analysis of Thames Water*, par John Ashley. *Quarterly Journal of the Chemical Society*, vol. II, p. 74.

COMPOSITION DE L'EAU DE LA TAMISE AU PONT DE LONDRES

En grammes par litre.

Carbonate de chaux............................	0,1157
Chlorure de calcium [1]	0,0995
Chlorure de magnésium......................	0,0011
Chlorure de sodium..........................	0,0339
Sulfate de soude..............................	0,0443
Sulfate de potasse............................	0,0038
Silice...	0,0018
Matières organiques insolubles..............	0,0689
Matières organiques solubles................	0,0333
	0,4023

Bien que la proportion de matière minérale tenue en dissolution dans l'eau de la Tamise semble, d'après l'analyse que nous venons de citer, extrêmement réduite, il faut pourtant se rappeler que si l'on considère l'immense débit de la Tamise, la quantité totale de matière enlevée de la sorte à la terre et entraînée à la mer atteint un chiffre énorme. M. le professeur Prestwich, évaluant le débit journalier de la Tamise à Kingston, où la Tamise est beaucoup moins large que la Seine au-dessus de Paris, à 5 678 750 mètres cubes et les sels en dissolution à 0^{gr},2843 par litre, calcule que la quantité de matière minérale qui passe, emportée par le courant à l'état de dissolution, devant cette localité, s'élève à 1 526 000 kilog. par vingt-quatre heures, soit approximativement 1 000 kilog. par minute. Dans ce total, un peu plus de 1 000 tonnes consistent en carbonate de chaux et 242 tonnes en sulfate de chaux. La quantité totale de sels terreux que la Tamise enlève invisiblement à son bassin au-dessus de Kingston atteint de la

---

1. Le calcium existe probablement plutôt à l'état de sulfate de chaux et le chlore à l'état de chlorure de sodium.

sorte, dans le cours d'une année, le chiffre énorme de
557 000 tonnes. Le titre hydrotimétrique de l'eau de
la Tamise (20°,68) se rapproche beaucoup de celui de la
Seine. Des observations faites sur les eaux de la Marne
près de Paris ont relevé, comme poids de matières suspendues, 56 grammes en moyenne par mètre cube. Une
longue série d'expériences sur l'eau de la Seine (du
1er octobre 1863 au 30 octobre 1866) a donné comme
poids moyen de matière en suspension 24 grammes par
mètre cube. Le total, à la fin de l'année, pour un mètre
cube d'eau de Marne puisé chaque jour est, d'après
M. Belgrand, de 19^k,84, et pour un mètre cube d'eau de
Seine, de 9^k,66. Or « la ville de Paris élève à Saint-Maur
40 000 mètres cubes d'eau par jour ; il est possible qu'on
filtre cette eau qu'on peut à volonté puiser dans la Seine
à Maisons-Alfort, ou directement dans la Marne. Le
dépôt qui se formera annuellement dans le bassin d'épu-
ration et sur les filtres sera :

Eau de Seine : 9^k,66 $\times$ 40 000 = 386 400 kilogr.
Eau de Marne : 19^k,84 $\times$ 40 000 = 793 600 kilogr.

Ces volumes n'ont rien d'excessif, et rien *a priori* ne fait
supposer que les eaux de la Seine et de la Marne ne soient
pas filtrables en grand[1]. » La masse des dépôts est bien
autrement considérable dans les torrents ; ainsi, d'après
le même auteur, la Durance ne contient pas moins de
1 kilog. de matière en suspension par mètre cube, ce qui,
pour un volume de 40 000 mètres cubes par jour, donne
un déplacement de 14 600 000 kilogrammes.

Quoique nous ayons montré que l'eau de rivière contient une moindre proportion de sels terreux que l'eau
de source, on se tromperait fort si l'on inférait de là que
l'eau de rivière est plus pure et plus salubre. Au con-

---

1. Belgrand, ouvr. cité, p. 461.

traire, l'eau de rivière, bien que pauvre en matières minérales, est d'ordinaire riche en impuretés organiques : elle est donc beaucoup moins bonne à boire. Le plus souvent les eaux des puits et des sources profondes ne contiennent que des traces minimes de matières organiques ; mais pour les fleuves, la décomposition des matières végétales répandues sur une large surface du pays dont ils recueillent les eaux est une source abondante d'impuretés organiques. Il y a cependant une cause plus sérieuse encore de contamination : ce sont les matières que les égouts apportent à un fleuve tel que la Seine des centres de population assis sur ses bords ou dans leur voisinage. Mais on doit néanmoins se rappeler que l'eau souillée exposant sans cesse des surfaces nouvelles à l'action de l'atmosphère, comme il arrive dans l'écoulement d'une eau courante, la matière organique s'oxyde et peut ainsi dans la suite se transformer en produits parfaitement inoffensifs ; en d'autres termes, une rivière est capable d'opérer elle-même sa purification si elle n'est souillée outre mesure.

Tandis que les impuretés organiques, c'est-à-dire les impuretés dérivées de sources animales ou végétales, peuvent ainsi se modifier considérablement en suivant le flot de la rivière, les sels au contraire demeurent inaltérés en dehors de ce que peuvent leur emprunter de matière minérale les organismes qui peuplent la rivière. Les matières minérales sont donc en majeure partie entraînées par le fleuve et finalement déchargées dans la mer. L'océan devient ainsi le réceptacle final de tous les sels enlevés à la terre par les eaux qui la lavent et transportés par les rivières. Et cependant la composition chimique de l'eau de mer diffère considérablement de celle des eaux de rivière ou de source. Tandis qu'un litre d'eau de la Seine contient en dissolution $0^{gr},24$ de sels, un litre d'eau de mer en contient 31 grammes environ. En effet la proportion de matière saline dans l'eau de mer s'élève jusqu'au chiffre de 3 1/2 à 4 p. 100. Il est inutile de faire observer que la plus grande partie de cette matière saline consiste en sel commun, tel que celui dont nous faisons usage à table, sel connu des chimistes sous le nom de *chlorure de sodium* parce qu'il se compose de deux éléments, à savoir un élément gazeux, le *chlore*, et un métal, le *sodium*. Sur 150 grammes de matière minérale dans un gallon ou 4^{lit},543 d'eau de mer, plus de 125 grammes consistent dans ce sel commun.

Comme exemple de la composition de l'eau de mer, on peut citer l'analyse suivante de l'eau de la Manche[1]. On trouva que la densité de cette eau était de 1,027 :

COMPOSITION DE L'EAU DE LA MANCHE

En grammes par litre.

Chlorure de sodium......................	28,011941
Chlorure de potassium..................	0,720178
Chlorure de magnésium................	3,660285
Bromure de magnésium................	0,029150
Sulfate de magnésie....................	0,229168
Sulfate de chaux.......................	1,404215
Carbonate de chaux....................	0,032944
Iode et ammoniaque...................	traces

31,087881

Chaque marée amène cette eau de mer en contact avec l'eau douce d'un fleuve à marées, comme l'est la Seine, et les eaux douces se marient ainsi aux eaux marines. En descendant la Seine à partir du pont de Rouen, on dé-

1. *An analysis,* par Schweitzer, dans le *Philosophical Magazine,* vol. XV, p. 58. Les calculs ont été refaits pour permettre la comparaison avec l'eau de la Tamise, p. 141.

couvre que le flot perd graduellement sa qualité d'eau douce. Il acquiert peu à peu une saveur salée, et cette salure augmente jusqu'à ce que l'eau devienne décidément saumâtre et imbuvable. En allant encore plus avant vers l'embouchure de l'estuaire, la salure s'accentue et quand on atteint la baie de la Seine, on peut à peine distinguer l'eau du fleuve de celle de la mer elle-même.

Cependant l'eau douce d'un fleuve ne se mélange pas immédiatement avec l'eau salée, mais elle tend plutôt à flotter à sa surface. En effet l'eau de mer étant riche en matière solide, sa densité est proportionnellement plus grande, c'est-à-dire que l'eau de mer doit peser, à volume égal, beaucoup plus que l'eau douce. Par suite de cette densité considérable, il est plus aisé de nager sur l'eau salée que sur l'eau douce. C'est pour cette raison aussi que l'eau douce déversée par un fleuve tend à flotter pendant un certain temps sur la surface de l'eau de mer plus dense; en avant des embouchures de quelques grands fleuves, l'eau est encore presque douce jusqu'à une certaine distance en mer.

Sous l'action du soleil, l'eau ne cesse de s'évaporer de l'immense surface que la mer expose aux rayons solaires. Mais pratiquement c'est de l'eau pure qui est ainsi aspirée dans l'atmosphère, les éléments salins de l'eau de mer restant derrière. Cette vapeur se condense en eau pure, et cette eau qui tombe sur la terre sous la forme de pluie, renfermant jusqu'à un certain point les éléments de l'atmosphère, enlève aux roches, qu'elle détrempe plus ou moins, de leurs éléments solubles qui sont finalement entraînés à la mer, où ils s'accumulent. Il y a donc de la terre à l'océan un transport perpétuel de matière solide, mais ce transport échappe entièrement à notre vue, parce que la matière est entraînée à l'état de dissolution invisible. Mais, ainsi qu'on l'a remarqué au début de ce chapitre, outre la matière dissoute qui trompe ainsi l'observation, la Seine, comme les autres fleuves, charrie une immense quantité d'autres matières solides à l'état de suspension mécanique, par conséquent aisément perceptibles à l'œil. Ce transport mécanique de matière solide de la terre à la mer forme le sujet du chapitre suivant.

CHAPITRE IX

Prenez quelques litres de l'eau de la Seine à Paris et laissez-la reposer tranquillement dans un vase bien propre. Si vous la regardez après qu'elle a reposé plusieurs heures, vous trouverez que l'eau est beaucoup plus claire et qu'une quantité de matière limoneuse s'est déposée au fond du vase, cette quantité étant plus ou moins grande selon la condition du fleuve au moment de l'examen. Ce limon était précédemment tenu en suspension dans l'eau et était la cause principale de son état trouble; aussi, à peine les particules vaseuses sont-elles précipitées que l'eau devient plus claire. Tant que l'eau était dans le fleuve, les minces particules solides étaient maintenues dans une incessante agitation par le courant du flot, et le dépôt en était ainsi prévenu. Plus le courant est rapide, plus grand est le pouvoir qu'il a d'entraîner ces matières en suspension, mais à mesure que le fleuve approche de son embouchure, le flot se ralentit et le sédiment tombe au fond. Aussi, dans la partie inférieure du cours de la Seine, surtout dans les coudes du fleuve, y a-t-il de larges bancs de vase; et cette vase est régulièrement draguée et enlevée pour prévenir la formation d'une barre. Les particules de vase qui sont très légères peuvent se maintenir en suspension dans l'eau jusqu'à ce que le fleuve les entraîne directement à la mer; mais il arrive finalement un moment où celles même qui se sont ainsi maintenues doivent se déposer doucement sur le fond de la mer. Si on fait dessécher, en l'exposant à l'air, un peu du sédiment vaseux déposé par l'eau, on trouve qu'il forme en durcissant une substance ressemblant à l'*argile*. L'argile n'est en effet qu'un limon de ce genre durci et peut-être différemment altéré.

Il suffit d'un peu de réflexion pour se convaincre que les minces particules de matière solide qui forment la vase sont produites par la détérioration mécanique de la terre. Après une averse abondante, vous observez dans la rue des petits courants bourbeux qui coulent le long des ruisseaux et chacun sait que la matière vaseuse qui trouble ces courants est simplement la fange dont la pluie nettoie les toits des maisons et les pavés de la rue. De même, chaque averse qui tombe en rase campagne enlève quelque chose à la surface de la terre qu'elle lave. Ce transport de matière s'appelle *dénudation* parce que les roches sont mises à nu, étant ainsi dépouillées de leur enveloppe superficielle. On nomme dénudation *pluviatile* la dénudation particulière dont la pluie est l'agent. Une averse abondante tombant sur un champ enlève quelques parties du sol et les entraîne par des ruisselets fangeux au courant d'eau le plus voisin, d'où elles sont charriées à la rivière. Dans les endroits où la pluie s'abat en déluge, comme il arrive souvent aux tropiques, son pouvoir comme agent de dénudation est presque incroyable, et même en France, surtout dans les régions montagneuses, nous apprenons parfois que des torrents de pluie ont déraciné des rochers et tout balayé devant eux. M. A. Tylor et quelques autres géologues ont prétendu que la chute de pluie était jadis

supérieure à ce qu'elle est maintenant; cela admis, il
s'ensuivrait que l'œuvre de la pluie en tant qu'elle contribue à détruire la terre dut être jadis bien plus considérable que celle dont nous sommes témoins maintenant.

Ces débris enlevés à la terre et entraînés par les
rivières dans leur cours contiennent des matériaux
de toutes dimensions. Il arrive souvent que des fragments
de roc, parfois de proportions considérables, sont des-
cellés de hauteurs dominant une rivière par l'action
de la pluie et de la gelée, et s'écroulent dans le courant.
Là ils s'usent lentement par un frottement incessant et
peuvent finalement se polir en forme de cailloux ronds
et lisses. Dans le bassin de la Seine, il arrive fréquemment que les silex si durs provenant de la craie sont
brisés et roulés dans l'eau; c'est de la sorte que se
forme le gravier. Le gravier qu'on répand sur nos routes
et sur les allées de nos jardins consiste principalement en
petits fragments de silex qui ont été si bien roulés par
les eaux que toutes les pointes aiguës des cassures des
pierres ont été arrondies. Mais tout le gravier n'a pas
été soumis à un traitement aussi rude; aussi, tandis que
les cailloux sont dans certains cas bien arrondis, dans
d'autres ils conservent plus ou moins leur aspect angu-
laire, quoique les extrémités ne soient jamais tout à
fait effilées. Les petites pierres formées des fragments
de roche, tout en se choquant avec bruit sur le lit du
fleuve, sont roulées jusqu'à ce qu'elles soient réduites
aux dimensions de ces minces grains arrondis connus
sous le nom de *sable*. En général, le gravier et le sable
sont surtout formés de la substance qu'on appelle
silice, c'est-à-dire de la matière qui constitue les silex
ou cailloux et qui est chimiquement la même que la
matière du cristal de roche pur. Le gravier et les sédiments les plus lourds sont charriés le long du lit de la

rivière par le mouvement du courant, tandis que le
sable plus fin peut être entraîné en suspension, mais
pas aussi loin que les particules plus légères de la vase.
Les fragments les plus pesants tombent naturellement
dès l'abord au fond, en sorte que si l'on jette dans l'eau
un mélange de gravier, de sable et de vase, on voit le
gravier tomber le premier, puis le sable se précipite et
la vase se dépose en dernier lieu.

Une rivière dont le lit possède une forte déclivité
est généralement un véhicule d'une grande puissance.
Les torrents des montagnes, par exemple, se précipitent
le long des pentes abruptes, et non seulement ils char-
rient d'énormes quantités de gravier, de sable et de
limon, mais souvent même ils entraînent des pierres
d'un poids considérable. Pendant leurs débordements,
les rivières ordinaires acquièrent également une grande
puissance mécanique. C'est ainsi que nous lisons les
récits d'inondations emportant les ponts, descellant les
roches des rives d'un fleuve, et entraînant des pierres
d'un poids de plusieurs tonnes. M. T. D. Lauder, en
décrivant les grandes inondations qui dévastèrent le Mo-
rayshire en août 1829, mentionne la destruction d'un
grand nombre de fermes et de hameaux, et rapporte
qu'il n'y eut pas moins de 38 ponts emportés par les
rivières débordées. Une masse énorme de grès, mesurant $4^m,20$ de longueur, $0^m,90$ de largeur et $0^m,30$
d'épaisseur, fut entraînée sur un parcours de 200 mètres
par le courant gonflé de la Nairn.

En estimant la puissance de transport de l'eau courante, il faut se rappeler que le poids d'une pierre est considérablement moindre dans l'eau que dans l'atmosphère. Quand un corps est plongé dans l'eau, il semble
perdre une certaine fraction de son poids, cette fraction
dépendant de son poids spécifique. Si une pierre est
deux fois plus lourde qu'un volume égal d'eau, elle

perd la moitié de son poids; si elle est trois fois plus
lourde, elle est allégée d'un tiers, et ainsi de suite. On
s'accorde à dire qu'un cours d'eau coulant avec une
vitesse de 12 centimètres par seconde a le pouvoir d'entraîner le sable fin; s'il coule à la vitesse de 25 centimètres par seconde, il est capable d'emporter le gravier
fin, et à celle de 75 centimètres par seconde, il peut
transporter des cailloux de la grosseur d'un œuf de
poule. Mais il ne faut pas oublier que la *forme* des fragments charriés influe beaucoup sur la facilité avec laquelle ils peuvent être mis en mouvement par les
eaux.

Jusqu'ici on a considéré l'œuvre des rivières principalement au point de vue du transport des matières solides
que leur apportent la pluie et les autres agents de dénudation. Mais une rivière est par elle-même un puissant
agent de dénudation directe, de dénudation *fluviatile*,
comme on l'appelle quelquefois. L'eau courante livrée
à ses seules forces, n'a, il est vrai, qu'un médiocre pouvoir de désagrégation quand elle a affaire à une roche
dure; mais les cailloux, le sable et les autres débris
entraînés par le cours d'eau mordent, râpent, effritent
les substances les plus résistantes aux points où ils viennent en contact avec elles et rendent ainsi la rivière capable d'user les roches les plus dures dans le cours de son
flot, aussi sûrement que si elles étaient de la terre meuble ou que si elles étaient limées avec de la poudre de
verre. La formation des *potholes* montre d'une manière
frappante la force de pulvérisation des cailloux mis ainsi
en mouvement par l'eau (fig. 34). Ces potholes sont des
cavités arrondies d'une profondeur de plusieurs pieds,
assez communes dans les roches dures du lit d'un cours
d'eau de montagne. Quelques cailloux logés dans une
petite cavité tournoyent sous l'action des remous du
courant et finissent par creuser des trous profonds de

dimensions considérables. Dans ce cas, l'action pulvé-
risante des cailloux est généralement favorisée par le
sable et les particules plus fines contenues dans l'eau
qui frottent les parois du trou aussi efficacement que si
elles étaient polies avec une fine poudre de verre.

FIG. 34. — Potholes creusées par un cours d'eau dans les roches de son lit.

Aidée par la charge de débris qu'elle entraîne, la
rivière ronge les roches de ses rives et tend ainsi à élargir son lit; en même temps les sédiments les plus lourds
raclant le fond du lit en désagrégent la roche morceau
par morceau et approfondissent ainsi le chenal du
fleuve. Tout cours d'eau d'une pente suffisante est
ainsi continuellement à l'œuvre et ne cesse d'user les

roches à travers lesquelles il coule, en sorte que le lit
d'une rivière, à l'origine sans largeur ni profondeur, peut
graduellement s'élargir et s'approfondir. On peut bien
voir l'importance des excavations creusées dans un
temps donné par le travail des eaux courantes dans les
régions volcaniques où les rivières ont scié des couches
de lave vomie à des dates inconnues (fig. 35).

Mais c'est peut-être dans les immenses abîmes où
coulent certaines rivières du Colorado qu'on peut voir les

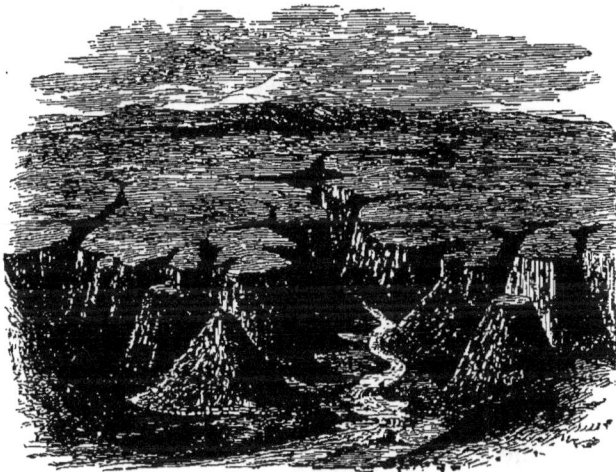

Fig. 35. — Vue d'un plateau raviné par les cours d'eau.

résultats les plus grandioses de la dénudation fluviatile.
Ces gorges étroites, bordées de rochers à pic comme des
murs, sont connues sous le nom espagnol de *cañons* (voir
le frontispice de ce volume [1]). Le Colorado de l'Ouest,
qui roule ses eaux des Montagnes Rocheuses au golfe
de Californie ou mer Vermeille, coule, pendant une partie
de son cours, au fond d'un gouffre profond, resserré

1. D'après l'*Exploration of the Colorado River of the West*, par Powell.
Washington, 1875.

entre des murailles verticales qui en quelques endroits
ont plus de 1600 mètres de hauteur. Il n'y a pas de raison
de douter que ce sillon gigantesque n'ait été creusé par
le fleuve qui y roule ses eaux. Les affluents qui débou-
chent dans le fleuve y arrivent de la même manière à
travers des ravines plus petites qu'on appelle cānons
latéraux; et en effet la disposition générale des cānons
donne immédiatement l'idée du système d'écoulement
des eaux d'un pays. Rien, mieux que ces gorges, ne peut
montrer l'importance des *érosions* verticales accomplies
par les eaux courantes. Ces ravins doivent probablement
d'avoir conservé leur forme particulière au fait que le
pays où ils se rencontrent est relativement sans pluie ;
car s'il pleuvait beaucoup, les berges ne pourraient pas
conserver leur forme de murailles verticales et l'action
de la dénudation convertirait graduellement le gouffre
en une vallée de rivière ordinaire.

Pour comprendre comment l'eau courante accomplit
d'habitude son œuvre de dénudation, il est instructif
d'épier sur le rivage de la mer les mouvements du flot
qui abandonne une plage unie recouverte de vase ou de
sable fin à mesure que la marée se retire. Quelque plate
et lisse que la plage puisse sembler à l'œil, l'eau trouve
bientôt quelques légères inégalités de surface et fait disparaître la déclivité même la plus douce. Les molécules
de sable entraînées par l'eau commencent par creuser de
petites rainures, puis les agrandissent en forme de sillons
plus larges. On peut voir plusieurs de ces petits courants
s'unir pour en former un plus large ; finalement on voit
s'établir tout un système de ramifications aboutissant
toutes à un canal central incliné dans la direction de
l'eau qui baisse. Même sans aller sur le bord de la mer, on
peut souvent être témoin d'effets semblables sur le bord
d'une route lorsque l'on regarde le fossé qui reçoit les
eaux limoneuses du chemin. On peut sans effort d'imagi-

nation comparer le système en miniature de ces courants, qui vont en se ramifiant et qui, dans les deux cas, se produisent sous nos yeux, avec le système d'écoulement des eaux d'un bassin de rivière. La représentation est en effet presque de tout point complète. On y voit le cours d'eau principal, avec ses affluents latéraux, qui roule vers la mer, et on constate souvent que ce petit système de courants est séparé d'un autre par un espace intermédiaire qui figure la ligne de partage des eaux.

Supposez maintenant qu'une partie du fond de la mer se soulevât et apparût au-dessus de la surface de l'eau sous la forme d'une grande plaine vaseuse. Par ce que nous venons de dire, il est facile de juger immédiatement comment l'eau s'écoulerait à sa surface. La pluie tombant sur cette terre nouvellement née ne manquerait pas de rencontrer à sa surface quelques accidents, talus et pente, et l'inclinaison la plus légère est suffisante pour déterminer la pluie à s'écouler dans une direction plutôt que dans une autre. La chute même des gouttes de pluie fouettant le sol couvrirait le terrain détrempé de minces fossettes et donnerait ainsi naissance à des irrégularités superficielles. L'eau s'échappant en ruisselets entraînerait quelques fines particules de vase et ainsi chaque averse trouverait des canaux mieux creusés pour recevoir l'écoulement des eaux. Les courants ne se rendraient certainement pas à la mer en lignes droites parallèles, mais un certain nombre de courants voisins les uns des autres, se dirigeant tous vers le niveau le plus bas, se réuniraient bientôt en un lit commun, comme en donne une idée la figure 36. Si l'action se prolongeait longtemps, les canaux en s'usant s'élargiraient et s'approfondiraient, tandis que les berges du cours d'eau s'aplaniraient sous l'action de la pluie pour former des bords en pentes douces. Ce qui se passe dans un vaste bassin de rivière ressemble tant à un système d'écoulement éta-

bli de la sorte que ceux qui ont le plus réfléchi au sujet
croient qu'on peut prendre l'un pour expliquer l'autre ;
qu'en fait les rivières actuelles ont creusé peu à peu leurs
propres lits et que les vallées de nos fleuves sont principalement le résultat de l'œuvre accomplie par la pluie, les
rivières et les agents de dénudation analogues.

A première vue, il peut sembler incroyable qu'un

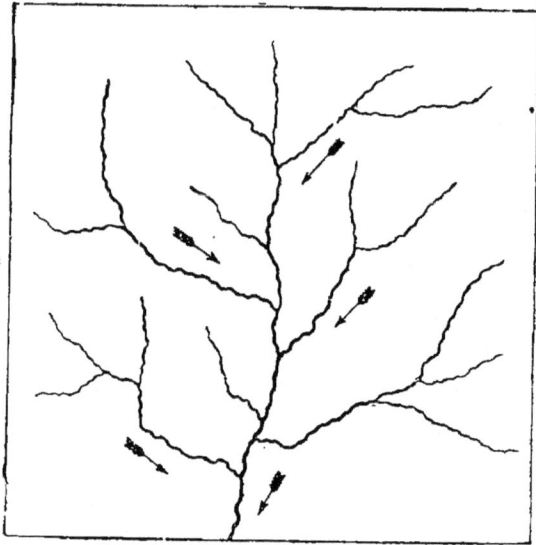

Fig. 36. — Système naturel d'écoulement des eaux.

grand système fluvial, tel que celui de la Seine, ait été
formé par l'intervention d'agents qui semblent si insigni-
fiants. Cependant plus on y réfléchit, moins on éprouve
de difficulté à accepter cette explication. On ne saurait
nier que de petites rigoles puissent être creusées dans la
roche solide par une eau courante, car on peut assister
à la formation même de ravines semblables. De là on
peut, par des degrés insensibles, s'élever aux ruisseaux
et aux courants de plus grandes dimensions jusqu'à ce

qu'on arrive enfin à concevoir le travail d'une véritable
rivière. Si l'on admet que le petit ruisseau a creusé le
canal dans lequel il coule, il est difficile de nier que le
cours d'eau plus considérable ait accompli une œuvre
semblable sur une plus vaste échelle. La plus petite cause
peut produire un grand effet si elle agit assez longtemps.

Il n'y a guère de hardiesse à appliquer ce raisonnement
à la Seine. En regardant les deux berges opposées de la
vallée, on voit souvent que les roches se correspondent
exactement ; un lit de graviers sur une rive a parfois son

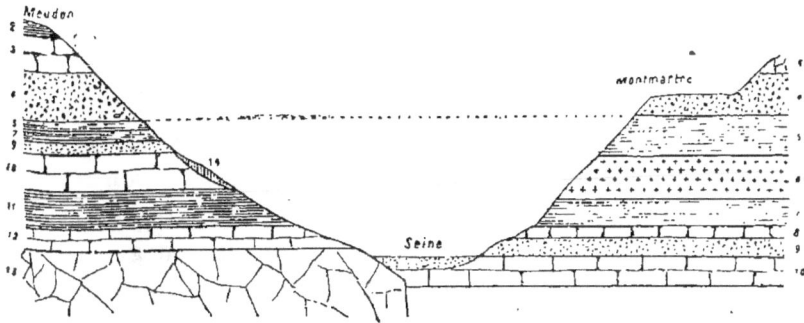

FIG. 37. — Coupe de la vallée de la Seine de Montmartre à Meudon.

2. Limon des plateaux. — 3. Meulière. — 4. Sables de Fontainebleau. — 5. Marnes
supérieures au gypse. — 6. Gypse. — 7. Marnes inférieures au gypse. — 8. Travertin de Saint-Ouen. — 9. Sables de Beauchamp. — 10. Calcaire grossier. —
11. Argile plastique. — 12. Calcaire pisolithique. — 13. Craie. — 14. Lœss.

pendant sur l'autre. La figure 37 représente une coupe de
Meudon à Montmartre. En descendant de Montmartre
vers la vallée du fleuve, on voit la couche de sable n° 4
s'interrompre brusquement et les marnes et le gypse
sur lesquels ce sable est assis lui succéder ; mais, en remontant la pente opposée de la vallée, le sable reparaît de
nouveau, au même niveau, au-dessus des marnes et du
gypse. On ne peut donc guère douter que jadis le sable
s'étendait en une couche continue selon la direction
indiquée par la ligne ponctuée et qu'il a été coupé d'une

berge à l'autre par les eaux du fleuve. Si toutes les
couches ne se correspondent pas exactement des deux
côtés de la vallée, cela tient à leur épaisseur variable
qui « peut aller jusqu'à zéro, en sorte que certaines formations manquent tout à fait et permettent ainsi le
contact mutuel de couches que normalement elles devraient séparer. »

La Seine ne confine ici que sur une de ses rives à la
craie qu'un relèvement considérable fait apparaître.
Dans d'autres parties de son cours, au contraire, la craie
constitue les deux flancs de la vallée à travers laquelle ses
eaux s'écoulent. Quand la craie se présente ainsi, il est
évident, par ce qu'on a dit au dernier chapitre, que
l'érosion mécanique est puissamment favorisée par
une dissolution chimique, le carbonate de chaux étant
aisément soluble ; mais les silex qu'on rencontre si
communément encastrés dans la craie résistent à
cette action chimique et même, à un haut degré, à la
détérioration mécanique produite par le frottement.
Aussi trouve-t-on leurs fragments brisés roulant encore
à l'état de gravier caillouteux ; chaque grain de ce
gravier est, en effet, comme le témoin d'une quantité de
craie blanche dissoute depuis longtemps et entraînée
par l'eau courante. Dans d'autres parties de son cours,
la Seine coule à travers des roches d'un caractère différent qui seront décrites plus tard ; mais elles subissent
toutes l'action chimique ou mécanique du fleuve, de la
manière que nous venons d'expliquer.

Si l'on passe de l'étude de la vallée de la Seine à celle
de la surface générale de notre pays, on trouve abondance
de preuves établissant l'intervention active de la pluie et
des eaux courantes. On a même de bonnes raisons de
croire que ces travailleurs presque silencieux ont eu une
influence maîtresse dans la détermination de la configuration physique du sol. Ils ont creusé les lits des rivières

et englouti des vallées, laissant des masses de roches
qui s'élèvent en collines et en pointes escarpées. Mais
en leur faisant honneur d'une telle œuvre, il faut
reconnaître qu'ils ont eu l'assistance d'autres forces
dont les effets seront décrits dans les chapitres suivants.

Si l'eau courante use et emporte ainsi le sol, d'année
en année et de siècle en siècle, qu'advient-il finalement de
l'immense quantité de matière ainsi déplacée? On a déjà
donné incidemment une réponse partielle à cette question.
Les débris les plus lourds sont poussés le long du lit du
fleuve et ainsi lentement entraînés vers son embouchure,
tandis que les autres matières plus légères, restant en
suspension, sont emportées plus rapidement par le courant des eaux. Quand ce courant s'arrête, le sable et la
vase tombent au fond, les particules les plus lourdes étant
naturellement les premières à se déposer. Dans le système de rivière en miniature qui s'improvise de lui-
même dans le banc de vase abandonné par la marée qui
se retire, on peut souvent voir un petit courant entrer
dans une flaque tranquille d'eau de mer et déposer le
sable dont il est chargé, particule par particule, sur le
fond de la petite mare. Le même ordre d'opérations se
reproduit exactement, sur une échelle bien plus vaste, à
l'embouchure de tous les fleuves. Parfois une rivière
s'élargit dans son cours en un lac et alors l'analogie
du travail qu'elle accomplit avec l'exemple que nous a
fourni le bord de la mer est encore plus frappante. En
entrant dans le lac, le courant de la rivière est soudainement amorti, et une partie du sédiment tenu en suspension tombe au fond, si bien que quand la rivière sort du
lac, ses eaux sont purifiées. L'effet du séjour dans le lac
est quelque chose d'analogue à l'effet produit quand on
fait reposer dans un verre de l'eau vaseuse; dans les
deux cas, la plus grande partie du sédiment se dépose.

Le Léman ou lac de Genève, que traverse le Rhône, offre

un exemple remarquable de cette action clarifiante des lacs sur les eaux des rivières. Le fleuve pénètre dans la partie supérieure du lac à l'état de torrent trouble, chargé des déblais qu'il apporte des Alpes ; à l'extrémité inférieure du lac, il s'échappe lavé de toutes ses impuretés. Pendant son passage à travers le lac, la vase qu'il tient en suspension se dépose au fond ; il en résulte qu'à l'entrée du fleuve dans le lac, il se forme lentement une terre nouvelle par l'accumulation du sédiment. Port-Vallais, le *Portus Valesiœ* des Romains, qui était jadis situé sur le bord du lac, est maintenant à plus de trois kilomètres dans l'intérieur des terres ; le sol intermédiaire s'est formé aux dépens du lac par l'accumulation des sédiments que le fleuve a apportés. Un lac peut de la sorte diminuer de profondeur et de largeur jusqu'à finir par être entièrement comblé ; il se forme alors une région marécageuse à travers laquelle la rivière égare son cours vagabond : un tel terrain est ce qu'on appelle généralement un terrain d'*alluvion*[1].

Il arrive souvent que sans s'écouler dans un lac, une rivière peut se débarrasser d'une grande partie de la matière sédimentaire dont elle est chargée. Quand une rivière reçoit une quantité d'eau extraordinaire à la suite de pluies abondantes ou d'une fonte de neiges soudaine, son courant gonflé déborde au-dessus de ses rives et inonde les terrains voisins. Dans une inondation ou dans une crue, l'eau renferme toujours une masse considérable de déblais ; et dans le débordement de la rivière, il s'en dépose une partie sous la forme d'une mince couche de limon répandue également sur tout le sol inondé. Quand le débordement se reproduit de saison en saison, les couches de limon s'accumulant finissent par former une

---

1. *Alluvion*, du latin *ad* et *luo*, je lave, terrain formé par le lavage ou le courant de l'eau.

région basse d'alluvions sur chaque rive du cours d'eau. La plupart des rivières sont bordées de bandes de riches terrains de prairies qui ont été formés de la sorte. De telles prairies basses, formées d'alluvions, sont communes le long des rives de la Seine et dans la partie inférieure du bassin où le fleuve est très large. Au-dessous de Quillebeuf, par exemple, il y a de grandes étendues de terrains plats et marécageux. Mais l'exemple des inondations du Nil est la meilleure démonstration du dépôt périodique de sédiment que laissent les fleuves débordés. Après la saison pluvieuse dans la partie méridionale du cours du fleuve, il y a une crue soudaine de l'eau, chargée de sédiments, qui se répand au loin sur les deux rives du fleuve dans son cours inférieur, et dépose le riche limon d'alluvions qui constitue l'Égypte.

Lorsqu'un fleuve approche de la mer, la pente de son bassin diminuant d'ordinaire, sa vitesse se ralentit, et il dépose en conséquence plus ou moins des matières qu'il tient en suspension. Si la mer, dans le voisinage de l'embouchure du fleuve, n'est pas très troublée par les courants, s'il s'y trouve une baie bien protégée, par exemple, les sédiments s'accumulent et forment un terrain d'alluvions qui s'étend généralement en éventail. Dans la basse Égypte, le Nil a produit ainsi une immense région d'alluvions que les Grecs avaient nommée le *Delta*, parce que la forme en ressemblait à celle de leur lettre Δ. A 200 kilomètres environ de son embouchure, le Nil se divise en deux canaux principaux, celui de l'ouest, connu sous le nom de branche de Rosette, celui de l'est, dit branche de Damiette, ces deux noms étant empruntés aux deux villes situées à leurs débouchés respectifs. Ces deux branches enferment, avec la Méditerranée au nord, une région triangulaire de terres d'alluvions entrecoupée par un réseau de canaux. Le sommet de ce triangle, formant la *tête* du delta, est situé à 40 kilomètres environ en

aval du Caire. La figure 38 montre la configuration du
Delta du Nil.

Après avoir été originairement appliqué à la terre
triangulaire formée par les bouches du Nil, le terme de
« delta » est devenu d'un usage général; on l'a étendu
depuis à tous les dépôts d'alluvions semblables. On peut
appeler *delta lacustre* la terre même dont nous avons
décrit la formation dans le lac de Genève par les dépôts

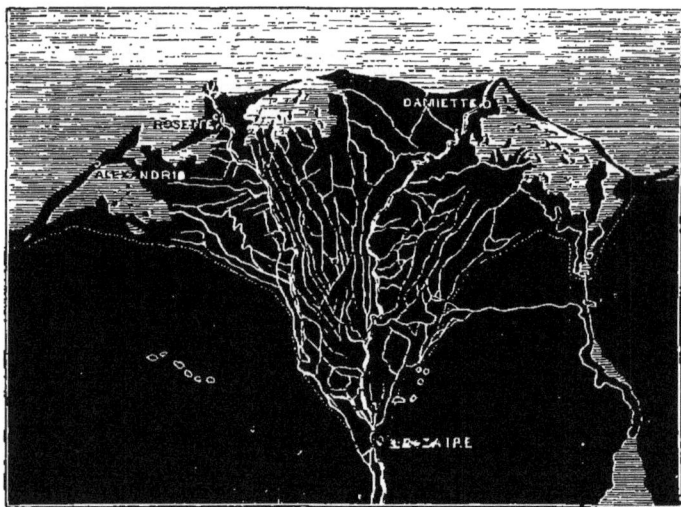

Fig. — 38. — Delta du Nil.

du Rhône. Si les sédiments tombent doucement au fond,
sur un lit suffisamment horizontal, ils formeront en
s'accumulant des couches presque de niveau reposant
régulièrement l'une sur l'autre. Si l'on pouvait faire
une section verticale dans le terrain qui compose un
delta, la coupe exposerait aux yeux les rebords d'une
foule de couches ou assises, dont la plus basse doit
nécessairement être la plus ancienne ou la première
formée, la plus élevée, la plus récente ou la dernière

formée; les matériaux qui composent le delta sont, en
effet, *stratifiés*.

En remontant une rivière de son embouchure à sa
source, on trouve généralement qu'elle se ramifie continuellement en cours d'eau de plus en plus petits, d'une
manière qui rappelle assez les ramifications d'un arbre,
jusqu'à ce qu'enfin elle aille se perdre en une multitude
de petits ruisseaux. En descendant une rivière jusqu'à
son delta, on trouve de même qu'elle se divise et se subdivise jusqu'à ce que finalement elle se répande en un
réseau de canaux et arrive à la mer par un certain nombre
d'issues séparées. La disposition des ramifications dans

FIG. 39. — Bassin de réception et delta d'un fleuve.

le delta est donc semblable à celle qui existe dans le
bassin de réception, mais symétriquement opposée en
direction. Dans le bassin de réception tous les embran-
chements *convergent* vers la rivière maîtresse; dans le
delta, ils *divergent* tous du canal principal. La figure 39
fait ressortir la différence entre le bassin de réception et
le delta.

Dans nombre de deltas, la terre d'alluvion est marécageuse, lavée et recouverte par la mer à marée haute;
on peut, dans certains cas, suivre jusqu'au-dessous du
niveau de la mer les alluvions sous la forme de hauts
fonds et de bancs de sable composés des particules les
plus légères du déblai qui a été entraîné au delà du delta

véritable. Les grands fleuves de l'Inde, le Gange et le
Brahmapoutre, forment ensemble un vaste delta, consistant, pour la majeure part, en une terre marécageuse
couverte de palétuviers. Le delta du Mississipi (fig. 40)
est une immense région marécageuse, dans le golfe du
Mexique, sillonnée de canaux et de lacs nombreux. On

FIG. 40. — Delta du Mississipi.

peut regarder la Hollande comme un ancien delta formé
par le Rhin et les autres fleuves qui la traversent. Au
nord de la Somme, en France, s'étend une vaste alluvion
de 20 000 hectares qu'on appelle Marquenterre et dont
on veut faire venir le nom de *mare in terrâ*. « Il y a dix
siècles, la mer, dans ses marées les plus hautes, y flottai
encore autour des îles de craie d'un golfe qui recevait la

Somme et l'Authie ; à force de canaux, de digues cimen-
tant les îlots aux îlots, la boue liquide, indécise d'abord
entre ses deux éléments, se tassa en sol ferme. » Le Rhône,
ce grand créateur, accomplit sous nos yeux, à une extrémité
opposée de la France, une œuvre d'une bien autre grandeur ; ses eaux fécondes ne cessent d'accroître le domaine
humain, depuis le Léman qu'elles s'évertuent à combler
par un travail séculaire, jusqu'à la Méditerranée, dont
elles ont au loin rectifié, empâté le rivage et où elles ont
jeté comme une « Hollande méridionale » ; devant la
grande île de la Camargue la mer recule et cède par an
près de 15 mètres à la terre. Une remarque à faire, c'est
que tous les grands fleuves de l'Europe méridionale du
versant méditerranéen, le Rhône, le Pô, le Danube, sont
des fleuves à deltas ; ce fait s'explique par l'altitude des
montagnes d'où ils descendent et la rapidité de leur
pente dans la partie supérieure de leur cours. Quand il
n'existe pas de delta véritable, il se forme parfois une barre
ou haut-fond qui, jeté en travers du fleuve, y gêne la navigation. L'Adour en France, le Douro en Portugal, le Sé-
négal en Afrique, offrent des exemples de ce phénomène.
Le plus souvent les bancs de sable qui se forment à l'embouchure des fleuves, ceux que l'on trouve par exemple
dans les estuaires de la Seine, de la Loire et de la Garonne
en France, ne sont pas fixes, mais se déplacent sans
cesse, produisant ces divagations du chenal navigable
qui trompent le plus habile pilote. Comme il en est
ainsi plus ou moins dans toute large embouchure de
fleuve, une explication générale peut seule rendre
compte d'un phénomène aussi commun. Or il semble
établi aujourd'hui que l'origine des bancs de sable et la
cause des divagations du chenal navigable d'un fleuve
sont dans la divergence des deux courants, celui de flot
et celui de jusant, qui ne s'écoulent pas dans un lit commun. « En rétrécissant le fleuve au moyen de digues en

long, on fait coïncider les deux courants ; par conséquent on accroît la profondeur de l'eau[1]. » C'est le système qu'on a appliqué avec succès à l'amélioration de la Seine dans sa portion maritime. La basse Seine présente en effet de nombreux hauts-fonds qui gênent singulièrement la navigation et ont arrêté pendant un siècle le développement du port de Rouen. Aujourd'hui, grâce aux digues longitudinales qui resserrent le chenal entre Quillebeuf et la pointe de la Roque, on a obtenu une profondeur uniforme de près de 7 mètres qui permet aux navires marchands d'un fort tonnage de remonter jusqu'à Rouen sans rompre charge. Rouen s'est si bien relevé de son déclin passager que le Havre s'en est alarmé et que les travaux d'endiguement ont été suspendus. Avec raison peut-être : car le rétrécissement du chenal d'un fleuve a pour effet de diminuer le volume d'eau qu'y apporte la marée montante ; et c'est ce volume qui, s'ajoutant à celui des eaux du fleuve quand elles redescendent vers la mer, agit comme une chasse d'eau sur les sables accumulés dans l'estuaire, les entraîne ou les creuse et y maintient ainsi une profondeur à peu près constante. Le prolongement de l'endiguement latéral de la Seine eût donc pu amener la formation dans la baie de la Seine d'atterrissements menaçant le Havre. En Angleterre, les estuaires des fleuves s'ensablent rarement assez pour entraver ainsi la navigation. Cependant, au temps des Romains, l'île de Thanet était séparée de la côte de Kent par un chenal assez large pour recevoir la flotte romaine. Ce chenal est maintenant comblé et la région réputée île est réunie à la terre ferme par une bande de terrain d'alluvion. Mais en général les fleuves de la Grande-Bretagne ne sont pas assez larges pour former des deltas. En outre, dans les fleuves à marées le mouvement régu-

---

1. H. Blerzy, *Torrents, fleuves et canaux de la France*, p. 103. Paris, Félix Alcan.

lier de va-et-vient de l'eau dans l'estuaire empêche le sédiment de se déposer. L'action du reflux, comme nous l'avons vu, concourt, avec le mouvement rapide du courant de la rivière, pour entraîner les sédiments déposés pendant la marée, alors que les eaux descendantes sont arrêtées. Dans certains estuaires, le courant de marée est tellement chargé de matière limoneuse qu'on l'amène par des moyens artificiels à recouvrir les terres basses pour y déposer une vase très fine. On a employé ce procédé dans l'estuaire de la Seine, et c'est ainsi qu'on a conquis sur le fleuve des alluvions considérables, véritables polders appelés à se transformer en grasses prairies.

Un fleuve soumis pleinement à l'action de la marée, comme l'est la Seine, forme rarement un delta; et quoique ses rives abondent en dépôts d'alluvions et son cours en hauts-fonds, son embouchure se trouve suffisamment nettoyée pour que le chenal reste ouvert. Mais, bien que la Seine ne forme pas de delta, la quantité de déblais qu'elle ramasse à la surface de son bassin et qu'elle décharge dans la mer n'en est pas moins considérable. La proportion de matière solide tenue en suspension dans l'eau varie beaucoup selon les rivières et, dans la même rivière, selon les saisons. Ainsi Bischof trouva, en étudiant le régime du Rhin, que, quand la rivière était trouble, elle contenait $\frac{1}{1078}$ de son poids de matière solide en suspension; mais qu'à une autre saison, quand l'eau était claire et bleue, elle en contenait seulement $\frac{1}{57800}$. Le Gange, qui a formé un delta si énorme, tient, dit-on, en suspension une masse de matières ne représentant pas moins de $\frac{1}{570}$ de son poids, année moyenne. Nul fleuve n'a été soumis à des observations plus suivies et plus rigoureuses que le Mississipi, et on a calculé que la proportion moyenne de sédiment dans ce grand fleuve est de $\frac{1}{1500}$ en poids, ou $\frac{1}{2900}$ en volume : en sorte que le poids du limon qu'il entraîne de nos jours à la mer, dans le cours d'une année, atteint l'énorme total de 368 062 500 000 kilogrammes.

On a estimé que la Tamise décharge annuellement dans la mer 53 312 mètres cubes de sédiment (Geikie). Ajoutez à ce chiffre la quantité de matière minérale charriée en dissolution, dont nous avons parlé dans le précédent chapitre, et vous trouverez que la quantité totale de matière solide entraînée à la mer par la Tamise est réellement énorme. A Kingston, comme nous l'avons constaté à la page 141, on estime la matière transportée en dissolution à 557 000 000 kilogrammes environ par an. Si l'on compte donc $0^{dmc}428\,570$ par tonne, ce qui est à peu près le poids moyen de la craie, ce poids équivaut à 228 571 mètres cubes. Mais ce calcul n'est vrai de la Tamise qu'à Kingston, et il est certain que la quantité de matière dissoute par le fleuve avant qu'il arrive à la mer est bien supérieure à ce poids et à ce volume. Il est en outre nécessaire d'ajouter à ce total un chiffre considérable pour représenter la quantité de sédiments plus lourds que le fleuve roule le long de son lit. Bref, nous ne nous écarterons guère de la réalité en disant que la Tamise charrie par an à la mer 400 000 mètres cubes environ de matière solide.

Imaginez une masse énorme de pierre en forme de dé, mesurant 30 mètres de longueur, 30 mètres de largeur et 30 mètres de hauteur : cette masse contiendrait 27 000 mètres cubes environ. L'eau courante, dans le cours d'une seule année, dérobe silencieusement à la surface du bassin de la Tamise 15 de ces cubes gigantesques. Mais le bassin de la Tamise couvre une très vaste superficie et on trouvera, par le calcul, qu'en admettant l'enlèvement de cette masse immense, le niveau de la surface entière du bassin ne serait réduit que de $\frac{1}{31}$ de millimètre par an. Au taux actuel de détérioration et d'usure, l'œuvre de la dénudation ne peut donc

guère avoir abaissé la surface du bassin de la Tamise de
plus de 25 millimètres depuis la conquête normande;
et il faudra plus d'un million d'années avant que le
bassin tout entier de la Tamise soit usé par les eaux
jusqu'au niveau de la mer. C'est M. A. Tylor qui ima-
gina le premier ce procédé de démonstration et d'appré-
ciation de l'œuvre qu'accomplissent la pluie et les
rivières en rongeant et en entraînant le sol; employée
depuis par d'autres géologues, elle a donné des résultats
intéressants. Ainsi, M. le professeur Geikie a calculé[1] que,
d'après l'activité actuelle de la dénudation, il faudrait
près de 5 millions 1/2 d'années pour faire des Iles Britanniques une plaine ramenée au niveau de la mer. Mais
on doit se rappeler que ces calculs sont des plus délicats
et qu'on n'en peut proposer les résultats que comme des
approximations plus ou moins lointaines. Ils n'en sont
pas moins précieux en ce qu'ils nous mettent à même de
nous former une idée de l'œuvre immense de détérioration dont la pluie et les rivières sont les agents.

1. *On Modern Denudation*, par Archibald Geikie dans les *Transactions
of the Geological Society of Glascow*, vol. III, p. 153.

CHAPITRE X

Quoique, dans le dernier chapitre, nous ayons circonscrit notre étude à l'action de la pluie et des rivières, on se tromperait grandement si l'on supposait que ce sont là les seuls agents de dénudation. La pluie et les rivières sont sans contredit de puissants instruments de destruction, mais elles accomplissent une œuvre bien plus considérable avec le concours de la gelée. Les faces d'une roche dure peuvent être exposées à découvert à l'action de la pluie pendant des années sans souffrir aucun changement notable : l'eau peut remplir les pores et les fissures de la roche, mais, à moins que les éléments minéraux en soient aisément décomposés, elle ne creusera son chemin dans la pierre qu'avec une extrême lenteur. Que si une gelée se produit, les conditions sont entièrement changées, un nouvel élément de destruction entre en jeu. L'eau dont la roche est chargée se congèle sous forme de glace, et, pendant sa solidification, tend à se dilater, comme on l'a expliqué dans un précédent chapitre. Les pores et les fentes de la roche où séjourne l'eau résistent à cet effort ; mais les molécules en se congelant se repoussent les unes les autres dans toutes les directions avec une force telle que le roc le plus dur est forcé tôt ou

tard de céder à la pression. La roche finit par se fendre
exactement comme une conduite d'eau éclate pendant
une gelée. Des fragments de pierre, souvent de dimensions considérables, ainsi fendus et séparés de la roche,
n'attendent pour s'ébouler que le dégel suivant, de même
qu'on voit après une forte gelée le stuc dont un mur est
enduit s'écailler et tomber. Mais il ne faut pas oublier
que la gelée mérite bien du fermier en ouvrant les terrains les plus durs. Un sol résistant se relâche après le
dégel et subit ainsi aisément l'action des autres agents de
dénudation.

Outre la force mécanique déployée par l'eau durant la
congélation, la glace coopère d'autres manières encore
à la dégradation de la terre. Dans un pays de climat
tempéré, comme celui de la Grande-Bretagne ou de la
France, l'action de la glace est extrêmement faible; cependant on ne laisse pas de l'observer même dans le
bassin de la Tamise. On a expliqué au chapitre IV que
quand on abaisse la température d'une certaine quantité
d'eau, cette eau diminue de volume comme toutes les
autres substances; mais son volume ne diminue que
jusqu'à une certaine température. En effet, quand l'eau
est réduite à 4° Cent. (39° Fahr.)[1], ses molécules sont plus
serrées qu'à aucune autre température, en sorte que, soit
qu'on élève la température au-dessus de ce point ou qu'on
l'abaisse au-dessous, on produit exactement le même
effet : le volume du liquide augmente. On dit donc qu'à

1. Le thermomètre dont on se sert généralement en Angleterre est gradué
selon une méthode imaginée par Daniel Gabriel Fahrenheit, qui, natif de
Dantzic, se fixa à Amsterdam au commencement du siècle dernier et devint un célèbre fabricant de thermomètres. Dans l'instrument de Fahrenheit, la distance entre les points de congélation et d'ébullition des
l'eau est divisée en 180 parties égales ou degrés et le zéro ou point de
départ de l'échelle est placé arbitrairement à 32 degrés au-dessous
du point de congélation.

4° Cent. l'eau a son *maximum de densité*. C'est ce qu'on peut aisément constater en reproduisant une vieille expérience imaginée à l'origine par le docteur Hope. Introduisez (fig. 41), en les plaçant à des niveaux différents, deux thermomètres dans un vase cylindrique plein d'eau et refroidissez l'eau en entourant de glace la partie centrale du vase. En se refroidissant, l'eau devient plus dense et est donc entraînée vers le fond, en sorte que le thermomètre *inférieur* s'abaisse jusqu'à 4° Cent. Un abaissement plus considérable de température *dilate* l'eau au lieu de la resserrer, et en conséquence l'eau froide s'élève, en sorte qu'à son tour le thermomètre *supérieur*, jusque-là presque absolument stationnaire, commence, puis continue à s'abaisser, jusqu'à ce qu'il atteigne, comme le thermomètre inférieur, 4° Cent. La masse entière de l'eau est alors à son maximum de densité, et si l'on pousse plus loin l'abaissement de température,

FIG. 41 — Expérience de Hope sur la contractibilité de l'eau.

elle se dilate, l'eau froide devient spécifiquement plus légère et s'élève à la surface. Le thermomètre supérieur descend graduellement jusqu'au point de congélation. Cette expérience est une reproduction approximative de ce qui se passe dans une pièce d'eau, dans un lac, par exemple ; la surface se congèle tandis que les couches d'eau les plus voisines du fond conservent une température supérieure de plusieurs degrés.

Au moment où la congélation se produit, quand les molécules d'eau travaillent à se disposer et à se grouper en quelques-unes de ces formes cristallines que nous

avons notées au chapitre IV, il y a un accroissement de
volume bien plus considérable que celui que nous venons
de décrire.

La glace, étant ainsi relativement beaucoup plus légère
que l'eau, flotte à sa surface. Cependant il y a certaines
circonstances dans lesquelles la glace peut réellement se
former au fond d'un cours d'eau et y rester quelque
temps. On peut être témoin parfois de la formation de
cette *glace de fond* dans certaines parties du cours d'un
fleuve.

Le Dʳ Plot, le premier conservateur de l'*Ashmolean
Museum*, à Oxford, publia en l'année 1677 son ouvrage célèbre sur l'Histoire naturelle de l'Oxfordshire;
il y fait allusion à la congélation de la Tamise dans
les termes suivants : « Je constate que tous les bateliers
des environs auxquels j'ai parlé s'accordent à déclarer
que la congélation de notre fleuve commence toujours
par le fond, ce qui, quelque surprenant qu'il puisse
paraître au lecteur, n'est ni inintelligible ni absurde.
Ils conviennent tous qu'ils rencontrent fréquemment
les blocs de glace venus du fond dans leur ascension
même et qu'à ces glaçons adhèrent parfois en dessous
des pierres et du gravier. »

Pour expliquer la formation de cette glace de fond, on
a supposé que l'action du courant mêle mécaniquement
la couche froide d'eau superficielle avec la couche inférieure d'eau plus chaude, jusqu'à ce que la température
devienne partout uniforme; quand l'air est très froid la
masse entière peut être ainsi réduite au point de congélation. La formation de glace au fond d'un fleuve est donc
déterminée par la tranquillité plus grande de l'eau et par
le contact de pierres que le rayonnement a refroidies
jusqu'à une basse température. On trouve généralement
la glace de fond sous forme de petits blocs attachés à des
pierres et à des herbes, et quand la température s'élève

après le lever du soleil, ceux de ces corps qui ne tiennent pas solidement au fond sont soulevés et entraînés à la surface par la glace, exactement comme s'ils étaient soutenus par des bouchons. La glace descend alors la rivière en portant sa petite cargaison de gravier qui se déverse sur le lit du cours d'eau, quand la glace est à la débâcle ou fondue. M. J. C. Clutterbuck, qui s'est beaucoup occupé du régime de la Tamise, rapporte avoir vu « des fragments de roche, d'un poids de huit livres, soulevés du fond du fleuve par un amas de glace et emportés au fil de l'eau[1]. » Il y a donc ici un agent géologique qu'il ne faut point négliger, puisqu'il s'ajoute au pouvoir de transport mécanique qu'ont les rivières, en charriant lui-même de l'intérieur des terres à la mer des matières solides. Mais si l'on veut envisager pleinement l'importance géologique de la glace, il faut se détourner de ces exemples d'importance minime vers les grands spectacles que présentent les masses de glace qui se meuvent dans les régions montagneuses, sur les frontières mêmes de la France.

Quand une tempête de neige s'abat sur le bassin de la Seine, l'œuvre de la neige, en fait de dénudation, est nulle, ou presque nulle, en dehors de ce qu'elle accomplit indirectement en donnant naissance aux inondations, lorsqu'il se produit un dégel rapide. En effet la neige, en tant que neige, protège plus qu'elle ne détruit. Mais le résultat est différent dans une région montagneuse, telle que celle des Alpes suisses. La plus grande partie de la neige qui y tombe au-dessus de la limite des neiges perpétuelles, comme on l'a expliqué au chapitre IV, reste toute l'année sans se fondre; toute nouvelle chute ajoute donc nécessairement à l'épaisseur de la masse amoncelée sur le sommet de la montagne. Il est vrai que la neige s'évapore, mais l'évaporation est extrêmement lente et ne contre-

1. *Report of the Thames Commissioners.* Appendice, 1866.

Fig. 42. — Glacier de Zermatt.

balance pas, tant s'en faut, les neiges sans cesse reçues
à nouveau; quoique la chaleur du soleil pendant le
jour puisse fondre la couche superficielle, l'eau ainsi
formée s'enfonce et se congèle dans l'épaisseur de la
masse. Parfois l'amas s'allège d'un grand tas de neige
qui glisse le long du flanc de la montagne, en *avalanche*.
Mais en général la pression de la neige entassée déverse
le trop-plein, par une poussée uniforme, dans les vallées
inférieures, où la masse se meut vers le bas avec
une lenteur extrême. Mais elle ne descend pas sous la
forme de neige blanche et opaque. On a montré dans un
endroit précédent de cet ouvrage (p. 67) que la neige est
blanche et opaque parce qu'il y a de l'air enfermé dans
ses cristaux. Quand on roule en forme de boule une
poignée de neige, une partie de cet air est expulsé et
les cristaux peu serrés jusque-là commencent à adhérer
les uns aux autres; on peut, en comprimant la neige
fortement dans une presse hydraulique, la rendre presque
parfaitement homogène et la réduire ainsi presque entièrement à la condition de glace (voir p. 180). C'est de
la sorte que la pression exercée par les amas de neige
dans les champs de neige des Alpes resserre les couches
inférieures et les convertit plus ou moins complètement
en glace. La matière imparfaitement consolidée, partie
neige et partie glace, est connue en Suisse sous le nom
de *névé* ou *firn*. De plus l'eau qui se produit par le
dégel temporaire, sous l'action du soleil, se congèle en
glace; par là et d'autre manière encore, l'eau tombée
sur le sommet d'une montagne sous forme de neige
blanche à texture lâche est déversée finalement dans
les vallées sous la forme de glace solide. Le fleuve de
glace qui sert ainsi d'écoulement aux champs de neige
des montagnes est ce qu'on appelle un *glacier* (fig. 42) [1].

---

1. Cette figure est tirée des *Études sur les Glaciers* d'Agassiz. Neuchâtel,
1840.

Quoique nous venons de parler d'un « fleuve de glace », il n'est pas facile d'admettre de prime abord qu'une matière aussi solide et aussi rigide puisse se mouvoir en aucune manière à l'instar d'un liquide. Cependant on peut aisément démontrer que le glacier se meut réellement ainsi. Fixez solidement une rangée de jalons dans la glace en travers d'un glacier et en face d'un point bien marqué, comme en A dans la figure 43, en sorte que vous puissiez connaître exactement leur position. Si vous examinez ces jalons une ou deux semaines plus tard, vous trouverez qu'ils ne sont plus en A, mais plus bas dans le glacier, par exemple en face de B. La glace a donc marché dans cet intervalle de A en B, entraînant les jalons avec elle.

On voit par cette expérience que la glace se meut réellement. Mais cette expérience révèle quelque chose de plus ; on peut en effet observer que les jalons n'ont pas seulement marché vers le bas, mais qu'ils ont aussi

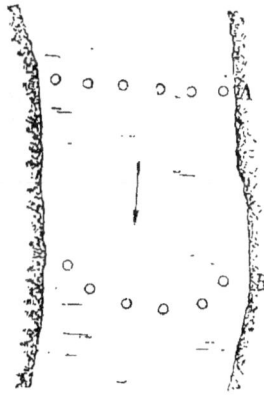

Fig. 43. — Mouvement d'un glacier.

modifié leurs positions relatives. Au lieu de former une ligne droite en travers de la glace comme en A, ils forment maintenant une courbe en B. Les jalons placés au centre de la rangée se sont plus éloignés de A que ceux des côtés et il est donc évident qu'ils ont dû se mouvoir plus rapidement. Mais comme le mouvement des jalons est dû simplement au mouvement de la glace, si les jalons du centre se meuvent plus vite que ceux des côtés, il en résulte que le centre du glacier se déplace plus vite que ses côtés. On peut faire une observation exactement semblable sur une rivière : les corps légers flottant sur un cours d'eau se meuvent comme les jalons qu'entraîne le glacier. Or il n'est pas difficile de voir pourquoi dans une rivière le courant se meut plus vite au milieu que près des bords. Les molécules d'eau les plus voisines des berges frottent les rives et par conséquent ne sont pas aussi libres dans leurs mouvements que les molécules du milieu du courant. De même le frottement contre les murailles de la roche qui se produit le long des flancs d'un glacier, force la glace à se mouvoir plus lentement sur les côtés que dans la partie médiane. En outre on sait que dans une rivière les molécules du fond glissant le long du lit se meuvent moins rapidement que celles de la surface. La glace d'un glacier agit de même. On peut donc conclure que le mouvement d'un glacier est semblable au mouvement d'une rivière. Si le glacier entre dans une gorge, il est resserré et son cours est rapide, tandis que si son lit s'élargit, il s'étale et son mouvement de translation devient plus lent. La marche d'un glacier ressemble véritablement de point en point à celle d'une rivière ; le mouvement est chez les deux de même nature, mais diffère en degré, la vitesse de translation d'un glacier n'étant peut-être que de quelques centimètres ou, au plus, d'un mètre ou deux par jour. C'est ainsi que la mer de glace du Mont Blanc (figure 46) qui a 20 kilomètres de longueur sur 4 de largeur, s'avance avec une vitesse moyenne de 70 à 75 mètres par an.

Ce lent déplacement des glaciers et la manière dont leur marche se conforme à toutes les inégalités de la surface sur laquelle ils chevauchent firent il y a longtemps supposer que la glace est une substance plastique ou molle, comme la pâte de farine pétrie ou même la mélasse. C'est cette plasticité qui lui eût permis de glisser dans une dépression ou de monter sur une éminence sans perdre sa continuité. Mais en réalité la glace est si

fragile, que si on la tire avec force, ou si l'on s'efforce à
la faire plier, elle se casse sans s'être étendue d'une
manière appréciable. Comment donc concilier la plasticité apparente de la glace avec son indubitable fragilité ?
M. Tyndall [1] a résolu le problème.

Quand un écolier veut faire une boule de neige, il
presse une poignée ou deux de neige légère de manière
à former une petite masse dure et compacte; et il est
digne de remarque que si la neige est justement au
point de dégel, il pourra la pétrir en une masse beaucoup plus ferme qu'il ne ferait d'une neige parfaitement
durcie et desséchée. La neige, comme nous l'avons vu,
n'est qu'un amas confus de cristaux de glace; et la boule
de neige se durcit, en partie parce qu'elle contient
moins d'air, en partie parce que les petits fragments de
glace dont elle est composée, au lieu de demeurer en
une texture lâche, adhèrent fortement les uns aux
autres. Mais comment peuvent-ils être pétris ainsi en
un bloc ? L'expérience montre que quand on comprime
deux morceaux de glace, ils se soudent immédiatement
en une seule masse solide. Faraday observa ce fait curieux il y a trente-cinq ans et on a donné à ce phénomène le nom de *regel*. Voilà pourquoi, quand on comprime fortement de la neige, ses particules se soudent en
une substance compacte ; et pourquoi la neige qui est la
source d'un glacier, comprimée par le poids des couches
supérieures, est transformée en une masse durcie plus
ou moins semblable à la glace véritable. Un certain
nombre de morceaux de glace fortement comprimés
par une presse hydraulique se soudent bientôt pour
former un bloc solide; de même l'on peut, après
avoir brisé un bloc de glace, recomposer avec les
fragments un bloc de forme différente. C'est ainsi que

1. Voir *Les glaciers et les transformations de l'eau*, par John Tyndall.
Bibliothèque scientifique internationale (Félix Alcan, éd.)

quand le glacier se heurte à un obstacle, la glace étant
cassante se fend et se brise, mais l'énorme pression
de la masse qui glisse derrière la resserre de nouveau, et le regel soude immédiatement les cassures.
Le glacier se conforme donc aux irrégularités de son
lit, non en vertu d'une plasticité réelle, mais en
étant tour à tour liquéfié et congelé. On peut en effet,
en employant les moyens convenables, modeler la
glace à volonté, comme si elle possédait une plasticité réelle, et nul doute que la nature n'exécute une
opération semblable.

En glissant vers le bas de la vallée, le glacier transporte de niveaux élevés à des niveaux inférieurs tous
les débris qui peuvent tomber sur sa surface. Il y a, dans
le voisinage des glaciers, des fragments de roches que
les agents atmosphériques minent sans cesse et ces
fragments tôt ou tard s'écroulent sur le glacier. C'est
ainsi que chaque côté d'un glacier est frangé de débris et
parfois quelques-uns des blocs éboulés pèsent plusieurs
milliers de kilogrammes. On désigne ces accumulations
de débris sous le nom de *moraines*, et, comme celles que
nous sommes en train de décrire se rencontrent sur les
deux bords du fleuve de glace, on les appelle *moraines
latérales*. A mesure que le glacier s'avance, les matières
formant les moraines sont entraînées en avant jusqu'à
ce qu'elles atteignent finalement l'extrémité du glacier;
des fragments de roche peuvent être transportés de la
sorte des hauteurs supérieures jusqu'au fond de la vallée.
L'eau que produit la fonte de la glace à l'extrémité du
glacier est impuissante à entraîner cette charge de
pierres déposée par la glace; aussi trouve-t-on généralement en travers de l'extrémité inférieure du glacier une
masse confuse de gravats connue sous le nom de *moraine
frontale*. Quand deux fleuves de glace viennent à se
confondre, les moraines latérales se confondent aussi,

comme le montre la figure 44 dans laquelle A B C D représentent les quatre moraines latérales des deux glaciers.
Il est évident qu'après la rencontre des deux fleuves de
glace, les moraines extérieures A et D continueront à
occuper les bords du glacier principal, tandis que les
deux moraines intérieures s'uniront à la bifurcation E
et ne formeront qu'une rangée unique de débris qui
dériveront au fil du courant au milieu du grand glacier.
On distingue des précédents cet alignement de pierres

Fig. 44. — Moraines latérales et médiane.

placées au centre sous le nom de *moraine médiane*.
Si un glacier reçoit dans son cours un grand nombre de ces affluents latéraux, chacun lui apportant
ses moraines, la surface entière de la glace peut finir
par être jonchée de gravats.

Un glacier ressemble à un fleuve non seulement par
le pouvoir qu'il a de transporter ainsi des matériaux
solides de haut en bas, mais aussi en ce qu'il opère
comme un agent direct de dénudation. Un fleuve ronge
ses rives et son lit; ainsi fait la glace des bords et du

fond de la vallée le long desquels elle chemine. Si la
glace rencontre un coin saillant ou une brusque déclivité, elle se crevasse nécessairement et c'est ainsi que se
produisent dans les glaciers des gouffres béants parfois
de plusieurs centaines de mètres de profondeur. On
appelle *crevasses* ces vastes déchirures (fig 46 et 47). Des

Fig. 45. — Le glacier d'Unteraar avec sa moraine médiane.

pierres, souvent de dimensions énormes, s'engloutissent
avec fracas dans ces abîmes, et, arrivées au fond du
glacier, se congèlent et adhèrent à sa base. A mesure que
le glacier marche, les pierres pressées par le poids des
glaces supérieures strient et entaillent le lit de la roche
dans la direction du courant de glace; puis serrées entre
la glace et son lit, elles sont écrasées à leur tour, et,
quand elles sont débarrassées de leur charge à la moraine

FIG. 46. — La mer de glace avec ses crevasses.

terminale, il arrive parfois qu'elles sont aussi striées
de sillons semblables.

En même temps les fragments moins considérables
arrachés aux roches par le passage du glacier arrivent en
bas à l'état de fin gravier, de sable et de limon assez
légers pour être portés en suspension par le courant
d'eau qui flotte sur le lit du glacier. Car il faut noter que

FIG. 47. — Crevasse dans un glacier.

la couche inférieure de glace, comprimée par le poids
des couches supérieures et frottée contre le sol, est généralement à l'état de dégel ; en outre l eau se fraye un chemin de la surface au fond à travers les crevasses. Il en
résulte qu'un petit courant liquide sépare la dernière
couche de glace du lit de la roche ; à l'extrémité du glacier, cette eau s'échappe non pas en une source transparente et limpide, mais en un ruisseau trouble tout
chargé de déblais. On peut faire remonter le Rhin, le

Rhône, le Pô, le Gange et une foule d'autres fleuves considérables aux ruisseaux boueux qui s'échappent des glaciers. Les détritus très fins que l'eau charrie ainsi dans son cours polissent la surface de la roche sur laquelle elle coule. L'action d'un glacier est donc double : le sable fin polit la surface que les pierres plus grosses sillonnent de

FIG. 48. — Roches moutonnées, Colorado.

rayures ou de stries, comme si une main gigantesque avait poli la surface de la roche avec de la poudre fine d'émeri et en même temps l'avait râpée avec une lime immense.

Toutes les aspérités sur le chemin d'un glacier sont ainsi aplanies et les angles vifs ramenés aux proportions de bosses arrondies. Les amas à dôme aplati ainsi formés s'appellent *roches moutonnées* (fig. 48), parce que, vus à distance, ils présentent quelque ressem-

blance avec un troupeau de moutons. Aussi le passage
d'un glacier dans une région donné lieu à une
configuration physique particulière que ne produit aucun autre agent de dénudation, et, grâce à ces traits dis-
tinctifs, on peut affirmer avec certitude que la glace
a été à l'œuvre dans un pays où il n'y a peut-être
pas trace de glace au jour présent. Ainsi dans nombre
de vallées suisses, désertéés aujourd'hui par les glaciers, les roches arrondies, polies et striées, témoignent que les glaciers de la Suisse ont dû être jadis de
proportions gigantesques et qu'ils s'étendaient bien
au delà des limites où sont enfermés leurs successeurs
actuels.

On trouve, en s'avançant vers le nord, que la limite
des neiges perpétuelles ne cesse de s'abaisser jusqu'à ce
qu'elle descende dans les régions arctiques au niveau
même de la mer. Voilà comment dans ces régions la
surface entière du sol peut être enveloppée d'un manteau de glace. Cette croûte de glace glisse en bas vers le
rivage jusqu'à ce que ses pans inférieurs finissent par
entrer dans la mer. D'énormes masses de glace se détachent alors et s'en vont à la dérive : ce sont les *icebergs.*
Ces montagnes de glace affectent parfois les formes les
plus fantastiques et leur masse énorme produit un tel
abaissement de température dans l'air avoisinant, que,
quand elles sont entraînées dans l'Atlantique, elles sont
d'ordinaire dérobées par un voile de brume. Les icebergs
comme les glaciers sont chargés de fragments de roches
arrachés à la terre sur laquelle la croûte de glace a che-
miné ; à leur arrivée dans des eaux plus chaudes ils se
fondent et se débarrassent alors de leur cargaison de
pierres et de terre souvent ainsi entraînées bien loin
de leur point de départ. Quand des masses rocheuses sont charriées par une eau courante, pierres et
débris s'arrondissent sous le frottement auquel ils

sont soumis ; mais un fragment de roc transporté par
un iceberg peut conserver son apparence anguleuse et
être précipité presque intact sur le fond de la mer. Les
déblais les plus fins qu'emporte l'iceberg se délayent
dans l'eau au milieu de laquelle la glace se fond et les
courants peuvent les entraîner au loin jusqu'aux latitudes
méridionales. Si un glacier vient à descendre sur le bord
d'un lac, on voit se reproduire exactement ce qui se
passe dans la formation d'un iceberg. Une langue de
glace est poussée dans l'eau, des icebergs s'en détachent
et flottent en dérive, emportant leur cargaison de débri
de moraines destinés à se répandre sur le fond du lac
lors de la fonte de la glace flottante. Si le fond du lac ou
de la mer se soulevait jamais et exposait au regard le
limon et le gravier apportés par les icebergs avec les
blocs angulaires et les fragments de roc striés par la
glace, la présence de ces débris témoignerait de l'œuvre
de la dénudation glaciaire dans des pays qui ne connaissent maintenant rien de semblable aux glaciers ou aux
icebergs.

Un autre témoignage de l'action de la glace est fourni
par la position singulière de larges blocs de pierre angulaires placés sur le bord même d'un précipice ou
se tenant en équilibre sur une simple pointe. Ces
masses, connues sous le nom de *perched blocks* ou
blocs perchés, ne peuvent guère s'être placées dans
cette position étrange en roulant sur elles-mêmes ni
y avoir été amenées par la force de l'eau courante ; mais
il est facile de voir qu'un iceberg a pu les laisser tomber
à cette place ou qu'elles ont pu y demeurer échouées à
la suite de la fonte graduelle du glacier sur lequel elles
étaient primitivement assises.

Il y a aujourd'hui plus de quarante ans que M. Agassiz,
le sagace observateur de l'œuvre de la glace en Suisse,
visita l'Angleterre, et qu'avec le docteur Buckland il si-

gnala des traces évidentes de l'antique action de la glace
dans nombre de régions de la Grande-Bretagne. Celui qui
voyage en Écosse, en Irlande, dans le Cumberland ou le
nord du Pays de Galles, n'a pas de peine à découvrir
des roches moutonnées, des blocs perchés et parfois des
restes d'anciennes moraines ; et même çà et là, aux endroits où les roches ont été protégées, le poli et les
striures de la glace ont été préservés. De tels témoignages établissent d'une manière concluante que la
glace doit avoir recouvert jadis la surface de ce pays. On
croit même qu'à une période de l'histoire géologique,
celle que l'on désigne du nom de *période glaciaire*, la
Grande-Bretagne dut être ensevelie sous un vaste linceul
de glace semblable à celui qui recouvre maintenant le
Groënland.

Sur les sommets du Jura, à 800 et 900 mètres de hauteur, on trouve d'énormes blocs de rochers venus certainement des Alpes. Des blocs analogues, provenant des
Alpes de Scandinavie et de l'Oural, se rencontrent dans la
grande plaine de sable de l'Allemagne du Nord, en Prusse
et en Pologne, à plus de 1000 kilomètres de leur point
de départ. On leur donne le nom de *blocs erratiques*.
On a proposé bien des théories pour expliquer le déplacement de telles masses et à de telles distances ; on a
imaginé de vastes courants de boue, des mouvements
ondulatoires de la croûte terrestre se soulevant et s'affaissant tour à tour. Mais la seule qui rende compte
d'une manière satisfaisante de ce transport bizarre est
celle qui en fait remonter la cause aux glaciers. La terre
aurait subi, immédiatement après l'apparition des Alpes,
un refroidissement considérable qui aurait donné naissance à de gigantesques glaciers « sur la surface desquels
auraient glissé, jusqu'à de grandes distances, comme
sur un plan incliné, les blocs arrachés aux sommets des
hautes montagnes ». Ailleurs la glace a joué son rôle en

râpant, pulvérisant et polissant la surface de la terre.
M. Ramsay a même suggéré l'idée qu'un grand nombre
des bassins rocheux qui contiennent les lacs anglais
ont été creusés par l'action d'énormes masses de glaces
mouvantes. Ce ne sont pas là d'ailleurs les seuls effets
de la glace que l'on puisse voir gravés sur les roches de
la Grande-Bretagne ou de la France. Pendant une
partie de la période glaciaire, les deux pays durent être
immergés au-dessous des eaux d'une mer de glace ; les
icebergs dérivant du nord semaient alors leurs car-
gaisons de déblais sur la roche dont un soulèvement
postérieur fit un sol desséché. Même dans le voisinage
immédiat de Paris, dans le limon qui recouvre le banc
de grès de Fontainebleau, on a trouvé d'innombrables
cailloux striés. « Leur forme polyédrique, les traces
de frottement, leurs stries nombreuses, les font ressembler à s'y méprendre aux cailloux d'une moraine
profonde [1]. » Qu'on attribue ces stries aux glaciers ou
aux glaces flottant à la surface des immenses cours
d'eau de l'époque, ces cailloux n'en sont pas moins les
témoins lointains d'un âge où la glace joua son rôle
comme agent de dénudation dans les limites mêmes du
bassin de la Seine.

1. Julien, *Bull. de la Soc. géologique*, 2e série, 1870, t. XXVII, p. 550,
cité par M. St. Meunier dans la *Géologie des environs de Paris*.

CHAPITRE XI

Au Havre, où l'estuaire de la Seine vient se perdre dans la Manche, un aveugle même ne pourrait rester long-temps sur la plage de galets sans s'apercevoir du travail actif de la mer. Chaque vague qui déferle fait remonter les galets le long de la plage inclinée, puis à peine la vague brisée et l'eau dispersée, ces cailloux redescendent en résonnant avec le courant qui glisse de nouveau vers la mer. Le murmure de cette plage nous dit ainsi claire-ment que dans leur ascension comme dans leur des-cente les galets ne cessent de s'entrechoquer; il est évident qu'à la suite d'un aussi rude traitement, tous les fragments de roche angulaires doivent avoir bientôt leurs coins arrondis et prendre la forme de cailloux polis. A mesure que ces cailloux roulent çà et là sur la plage, ils s'usent et s'amincissent de plus en plus jusqu'à finir par être réduits en sable. Ce sable d'abord épais se change en une poussière de plus en plus fine, aussi sûrement que s'il était broyé dans un moulin; finalement il est en-traîné à la mer à l'état de sédiment très ténu et déposé sur le lit de l'océan.

En examinant au cap de la Hève, près du Havre, ou à Étretat, les falaises crayeuses qui forment le fond de la

plage et l'encadrent, il est aisé de voir comment elles ont
à souffrir du choc constant des vagues. La pluie, la gelée
et les autres agents atmosphériques qui jouent un rôle
dans l'œuvre de destruction, attaquent la falaise et désa-
grègent des pans de roche qui viennent rouler à sa base
où ils accumulent comme un alignement de débris. Dès
que les fragments sont à la portée des vagues, ils sont
roulés contre la falaise ; ils meurtrissent la roche et la
battent en brèche de face, mais volent bientôt eux-
mêmes en éclats dans la bataille[1].

1. Nous empruntons au journal le *Havre* (mars 1881) une communication intéressante de M. Lennier, Directeur du Muséum du Havre, sur les
récents éboulements du cap de la Hève :

« Depuis 1860 trois éboulements ont eu lieu. Le premier de ces accidents se produisit le 14 juin 1860 dans la falaise de Bléville. Les rochers
et les terrains mis en mouvement couvraient une surface de plus de
30 000 mètres carrés, et la masse qui avait participé au mouvement ne
pouvait être évaluée à moins de 300 000 mètres cubes. Un phénomène
très curieux fut observé par toutes les personnes qui le soir assistaient
au premier glissement de la falaise. De toutes les fissures qui se produi-
saient dans le terrain en travail s'échappaient des lueurs phosphores-
centes qui furent comparées à la clarté qui se produit dans les brisants
du littoral, lorsque les animaux microscopiques désignés du nom de
noctiluques viennent illuminer les flots. Le second éboulement important eut lieu à la Hève en 1866. Le 30 juin, les basses falaises, en mouvement depuis près de deux mois, commencèrent à descendre vers la
mer en glissant sur les assises argileuses du kimmeridge. Le même jour,
des fentes se produisirent sur le plateau au-dessus des terrains mis en
mouvement. Le lendemain 1er juillet, ces fentes s'étaient beaucoup élargies, et à dix heures du matin, une partie considérable de la falaise
s'éboulait avec un bruit sourd et en produisant un nuage de poussière
crayeuse. La surface d'éboulement des terrains mis en mouvement en
1866 était d'environ huit hectares, et la masse des roches calcaires, des
sables et des terres qui participèrent au mouvement, fut alors estimée à
un million de mètres cubes. Sur la plage, en face de l'éboulement, le
cordon littoral avait été refoulé et formait un petit promontoire avançant
d'une quarantaine de mètres dans la mer.

L'éboulement qui s'est produit à la suite de l'hiver de 1880 a une
importance plus grande que tous ceux observés jusqu'à présent. Vu du
sommet de la falaise, du poste du sémaphore, il peut être mesuré, pour
la partie tombée du plateau : c'est une brèche de 200 mètres de long sur
une largeur moyenne de 12 à 15 mètres, soit plus de 2,000 mètres super-

Quand le vent souffle en tempête, ces brisants mobiles
acquièrent une puissance extraordinaire et peuvent
ébranler des rocs d'un poids énorme. Sur la côte occidentale de la Grande-Bretagne, où les blocs écroulés sont
roulés par l'Atlantique contre le rivage, on a constaté
qu'ils exercent une pression de trois à quatre mille kilogrammes sur chaque pied carré de surface exposé à leur
furie. Même en été les vagues déferlent contre la côte
avec une pression de 3230 kilog. environ par mètre
carré, et en hiver cette force est souvent triplée. On peut
comprendre sans peine que de telles masses d'eau mises
en mouvement soient capables d'entraîner avec elles d'é-
normes blocs de pierre et de battre en brèche le rivage,
en les précipitant contre lui, avec autant de succès que
s'il était frappé à coups de bélier. En effet, que la mer
soit calme ou tempêtueuse, elle entretient toujours
comme une canonnade plus ou moins violente contre la
côte, et ce sont les ruines de la côte elle-même qui lui
fournissent ses munitions.

ficiels de terre de rapport supprimés, perdus pour tous et pour toujours.
L'ancien emplacement des mâts de signaux, déplacés il y a quelques années, a disparu, et des fentes nombreuses avec affaissement du sol se
voient encore aujourd'hui sur le plateau, à plusieurs mètres de la partie
éboulée : c'est la moisson de la mer qui se prépare pour l'année prochaine.
    Sur la plage, le phénomène a pris un développement bien plus consi-
dérable. Il s'étale en éventail sur une longueur de près de 500 mètres,
depuis le Barvalet jusque sous le phare du Sud. Toute la basse falaise a
glissé sur les argiles kimmeridiennes, qui forment la base du cap, et
une masse énorme de craie, avec bancs de silex, d'argile noirâtre du gault,
de sables ferrugineux micacés, formant un cube de plus de 2 000 000 de
mètres, s'est avancée à plus de 100 mètres en mer, en avant du cordon
littoral. L'ancienne plage de galets a été refoulée, elle forme aujour-
d'hui un énorme bourrelet de 5 à 6 mètres de hauteur à la limite des
basses mers de morte-eau. Là se trouvent accumulés, soulevés par une
poussée d'une puissance incalculable, toutes les roches, tous les galets,
tous les sables qui formaient l'ancienne plage. La pente de cette plage
était douce, régulière, avant l'éboulement ; elle est abrupte, rapide,
presque à pic aujourd'hui. »

Si les vagues expiraient d'elles-mêmes sur le rivage sans venir se briser contre les fragments de roc, le seul poids de l'eau ne laisserait pas encore d'exercer une action destructive, mais il y a raison de croire que dans la plupart des cas le dommage serait comparativement léger. On a déjà montré qu'un fleuve ronge son lit non pas tant par le frottement de ses eaux que par celui de la matière sédimentaire qu'il entraîne dans son cours. De même l'usure que produit le glissement des vagues mêmes est insignifiant, si on la compare à la détérioration opérée par les cailloux et les galets, le gravier et le sable avec lesquels elles sapent la côte. Chaque vague porte pour ainsi dire avec elle un certain nombre de marteaux de pierres avec lesquels elle ébrèche et dégrade la falaise, et comme vague après vague reproduit cette action, la roche la plus dure finit par être entamée.

On peut choisir presque n'importe quelle partie de notre ligne de côtes pour montrer les effets destructifs de la mer. Son action, il est vrai, est moins prononcée dans certaines directions que dans d'autres, et en certains endroits, la mer travaille non à détruire, mais à former réellement des terres nouvelles par le dépôt de la matière sédimentaire, débris des côtes qu'elle a ruinées ailleurs. Mais en général, dès une première visite au bord de la mer, on peut se rendre compte par d'abondants témoignages de la dégradation que la mer fait subir au rivage. Dans une partie de la côte elle creuse des baies et des anses, ailleurs elle ronge un promontoire, comme au cap de la Hève ; ici, elle creuse des grottes à la base d'une falaise ; là, elle perce en forme d'arche quelque roc en saillie ; enfin, en mille endroits, des masses de rochers semblables à des pans de murs sont détachées partiellement de la falaise et se projettent comme des contre-forts ou même se dressent à part taillées en aiguilles, en piles et en obélisques. Les admirables découpures des falaises

d'Étretat fournissent d'abondants spécimens de l'architecture si variée de la mer. En Angleterre les aiguilles si
fameuses de l'île de Wight sont un exemple frappant de
cette dénudation marine (fig. 49). Une chaîne crayeuse
coupe l'île de l'est à l'ouest et il est évident que les
masses cunéiformes en saillie, bien qu'entièrement
cernées par la mer aujourd'hui, ne faisaient qu'un jadis
avec la terre ferme. Les promontoires crayeux ont été

FIG. 49. — Aiguilles, île de Wight.

battus en brèche par les vagues jusqu'à ce qu'elles s'y
soient frayé passage çà et là aux endroits les moins
résistants ; c'est ainsi que des piliers de craie ont pu être
coupés de la terre ferme.

Quand les falaises sont formées de roches, les unes
dures, les autres tendres, ces dernières sont naturellement les plus aisément attaquées par les vagues. On
peut souvent expliquer ainsi les formes fantastiques
des falaises marines ; les assises les plus dures de la
roche ou dykes ont sailli en un hardi relief quand les

roches voisines et plus tendres ont été dévorées par les eaux. Les roches les plus vieilles, qui sont aussi en général les plus dures de la France, s'étendent sur notre littoral le plus occidental et c'est pourquoi la mer a moins de prise sur elles que sur les roches plus tendres des côtes de la Manche ou du Golfe de Gascogne. Une simple inspection d'une carte de France suffit à montrer le contraste des contours massifs et sans échancrures des côtes crayeuses du département de la Seine-Inférieure avec les contours déliés, les dentelures et les promontoires saillants des vieilles roches de la Bretagne. Au cap de la Hève, comme partout ailleurs sur cette côte friable, la falaise recule, mais ici avec une vitesse effrayante, car la mer s'avance de deux mètres par an. Dans l'estuaire de la Seine encombré de sables, de vase et de galets, on prend à la mer plus qu'elle n'enlève à la terre, et on a conquis sur elle, dans l'estuaire du fleuve, de riches terres d'alluvions. Dans celui de la Tamise, les roches composées en majeure partie de sable, d'argile et de craie, sont relativement tendres. Aussi dans les limites mêmes du bassin de la Tamise peut-on facilement suivre à la trace l'œuvre de dégradation accomplie par la mer. C'est ainsi que Sir C. Lyell a établi que l'île de Sheppey a souffert considérablement des empiètements de la mer, car vingt hectares de terre ont été perdus dans le court espace de vingt années, quoique les falaises aient là une hauteur de vingt à trente mètres. Herne Bay, sur la côte de Kent, a été rongée par la mer au point qu'elle a perdu sa forme de baie. En allant encore plus bas dans l'estuaire de la Tamise, on trouve à Reculver un exemple remarquable des ravages de la mer. Reculver n'est autre que la vieille station romaine de *Regulbium*. Non seulement la mer a entièrement détruit les fortifications, mais l'église qui, au temps de Henri VIII, était à plus de 1600 mètres dans l'in-

térieur des terres, est maintenant sur le bord même de
la falaise ; elle n'a même été préservée que par des
moyens artificiels. Comme les deux tours de l'église forment un fanal bien connu des mariniers, on a construit
une digue sur la plage pour arrêter les progrès de la
mer.

Si la mer était une masse d'eau parfaitement en repos,
elle serait entièrement impuissante à accomplir une
érosion mécanique. Mais chacun sait que la mer n'est
jamais absolument en repos, et que, même dans les
temps les plus calmes, sa surface est ordinairement plus
ou moins sillonnée de vagues. Il est aisé de comprendre
comment ces vagues se forment. Quand on souffle sur la
surface d'un vase rempli d'eau, le mouvement de l'air se
communique immédiatement au liquide qu'agitent des
rides concentriques. De même tout mouvement de l'atmosphère se réfléchit sur la surface des eaux naturelles ;
la moindre bouffée de vent s'empare de l'eau et l'amoncelle en une petite ondulation dont la face est sous le
vent ; puis la crête s'affaisse et l'eau s'enfonce en un creux
aussi profond au-dessous du niveau de la surface que la
vague se dressait au-dessus ; mais alors une autre colonne
d'eau est soulevée pour s'affaisser à son tour, et de la
sorte le mouvement de la vague peut se propager à
travers une vaste étendue de mer. Jetez une pierre dans
un étang et vous verrez la même action se produire :
l'eau tout autour de l'endroit où la pierre est tombée se
creuse comme une coupe, puis se relève en même
temps que le mouvement se transmet aux couches d'eau
voisines ; des cercles successifs qui vont en s'élargissant
s'étendent sur la pièce d'eau jusqu'à ce qu'enfin les rides
viennent mourir sur les bords. Un objet léger, tel qu'un
bouchon, flottant à la surface, peut servir à accuser le
mouvement de l'eau qui le porte. A mesure que les
vagues l'atteignent, le bouchon se soulève et s'abaisse,

mais il n'est pas poussé en avant par le mouvement de
l'eau. On peut observer une action absolument identique dans l'agitation des flots de la mer. Par exemple,
un goëland qui se repose sur une vague est seulement
bercé par elle, il monte et descend avec elle, mais
n'avance pas.

Ces observations si simples suffisent pour montrer
que le mouvement de l'eau est un mouvement d'ondulation et non de translation ; c'est seulement la forme
de la vague, et non le flot lui-même qui se déplace. Le
mouvement se transmet de molécule en molécule à une
grande distance ; mais les molécules elles-mêmes n'accomplissent que de très petits voyages, oscillant de haut
en bas et de bas en haut ou plutôt tournant dans des
cercles verticaux. L'effet général est semblable, ainsi
qu'on l'a souvent fait observer, à celui dont on est
témoin quand une bouffée de vent vient à glisser sur un
champ de blé. Malgré l'impression produite, l'observateur sait qu'il ne peut être question ici de mouvement
de translation ; les tiges ne sont pas déracinées et entraînées à travers le champ, mais chacune se courbe
devant le vent, puis se redresse. C'est d'une manière
analogue qu'en pleine mer se propage la fluctuation ou
l'ondulation des flots, mais la masse des eaux en un endroit quelconque reste stationnaire, en dehors de ces
oscillations de haut en bas et de bas en haut. Cependant
la force mécanique du vent pousse légèrement en avant
l'eau de la surface. Une brise fraîche arrache l'eau à la
crête de la vague et l'éparpille en embrun ; un vent violent la convertit en ondées aveuglantes de pluie salée. Le
vent saisit aussi la partie supérieure de la vague, et la for-
çant à se mouvoir plus vite que l'eau qu'elle recouvre, l'entraîne avec lui en lui donnant la forme d'une ondulation
gracieuse dont le rebord se brise en écume. Aux approches du rivage, le ralentissement des couches pro-

fondes de la vague produit par leur frottement contre le fond de la mer augmente la vélocité relative de la partie superficielle qui roule alors sur l'autre; l'eau se brise avec une grande force sur le rivage, puis, dans un puissant remous, retourne en glissant à la mer.

Quelque agitée que puisse être la surface de la mer, le trouble n'est jamais ressenti profondément. Plus violent est le vent, plus grande est naturellement l'agitation qu'il peut produire; mais, même durant une tempête, les vagues ne s'élèvent jamais à la hauteur que l'imagination populaire leur prête souvent. Il n'est pas rare d'entendre parler de vagues « hautes comme des montagnes »; cependant, en pleine tempête et en plein océan, la hauteur d'une vague, de la crête à l'entre-deux, dépasse rarement douze mètres. Dans les mers peu profondes qui entourent nos côtes, elles sont bien loin d'atteindre une telle hauteur; les vagues les plus énormes, même en tempête, ne dépassent pas trois ou quatre mètres. L'agitation que produisent les vagues ne pénètre les couches inférieures qu'à une profondeur relativement médiocre. En effet, le mouvement déterminé par les vagues les plus considérables n'est presque plus ressenti à une profondeur de 500 mètres environ, et l'agitation produite par les vagues ordinaires doit devenir insignifiante à un tiers de cette profondeur. L'action mécanique des vagues, en tant qu'elles influent sur l'œuvre de destruction accomplie par la mer, doit donc cesser à 180 mètres environ. Mais elle est probablement déjà très faible à des profondeurs bien moindres, et le plus souvent sur nos rivages elle n'est plus très accusée au-dessous de la ligne des plus basses marées.

Les vents n'agitent pas seulement la mer, ils ne produisent pas seulement le désordre des vagues, mais quand ils soufflent constamment sur l'océan dans une direction définie, ils font prendre cette direction aux couches superficielles et produisent ainsi des courants. M. Croll a montré que la direction des grands courants océanique est sensiblement la même que celle des vents dominants. Des bouteilles lancées par-dessus le bord d'un navire en plein océan peuvent être entraînées par ces courants pendant des centaines de milles et finalement rejetées sur quelque lointain rivage. Des pièces de bois, des noix et des graines qu'on sait originaires des Indes Occidentales et de l'Amérique tropicale vont ainsi parfois à la dérive à travers l'Atlantique et viennent se déposer sur les côtes occidentales de l'Angleterre, de l'Écosse et de l'Irlande, parfois même jusque sur celles de la Norvège. De même encore, certaines graines américaines et ces limaçons de mer aux coquilles violettes qu'on nomme *Ianthinœ* viennent de temps à autre visiter nos côtes, apportés par la mer, quoiqu'ils soient confinés d'ordinaire aux mers lointaines et plus chaudes du sud et de l'ouest.

Le mieux connu de ces courants de l'océan est peut-être le *Gulf Stream*, vaste volume d'eau chaude qui s'élance du Golfe du Mexique à travers le détroit de Floride. Après avoir couru vers le nord, presque parallèlement à la côte des États-Unis, il coupe l'Océan Atlantique dans la direction du nord-est. Des courants d'eau chaude continuant la direction du Gulf Stream s'étendent le long des côtes de France et d'Angleterre et se prolongent même jusqu'aux rivages de la Norvège; d'autres courants qui se séparent des précédents au milieu de l'Océan se dirigent vers le sud et décrivent une courbe autour des côtes de l'Espagne et de l'Afrique septentrionale. Nul doute qu'on ne doive rapporter l'origine du Gulf Stream aux *vents alizés* qui, soufflant plus ou moins, mais constamment, du nord-est, poussent vers l'ouest la couche superficielle des eaux intertropicales de l'At-

lantique, et créent le courant qui pénètre dans le Golfe
du Mexique. Mais ce courant, après avoir quitté les côtes
des États-Unis, conserve-t-il encore une impulsion assez
forte pour être poussé jusque sur nos rivages? Ou bien,
comme quelques-uns le croient, le véritable Gulf Stream
se perd-il au milieu de l'Atlantique, et tous les courants d'eau chaude abordant nos côtes sont-ils dus aux
vents du sud-ouest qui dominent dans la partie tem-

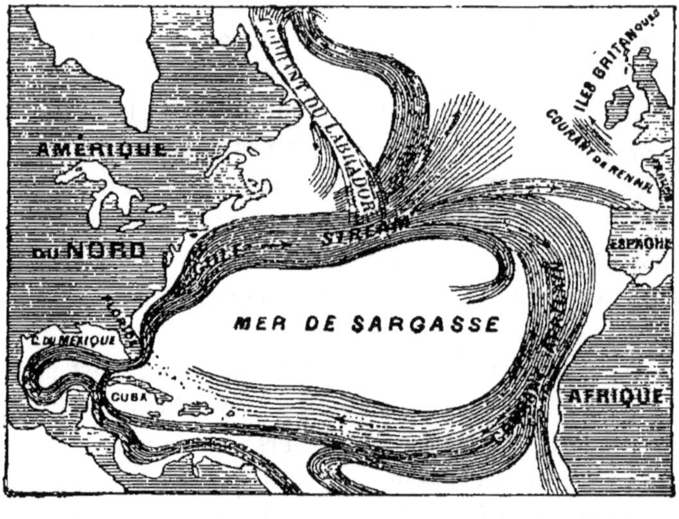

Fig. 50. — Carte de l'Atlantique montrant le cours du Gulf Stream.

pérée de l'Atlantique? Le problème n'est pas encore
résolu.

La figure 50 montre le cours général du Gulf Stream.
Quand l'eau sort du Golfe du Mexique à travers le détroit
de Floride, elle a une température supérieure à 80° Fahr.
ou 26° Cent. et s'avance avec une vitesse de six à huit
kilomètres à l'heure. En traversant l'Atlantique, le Gulf
Stream s'élargit et sa vitesse diminue, mais il se refroidit
avec une extrême lenteur et conserve emmagasinée une

quantité énorme de chaleur[1]. Le Gulf-Stream forme en effet un fleuve d'eau chaude nettement délimité qui coule au-dessus de l'eau plus froide de l'océan.

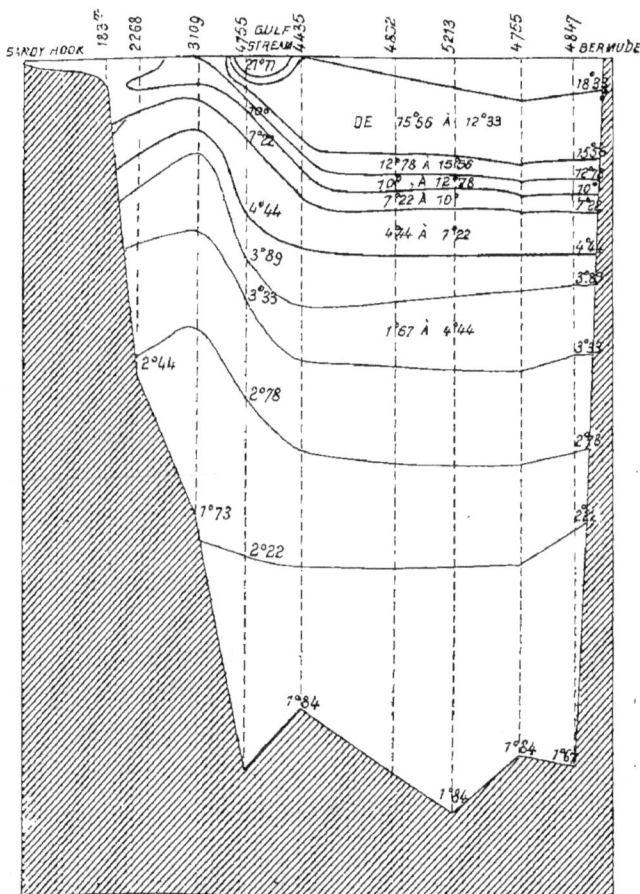

FIG. 51. — Section de l'Atlantique entre Sandy-Hook près New-York et les Bermudes, distance 700 milles marins. Les chiffres au-dessus des lignes ponctuées indiquent les profondeurs en mètres ; les chiffres horizontaux, la température en degrés centigrades. A l'échelle exacte, cette figure aurait une largeur de 1m,50 environ.

La figure 51, reproduction réduite tirée d'un des rapports de Sir G. Nares à l'Amirauté sur l'expédition du

1. « Le calcul nous montre que la quantité de chaleur spécifique jour-

Challenger, montre bien que le Gulf Stream est une
tranche d'eau sans profondeur. Elle représente une section de l'Atlantique septentrional entre New-York et les
Bermudes; on peut y voir d'une manière frappante que,
comparé à la grande profondeur de l'Océan, le Gulf Stream
n'a qu'une épaisseur des plus médiocres. On peut même
le considérer comme un simple ruisseau d'eau chaude
courant à la surface de la mer; car, tandis que les eaux
qui s'étendent au-dessous du Gulf Stream ont une profondeur bien supérieure à 4000 mètres, le Gulf Stream
lui-même n'a pas plus de 180 mètres d'épaisseur. On voit
aussi que, tandis que le Gulf Stream a ici une température
de 21°, l'eau des couches inférieures a une température de
1°67 Cent. à peine. La figure 51 peut servir aussi acces-
soirement à indiquer la nature du fond de la mer le long
de la section; elle montre, par exemple, que l'île Ber-
mude ou Long-Island surgit, comme un pic isolé, d'eaux
très profondes[1].

Après ce que nous avons dit au chapitre IV de l'altéra
tion que produit la chaleur dans le volume des corps, on
comprendra qu'une masse immense d'eau chaude, telle
que le Gulf Stream, puisse flotter aisément sur une eau
plus froide et par conséquent plus dense. Quand on
chauffe inégalement une certaine quantité d'eau, en élevant la température dans la partie inférieure du liquide
ou en l'abaissant dans sa partie supérieure, des courants

nellement entraînée à l'océan par le Gulf Stream serait suffisante pour
porter des montagnes de fer de 0° au point de fusion, et pour faire sortir
de leurs flancs un fleuve de métal liquide plus considérable que le volume
d'eau mis chaque jour en mouvement par le Mississipi. En présence de
semblables résultats l'esprit humain est confondu, et l'admiration qu'ins-
pire le spectacle de ces merveilles reporte involontairement la pensée vers
la Puissance qui, en les créant, a laissé, selon l'énergique expression de
l'Écriture, la trace de ses pas à la surface des eaux. » (Maury).

1. Il ne faut pas oublier la réserve que nous avons déjà faite touchant
l'exagération de la hauteur verticale dans les sections figurées.

s'établissent immédiatement, et si le liquide porte en
suspension quelque matière légère telle que de la sciure,
on distingue parfaitement la direction de ces courants.
Ainsi dans la figure 52 où une flamme chauffe le fond d'un
vase renfermant de l'eau, le liquide devient spécifiquement plus léger et s'élève en conséquence, tandis que
l'eau plus froide environnante étant plus dense descend
sous forme de courants pour remplir la place de celle
qui est montée à la surface. C'est en effet de cette manière
que la chaleur se propage d'ordinaire à travers un

Fig. 52. — Courants dans   Fig. 53. — Courants dans
l'eau chauffée.   l'eau refroidie.

liquide. On nomme *conductibilité* la propriété qu'ont les
corps de transmettre la chaleur de proche en proche.
Mais le phénomène n'est pas le même dans les solides et
dans les liquides. Dans les solides, la chaleur se transmet
de molécule en molécule et chemine ainsi à travers la
masse entière, tandis que dans les liquides, les molécules échauffées se déplacent d'elles-mêmes. Si d'autre
part on verse un morceau de glace dans un vase plein
d'eau légèrement chauffée, il s'établira également un système de courants, comme on le voit dans la figure 53.
Du bas du morceau de glace un courant limpide de li-

quide plus froid et plus lourd descend au centre du verre,
comme un courant d'huile claire, tandis que l'eau avoisinante qui est relativement chaude s'élève en formant
des courants le long des parois du vase.

Un refroidissement ou un échauffement inégalement répartis des grandes masses naturelles d'eau
pourront produire une circulation semblable à celle que
nous venons de décrire. Au cours de l'expédition du
Challenger, la température de la mer à des profondeurs différentes fut soigneusement relevée au moyen
d'instruments spécialement construits pour éviter les
sources d'erreurs. Ces observations montrent que la
température, en règle générale, s'abaisse à mesure que
l'on descend, comme on a vu que c'était le cas dans l'Atlantique septentrional. En se reportant à la figure 51, on
voit que les couches d'eau inférieures ont dans cette
partie de l'océan une température qui ne dépasse
guère 35° Fahr. ou 1° 67 Cent., tandis qu'ailleurs
elle est encore plus basse et descend même parfois au-
dessous du point de congélation de l'eau douce[1]. Il
semble qu'on ne puisse expliquer la présence de cette
masse d'eau froide dans les couches les plus profondes
de l'océan, même dans les régions tropicales, qu'en
admettant un grand mouvement de l'eau du pôle vers
les régions équatoriales. M. Carpenter a mis en lumière
nombre de faits tendant à établir l'existence de cette
circulation générale dans l'océan, et il attribue ces
mouvements principalement aux différences de densité
dues elle-mêmes aux différences de température. Les
eaux froides des régions polaires s'enfoncent par suite
de leur densité et forment une couche profonde qui glisse
sur le fond de l'océan vers les régions équatoriales,

---

1. On abaisse le point de congélation de l'eau par l'addition de sel
commun; l'eau de mer ordinaire ne se congèle qu'à 28° F. ou — 2°22 C.

tandis que l'eau plus chaude et relativement plus légère flotte à la surface dans une direction contraire, c'est-à-dire des régions équatoriales vers les régions polaires[1]. Une circulation complète pourrait ainsi s'accomplir, et on a dit en conséquence que chaque goutte d'eau en plein océan peut avec le temps être entraînée des plus grandes profondeurs à la surface. Mais certaines conditions météorologiques peuvent exercer une influence analogue aussi grande et peut-être même plus grande que celle qui résulte de la différence de température. Sir Wyville Thomson regarde l'influx d'eau froide venue du sud dans le Pacifique et l'Atlantique comme le résultat d'une sorte de tirage dû à « l'excès de l'évaporation sur la précipitation dans la portion septentrionale de l'hémisphère terrestre, et à l'excès de la précipitation sur l'évaporation dans les portions moyennes et méridionales de l'hémisphère maritime[2] ».

Il semble probable que les courants de l'océan n'ont pas une grande importance comme agents de dénudation et de transport. Une lente circulation de la masse en-

---

1. Naturellement cette circulation se trouve grandement modifiée par la forme et la profondeur du fond de la mer sur lequel glisse l'eau froide. Ainsi la partie méridionale du bassin de l'Atlantique communique librement avec la mer Antarctique et rien n'y prévient donc l'influx des eaux froides; mais la partie septentrionale du même bassin est resserrée et le canal principal par lequel l'eau des régions arctiques peut s'écouler vers le sud est l'étroit chenal qui sépare le Groënland de l'Islande; il en résulte que le courant sous-marin d'eau glacée qui descend du nord doit être beaucoup moindre que celui qui remonte du sud. Ce fait ressort avec plus d'évidence encore de la forme du grand bassin du Pacifique, où il n'existe d'autre communication avec les mers qui baignent le Pôle nord que par le canal sans longueur ni profondeur du détroit de Behring; ce détroit ne laisse s'écouler vers le sud qu'une quantité très médiocre d'eau glaciale. Aussi Sir Wyville Thomson pense-t-il que la portion la plus considérable de l'eau froide des couches inférieures dans le nord du Pacifique et une grande partie des eaux froides de l'Atlantique septentrional découlent non des mers arctiques, mais de l'océan Antarctique.

2. *Proceedings of the Royal Society*, vol. XXIV. p. 470.

tière des eaux océaniques, déterminée par des différences comparativement légères de densité dans l'eau des diverses parties de l'océan, peut faciliter peut-être la dissémination des matières sédimentaires les plus fines. D'autre part, quand les courants de surface viennent heurter le rivage, ils doivent dans une certaine mesure faire œuvre de dénudation, mais leur action est en général extrêmement faible; l'action des courants n'est pas tant assurément d'user le sol que d'entraîner les produits de sa détérioration après qu'elle a été accomplie par d'autres agents et de disséminer partout sur le fond de l'océan les matières d'une grande ténuité qu'ils portent en suspension.

Outre les mouvements de la mer que nous avons étudiés dans ce chapitre, les vagues soulevées par les vents, les courants de la surface et la circulation générale, l'océan, il ne faut pas l'oublier, est soumis au grand mouvement rythmique dont nous avons parlé dans le premier chapitre. Du haut du pont de Rouen, nous avons vu que l'eau montait et descendait régulièrement, et ce qu'elle fait là, elle le répète sur chaque point de nos côtes. Deux fois par vingt-quatre heures la mer se soulève et deux fois elle s'abaisse, si bien que son niveau se modifie sans cesse. Et cependant on dit communément qu'une élévation est à tant de mètres au-dessus du niveau de la mer. En s'exprimant ainsi on suppose que le terme de comparaison choisi n'est ni la ligne de basse mer ni celle de haute mer, mais le niveau moyen entre les deux, l'eau s'élevant à un moment autant au-dessus de ce niveau régulateur qu'elle s'abaisse au-dessous à un autre moment. En Angleterre, l'*Ordnance Survey* a choisi pour le zéro de l'échelle des hauteurs mesurées le niveau moyen de la marée à Liverpool.

Comme il faut aller chercher la cause des marées hors

de notre planète, l'explication en doit être reportée à
un des derniers chapitres de ce volume. Il suffit de remarquer ici que la grande vague de marée qui voyage
autour de la terre est un flot oscillatoire et non un flot
de translation. Dans les bras de mer resserrés, la marée
détermine parfois un élan violent des eaux ou *ras de
marée*. Quand le flot de la marée pénètre dans un estuaire
étroit, l'eau refoulée s'amoncelle, puis se précipite sou-
dain par un violent effort dans le lit du fleuve ; la lame
qu'elle forme alors s'appelle *mascaret*. On peut l'observer
pleinement dans l'estuaire de la Seine où il s'avance avec
une vitesse de 20 à 30 kilomètres à l'heure ; à certaines
époques, cette vitesse s'accroît singulièrement et la
colonne d'eau n'atteint pas moins de trois mètres de
hauteur.

Dans l'estuaire d'un fleuve à marées, la marée agite
l'eau périodiquement et prévient ainsi le dépôt de sédiments. Mais l'écoulement du fleuve vers la mer est arrêté chaque fois que la marée pénètre dans l'estuaire et
le sédiment se dépose alors ; aussi les *barres*, véritables
digues de sable le plus souvent invisibles, se rencontrent
fréquemment aux embouchures des fleuves qu'elles obs-
truent et ferment ; et même dans l'estuaire de la Seine, les
hauts-fonds mouvants témoignent de dépôts semblables. Mais on a montré dans un chapitre précédent que
le reflux, en nettoyant l'estuaire, prévient la formation
d'un delta véritable.

Le sédiment que le flot de la marée reçoit à l'embouchure d'un fleuve et qu'il entraîne le long des côtes se
dépose parfois sur une autre plage et la mer peut devenir ainsi l'architecte d'une terre nouvelle. C'est ainsi
qu'à l'embouchure de la Somme, les 20 000 hectares de
la Marquenterre (voir p. 164) sont sortis des flots de
la même mer qui, à quelque distance au nord ou au sud,
mine la falaise, l'abat en pans énormes, puis l'effrite et

la délaye. Mais d'ordinaire la matière en suspension, balayée par le reflux, est entraînée à la mer où, saisie par les courants, elle dérive parfois à de grandes distances. Les marées et les courants concourent donc très efficacement à la distribution de la matière solide provenant de l'érosion des terres.

Si l'on résume tout ce que l'on a dit, dans ce chapitre, de l'action de la mer sur la terre, on peut conclure que l'œuvre de la mer est dans l'ensemble une œuvre de destruction, mais différente de l'œuvre accomplie par la pluie et les rivières. Pour apprécier la différence, il faut se rappeler que la dénudation marine n'intervient pas aussi activement à toutes les profondeurs de la mer. Les vagues, comme on l'a expliqué précédemment, n'accusent qu'une agitation superficielle et n'ont pas d'effet sur l'eau profonde. L'action destructive de la mer ne s'exerce donc en majeure partie que dans des limites étroites ; elle ne s'étend pas au delà de deux ou trois cents mètres et elle est principalement confinée à la zone de côtes comprise entre les lignes de haute et de basse mers. Aux profondeurs considérables, le flot plus lent des courants sous-marins n'accomplit qu'une dégradation très minime, car des dragages ont montré que dans les mers profondes il n'y a pas de gros fragments de roche pour aider à l'œuvre de démolition ; y en eût-il même, la force du courant serait probablement impuissante à les déplacer. Le grand travail de la mer se réduit donc à ronger le rivage en le festonnant et à le raboter jusqu'à une profondeur de deux cents mètres environ. Si cette action se continuait assez longtemps, la côte entière finirait par être engloutie et la France finirait par n'être plus qu'une grande plaine au-dessous du niveau de la mer. La surface relativement lisse et unie qui serait formée de la sorte a reçu de M. Ramsay le nom de *plaine de dénudation marine*. Que si une telle plaine

sous-marine venait à se soulever au-dessus de la surface de l'eau, la pluie, la gelée et les autres agents
atmosphériques l'attaqueraient immédiatement et fini-
raient par la ciseler en une variété de traits physiques.
On croit qu'il est encore possible de découvrir dans certaines régions de vieilles plaines de dénudation marine.
Ainsi la figure 54 représente la section d'une contrée
où les points les plus élevés peuvent être reliés par un
plan dont l'arête est en A B; cette surface plane, incli-

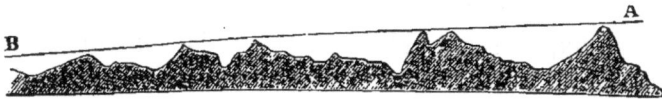

Fig. 54. — Plaine de dénudation marine.

née en pente douce vers la mer, coïncide probablement
avec la plaine primitive de dénudation marine ou du
moins lui est parallèle, les irrégularités actuelles de la
surface du pays étant dues à la dénudation atmosphérique. La dénudation marine diffère donc de celle accomplie par les autres agents, en ce qu'elle tend à produire une surface à peu près horizontale, tandis que la
dénudation atmosphérique donne naissance à des irrégularités superficielles.

CHAPITRE XII

Tous les agents naturels décrits dans les trois chapitres précédents, quelque différents qu'ils puissent être entre eux, se ressemblent en ce qu'ils sont en somme les agents d'une destruction à la fois lente et certaine. Pluie et fleuves, gelée et dégel, vents et vagues, tous conspirent à la même œuvre, attaquent le sol avec persistance et lui enlèvent ses éléments superficiels. Ce n'est pas qu'une seule molécule de cette matière soit anéantie. Chaque grain dérobé à la terre se retrouve tôt ou tard soigneusement déposé quelque part dans l'Océan. Cependant ce transport graduel de matière de la terre aux eaux, doit avoir pour conséquence finale de ramener le niveau général de la terre à celui de la mer par l'action de la pluie et des rivières, et plus tard d'éroder la plaine ainsi formée et de la rabaisser jusqu'à la profondeur où la dénudation marine devient insensible. Si donc l'action de ces agents se développait sans obstacle, non seulement il viendrait un temps où chaque mètre carré de la surface de la France serait enseveli au-dessous des eaux, mais l'étendue des océans étant bien supérieure à celle des terres qui s'élèvent au-dessus du niveau de la mer, avec le temps toute la terre ferme du globe finirait par disparaître sous le linceul des eaux.

Mais il n'est pas difficile de découvrir dans les opérations de la nature des forces qui, contre-balançant cette action, sont capables de soulever les dépôts formés sur le fond de la mer et d'accumuler comme des approvisionnements nouveaux de matière solide sur la surface de la terre. Parmi ces forces élévatrices, et par conséquent réparatrices, la place la plus importante appartient aux tremblements de terre et aux volcans. Il n'est point rare, après un tremblement de terre, de constater que le niveau du sol s'est modifié. Parfois, il est vrai, la surface s'est déprimée; mais le plus souvent c'est un mouvement d'exhaussement qui se produit.

L'exemple le mieux constaté peut-être d'un soulèvement de ce genre est celui qui fut observé par l'amiral Fitzroy et par Darwin, au moment où ils étaient en train d'explorer la côte occidentale de l'Amérique du Sud. Cette région est particulièrement sujette aux perturbations souterraines, et en 1835 un violent tremblement de terre y détruisit plusieurs villes, de Copiapo à l'île Chiloe, le long de la côte du Chili. On constata, après la secousse, que le sol, dans la baie de Conception, ne s'était pas exhaussé de moins de 1ᵐ,20 à 1ᵐ,50. Dans l'île de Santa Maria, à 40 kilomètres environ sud-ouest de Conception, on eut toute facilité pour mesurer verticalement le soulèvement sur les falaises à pic; les mesures prises montrèrent que la partie sud-ouest de l'île avait été soulevée de 2ᵐ,40 et l'extrémité nord de plus de 3 mètres. Des lits de moules mortes furent en effet portés à 3 mètres au-dessus de la ligne de haute mer, et un plateau rocheux assez étendu, précédemment couvert par la mer, se trouva exposé à découvert et mis à sec. Le lit de la mer environnante s'exhaussa sans doute d'une manière analogue, car les sondes trouvèrent le fond tout autour de l'île à une profondeur de 2ᵐ,70 moindre que précédemment. Il y eut, il est vrai, un peu plus tard, un affaissement partiel; mais il ne compensa point, tant s'en faut, le soulèvement, et le résultat définitif témoigna d'un exhaussement permanent. On croit que la plus grande partie du littoral de l'Amérique du Sud a dû s'élever de plusieurs centaines de mètres à la suite d'une série de soulèvements de ce genre, médiocres, mais répétés.

Quand une surface est ainsi soulevée par une secousse de tremblement de terre, il arrive parfois que l'accession que reçoit tout d'un coup la terre ferme est très considérable et capable de contre-balancer pour longtemps les effets de la dénudation. Sir C. Lyell, par exemple, a calculé qu'un tremblement de terre qui se produisit au Chili en 1822 accrut le continent de l'Amérique du Sud d'une masse rocheuse dont le poids dépasserait celui de cent mille des grandes pyramides de l'Égypte. S'il suffit d'une seule convulsion de ce genre pour faire surgir des eaux une telle étendue de terre ferme, il est évident que les tremblements de terre rendent de grands services en renouvelant la surface de la terre et en mettant des matériaux nouveaux à la portée des agents toujours actifs de dénudation. C'est ici le lieu de remarquer que les mouvements oscillatoires qui se produisent dans les tremblements de terre, paraissent, d'après des considérations théoriques, n'être capables de déterminer qu'un soulèvement très faible. Néanmoins l'oscillation s'accompagne souvent de forces élévatrices distinctes qui amènent dans le niveau du sol des modifications d'une amplitude considérable.

Un tremblement de terre est une perturbation du sol en tout semblable à celle qui résulterait d'une secousse soudaine ou d'un coup appliqué de bas en haut à l'écorce terrestre; de l'intérieur de la terre comme centre, les oscillations ou tremblements peuvent se propager dans toutes les directions à travers le sol. Dans nombre de cas, la secousse est précédée ou accompagnée d'un grondement sourd comme celui du tonnerre à distance, ou d'autres bruits résultant de la perturbation souterraine. Dans tout tremblement de terre, l'ondulation.

à mesure qu'elle se propage, soulève et déprime le sol
tour à tour ; elle produit souvent des crevasses irrégulières qui en se refermant peuvent engloutir tout ce qui
s'y est engouffré ou qui, restant ouvertes comme des
abîmes béants, modifient les conditions de l'écoulement
des eaux de la région. La secousse peut se transmettre
à travers la terre à une distance prodigieuse ; ainsi le
grand tremblement de terre qui détruisit Lisbonne en
1755 se fit ressentir, directement ou indirectement, jusque
sur les eaux du Loch Lomond en Écosse. Quand le centre
de la perturbation est voisin de la mer, l'eau est encore
plus affectée que la terre et les vagues de la mer peuvent
devenir bien plus terribles que la vague terrestre. On se
rappelle encore les désastres causés par le grand ras de
marée qui suivit le tremblement de terre à Lima, Arica,
Iquique et en d'autres points du littoral de l'Amérique
du Sud, au mois de mai 1877. Quant à la commotion
sous-marine du 27 août 1883, qui engloutit la moitié de
l'île de Krakatoa (détroit de la Sonde), soit une surface
de 23 kilomètres carrés, elle détermina la formation
d'une vague énorme qui se propagea jusqu'à Aden et
jusqu'au Cap.

M. R. Mallet, qui a longtemps étudié le phénomène
des tremblements de terre, a été amené à conclure
que le point de départ de la perturbation n'est point
situé généralement à une grande profondeur dans
l'intérieur de la terre ; d'après lui, elle ne dépasse probablement jamais une profondeur de 48 kilomètres, et
même, dans nombre de cas, elle est certainement bien
loin de l'atteindre. C'est ainsi qu'il a constaté que la
grande secousse ressentie à Naples en 1857 a eu son
point de départ à une profondeur de douze à quatorze
kilomètres seulement au-dessous de la surface de la terre.
M. Oldham a depuis reconnu qu'un grand tremblement
de terre, à Cachar, dans l'Inde, en 1869, eut son foyer ou

centre de secousse à une profondeur de 48 kilomètres environ.

Quoique les secousses de tremblement de terre soient heureusement rares en France, on doit se rappeler que dans bien des parties du monde, ce sont des phénomènes habituels ; on n'exagère pas probablement en disant qu'il se produit en moyenne trois fois par semaine des secousses de tremblement de terre en quelque partie du monde. Durant l'année 1876, par exemple, le relevé annuel de M. Fuchs n'enregistre pas moins de 104 tremblements de terre, et l'année précédente, il n'y avait pas eu moins de 100 jours signalés par des secousses. Mais il y a en outre, sans aucun doute, dans des régions peu fréquentées, nombre de légères perturbations que n'enregistrent jamais ces comptes rendus. Il s'en faut donc que l'action de perturbations semblables sur la surface de la terre soit insignifiante dans l'ensemble, même dans le cours d'une seule année.

Des perturbations souterraines qui débutent simplement par des tremblements du sol se terminent souvent par l'expansion impétueuse de matières brûlantes rejetées de l'intérieur de la terre. Il peut en effet se produire une déchirure en quelque endroit plus fragile de l'écorce terrestre, et cette rupture donne alors issue à d'immenses quantités de vapeur d'eau et d'autres gaz, en même temps qu'à des pluies de cendres chauffées au rouge vif et accompagnées ou suivies de fleuves de roches en fusion. Les matières solides sont lancées en l'air et retombent en pluie autour de l'orifice où elles forment, en s'accumulant, une levée ou une montagne de forme conique. Une telle montagne s'appelle *volcan*[1]. Un volcan n'est pas une montagne de feu, car il faut se rappeler qu'une telle montagne ne « brûle » pas au sens

---

1. *Volcan*, en italien *Vulcano*, de Vulcain la divinité romaine du feu.

dans lequel le feu brûle; mais elle offre simplement un canal par lequel la matière brûlante fait éruption de l'intérieur. Elle diffère, d'autre part, d'une montagne ordinaire en ce qu'elle est simplement un amas de matériaux non compacts et de matières en fusion entassées couche sur couche autour d'un orifice s'ouvrant vers l'intérieur de la terre. Si donc on coupait verticalement un volcan, il présenterait probablement une section analogue à celle que montre la figure 55. Un canal *a* s'est

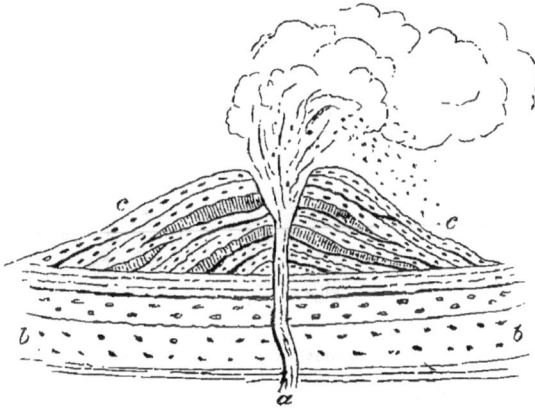

FIG. 55. — Section verticale d'un volcan.

creusé à travers les couches *b*, *b*, à l'origine horizontales, et les matières rejetées se sont accumulées tout autour de l'orifice en assises coniques, dont chacune forme comme un manteau jeté irrégulièrement sur l'assise inférieure et qui divergent du puits central en s'inclinant dans toutes les directions.

L'évent volcanique est généralement couronné par un orifice en forme d'entonnoir : c'est ce qu'on appelle le *cratère*. Les débris retombant dans cette sorte de coupe ou y roulant le long des pentes du cratère, forment des couches dont l'inclinaison est du côté du vent et par

conséquent dans la direction opposée à l'inclinaison
des assises volcaniques constituant la masse du soulèvement. La section d'un cône de matières cendreuses non
compactes donnée dans la figure 56 montre la différence
d'inclinaison dont nous venons de parler. La matière en
fusion qui jaillit de la bouche du cratère cimente les
cendres éparses, les réduit en une masse compacte dès
qu'elle vient en contact avec elles, et forme ainsi un
tube pierreux qui recouvre la cheminée du volcan.

Au début d'une éruption, le volcan vomit en abondance des nuages de vapeur, ce qui prouve que l'eau

FIG. 56. — Section verticale d'un cône de cendres.

joue un rôle, même dans ces phénomènes ignés. En
général la vapeur s'échappe d'une manière spasmo-
dique, chaque bouffée donnant naissance à des nuages
qui s'élèvent à une grande hauteur et finissent par se
dissiper ou par se condenser en averses. Différentes
émanations gazeuses, mais dont la plupart ne sont pas
combustibles, sont associées à la vapeur. Il en résulte
que l'apparition d'une colonne de flamme, qu'on a prétendu fréquemment avoir vue s'élancer d'un volcan, ne
doit être le plus souvent que le résultat d'une illusion.
Cette illusion est produite par l'illumination des vapeurs
que semblent enflammer, d'une part, les étincelles, les
pierres chauffées au rouge vif et les cendres vomies
simultanément, et de l'autre, la réverbération des murs

brillants et de la surface des laves en fusion qui s'étendent au-dessous. Dans les premières phases d'une éruption, d'énormes fragments de roc sont parfois rejetés ; car, lorsqu'après une période de repos la vapeur et les gaz comprimés trouvent enfin une issue, ils expulsent violemment les matières qui se sont accumulées dans la cheminée et en ont bouché l'orifice. Des blocs de roche, dont quelques-uns ne pesaient pas moins de vingt mille kilogrammes, furent, dit-on, rejetés du mont Ararat pendant l'éruption de 1840, et dans l'éruption du Cotopaxi, en 1553, on vit des pierres de trois mètres de diamètre projetées à plus de vingt-quatre kilomètres du volcan.

Durant une éruption, les cendres sont généralement rejetées en grande quantité, mais il faut se rappeler que la matière ainsi désignée est très différente du combustible incomplètement brûlé de nos foyers domestiques. Les cendres volcaniques ne sont en effet que des fragments de lave ou de matière rocheuse partiellement fondue. Quand des jets de lave sont lancés d'un volcan, le liquide est divisé par l'air et si bien éparpillé qu'il retombe en gouttes qui forment en durcissant de petits fragments spongieux, ressemblant aux cendres et aux escarbilles. Dans certains cas, la lave se brise en particules si fines qu'on peut leur donner le nom de *poussière* ou *sable volcanique;* on a vu des pluies épaisses de cette poussière obscurcir le ciel dans un rayon de plusieurs kilomètres autour d'un volcan et être transportées par les vents jusqu'à des centaines de kilomètres. Un fait intéressant révélé par l'examen du fond de la mer auquel se livra l'expédition du *Challenger,* c'est que des débris volcaniques tapissent presque partout le lit des mers profondes.

Quand la vapeur, qui est abondante dans la plupart des éruptions, se condense en torrents de pluie, la poussière

volcanique est transformée en une boue chaude qui
roule le long des flancs du volcan en un courant épais
qui consume tout sur son passage. Herculanum fut scel-
lée par une croûte de boue volcanique vomie par le Vésuve, et la même éruption ensevelit Pompéi sous un
linceul de cendres et de poussières.

La roche partiellement fondue qu'on appelle *lave*
monte dans la cheminée volcanique et s'écoule ensuite
sur les pentes extérieures du cratère ou se fraye un
chemin à travers les crevasses de la montagne, en
formant des torrents de feu, des ruisseaux d'un rouge
vif, qui présentent en général une consistance rappelant
celle de la mélasse. Ces torrents de lave sont souvent de
proportions grandioses ; ainsi on a estimé que dans la
fameuse éruption du Skaptar Jokul, en Islande, en 1783,
le volume de la lave vomie des régions souterraines égala
la masse du mont Blanc. La lave se refroidit rapidement
à la surface, mais conserve longtemps sa chaleur au-
dessous de la croûte protectrice ; finalement la masse
entière se solidifie en une roche dure plus ou moins
semblable à une scorie sortant d'un fourneau à fer. Mais
la lave est différente dans chaque spécimen, tour à tour
de couleur sombre et comparativement lourde, ou plus
claire et beaucoup moins dense ; ici la roche est compacte,
ailleurs elle est spongieuse ou cendreuse : on l'appelle
alors *scoriacée*. Les petites cavités de ces *scories*, ou laves
cellulaires, sont formées par le dégagement de bulles
de gaz ou de vapeur au moment où la matière est à l'état
pâteux, comme la texture poreuse d'un morceau de pain
est due à la présence de bulles de gaz développées par la
fermentation du levain. La substance qu'on emploie
communément pour effacer la peinture et qu'on nomme
pierre ponce[1] est une lave de texture très poreuse ; son

---

1. *Ponce*, du latin *pumex*, primitivement *spumex*, dont la **racine est**
spuma, écume

nom rappelle qu'elle tire son origine de la mousse ou
écume de lave. Parfois les masses de lave projetées dans
l'air sont soumises dans leur vol à un mouvement de
rotation et retombent sous la forme de corps plus ou
moins arrondis, connus sous le nom de *bombes volcaniques*. Parfois aussi une lave réellement liquide saisie
par le vent est étirée en fibres délicates, semblables au
verre filé; cette belle forme est abondante à Kilauea,
volcan d'Hawaii, une des îles Sandwich, où on l'appelle
chevelure de Pélé du nom d'une vieille divinité qu'on
suppose résider dans le cratère. D'autres laves sont
vitreuses et ressemblent beaucoup au verre de bouteille

Fig. 57. — Cônes volcaniques brisés (Puys d'Auvergne).

coloré : ce sont celles qu'on nomme *obsidiennes*. Les
anciens Mexicains faisaient grand usage de cette espèce
de lave pour fabriquer des couteaux grossiers et d'autres
instruments tranchants; dans le Mexique septentrional,
une colline creusée jadis pour l'exploitation de cette
matière est encore connue sous le nom de *Cerro de
Navajas* (Colline des couteaux).

Il arrive souvent que la lave qui s'élève dans la cheminée d'un volcan se fait jour par son poids seul à travers les bords du cratère, ou bien qu'elle perce un des
flancs du cône d'éruption. Ainsi la figure 57 représente
un groupe de petits volcans éteints de la France centrale, laissant voir des cônes qui ont été brisés de cette
manière. Dans certains cas, les pentes du cône sont dé-

chirées et la lave envahit alors les fentes en formant,
quand elle se refroidit, des filons de roche connus sous le
nom de *dykes*. Ailleurs, la cheminée est comme bouchée
par un tampon de lave durcie et de nouvelles issues
s'ouvrent sur les flancs du cône. La figure 58 est une
section idéale de volcan et laisse voir les dykes de lave
courant à travers les dépôts stratifiés ; elle montre aussi
deux cônes secondaires, *a* et *b*, formés aux points où la
matière volcanique a pu se frayer un chemin vers la
surface. L'Etna est remarquable par ses flancs semés
de cônes parasites dont quelques-uns sont de dimen-

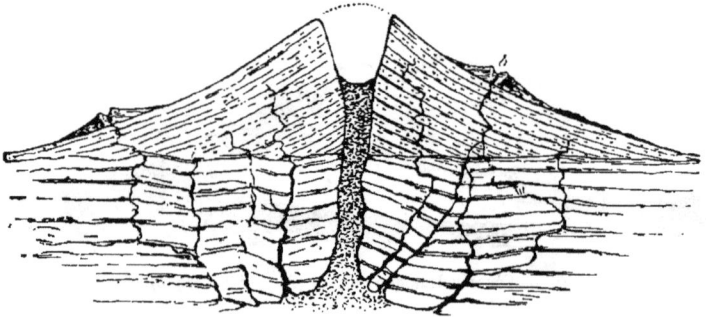

Fig. 58. — Section verticale d'un volcan, avec dykes et cônes secondaires.

sions considérables ; l'un d'eux dépasse 270 mètres de
hauteur.

Quand un volcan a été longtemps en repos et que le
grand cratère est plus ou moins comblé, soit par les
laves et les roches qui sont retombées dans la cavité au
moment de la dernière éruption, soit par les matières
apportées par la pluie, une reprise d'activité se manifes-
tant à travers l'ancien canal peut donner lieu à la formation d'un nouveau cône dans la cavité même de l'ancien cratère. Des éruptions successives peuvent même
apporter à l'aspect d'un volcan de grandes modifications,
par la formation de cônes nouveaux à une époque et

l'oblitération de cônes anciens à une autre. La figure 59 montre le sommet du Vésuve tel qu'on le voyait en 1756;

FIG. 59. — Sommet du Vésuve en 1756.

il n'y avait pas alors moins de trois cônes distincts, l'un dans l'autre, entourant autant de cratères. Mais dix ans

FIG. 60. — Sommet du Vésuve en 1767.

plus tard le sommet présentait la forme reproduite dans la figure 60 où l'on voit un cône unique s'élever de la surface du grand cratère. L'histoire du Vésuve fournit donc un exemple intéressant des phases curieuses par lesquelles passe parfois un volcan.

Il y a un peu moins de deux mille ans, cette montagne était aussi pacifique que l'est aujourd'hui le mont Blanc. Toutes les relations s'accordent à lui prêter en ce temps une forme conique très régulière couronnée d'un cratère large de deux kilomètres et demi environ. C'est à peine si cette forme eût fait naître alors l'idée que la montagne pouvait bien n'être qu'un volcan assoupi. Des vignes sauvages tapissaient les pentes du cratère, et c'est dans la forteresse naturelle formée par ce grand amphithéâtre que s'établit le Thrace Spartacus avec sa poignée de gladiateurs au commencement de la Guerre Servile en l'an 72 av. J. C. Les tremblements de terre, comme nous l'avons déjà remarqué, sont souvent les avant-coureurs des éruptions volcaniques, et le premier avertissement que les habitants établis depuis longtemps autour du Vésuve reçurent de la reprise de son activité, fut une série de tremblements de terre qui commença, autant que nous sachions, en 63 après J. C., et se continua d'une manière intermittente pendant seize ans. Ces perturbations aboutirent à la grande éruption de 79 après J. C. qu'a décrite Pline le Jeune dans deux lettres adressées à Tacite. Pline l'Ancien, l'auteur de la fameuse *Historia naturalis*, était à ce moment commandant de la flotte romaine devant Misène. Le 24 août on vit suspendu au-dessus de la montagne un nuage de dimension et de forme inusitées. On l'a décrit comme ayant l'apparence d'un pin énorme : des nuages de cette forme accompagnent en effet d'ordinaire les éruptions du Vésuve. Une énorme colonne de vapeur, mêlée à des cendres et à des pierres, s'élança du cratère à une hauteur de trois à quatre cents mètres; les nuages s'étendirent alors en masses horizontales de plusieurs kilomètres de

largeur, tandis que cendres et pierres retombaient en
pluie. Attiré par un spectacle si curieux, Pline l'Ancien vint
à Stabies, à seize kilomètres environ du Vésuve, mais son
impatience d'assister à ce cataclysme lui coûta la vie.
Son neveu, qui était à Misène, décrit la scène, la pluie de
cendres, les jets de pierres chauffées au rouge, la trépi-
dation du sol, le retrait de la mer et les autres phénomènes qui caractérisent l'éruption d'un volcan accompagnée d'un tremblement de terre. Si prodigieuse fut la
quantité de cendres vomies avec les débris d'autres
matières sèches ou mêlées à l'eau, que les malheureuses
cités d'Herculanum, Pompéi et Stabies, furent enseve-

FIG. 61. — Vésuve et Monte Somma.

lies sous des dépôts d'une épaisseur de neuf mètres en
certains endroits. Il est douteux néanmoins qu'il y ait
eu à ce moment une éruption de lave véritable. Depuis
lors jusqu'à nos jours, le Vésuve a été plus ou moins
actif avec des intermittences de repos considérables.
Pendant la grande éruption dont nous venons de parler,
tout le côté sud occidental du cône primitif fut détruit,
mais la moitié qui en resta a subsisté jusqu'à présent
et forme la montagne semi-circulaire connue sous le
nom de Monte Somma. La figure 61 donne une vue du
Vésuve à moitié cerné par les roches de cet ancien cratère.

Quand un volcan est situé près du littoral — et c'est

la situation de la grande majorité des volcans connus
— les cendres peuvent se déverser en plein sur la mer ou
y être portées par le vent, et elles se mélangent alors
avec les détritus répandus sur le fond de la mer. Il
peut se produire ainsi une série curieuse de dépôts
formés en partie de matières enlevées à la terre par
l'action des eaux, en partie de matières qui ont jailli de
sources souterraines. Dans certains cas, les explosions
volcaniques ont lieu réellement au-dessous de la mer,
et les matières rejetées se mélangent avec les débris

Fig. 62. — Île Graham, 1831.

de coquillages et d'autres organismes marins. Les volcans sous-marins donnent naissance parfois à des terres
nouvelles, quand les matières rejetées sont entassées en
quantité suffisante pour former une île qui s'élève
au-dessus des eaux. Ainsi, en l'année 1831, une île que
l'amiral Smyth nomma Graham Island (fig. 62) apparut
dans la Méditerrannée entre la Sicile et la côte d'Afrique,
à un endroit où la profondeur de l'eau dépassait auparavant 180 mètres. L'entassement de matières volcaniques
qui forma cette île dut s'élever à plus de 240 mètres, car
la partie la plus haute de l'île était à 60 mètres au-
dessus de la mer, tandis que la circonférence en était

de près de cinq kilomètres. Après être restée trois mois environ au-dessus des eaux, l'île disparut entièrement.

Une grande partie de la force qui soulève jusqu'à la surface les matières volcaniques est due évidemment à la conversion en vapeur de l'eau qui, d'une manière ou de l'autre, se fraye un chemin jusqu'aux roches profondes en fusion ; mais on ignore si c'est là la seule source de l'énergie volcanique. On a produit bien des hypothèses pour expliquer la source et l'origine de la matière même en fusion. Dans quelques-unes des théories proposées, on attribue la chaleur à des causes chimiques, dans d'autres à des causes mécaniques; quelques-unes enfin supposent que cette chaleur est le résidu de la chaleur que la terre possédait à l'origine, si, comme il semble probable, il fut un temps où elle était à l'état de fusion. Mais négligeant ces questions si controversées, bornons-nous à remarquer qu'il existe incontestablement une source de chaleur dans la terre qui s'étend sous nos pieds.

Si on enfonce un thermomètre dans le sol à une profondeur de quelques centimètres seulement au-dessous de la surface, on constate qu'il est affecté par tous les changements de température qui s'opèrent à la surface, et ses indications montrent qu'il fait frais pendant la nuit, chaud pendant le jour, froid en hiver, chaud en été. Mais si on le plonge à une grande profondeur dans le sol, ou bien qu'on le place dans une cave ou une grotte profonde, ces variations disparaissent et il enregistre une température uniforme dans toutes les circonstances. Cette température dépendra elle-même principalement du climat de l'endroit, la température constante étant à peu près la température moyenne de la surface.

En descendant encore davantage, on trouve que la chaleur augmente ; et, au fond d'une mine profonde, il fait généralement si chaud que les mineurs éprouvent du

soulagement à se dépouiller d'une partie de leurs vête-
ments. Actuellement, la mine la plus profonde est, en
Angleterre, la houillère de Rosebridge, à Ince, près de
Wigan; elle atteint une profondeur de 733 mètres. Les
observations faites sur la température à des profondeurs différentes, pendant qu'on creusait le puits, indi-
quèrent l'accroissement moyen comme étant de 1 degré
centigrade environ par 30 mètres. Dans d'autres forages,
on a obtenu des résultats un peu différents, l'accroissement de température étant modifié par la nature des
roches et par la position que les couches occupent, par
exemple, selon qu'elles sont inclinées ou horizontales.
Ainsi, au puits d'Astley, à Dunkenfield, dans le Cheshire,
on a constaté un accroissement de 1 degré centigrade
environ par 40 mètres; mais ce chiffre semble être
extraordinairement bas. Nous ne serons peut-être pas
loin de la vérité en admettant un accroissement moyen
de 1 degré par 33 mètres : tel est du moins le chiffre
adopté il y a quelques années par la « Royal Coal Commission » dans ses calculs.

Le forage si profond des puits de la houillère de
Rosebridge n'est lui-même qu'une ride insignifiante à la
surface de la terre si on le compare au rayon du globe.
Nous n'en pouvons donc tirer que des renseignements
insuffisants sur la température des régions profondes
de l'intérieur de la terre, mais en admettant que ce taux
d'accroissement de la température se maintienne, il
est évident qu'à la profondeur de quelques kilomètres
seulement, la chaleur doit être suffisante pour fondre
toutes les roches connues. Le point de fusion d'un corps
solide peut, il est vrai, être grandement modifié par la
pression, et il va sans dire qu'à de grandes profondeurs,
cette pression doit être prodigieuse. Néanmoins l'éruption
de la lave vomie par les cratères des volcans témoigne
suffisamment que, quel que puisse être l'état général de

l'intérieur de la terre, il doit y avoir des masses, au moins localisées, de roches en fusion.

Une autre preuve de l'existence de la chaleur à de grandes profondeurs résulte de la température de l'eau que débitent certaines sources. Quelques-unes des sources chaudes de Bath, par exemple, ont une température de 49 degrés centigrades. On trouve dans nombre de pays des sources encore plus chaudes, et dans les régions volcaniques, le point d'ébullition lui-même est parfois atteint. Les plus remarquables de ces sources chaudes sont celles connues en Islande sous le nom de *geysers*. Des jets d'eau bouillante accompagnés de nuages de vapeur jaillissent dans l'air d'une manière intermittente à une grande hauteur, avec une grande force et des explosions retentissantes : du grand geyser s'élance une colonne d'eau haute de 50 mètres et large de 60. L'eau renferme généralement de la silice en dissolution, comme nous l'avons mentionné au chapitre VIII, et cette matière siliceuse se dépose autour de l'orifice du tube par où jaillit l'eau, sous la forme d'un encroûtement qu'on appelle *encroûtement calcaire*. Les *geysers* de l'Islande sont les mieux connus, mais on trouve des sources semblables dans la Nouvelle-Zélande et aussi dans les montagnes Rocheuses de l'Amérique du Nord. La figure 63 représente un geyser du « Yellowstone Park », décrit par M. le professeur Hayden. On prétend qu'il n'existe pas moins de 10 000 sources chaudes, geysers et lacs, dans l'enceinte du Yellowstone Park. Le geyser qu'on représente ici en activité lance des jets d'eau chaude à une hauteur de 60 mètres.

Dans certains endroits, l'eau chaude jaillissant du sol est mêlée à des matières terreuses; des ruisseaux de boue s'accumulent autour des fissures, de manière à former des élévations coniques connues sous le nom de *salzes* ou volcans de boue. On trouve ces éruptions

de boue, dont la consistance et la température varient
beaucoup, en Crimée, par exemple, et sur les bords de
la mer Caspienne. Une de ces éruptions de boues volcaniques engloutit quatre villages à Java, en 1772.
Ailleurs, ce sont des vapeurs chaudes qui jaillissent des
fissures du sol, comme dans la solfatare de Pouzzoles,
près de Naples, où les vapeurs sont chargées de soufre.
Il s'est fondé dans la Maremme toscane une industrie
considérable pour l'utilisation des vapeurs chaudes qui
jaillissent des fissures fumantes qu'on désigne du nom
de *fumerolles* et qui contiennent de l'acide borique
employé dans la préparation du borax.

Il faut probablement considérer la plupart des phénomènes que nous venons de décrire, comme représentant
les efforts affaiblis de l'activité volcanique. Quand un
volcan est éteint, les effets de la chaleur souterraine
peuvent se manifester encore dans les environs par des
phénomènes analogues à ceux des sources chaudes. Mais
bien des volcans qui semblent aujourd'hui parfaitement
tranquilles sont simplement assoupis et peuvent se réveiller à tout moment avec le rajeunissement d'une activité renouvelée. L'histoire primitive du Vésuve, comme
nous l'avons déjà remarqué, témoigne qu'un volcan, après
des siècles de repos, peut soudainement se réveiller et
reprendre une vie nouvelle.

Il y a peu d'exemples meilleurs d'une région dans
laquelle l'action volcanique a dû s'exercer à une époque
relativement récente, que celui fourni par l'Auvergne et
la contrée avoisinante dans la France centrale. Le voyageur peut voir là des centaines de cônes volcaniques,
connus dans le pays sous le nom de « puys » et qui conservent encore leur forme caractéristique, en dépit de
leur longue exposition à la dénudation atmosphérique.
On peut là aussi observer des fleuves de laves tels qu'ils
découlèrent des cratères ou se firent jour à travers les

FIG. 63. — Geyser Beehive, Yellowstone Park, Colorado.

flancs des cônes (fig. 57), tandis que des couches
épaisses de laves anciennes et des lits de cendres s'é-
tendent dans toutes les directions sur le pays environnant. La région désignée du nom d'Eifel, sur la rive
gauche du Rhin, entre Bonn et Andernach, offre également des exemples remarquables de volcans éteints.

Même dans les Iles Britanniques, il est aisé de reconnaître à leurs traces les restes d'anciennes éruptions volcaniques, quoique ces traces ne soient point aussi
fraîches ni aussi nettement accusées que celles dont
nous venons de parler. On trouve des couches de laves
dans la partie nord-est de l'Irlande, particulièrement
dans le comté d'Antrim, où le monument naturel si
remarquable connu sous le nom de « Chaussée des
Géants » doit son origine au fait que la lave a jadis, en
se divisant, formé des colonnes, à peu près comme fait
l'amidon quand il se brise en séchant. On peut trouver
en Écosse des témoignages analogues de l'action volcanique et, dans les Galles du Nord, il y a des restes étendus
de roches éruptives ; mais l'état d'activité ignée qu'elles
rappellent remonte à une période très lointaine de l'histoire géologique. Il n'existe plus aujourd'hui de cratère
volcanique à l'état de cratère parmi les sommets volcaniques du Pays de Galles. Telle a été, en effet, la transformation qu'a subie cette région et si active y a été
l'œuvre de la dénudation que l'ancienne surface a depuis longtemps disparu et que sa forme présente ne
rappelle que bien peu, si elle la rappelle en rien, la
configuration qu'elle présentait durant la période
d'éruption.

Sans approfondir davantage ce sujet, on en a dit assez
pour établir que la France et les Iles Britanniques,
quelque tranquilles qu'elles soient maintenant, ont été
jadis à maintes reprises le théâtre de violentes perturbations volcaniques. Les phénomènes ignés ont même

joue un rôle aussi important que l'eau dans l'histoire géologique de la France, et il est fort probable qu'à une profondeur qui, comparée au diamètre de la terre, peut être réputée insignifiante, la paisible vallée de la Seine elle-même repose sur un océan de roches en fusion.

CHAPITRE XIII

Des mouvements du sol tels que ceux qui ont accompagné certains tremblements de terre dans l'Amérique du Sud et dont nous avons parlé au dernier chapitre, ont dû être produits par l'action relativement soudaine de forces souterraines. Mais le sol est soumis non seulement à ces exhaussements et à ces dépressions brusques, mais aussi à des soulèvements et à des affaissements locaux si lents qu'ils échappent à l'observation ordinaire. Il faut même dans la plupart des cas avoir recours à des moyens spéciaux pour découvrir ces changements graduels de niveau et pour mesurer leur étendue. Pourtant il est probable que ces oscillations insensibles du sol ont à la longue une importance bien plus grande dans l'économie de la nature que les mouvements brusques qui se produisent comme des tressaillements spasmodiques. On montrera dans le chapitre suivant qu'il n'y a pas dans la surface du bassin de la Seine un pied de terrain qui n'ait été à un moment ou l'autre plongé au-dessous de la mer; il est donc clair que des forces élévatoires ont dû travailler à soulever le lit de l'océan et à le dessécher en le mettant à découvert. Et ce n'est pas une fois seulement qu'un tel

mouvement s'est manifesté. Le premier venu cherchant
à lire l'histoire des roches du bassin de la Seine sera
amené à conclure que le niveau du sol a changé bien
des fois, s'élevant tantôt et tantôt s'affaissant. Il est
probable aussi que ces changements se sont accomplis
en général pacifiquement plutôt qu'avec violence, qu'ils
ont été l'œuvre de forces agissant lentement et tra-
vaillant pendant de longues périodes plutôt qu'ils n'ont
été produits par des perturbations soudaines.

Il serait peut-être difficile de trouver une démonstration plus frappante des lentes oscillations de niveau
qui se sont produites dans les temps historiques que
celle fournie par certaines ruines bien connues du rivage
de la baie de Naples. L'exemple n'est pas nouveau,
mais quoique Sir Charles Lyell et d'autres auteurs s'en
soient déjà servis, il mérite cependant qu'on y revienne,
parce qu'il éclaire d'une manière instructive le genre
d'évidence sur lequel les géologues se fondent pour démontrer l'instabilité de la surface de la terre.

Vers le milieu du siècle dernier, l'attention de quelques archéologues italiens fut attirée par trois colonnes
de pierre presque cachées par une végétation de buissons
derrière une villa très voisine du bord de la mer, dans la
partie occidentale de Pouzzoles, ville située sur la baie
de Baïes, à onze kilomètres environ de Naples. Ces
colonnes étaient ensevelies dans le sol jusqu'à une
hauteur considérable et, en écartant la terre, on mit au
jour les ruines d'un magnifique édifice. Un dallage
carré de marbre, mesurant 21 mètres de côté, révélait
la grandeur de la cour centrale. Cet espace avait été
primitivement recouvert d'un toit supporté par quarante-six colonnes magnifiques, les unes de granit, les
autres de marbre, et qui subsistaient encore plus ou
moins bien préservées. Les archéologues du temps sup-
posèrent, sur de bien faibles raisons, que l'édifice avait

dû être un temple dédié à Sérapis, divinité égyptienne
dont le culte s'était introduit à Rome. Derrière l'édifice
est une source chaude dont l'eau était amenée par une
conduite de marbre à un certain nombre de petites
chambres qui s'élevaient autour de la cour centrale. Ce
fait a suggéré l'idée que l'édifice, au lieu d'avoir été un
temple de Jupiter Sérapis, n'était rien de plus qu'un
magnifique établissement de bains. Quoi qu'il en soit,
il est commode de lui laisser, quand on le décrit au
point de vue géologique, son nom bien connu de temple
de Sérapis. Tout son intérêt pour les géologues consiste
dans les trois hautes colonnes qui firent découvrir
l'édifice et qui sont, des quarante-six piliers primitifs, les
seuls qui soient restés debout. Chacune des colonnes,
quoique d'une hauteur de plus de 12 mètres, a été taillée
d'un seul bloc de marbre vert (fig. 64). Jusqu'à $3^m,60$
de la base, les colonnes sont lisses ; mais au-dessous
chaque pilier est comme festonné d'une bande d'empreintes profondes large de $2^m,40$. Chaque empreinte
consiste en une cavité piriforme et dans le fond de la
cavité qui en est aussi la partie la plus large, on trouve
en général les deux moitiés ou *valves* d'une coquille
assez semblable à celle de la moule commune. Or le
même coquillage[1] existe de nos jours dans la Méditerranée où on le voit se creuser un chemin dans les
rochers calcaires, à la façon dont le ver marin perfore le
bois. On n'a donc aucune difficulté à conclure que les
trous percés dans les colonnes du temple sont l'œuvre de
coquillages perforants. Mais il est clair que les colonnes,
quand elles ont été attaquées, devaient être baignées
par la mer, car le coquillage n'aurait pu vivre dans les
cavités s'il eût été laissé à sec au-dessus de l'eau. On
conclut de là que la partie des piliers de marbre forée

1. *Lithodomus dactylus.*

par les coquillages a dû être immergée assez longtemps
pour que ces mollusques aient pu percer les trous innombrables que nous voyons maintenant.

Il y a là un témoignage des modifications considérables qu'a subies le niveau relatif de la terre et de
l'eau. Il va sans dire qu'ici le
changement de niveau a pu se
produire de deux manières,
par le soulèvement de la mer
ou par la dépression du rivage. Au premier abord, il
semble vraisemblable qu'un
fluide aussi mobile que la mer
ait pu modifier son niveau,
mais nullement probable que
la surface du continent ait
changé de position. Cependant il suffit d'un instant de
réflexion pour voir qu'aucune
modification n'a pu se produire dans le niveau de la
mer. Car, en admettant que la
surface de la mer eût été portée jusqu'à la zone des cavités
creusées par les mollusques,
l'eau eût dû être soulevée en
une vaste colonne; mais si
cette colonne s'était formée,

FIG. 64. — Colonne de marbre
du temple de Jupiter Sérapis.

A, incrustations ; B, B′, niveau de
l'eau en hiver ; C, C′, dallage supérieur D, D′, dallage inférieur.

les molécules d'en haut, pesant sur celles d'en bas, les
eussent fait glisser le long de la pente jusqu'à ce qu'elles
eussent atteint le niveau commun. En effet, la liberté de
mouvement dont jouissent les molécules liquides rend
impossible, si ce n'est momentanément, la formation
d'une sorte de monticule d'eau. A peine soulevée, la
surface du liquide tend à s'abaisser jusqu'à ce qu'elle

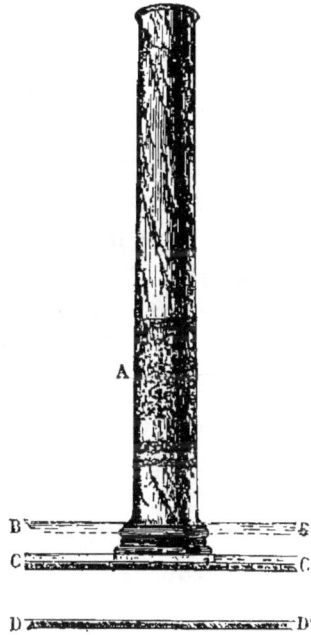

soit revenue au niveau commun. Ainsi, pour que la mer, en se soulevant, eût conservé autour de la base des colonnes de marbre ce niveau extraordinaire, il eût fallu que le soulèvement ne fût pas limité à la baie de Naples, mais se rattachât à un exhaussement égal et général du niveau de l'océan dans tout l'univers. Or la difficulté d'assigner une source à la quantité immense d'eaux nouvelles que supposerait un exhaussement géné-ral des mers, constituerait à elle seule une objection sans réplique à cette hypothèse. Mais les géologues ont d'ailleurs abondance de raisons pour affirmer qu'en pareil cas c'est le niveau du rivage, et non celui des eaux, qui s'est modifié.

Il semble donc que les empreintes laissées par les coquillages perforants sur les colonnes du temple de Sérapis, à $3^m,60$ au-dessus de la surface de la mer, té-moignent que le sol sur lequel s'élèvent ces piliers, a dû jadis s'affaisser d'autant, et plus tard se relever jusqu'à sa position présente. Mais la situation du temple nous révèle encore davantage. A $1^m,50$ au-dessous des dalles de marbre de l'édifice actuel, on trouve les restes d'un autre parquet; il semble naturel de supposer que le dallage supérieur fut construit après que le dallage inférieur qui appartenait à quelque édifice plus ancien, fut descendu à un niveau incommode par suite de l'af-faissement du sol. Une dépression de ce genre s'est même produite dans la localité depuis le commencement de ce siècle; car lorsqu'on exhuma les ruines pour la première fois, le dallage supérieur était beaucoup plus élevé que maintenant. Des observations soigneusement recueillies, dans les premières années de ce siècle, montrèrent que le sol s'était déprimé de 25 centi-mètres environ en quatre ans, et certains relevés ont même accusé un affaissement plus rapide. Les ruines s'élèvent tout près de la mer, et le dallage s'affaissa

tellement que la mer finit par rouler ses flots au-dessus ;
aussi en 1838, dit-on, on pêchait le poisson journellement dans l'intérieur du temple où, en 1807, il n'y
avait pas une goutte d'eau par les temps ordinaires.

Après les explications que nous avons données, on
verra qu'on peut interpréter ainsi l'histoire de ce temple.
— L'édifice actuel fut élevé sur l'emplacement d'un
autre plus ancien dont la base s'était enfoncée par
suite de l'affaissement du sol. On peut à bon droit supposer que le dallage du nouvel édifice était au niveau
de la mer ou à peu près. Des inscriptions trouvées dans
les ruines prouvent que le temple fut décoré par Sep-
time Sévère et Alexandre Sévère, on en conclut que
l'édifice dut être habité pendant le troisième siècle de
notre ère. Mais à la suite de la dépression du sol au-
dessous du niveau de la mer, l'eau pénétra dans la cour ;
des dépôts de matière solide, apportés par les flots et
mélangés parfois à des couches de cendres volcaniques,
s'accumulèrent peu à peu autour de la base des piliers.
On peut voir encore les restes de quelques-uns de ces
dépôts adhérant aux fûts au-dessous de la zone percée
de trous (fig. 64). Les parties les plus basses des
piliers furent ensevelies sous ces dépôts et durent à ce
fait de n'être pas attaquées par les mollusques qui per-
forèrent le marbre à l'époque de sa plus grande dépression. L'affaissement fut certainement graduel, mais il
est probable que le relèvement postérieur dut être plus
rapide ; il se produisit en partie peut-être en 1538 durant
une violente perturbation souterraine, pendant laquelle
on vit se former une montagne, nommée encore aujour-
d'hui Monte Nuovo, à quelque distance du temple. Il est
certain néanmoins qu'aucun des mouvements auxquels
a été soumis le temple n'a pu être assez violent pour
renverser les colonnes qui sont encore debout.

Telle semble avoir été la succession des événements

enregistrés par ces ruines. La baie de Naples est, il est
vrai, une région particulièrement sujette aux perturbations volcaniques, mais les lentes oscillations du sol ne
sont nullement limitées à ces régions.

Peu de contrées au monde peut-être ont ressenti
moins de tremblements de terre que la Scandinavie. Et
pourtant des mesures directes ont montré que la partie
septentrionale de cette péninsule s'élève lentement,
tandis que la pointe méridionale, par un contraste
curieux, s'enfonce dans la Baltique. Dans un cas comme
celui-ci, où les oscillations en sens contraires s'opèrent
simultanément, il est inutile de songer à en rapporter la
cause à un mouvement de la mer. Car un changement
dans le niveau de la mer implique, comme on l'a déjà
indiqué, une modification générale du niveau des eaux
marines par suite d'exhaussement ou d'abaissement ;
il est donc absurde de supposer un soulèvement à un
endroit et une dépression en un autre au même moment.

En France même, les preuves abondent qui témoignent
que le niveau du sol s'est fréquemment modifié. De la
Gironde à l'Adour, la dépression du littoral s'accomplit
sous nos yeux ; on a calculé que le plateau rocheux sur
lequel s'élève le phare de Cordouan, à l'entrée de la
Gironde, s'affaisse de 30 centimètres par an ; il a fallu
exhausser la tour pour compenser l'affaissement du sol
qui la supporte et rétablir la portée primitive du phare.
C'est aussi à un affaissement du sol que l'on doit rapporter la submersion, attestée par les traditions, d'une
ville appelée Ys, à l'extrémité occidentale de la Bretagne,
vers le cinquième siècle de notre ère. Il semble d'ailleurs
que l'angle formé par les côtes du Cotentin et de la Bretagne septentrionale ait subi une dépression considérable. Au temps de la conquête romaine, les îles que nous
appelons aujourd'hui anglo-normandes, tout au moins
Jersey, se rattachaient à la côte. Les îles Chausey et le pla-

teau des Minquiers tenaient aussi au continent et se trou-
vaient à la lisière des forêts de Koquelunde vers le sud et
de Scissey (*Scisciacum nemus*) vers l'ouest. Au huitième
siècle, la mer engloutit la forêt et à l'époque des grandes
marées équinoxiales, on croit voir encore se dresser des
troncs. De même, en Angleterre, à l'embouchure de la
Tamise, on aperçoit parfois à marée basse les restes
d'une vaste forêt où les troncs d'arbres sont encore
enracinés dans l'ancien sol maintenant submergé à une
profondeur de six à neuf mètres au-dessous des hautes
eaux. Les restes de cette forêt montrent qu'elle ren-
ferma une riche végétation d'ifs, de pins, de chênes,
d'aunes et d'autres essences. Mais comme ces arbres ne
croissent point dans l'eau, il est évident que la terre sur
laquelle ils se développaient a subi un affaissement. En
certains endroits, les restes de l'ancienne surface du sol
ont été ensevelis à une profondeur de plusieurs mètres
au-dessous des dépôts d'alluvion qu'a formés le fleuve.
Quand on creuse verticalement le sol marécageux
des côtes de Kent et d'Essex bordant l'estuaire de la
Tamise, les sections mettent souvent à découvert l'ancien
sol de tourbe riche en débris végétaux.

Les témoignages du soulèvement du sol en France et
dans la Grande Bretagne ne sont pas moins concluants
que ceux de son affaissement. En France, le phénomène
de ce genre le plus remarquable est l'exhaussement du
littoral, de la Loire à la Gironde. Cette région présente
des traces non équivoques d'oscillations successives et
inverses : quelques-unes des îles qui bordent la côte
étaient certainement rattachées jadis au continent et
n'en purent être séparées que par une dépression des
rivages. Mais c'est le phénomène contraire qui s'y manifeste depuis les temps historiques. Les découpures du
rivage s'empâtent, la côte devient de plus en plus droite ;
l'île de Noirmoutier n'est plus une île qu'à haute mer

et elle communique à basse mer avec la côte par un
chemin, le passage du Gué, long de 4 kilomètres, que
l'on peut parcourir à cheval, en voiture, ou même
presque à pied sec. La Rochelle qui, comme son nom
l'indique, fut à l'origine un îlot ou un isthme rocheux
cerné par les flots, n'est plus réunie à l'océan que par
un chenal envasé. Plus bas, dans le voisinage de Rochefort, Brouage, jadis riveraine de la mer, perdit vers
1586 son port envahi par les sables ; elle est aujourd'hui
environnée de marais et située assez avant dans l'intérieur des terres. Enfin on a pu, à Rochefort même, mesurer avec exactitude l'exhaussement du sol en constatant que les cales dont la construction remonte à
Louis XIV se sont élevées de plus d'un mètre. Toute-
fois ces mouvements ne sauraient être uniquement
rapportés au travail intérieur de la terre ; l'océan y a
eu probablement part, quoiqu'il soit malaisé parfois de
distinguer le rôle qu'il a joué. Mais en s'éloignant du
bord de la mer, on pourrait trouver, au centre même du
bassin de la Seine, des témoignages de ce lent exhaussement du sol. « C'est, dit M. Stanislas Meunier[1], à des
soulèvements lents qu'il faut attribuer l'abandon de certaines vallées, maintenant à sec, et cependant couvertes
à l'origine par les cours d'eau. La Marne passait sans
doute autrefois par la vallée d'Ourcq, et à un certain
moment, la Seine devait entourer le mont Valérien. »

En visitant certaines parties du littoral de la Grande
Bretagne ou de la France, on remarque, frangeant le rivage à une hauteur très supérieure aux plus hautes
mers, des terrasses de sable et de gravier mélangés avec
des coquilles marines. Ces dépôts ont dû se former le
long du rivage et plus tard être soulevés jusqu'à leur
position présente, et il semble que cet exhaussement a

1. *Géologie des Environs de Paris*, p. 441.

dû s'opérer, en partie au moins, depuis que le pays est habité. Car dans les dépôts élevés d'alluvions qui bordent, en Écosse, l'estuaire de la Clyde, on a découvert des instruments du travail humain, tels que des canots grossiers, qui furent primitivement ensevelis dans la vase et le sable de l'ancien estuaire et qu'on retrouve maintenant à plusieurs mètres au-dessus du niveau des hautes mers.

Ces derniers dépôts et les forêts sous-marines fournissent des témoignages aussi probants de l'exhaussement et de la dépression du sol que ceux qu'on peut tirer du Temple de Sérapis. Mais ce ne sont pas les seuls que le géologue puisse invoquer à l'appui des fréquents changements qu'a subis le niveau du sol de l'Europe occidentale, ce ne sont même pas les meilleurs. Leur valeur repose en effet principalement sur ce fait que les mouvements qu'ils attestent sont de date relativement récente. Mais la disposition des strates témoigne, dans presque toutes les régions de la France, qu'il y a eu des variations de niveau bien autrement considérables à des époques plus reculées. Paris et Londres, par exemple, sont assis sur une argile qui a dû se déposer à l'état de vase au-dessous des eaux. Mais comme cette argile contient bien souvent les restes de coquillages marins, tels que le nautilus, il n'est pas douteux que cette vase a dû se déposer primitivement en pleine mer. Les argiles, les sables et les autres dépôts que recouvre l'argile du terrain parisien et que nous avons déjà compris sous le nom de terrains tertiaires inférieurs (p. 32), ont été formés les uns dans le sel, les autres dans une eau saumâtre, comme en témoigne la nature des coquilles qu'ils renferment. Quant à la craie, qui s'étend en une masse de grande épaisseur immédiatement au-dessous de ces dépôts, on montrera dans un des chapitres suivants, qu'elle abonde en restes d'animaux qui vécurent jadis dans les profondeurs de la mer. Si donc ces roches ne sont, dans une large mesure, autre chose que les anciens fonds de la mer, il est clair qu'il a dû se produire un grand mouvement ascensionnel pour qu'ils aient pu être soulevés jusqu'à leur position présente.

Mais ce n'est pas tout. Ces roches n'ont pas été seulement soulevées ; dans bien des cas, elles ont subi aussi une action perturbante par laquelle elles ont été plus ou moins contournées. La section reproduite dans la figure 10, p. 31, montre que les couches sur lesquelles Paris s'est élevé, s'enfoncent de tous côtés en une courbe arrondie, exagérée avec intention dans le dessin, mais cependant assez accusée naturellement pour avoir suggéré le

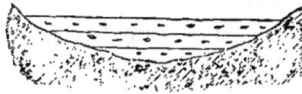

FIG. 65. — Strates déposées dans un bassin.

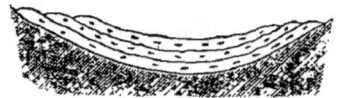

FIG. 66. — Strates modelées en forme de bassin.

nom de Bassin de Paris. En admettant que les cou ches eussent été déposées à l'origine dans une dépres-sion du fond de la mer, les dépôts se fussent formés en assises presque horizontales comme dans la figure 65, et non pas en couches concentriques d'épaisseur égale comme dans la figure 66 et telles qu'on les trouve réelle-ment dans la nature. On explique donc la position ac-tuelle de ces roches en supposant que les strates étaient primitivement horizontales et qu'elles ont été amenées à prendre la forme de bassin depuis leur formation. La perturbation qu'elles ont subie ressort d'une manière plus frappante encore, si l'on considère une section transversale du bassin de Paris ou même celle d'une autre surface de nature semblable, en Angleterre, et qui est connue sous le nom de Bassin du Hampshire. La

figure 67 est une section d'Abingdon, dans le Berkshire,
à l'île de Wight, à travers le Hamp-
shire et la rade de Solent; l'échelle
verticale y est exagérée par rapport à l'échelle horizontale dans
la proportion de vingt à un. Ici
les couches presque horizontales à
l'origine ont été modelées en une
série d'ondulations légères formant crête en un endroit et se
déprimant ailleurs. On ne peut
guère douter que les terrains tertiaires inférieurs aient recouvert
jadis la surface entière de la craie
qui est exposée ici, mais ils ont
disparu plus tard du sol supérieur
par suite de l'œuvre de la dénudation, en laissant çà et là des bandes
isolées, séparées par des étendues
intermédiaires où la craie est à découvert[1]. Dans l'île de Wight, les
strates ont subi une telle perturbation que les couches de craie se dressent presque verticalement, comme
l'indiquent les bandes de silex noirs
qui courent en lignes presque verticales. En France, les montagnes
calcaires du Jura offrent un exemple
caractéristique d'un *plissement* de
terrain et d'un soulèvement qui
n'ayant pas brisé les couches, les
a contournées en forme de voûte.

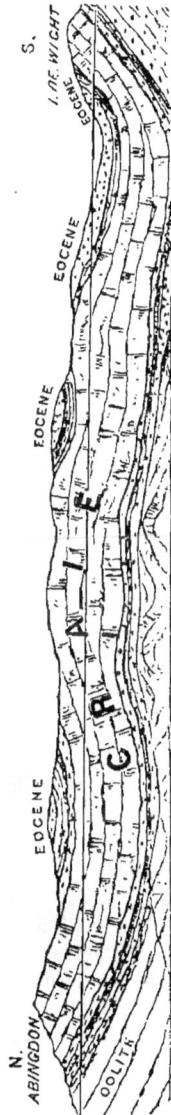

Fig. 67. — Section d'Abingdon à l'île de Wight.

(L'échelle verticale est exagérée, relativement à l'échelle horizontale, dans le rapport de 20 à 1.)

Dans les perturbations auxquelles les couches ont été

1. « Dans la Champagne crayeuse, dit M. H. Blerzy, au milieu des plaines

soumises depuis leur formation, il arrive souvent que
les roches ont été brisées et disloquées, comme on le voit
dans la figure 9, page 30, où la série des couches, sur un
des côtés de la fracture ou de la *faille*, a été précipitée
à un niveau beaucoup plus bas que celui occupé par les
strates sur le côté opposé. Même dans une surface ayant
subi aussi peu de perturbation que le bassin de Paris, on
peut citer plus d'un exemple de cette dislocation des
couches. La figure 37, page 157, montre le relèvement
de la craie à Meudon, sur la rive gauche de la Seine. Les
strates superposées à la craie ont conservé leur horizon-
talité ; mais c'est cette faille qui, en formant un escarpement, a rejeté le fleuve dans la direction actuelle.
Avant de quitter ce sujet, il peut être bon de mentionner
que le plissement et la dislocation des strates sont dus
parfois à la pression exercée sur les côtés et non à l'opération directe de forces agissant de bas en haut et soulevant les strates immédiatement sous-jacentes.

De ce qu'on a dit dans ce chapitre, on peut conclure
que les dépôts formés à l'origine dans le lit de la mer,

---

nues de la craie, s'élèvent çà et là quelques mamelons que couronnent
des bois taillis d'une belle venue et formant un contraste singulier sur la
teinte blanche uniforme qu'offrent à l'œil les plateaux de la Champagne.
Ces bois poussent dans une argile sablonneuse ou dans un limon rouge
mêlé de cailloux. Ce sont les vestiges encore vivants, en quelque sorte,
d'un manteau de terrain plus moderne qui recouvrait la craie autrefois
et que les torrents des temps préhistoriques ont entraîné, nous donnant
ainsi la mesure des grands phénomènes que le mouvement des eaux accomplit jadis à la surface de la terre. Non seulement cette couche tertiaire
a disparu presque partout en Champagne, mais encore la craie qui lui
servait de base a été creusée au-dessous à la profondeur des vallées actuelles. Ainsi, sur le sommet culminant des collines qui bordent, à
Troyes, la vallée de la Seine, on aperçoit dans le lointain un très petit
bois venu sur un lambeau de terrain tertiaire; or, ce sommet est à
160 mètres plus haut que le présent niveau du fleuve. Ce chiffre seul fait
comprendre quel prodigieux travail d'érosion les eaux ont accompli avant
a venue de l'homme sur la terre. » (*Torrents, fleuves et canaux de la
France*, p. 43-44.)

ont été soulevés au-dessus des eaux, et qu'ils constituent
maintenant les continents. La terre est donc soumise à
une circulation analogue à celle que nous avons déjà observée quand il s'agissait de l'eau. L'eau, on se le rappelle, passe du fleuve à l'océan, puis retourne de l'océan
au fleuve sous forme de pluie. De même la terre ne cesse
de s'en aller, grain par grain, à la mer. Là cette poussière se répand en majeure partie sur le lit de l'océan
et forme des dépôts qui un jour ou l'autre se soulèveront
pour former une terre nouvelle, destinée à être attaquée
encore une fois par l'eau dès qu'elle dépassera le niveau
de la mer. Le sol passe donc par un cercle de transformations non moins complet que celui dont témoigne la
circulation des eaux.

CHAPITRE XIV

LA MATIÈRE VIVANTE ET LES EFFETS DE SON ACTIVITÉ SUR LA DISTRIBUTION DES MATIÈRES FLUIDES ET SOLIDES A LA SURFACE DE LA TERRE. — DÉPÔTS FORMÉS PAR LES RESTES DES PLANTES.

On a vu que les eaux douces et salées qui coulent sur la surface de la terre ou déferlent contre ses rivages sont constamment occupées à transporter d'amont en aval, ou de haut en bas, les matériaux dont le sol se compose. Une partie relativement insignifiante de ces matières demeure dans les lacs que quelques fleuves traversent dans leur cours; mais le reste tôt ou tard aboutit à la mer.

Les dépôts qui s'accumulent ainsi sur le fond de la mer ne correspondent jamais exactement à ce qui est enlevé à la terre, leur volume est toujours moindre, souvent même de beaucoup inférieur. En effet, les éléments principaux de la terre sont plus ou moins solubles dans l'eau; une proportion plus ou moins grande des débris provenant de la dénudation arrive donc à la mer à l'état de dissolution et se dilue dans l'océan comme le sucre d'une goutte de sirop se dilue dans un seau d'eau. Le carbonate de chaux et la silice, en particulier, sont de la sorte versés incessamment à la mer.

En supposant qu'il n'intervînt à la surface du sol
d'autres influences que celles de la pluie, des rivières et
de la mer, leur action, comme on l'a fait ressortir au
chapitre XI, tendrait en dernière fin à abaisser les continents au niveau d'une plaine sous-marine. Les eaux recouvrant cette plaine seraient plus ou moins complètement saturées de matières solubles provenant de la
dénudation des roches. La dénudation, en somme, n'a-
moindrit pas seulement la masse des terres émergées,
mais elle réduit aussi la proportion des éléments solides
aux éléments fluides qui, réunis, constituent le globe.

Les forces qui se manifestent dans les soulèvements
tendent à un résultat contraire. Les roches en fusion
dans les profondeurs de la terre, que vomissent les volcans, sont rejetées à la surface où elles revêtent la forme
solide. Il y a là transport de matière de bas en haut et
le résultat est un accroissement des éléments solides aux
dépens des éléments fluides du globe. Le volume de la
terre ferme est ou n'est pas accru par l'action volcanique,
selon l'endroit où le déchirement du sol se produit et la
quantité de matières qui en jaillit. Si le déchirement de
l'écorce terrestre s'est produit à la surface d'une terre
émergée, les matières rejetées viendront nécessairement
accroître la masse des continents; mais si le sol s'est
entr'ouvert sous la mer, ces matières s'élèveront ou non
jusqu'à la surface, selon leur volume et la forme qu'elles
auront prise.

Si l'on admettait qu'il n'y eût à l'œuvre sur l'écorce
terrestre d'autres agents que les volcans, avec les mouvements de soulèvement et de dépression qui les accompagnent, la quantité d'eau renfermée dans l'océan de-
meurerait sensiblement la même; mais le rapport de
la superficie terrestre qu'occupent les continents, à la
surface que recouvrent les eaux, pourrait varier presque
indéfiniment. On conçoit, par exemple, que l'océan tout

entier qui occupe maintenant trois cinquièmes environ
de la surface du globe, pût être contenu en quelques
lacs très profonds à la suite d'une dépression des vallées
marines actuelles et d'un soulèvement des continents
intermédiaires. Le résultat contraire pourrait encore
se produire par l'affaissement des continents existants
et l'exhaussement du fond de la mer que déterminerait
l'accumulation de matières rejetées par des volcans
sous-marins.

Ainsi, en tant qu'il ne s'agit que du transport des matériaux qui constituent la croûte terrestre, l'action des
volcans et des forces élévatrices tend, dans l'ensemble, à
compenser les effets de la dénudation et de la dépression
du sol. On conçoit que ces deux influences pourraient se
prolonger pendant une période indéterminée, de telle
manière que la proportion de la terre émergeant au-dessus du niveau de la mer à celle du sol immergé
demeurât la même. Mais dans l'œuvre de la nature telle
que nous l'avons entrevue jusqu'ici, il n'y a rien qui compense la conversion des solides en liquides accomplie
par la dénudation, ni cette immense déperdition de gaz
dans l'atmosphère qui parfois, sinon toujours, accompagne l'action volcanique.

Il y a cependant à l'œuvre, sur une immense échelle,
un agent qui ramène à l'état de solides, d'une manière
temporaire ou permanente, certains des éléments gazeux
et liquides de la terre. Cet agent, on le désigne du nom
de *matière vivante*, ou moins exactement[1] de *matière
organique*.

---

1. Moins exactement parce qu'on ne saurait dire rigoureusement que
toutes les formes que revêt la matière vivante sont organisées. Un *organe*
est une partie d'un corps vivant que sa structure rend propre à l'accomplissement d'une certaine action spéciale que l'on appelle sa *fonction*.
Les formes inférieures de la vie ne possèdent point de ces parties auxquelles on puisse appliquer dans ce sens le terme d'organe.

La surface de la vallée de la Seine est couverte d'une multitude prodigieuse et de variétés sans nombre de ces formes de la matière vivante que nous nommons plantes ou animaux. Mais malgré leurs différences évidentes, il y a tant de ressemblances profondes entre les formes diversifiées de la vie, qu'une plante ou un animal quelconque peuvent servir à éclairer les caractères essentiels de toutes les plantes et de tous les animaux. Tout le monde a vu un champ de pois rempli de pigeons. Nous pouvons nous servir des pois comme d'un exemple excellent de plante et des pigeons comme d'un type du règne animal.

Le pois que l'on extrait de la cosse mûre est un corps vivant, mais dans lequel l'activité vitale sommeille alors presque entièrement. Dans l'enveloppe mince du pois se trouve renfermée une plante parfaite, quoique à l'état d'embryon, composée d'une tige minuscule avec sa racine et ses feuilles; de ces dernières, deux, les *cotylédons* ou *feuilles séminales*, sont si épaisses et si fermes qu'elles constituent la masse principale du pois dans les premiers temps de son développement. Soumis à l'analyse chimique, cet embryon de la plante donne certains corps complexes, composés principalement de carbone, d'hydrogène et d'azote, et que l'on connaît sous le nom de substances protéiques. Il contient en outre des matières grasses, de la substance ligneuse (cellulose), du sucre et de l'amidon, divers sels de potasse, de chaux, de fer et d'autres matières minérales, y compris une proportion d'eau considérable.

Examinée à l'œil nu, la substance molle de la jeune plante paraît être absolument homogène; mais à l'aide du microscope, on découvre qu'elle est loin d'être telle et qu'elle a au contraire une structure régulière et définie. On aperçoit une charpente ligneuse délicate formée de petites enveloppes innombrables dont chacune est remplie d'une matière à moitié fluide nommée *protoplasma*[1], comme le miel remplit les cellules de cire d'un rayon. On nomme *cellule* chaque petite masse de protoplasma avec les parois ligneuses qui la renferment, et la partie du protoplasma qui se distingue du reste sous la forme d'un noyau rond ou *nucléus* s'appelle *cellule à nucléus*. Le protoplasma contient les composés protéiques et la plupart des éléments constitutifs salins et aqueux de la plante. Les parois de la cellule ne sont que de la cellulose et de l'eau. Il existe probablement dans toutes les cellules, dilués dans le protoplasma, du sucre et des matières grasses; dans la plupart, on trouve de l'amidon sous la forme de granules.

Ainsi le pois, à l'état embryonnaire, n'est pas une masse simple et homogène, mais un agrégat d'une multitude de cellules à nucléus distinctes dont chacune consiste essentiellement en une matière protoplasmique logée dans l'enceinte de ses parois. La vie ne se manifeste dans cette agglomération de cellules qu'après que le pois a été exposé à certaines influences. Mais chacun sait que si l'on sème un pois dans la terre, par un temps humide et chaud, il ne tarde pas à briser son enveloppe. Les cotylédons se développent et s'élèvent jusqu'à la surface, tandis que la radicule s'enfonce dans le sol. La tige s'allonge dans l'air; ses feuilles, d'abord étroites et incolores, se développent et verdissent rapidement, de nouvelles feuilles viennent à pousser, et peu à peu s'élance du sol une plante élevée dont le volume et le poids dépassent bientôt de plusieurs milliers de fois ceux de l'embryon. Alors la plante fleurit et dans le centre de chaque fleur on trouve un organe creux, le *pistil*. Sur les parois de cet organe se développent en

---

1. *Protoplasma*, de πρῶτος, premier, et πλάσμα, formation

excroissances de petits corps nommés *ovules;* chaque
ovule est formé d'une petite masse de tissu cellulaire,
le *nucelle,* à l'intérieur duquel existe une cavité, le
sac embryonnaire, qui contient une ou plusieurs *vési-
cules embryonnaires.* Dans les ovules fécondés, la
cellule embryonnaire se divise et se subdivise, chaque
nouvelle cellule se développant jusqu'à ce qu'elle devienne aussi large ou plus large que celle d'où elle est
sortie; et ainsi, par degrés, la cellule simple se transforme en une agrégation de cellules qui prennent la
forme de l'embryon. Cet agrégat de cellules, enfermé
dans l'enveloppe distendue que fournit l'ovule, constitue
le pois, tandis que le pistil développé devient la cosse du
pois.

Ainsi la plante que nous considérons subit une série
de transformations dont le point de départ est la cellule
simple à nucléus (la cellule embryonnaire) que contient
l'ovule, et le résultat est la production de nouvelles
cellules embryonnaires dont chacune peut renouveler la
série de ces modifications. Chacun des termes de la série
est une phase de ce qu'on appelle le développement de la
plante, et si l'on compare les phases successives de ce
développement, on trouve que la plante devient de plus
en plus complexe à mesure que s'achève son développement.

L'embryon de la plante, dans le pois, présente une
structure plus complexe que la vésicule embryonnaire
dans l'ovule; la plante en fleur est plus complexe que
n'est la jeune plante avant la floraison; et cette complexité s'accroît non seulement dans les parties visibles
extérieurement, mais dans la structure intime de la
plante qui se développe. Néanmoins il faut observer
que la plante parvenue à sa pleine croissance est, autant
que l'embryon, un agrégat de cellules à nucléus plus ou
moins modifiées; et chacune des modifications dans la

forme et les dimensions de la plante, pendant son développement, est simplement l'expression du mode de croissance et de multiplication des cellules individuelles qui composent le corps de la plante.

Cette évolution d'un état extrêmement simple à un autre très complexe, telle que nous venons de l'étudier dans le pois, est ce qui caractérise la matière vivante. Car quoiqu'il y ait une ressemblance superficielle entre la croissance d'une plante et la forme arborescente que prennent certains corps en cristallisant, forme dont le givre qui se dépose sur une vitre de fenêtre offre un excellent exemple, il suffit néanmoins d'un examen superficiel pour voir que les deux opérations sont en réalité entièrement différentes. Quand un cristal se développe, la matière nouvelle s'ajoute en se superposant à sa surface extérieure, et quand les corps cristallins prennent une forme arborescente, le premier cristal qui se dépose ne se développe point sous l'aspect d'un rameau de cristal, mais de nouveaux cristaux se juxtaposent extérieurement au premier, et la masse ainsi composée présente une forme arborescente. Mais dans la croissance de la cellule embryonnaire c'est dans la substance même de la cellule que se produit l'accroissement de matière, comme un morceau de gelée s'enfle en absorbant de l'eau. C'est ainsi que la cellule primitivement simple devient un agrégat de cellules, non par la juxtaposition de cellules étrangères, venues du dehors se rattacher à celle qui existait d'abord, mais par le développement et la division de la cellule primitive, puis par la répétition de ces opérations de croissance et de division dans les générations successives de cellules nouvelles ainsi produites.

Il y a une autre différence bien frappante entre la croissance de la matière inanimée, autant qu'on peut ici employer le terme de croissance, et la croissance des êtres

vivants. Un cristal ne se développe que si les matières
dont il est composé existent telles quelles dans le liquide
qui l'environne. Un cristal de sel ne peut se développer
que dans une dissolution de sel, et un cristal de sulfate de
soude que dans une dissolution de sulfate de soude.

Il en est tout autrement d'une plante. Un simple pois
peut non seulement devenir, en poussant, une large
plante, mais finir par donner naissance à une multitude
de pois aussi larges que lui-même. En d'autres termes,
le pois, dans le cours de son développement, amasse en lui
une quantité de composés protéiques, de cellulose, d'amidon, de sucre, de graisse, de sels aqueux et minéraux,
égale à des centaines de fois la quantité qu'il contenait
primitivement. Cependant il est certain qu'aucun de
ces corps, à l'exception des sels aqueux et minéraux,
n'existe tel quel dans l'air ou dans le sol. En effet, quelque étrange que la chose puisse paraître, le sol est une
superfluité. Un pois deviendra, en poussant, une plante
parfaite et produira sa récolte de pois, si on l'alimente
d'une eau contenant de l'azotate d'ammoniaque et les
phosphates, les sulfates, les chlorures de potassium, de
calcium, de fer et autres dont il a besoin, et si on le laisse
librement exposé à l'air et aux rayons du soleil. Dans de
telles conditions, il va sans dire que la plante, quand
elle a achevé son développement, est nécessairement
composée presque en entier de liquides et de gaz
convertis en matières solides et qu'elle a fabriqué les
composés chimiques fort variés et souvent très complexes qui constituent sa substance, à l'aide des matériaux relativement simples et rudimentaires qui lui ont
été fournis.

Dans le cas particulier que nous envisageons, le liquide qui alimente le pois ne contient que de l'azote, de
l'oxygène, de l'hydrogène, du phosphore, du soufre et certaines bases métalliques; mais il entre en large proportion

un autre élément, le carbone, dans chacune des matières
transformées que l'on trouve dans la plante, lorsqu'elle
a atteint son développement entier. La présence et l'abondance relative de ce carbone deviennent manifestes si
l'on chauffe fortement la plante dans un vase fermé : le carbone, en effet, se dépose sous la forme d'une masse aisément observable de charbon. D'où vient ce carbone ? Dans
les conditions spécifiées, la seule source qu'on puisse lui
assigner est l'acide carbonique répandu dans l'atmosphère, et qui, quoique sa proportion dans l'air soit des
plus faibles, n'en représente pas moins, pris absolument,
une quantité énorme (p. 89). En effet, on sait que, sous
l'influence de la lumière du soleil, une plante verte
décompose en ses éléments l'acide carbonique et que,
mettant en liberté l'oxygène, elle forme avec le carbone
et aussi avec l'azote, l'oxygène, l'hydrogène et les matières minérales qu'elle emprunte à d'autres sources, les
éléments complexes de sa substance vivante.

Ainsi la plante verte convertit les substances liquides et
gazeuses qu'elle puise dans le sol et dans l'atmosphère
en ces matériaux solides qui constituent ses tissus ; et
par là, dans une certaine mesure, elle reconstitue à la
surface de la terre les matières solides perdues par
dissolution dans l'eau et par décomposition dans le feu.
Dans les circonstances ordinaires, cette restitution de
matière solide faite à la terre par les plantes vivantes
est seulement temporaire. Même pendant la vie, l'activité de la plante vérte, comme toute activité vitale,
s'accompagne d'une lente oxydation et de la destruction
de la matière protoplasmique ; et un des produits de
cette oxydation, l'acide carbonique, retourne à l'atmosphère. Après la mort, la décomposition s'accompagne
d'une lente oxydation. Le carbone se dégage principalement sous la forme de gaz acide carbonique, l'azote
sous celle de sels ammoniacaux, et les sels minéraux

dissous par la pluie vont rejoindre le grand réservoir des eaux. Mais si, dans le débordement d'une rivière, la plante vient à être recouverte par la vase ou, entraînée par l'inondation, à être ensevelie au fond de la mer, la décomposition est parfois si lente et si imparfaite que ses restes carbonisés, mêlés souvent à des matières minérales, peuvent se conserver sous forme de *fossiles*[1] quand la vase a acquis la dureté de la pierre, et, par là, contribuer d'une manière permanente à l'accroissement de la partie solide de la terre.

De la plante, passons à l'animal. Un œuf de pigeon peut répondre à notre exemple du pois mûr. Dans la coquille, suspendue dans le blanc de l'œuf, se trouve la masse arrondie du jaune sur un côté de laquelle se détache un petit disque, la cicatricule[2]. Le microscope montre que la cicatricule, malgré son apparence homogène, se compose de cellules minuscules à nucléus; et cette agrégation de cellules est l'embryon d'un pigeon, exactement comme la petite plante enfermée dans l'enveloppe du pois est l'embryon du pois, à cela près que l'embryon du pigeon est bien moins voisin d'un pigeon que la plante embryonnaire ne l'est d'un pois.

L'embryon du pigeon comme l'embryon de la plante contient des composés protéiques, des graisses, des sels minéraux et de l'eau. Le jaune d'œuf dans lequel il est placé est composé de matières semblables, mais il n'entre dans sa composition ni amidon ni cellulose.

La cicatricule ne donne pas plus signe de vie que la jeune plante à l'intérieur du pois. Son activité sommeille, et il faut une influence extérieure pour l'éveiller.

---

1. *Fossiles*, du lat. *fossilis*, de *fodio*, creuser; terme appliqué par les anciens écrivains à tout ce qui est extrait de la terre, y compris les minéraux, mais que maintenant on est convenu de restreindre à la désignation des restes organiques.

2. *Cicatricule*, diminutif du lat. *cicatrix*, cicatrice.

Cette influence, dans le cas de l'œuf, est simplement une certaine température (35 à 40° Cent.) que lui transmet la chaleur même du corps de la mère ; quant à la nourriture, elle lui est fournie par la matière emmagasinée à l'intérieur de l'œuf lui-même, dans le jaune et dans le blanc. Dans ces conditions, la cicatricule s'élargit par la croissance et la multiplication de ses cellules et s'étend rapidement sur la surface du jaune. Une partie se dresse et ébauche grossièrement l'image du corps d'un vertébré, la tête, le tronc et la queue deviennent de plus en plus reconnaissables, tandis que les membres se développent comme des bourgeons, sans ressembler beaucoup d'abord à des pattes ou à des ailes.

Le jaune de l'œuf qui fournit les matériaux nécessaires à la formation de l'embryon diminue à mesure que l'embryon s'accroît ; le jeune oiseau se développe de jour en jour, revêt ses plumes et prend de plus en plus les caractères du pigeon. Enfin il quitte la coquille de l'œuf et atteint le plein développement de son espèce. A l'état adulte, l'oiseau femelle possède un organe appelé *ovaire*. C'est cet organe qui sécrète les cellules à nucléus ou les œufs primitifs qui correspondent aux cellules embryonnaires de la plante. Chacune de ces cellules grandit à son tour et est enveloppée peu à peu par les matières que contient l'œuf ; chacune aussi se divise et, en se divisant, se transforme en cette cicatricule, point de départ de toute cette série de modifications.

Ainsi le pigeon se développe d'une simple cellule à nucléus par une évolution semblable en principe, quoique différente en ses résultats, à celle qui donne naissance à la plante. Le pigeon adulte est un agrégat de cellules transformées qui descendent par des divisions répétées de la cellule primitive de l'œuf, et cet agrégat revêt une série de formes successives dont la complexité va en augmentant graduellement. Finalement les cellules sont rejetées du corps sous la forme d'œufs, et chacun de ces œufs peut parcourir de nouveau la série de transformations qui caractérise cette forme de la matière vivante qu'on appelle un pigeon.

Il y a donc une analogie très remarquable entre les formes de la vie végétale et de la vie animale que nous sommes en train de considérer, mais les différences ne sont pas moins frappantes. Le pigeon ne pourrait subsister d'une dissolution aqueuse de sels ammoniacaux et minéraux, quelque abondants que fussent l'air frais et la lumière solaire qu'on ajoutât à ce régime. Il n'a pas la faculté de fabriquer les composés protéiques, les matières grasses ou sucrées de son corps avec des substances plus simples; mais directement ou indirectement, il est dans la dépendance de la plante pour tous les éléments les plus importants de son corps.

Comme tous les autres animaux, le pigeon est un consommateur, non un producteur. Il s'assimile les substances complexes qu'il tire des pois dont il se nourrit, et ces substances sont alors lentement brûlées par l'oxygène que lui fournit l'opération chimique de la respiration. L'animal est en effet une machine alimentée par les matières qu'elle tire du monde végétal, comme une machine à vapeur est alimentée par du combustible. Comme la machine à vapeur, la machine animale tire de la combustion son pouvoir moteur, et les produits de la combustion sont sans cesse expulsés de la machine animale comme ils le sont de la machine à vapeur. La fumée et les cendres de la machine animale sont l'acide carbonique rejeté dans la respiration et les excrétions fécales et urinaires. Ces dernières sont restituées à la terre dans un état plus ou moins fluide, mais, quel qu'il soit, sous une forme soluble; quant à l'acide carbonique, il se répand dans l'air.

Lorsque l'oiseau meurt, les parties molles de son

corps se putréfient rapidement et se déversent, sous
forme de produits gazeux et liquides, dans l'air et
dans l'eau. Les os étant durs résistent plus longtemps à
la décomposition; mais tôt ou tard les sels de chaux
eux-mêmes, cause de leur dureté, sont dissous, et la
charpente solide de l'animal va de nouveau accroître la
masse des liquides et des gaz qui, par l'intermédiaire
de la plante, ont contribué à la former. Mais dans des
conditions analogues à celles que nous avons men-
tionnées dans le cas de la plante, il se peut que les os
soient recouverts et mis à l'abri de toute décomposition
ultérieure, ou bien soient pénétrés par des matières calcaires ou siliceuses; c'est ainsi que sous la forme
d' « oiseau fossile », un pigeon peut devenir partie intégrante de la croûte solide de la terre.

On voit que les pigeons et les pois ou, d'une manière
plus générale, l'animal et la plante, représentent respectivement dans le monde de la vie, les pouvoirs destructifs et réparateurs du monde inanimé, les forces
de dénudation et de soulèvement. L'animal détruit la
matière vivante et les produits de son activité, puis res-
titue à la terre les éléments dont cette matière se compose, sous la forme d'acide carbonique, de sels ammoniacaux et minéraux. La plante au contraire est un
architecte de matière vivante et fait entrer l'inanimé
dans le monde de la vie. La matière, à la surface du
globe, est donc dans une circulation continuelle; elle
passe sans cesse de la mort à la vie, et de la vie sans
cesse retombe dans la mort.

Si les pigeons étaient les seules formes de la vie, l'é-
quilibre entre les éléments solides et fluides du globe
ne serait guère affecté par leur existence. Chaque pigeon
et chaque pois, comme on l'a vu, représente une certaine quantité de liquides et de gaz convertis en une
masse solide; mais, dans les circonstances ordinaires,

les matières solides ainsi formées des éléments gazeux et liquides leur sont restituées peu après la mort du corps qu'elles constituent. Il est difficile d'imaginer que les pigeons ou les pois fossiles puissent jamais constituer une addition sensible à ce qu'on peut appeler, au moins dans un sens relatif, l'écorce permanente de la terre.

Mais il en est autrement des plantes et des animaux qui vivent dans des conditions plus favorables à leur préservation et chez lesquels les éléments plus persistants et moins périssables entrent pour une large proportion dans la composition du corps. Il y a donc plus de probabilité de retrouver fossilisés les restes des animaux et des plantes qui vivent dans la mer ou les rivières, ou peuplent les marais et les lacs, que ceux des animaux qui habitent les continents. Et plus est grande la proportion des sels de chaux, de silice ou des autres éléments peu solubles qui entrent dans la composition du corps d'un animal ou d'une plante, plus son squelette sera long à se dissoudre, et plus il y aura de chances qu'il se conservera. Sur les rivages de l'île de Sheppey, dans l'estuaire de la Tamise, il n'est pas rare de trouver des fossiles, tombés des falaises dans le cours de leur destruction par la mer. Nombre de ces fossiles sont les fruits pétrifiés d'arbres qui vivaient à l'époque où le sol argileux des falaises était en formation. Il est probable que ces fruits tombèrent des arbres qui les portaient et qui croissaient vraisemblablement sur les rives d'une rivière, puis furent entraînés par le courant du fleuve jusqu'à son estuaire où ils furent ensevelis dans la vase fine qui, durcie depuis, a formé l'argile des falaises de Sheppey. Cette argile est de même nature que celle sur laquelle s'élève la capitale de la Grande-Bretagne, l'argile appelée de son nom *londonienne*. La végétation dans cette partie du monde, à l'époque représentée par cette argile, dut différer beaucoup de celle que nous voyons

de nos jours. C'est ainsi que beaucoup de ces fruits fossiles (fig. 68) proviennent d'arbres du genre des palmiers (*Nipa*) et semblables à ceux qui croissent maintenant au Bengale, dans les îles Philippines et dans les
iles de la Sonde; d'autres sont des cônes de plantes
analogues à celles qui fleurissent à présent en Australie.
La figure 68 reproduit un de ces fruits trouvés dans
l'argile de Sheppey. Il faut se rappeler que ces fossiles
ne forment qu'une partie insignifiante de la roche dans
laquelle ils sont encastrés. Mais il y a d'autres organismes
qui entrent en telle quantité dans la composition de
certains dépôts qu'ils en consti-
tuent de beaucoup la plus grande
partie.

Ainsi il y a une substance bien
connue qu'on emploie depuis longues années dans les arts comme
matière polissante sous le nom de
tripoli. C'est une sorte de terre
pourrie dont on trouve de vastes dépôts en beaucoup de régions, mais
qui est particulièrement abondante
à Bilin, en Bohême, où elle forme

Fig. 68 — Fruit fossile.
(*Nipadites ellipticus.*)

des couches considérables, car l'un des lits n'y mesure
pas moins de 4^m,20 d'épaisseur. En certains endroits,
le tripoli est une roche tendre et friable; en d'autres,
il est si dur qu'on le connaît sous le nom de « schiste
polissant ». Chimiquement, c'est de la silice presque
pure, comme la silice du cristal de roche; mais l'examen au microscope montre immédiatement que ce
n'est point simplement de la silice minérale. En effet,
en obtenant un grossissement convenable d'un morceau de tripoli, on voit qu'il est fait, non de particules
minérales informes ou de cristaux de silice extrêmement ténus, mais d'organismes aux formes harmo-

nieuses, tels que les représente la figure 69. M. le
professeur Ehrenberg, de Berlin, a démontré il y a longtemps déjà que ces corps délicats si abondants dans
le tripoli sont identiques aux carapaces siliceuses qui
caractérisent un groupe d'organismes microscopiques
nommés *diatomées*. Les diatomées vivent dans l'eau
salée et dans l'eau douce, mais celles que l'on trouve
d'ordinaire conservées dans le tripoli, ont les caractères
de l'espèce vivant dans l'eau douce et on en conclut que
le tripoli s'est probable-
ment déposé au fond des
lacs ou des marais pri-
mitifs.

Quand on examine une
diatomée vivante, on
voit que son enveloppe
siliceuse renferme une
mince particule de pro-
toplasma. Une diatomée
n'est en effet qu'une
simple cellule végétale,
mais douée de la pro-
priété caractéristique de
séparer de l'eau am-
biante cette combinaison chimique qu'on appelle la
« silice » et qui existe en très faible proportion et à
l'état de dissolution dans la plupart des eaux naturelles. La silice que la diatomée s'approprie de la sorte,
forme une carapace solide qui enveloppe le protoplasma
et laisse voir souvent une surface curieusement ciselée.

A la mort de la diatomée, le protoplasma se décompose et disparaît; mais la gaine siliceuse, quoique
lentement dissoute par l'eau, résiste longtemps à la
destruction; elle demeure donc sous forme de corps
solide au fond des flots. Les diatomées, il est vrai, sont

FIG. 69. — Coupe verticale d'un dépôt diatomacé (Mourne Mountains, Irlande).
Le diamètre est grossi 160 fois environ.

de proportions microscopiques, mais leur abondance
extraordinaire compense leur petitesse. Dans certains
estuaires, elles sont en quantités telles que leurs parties
dures ou carapaces contribuent dans une large mesure
par leur accumulation à diminuer la profondeur de
l'eau et à fermer les ports. Ehrenberg estimait que dans
le port de Wismar, dans la Baltique, il ne se dépose
pas moins de 514 mètres cubes d'organismes siliceux
par an. Sir J. Hooker parle des multitudes infinies de
diatomées qui se rencontrent dans les eaux et les glaces
de l'Océan Glacial Antarctique : on a trouvé le long des
escarpements de la grande Terre Victoria un banc formé
presque uniquement des carapaces siliceuses de ces
animalcules; or ce dépôt s'étendait sur une surface qui
ne mesurait pas moins de 643 kilomètres de longueur
et 322 de largeur. Pendant l'expédition du *Challenger*,
on releva, dans certaines parties de l'Océan Pacifique,
des dépôts analogues d'une vase diatomacée d'un blanc
jaunâtre. On peut voir dans nombre de mers les diatomées couvrant en grande abondance la surface, surtout aux endroits où les rivières déversent l'eau douce.
Si insignifiantes que semblent les diatomées quand on
les regarde séparément, il est évident que par leurs
quantités innombrables et l'indestructibilité relative
de leurs carapaces, elles peuvent jouer un rôle important dans la formation de certains dépôts destinés
à constituer plus tard des roches siliceuses. En effet,
Ehrenberg a démontré que les particules siliceuses non
compactes du dépôt diatomacé de Bilin peuvent se convertir en une roche compacte si l'eau s'y infiltre. Cette
eau dissout très lentement la silice et en forme un
nouveau dépôt qui a la consistance d'une roche dure
comme l'opale et dans laquelle la structure organique
a presque complètement disparu.

Peu de plantes ont, comme les simples diatomées, la

faculté d'envelopper leurs cellules d'une matière aussi
dure que la silice. Cependant, dans les graminées, les
cellules formant le revêtement intérieur des tiges, contiennent de la silice en assez grande quantité pour que
leur structure en acquière une certaine rigidité; il existe
même une prêle si riche en silice qu'on l'exporte de
Hollande, sous le nom de « Jonc hollandais », pour l'employer comme substance polissante. Mais même dans
les plantes dont les cellules ne renferment pas de dépôt
particulier de matière minérale, les parois des cellules
elles-mêmes sont généralement formées d'une membrane compacte qui présente parfois une texture très
résistante. La membrane cellulaire consiste en une substance appelée *cellulose*, qui diffère essentiellement du
protoplasma qu'elle enveloppe en ce qu'elle ne contient
pas d'azote, mais ressemble plutôt à de l'amidon par sa
composition chimique. Dans les plantes ligneuses, les
parois de la cellule prennent une épaisseur considérable,
l'accumulation de la substance ligneuse qui est insoluble dans l'eau ajoute à leur force, en même temps
qu'elle contribue à l'alimentation de la structure végétale, et plus tard elles ne se décomposent que lentement. C'est ainsi que les restes des plantes, en s'accumulant, peuvent dans des conditions déterminées former des dépôts d'un caractère très durable.

Les accumulations de matières végétales décomposées
partiellement forment la substance connue sous le nom
de *tourbe*. La tourbe ne se produit que sous l'influence
de certaines conditions d'humidité et de température;
un sol détrempé dans un climat tempéré constitue la
situation la plus favorable à sa formation. Dans nos
régions, les plantes qui entrent principalement dans la
composition de la tourbe, sont certaines mousses connues
des botanistes sous le nom générique de *sphaignes*. La
partie inférieure de la tige de la mousse des marais

meurt, tandis que le haut continue à grandir librement.
Les parties mortes, entremêlées les unes aux autres,
forment une masse enchevêtrée qui absorbe l'eau à la
façon d'une éponge et favorise la croissance des parties
supérieures. Des débris d'autres plantes se mêlent aux
mousses et contribuent à la formation de la tourbe,
en même temps que des troncs d'arbres s'enlisent dans
le marais. Quant à la vase, elle est apportée par les inondations ; c'est elle qui aide à consolider la masse, à la
rendre compacte et à produire un dépôt d'une dureté
considérable. La rapidité avec laquelle la tourbe se développe varie beaucoup selon les circonstances, mais on
peut s'en faire une idée par ce fait que des objets d'origine romaine, et même des voies romaines, ont été
trouvés recouverts d'une couche de tourbe de $2^m,40$. En
Irlande, les tourbières sont si abondantes qu'elles
couvrent près d'un tiers de la surface totale du pays, et
dans certains cas, la tourbe atteint une épaisseur de
douze mètres. On coupe la tourbe dans la tourbière par
petits blocs en forme de briques ; puis après les avoir
desséchées en les empilant en tas dans lesquels l'air circule librement, on les emploie comme combustible. Nous
avons mentionné dans le chapitre précédent qu'en Angleterre un sol tourbeux très ancien, mais n'émergeant
pas à la surface, s'étend sur plusieurs kilomètres le long
de l'estuaire de la Tamise. En France, les tourbières les
plus vastes se rencontrent dans la vallée de la Somme,
mais la tourbe est aussi exploitée aux portes mêmes de
Paris ; les principales tourbières du bassin de la Seine
sont dans la vallée de l'Essonne, mais de moins importantes abondent aussi sur les bords de la Seine, de la
Marne et de l'Oise.

Dans les couches les plus profondes, et par conséquent
les plus anciennes, d'une tourbière épaisse où la matière
en décomposition est le plus comprimée et altérée, la

tourbe prend d'ordinaire la forme d'une masse brune,
assez compacte, dans laquelle la structure végétale finit
parfois par disparaître presque entièrement : la tourbe
y est en effet convertie en une substance assez semblable
à la houille. Cette ressemblance même a suggéré l'hypothèse que les formations houillères ont pu, dans certains
cas, résulter de l'altération d'anciennes tourbières.
Quoique cette théorie comporte certaines objections, il
n'en est pas moins certain que la houille doit son origine
à l'altération de matières végétales. On tire les preuves

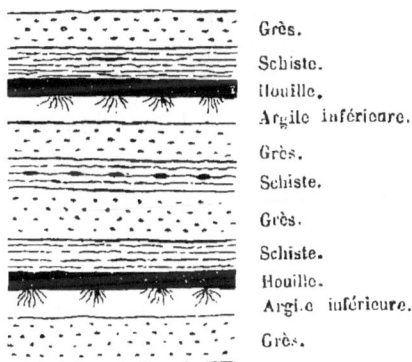

Grès.

Schiste.

Houille.

Argile inférieure.

Grès.

Schiste.

Grès.

Schiste.

Houille.

Argile inférieure.

Grès.

FIG. 70. — Coupe d'une formation houillère.

sur lesquelles s'appuie cette conclusion, en partie de la
structure chimique et microscopique de la houille, et en
partie des conditions dans lesquelles on trouve cette
substance dans la nature.

La houille se rencontre sous la forme de couches ou
veines d'une épaisseur variable associées à des schistes, à
des grès et à d'autres roches sédimentaires. La succession des couches ou la formation houillère offre, dans
une section verticale telle qu'on peut en voir dans une
houillère, un aspect généralement semblable à celui que
représente la figure 70, mais la série peut comprendre des

centaines de couches distinctes. L'étage supérieur du
terrain houiller, c'est-à-dire les couches immédiatement au-dessus de la houille, est le plus souvent composé d'amas schisteux dont les strates, quand on les
divise, portent très fréquemment des empreintes de
plantes. Les plus communs peut-être de ces restes végétaux sont les feuilles gracieuses ou *frondes* [1] de fougères dont quelques-unes offrent une ressemblance frappante avec les espèces vivant actuellement. Dans nos
régions, les fougères n'atteignent jamais à la taille des
arbres, mais dans les pays où le climat est à la fois très
chaud et humide, comme dans la Nouvelle-Zélande, elles
forment des arbres de 15 à 18 mètres de hauteur. Des
fougères arborescentes semblables existaient aussi dans
nos contrées à l'époque de la formation des schistes que
l'on trouve associés à la houille.

Outre les empreintes de plantes trouvées dans les
schistes qui s'étendent au-dessus de la houille, on rencontre encore des restes végétaux dans les grès et les
schistes situés au-dessous des couches de houille. Sir W.
Logan observa, il y a nombre d'années, en examinant le
grand terrain houiller de la partie méridionale du Pays
de Galles, que chaque assise de houille est supportée par
une couche de schiste connue sous le nom d'argile inférieure, comme le montre la figure 70. Quel que soit le
nombre des couches de houille, et dans certains cas elles
sont très nombreuses, il y a toujours exactement le même
nombre de couches d'argile inférieure. En outre, ces
couches contiennent d'ordinaire des corps semblables à
celui représenté dans le bas de la figure 70 et qu'on ne
trouve jamais dans l'étage supérieur du terrain houiller.
Ces corps sont depuis longtemps connus des géologues

---

[1]. Une *fronde* diffère d'une feuille ordinaire en ce qu'elle porte des
organes de fructification. Les fougères n'ont pas de fruit et c'est généralement sur la fronde que le fruit se développe.

sous le nom de *stigmariæ*[1], mais quoiqu'elles représen-
tassent évidemment quelque partie d'une plante, leur nature précise demeura longtemps une énigme. Enfin, en
établissant une voie ferrée qui coupait en tranchée le
terrain houiller du Lancashire, on mit à jour une
douzaine d'arbres implantés dans une veine de houille,
mais qui enfonçaient leurs puissantes racines dans la
couche d'argile inférieure d'où elles se ramifiaient dans
toutes les directions en formant un réseau de radicelles.
M. Binney découvrit que ces racines n'étaient autres que
les *stigmariæ* déjà bien connues et que les marques
caractéristiques ou em-
preintes n'étaient pas des
empreintes de feuilles,
comme on l'avait sug-
géré, mais les alvéoles
d'où s'étaient détachées
les radicelles. Les *stigmariæ* se rattachaient par en
haut à des troncs en forme
de flûte qu'on trouve as-
sez communément dans

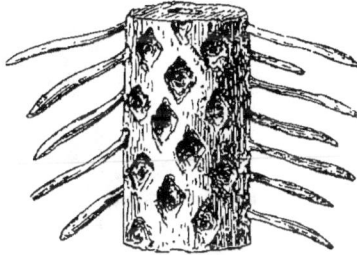

Fig. 71. — *Stigmaria ficoïdes*, fossile de
la houille.

la houille et les schistes et qui sont connus sous le nom
de *sigillaire*[2] (fig. 72). Il n'est donc pas douteux que
la *stigmaria* soit la racine de la *sigillaire* et que l'argile inférieure représente le sol d'une ancienne forêt
peuplée de ces arbres et d'autres essences.

En examinant un de ces troncs de *sigillaire*, on trouve
en général que la masse en est constituée par une substance pierreuse recouverte d'une mince couche de
houille, laquelle représente l'écorce primitive de l'arbre.

1. *Stigmaria*, de στίγμα, marque, allusion aux empreintes laissées par
les radicelles.
2. *Sigillaire*, du latin *sigillum*, sceau, les empreintes des feuilles ressemblant à l'empreinte d'un sceau.

On peut présumer que le tronc primitif pourri et réduit à
rien a laissé après lui une sorte de tube creux en écorce
qui s'est transformé en houille. Mais quoique la houille
ait pu se produire ainsi dans une certaine mesure, il
serait téméraire de conclure que toutes les houillères
sont le résultat d'une transformation semblable. Quant
à la matière végétale qui est intervenue dans la production de la houille, on n'en peut déterminer les caractères qu'à l'aide du microscope.

Quand on essaye de briser un morceau de houille, on
trouve généralement qu'il se fend bien plus facilement

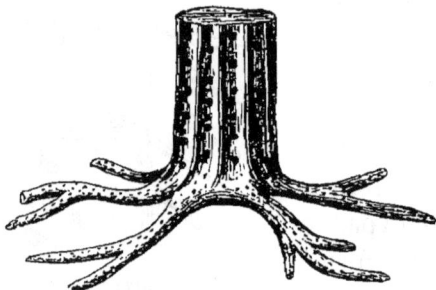

FIG. 72. — *Sigillaria.*

dans certaines directions que dans d'autres. Ainsi il se
brise aisément dans le sens du plan de la veine qui est
lui-même, cela va sans dire, parallèle à la stratification
générale du terrain houiller. Les couches supérieure et
inférieure brisées de la sorte présentent généralement
des surfaces d'un noir brunâtre, fuligineuses et qui
salissent facilement les doigts quand on les touche. Mais
un bloc de houille se divise aussi avec facilité dans certaines directions coupant verticalement la stratification,
et les surfaces ainsi cassées sont en général brillantes et
lisses et ne salissent pas les doigts : la direction de ces
joints se désigne souvent sous le nom de « face » de la

houille. Il y a enfin un troisième plan formant angle
droit avec les deux autres et moins parfait, en sorte que
la cassure y est plus irrégulière. Il y a donc dans l'ensemble trois directions perpendiculaires l'une à l'autre
selon lesquelles on peut partager la houille. Elle forme
ainsi des blocs de forme plus ou moins régulière ressemblant à des cubes ou à des dés grossiers, comme le
montre la figure 73.

On appelle parfois *charbon minéral*, par suite de sa
ressemblance avec le charbon ordinaire, la substance
d'un noir mat, disposée selon le plan de stratification
ou dans le sens de la
veine, que l'on trouve
dans un morceau de
houille. C'est une sub-
stance souvent fibreuse
qui est constituée en
grande partie par des
restes de tiges et de
feuilles. Mais la consti-
tution de la houille est
très différente de celle

FIG. 73. — Bloc cubique de houille taillé dans
le sens de la disposition naturelle des
couches.

du charbon minéral qui ne forme que des couches minces
s'étendant entre les feuilles de houille. Si l'on examine
au microscope, en faisant passer la lumière à travers sa
substance, une tranche de houille assez mince pour être
légèrement transparente, on trouve d'ordinaire qu'elle
offre un aspect analogue à la section représentée dans la
figure 74 [1]. Cette section, prise parallèlement à la face
de la houille, montre un corps noirâtre ou d'un brun
sombre qui forme la masse dans laquelle sont encastrés
de nombreux granules et des raies de couleur jaunâtre.
Ces raies représentent les rebords de tout petits sacs qui

1. Empruntée à un article de M. E. T. Newton dans le *Geological Magazine*, août 1875.

ont été coupés verticalement et que dans certaines houilles on peut voir entiers à l'œil nu. Ainsi il y a dans le Yorkshire, près de Bradford, une riche veine de houille connue sous le nom de « *Better Bed* » (la meilleure couche), qui contient d'innombrables quantités de ces petits disques; chacun de ces corpuscules a un diamètre d'environ un millimètre et ils sont par conséquent aisément visibles à l'œil nu. Ces disques sont les corps de dimensions plus considérables que l'on voit en section dans la figure 74;

FIG. 74. — Section microscopique d'un morceau de houille de la mine du « Better Bed, » Yorkshire, Angleterre. — Le diamètre est grossi 25 fois.

ils semblent être des sacs renfermant parfois des granules pareils à ceux qui sont disséminés dans la masse sombre du fond et qui n'ont peut-être pas plus de $\frac{1}{100}$ de millimètre de diamètre. Les botanistes en concluent que ces corps minuscules sont les *spores* ou corps reproducteurs d'une plante sans fleur, mais M. le professeur Morris suggéra, il y a nombre d'années, l'idée que les corps plus larges sont peut-être les capsules qui renfermaient les spores et que l'on connaît sous le nom de *sporanges*. On peut voir des corps analogues dans les sections microscopiques du curieux combustible connu sous le nom de « houille blanche » et qui est en voie de formation en Australie.

Il n'est pas douteux que ces spores et leurs capsules tombèrent d'arbres très voisins des formes éteintes bien connues sous le nom de *lépidodendrons*[1]. On a trouvé

---

1. *Lépidodendron*, de λεπίς, écaille; δένδρον, arbre; allusion aux empreintes des feuilles en forme d'écailles sur les troncs.

des restes de lépidodendron avec des cônes encore suspendus aux branches de l'arbre; et des cônes analogues
nommés *lepidostrobi* se rencontrent en abondance dans
les roches carbonifères. Ces cônes sont formés d'écailles
et, dans quelques spécimens, il est possible de découvrir
les capsules contenant les spores, conservées jusqu'à
nos jours entre les écailles. M. Carruthers a donné le
nom de *flemingites* à une plante lépidodendroïde qu'on a
trouvée pourvue de spores présentant une très grande
analogie avec celles que l'on rencontre dans la masse de
la houille. Il semble donc certain que les corpuscules
répandus en si grande quantité dans presque toutes les
houilles tirent leur origine de plantes plus ou moins
semblables au lépidodendron.

Mais à quelle espèce d'arbres se rattachaient ces anciens habitants des forêts de houille et de quelle famille
de plantes aujourd'hui vivantes pourraient-ils se ré-
clamer? Pour répondre à cette question, il est nécessaire
de se reporter non à nos essences forestières, mais à
des plantes aussi humbles que le *lycopode*. Il peut paraître presque absurde de comparer des corps aussi différents, car cette plante est une herbe fragile et, même
dans les conditions les plus favorables, elle ne s'élève
pas à une hauteur supérieure à un mètre, tandis que le
lépidodendron a dû être un arbre gigantesque, qui, dans
certains cas, atteignait certainement une hauteur de
trente mètres. Et cependant dans la forme de leurs tiges
et dans les caractères de leur fructification, la ressemblance entre les deux est si frappante qu'on est forcé
d'admettre que le lycopode n'est qu'une réduction en
miniature de l'ancien lépidodendron. Mais, quoique la
plante ancienne et la plante moderne soient de tailles si
différentes, il est curieux d'observer que leurs spores
sont de dimensions presque égales[1].

1. Dans quelques-unes des mousses terrestres actuelles, il y a deux es-

A première vue, il semble sans doute surprenant que des corps aussi petits que les spores et les capsules des spores de plantes éteintes appartenant à la famille des mousses terrestres, aient pu former une proportion considérable de ces vastes amas de houille accumulés en couches atteignant jusqu'à plusieurs mètres d'épaisseur et recouvrant des surfaces considérables. Cependant ici, comme dans le cas des diatomées, l'énormité des quantités compense la petitesse des individus. On peut, en secouant une tige de lycopode, en faire tomber des nuages d'une poussière jaune qui constitue les spores. Ces spores des espèces encore vivantes qui sont comme un diminutif des anciennes, sont si abondantes qu'elles forment un article de commerce. Le pharmacien roule ses pilules dans les spores de lycopode et, en les enduisant ainsi d'une matière résineuse, leur permet de rouler sur la langue sans entrer en contact direct avec la surface humectée. Avant l'usage de la lumière électrique, les artificiers employaient dans les théâtres cette matière résineuse éminemment combustible, sous le nom de « soufre végétal, » pour imiter l'éclat fulgurant des éclairs.

De ce que nous avons dit, on peut conclure que la houille s'est probablement formée, dans la plupart des cas, à peu près de la manière suivante. Une forêt de lépidodendrons, sigillaires, fougères et autres plantes analogues s'élevait à la surface de quelque terrain ancien représenté aujourd'hui par l'argile inférieure ou son

pèces de spores, les unes beaucoup plus grandes que les autres. Les plus grandes sont désignées du nom de *macrospores*, les plus petites de celui de *microspores*. M. le professeur Williamson, de Manchester, qui a beaucoup étudié la structure des plantes de la houille, a suggéré cette idée importante, que les corps plus larges, appelés *sporanges* dans le texte, ne sont en réalité que des macrospores.

équivalent. De saison en saison, de ces plantes sans
fleurs s'abattirent des pluies de spores qui, en s'accumulant sur le sol, se mêlèrent aux frondes tombées et à
des parties plus ou moins considérables des troncs
d'arbres environnants. Tandis qu'une grande partie de
la matière végétale molle disparaissait lentement par
décomposition, ou ne laissait qu'un résidu fortement
carbonisé dont la portion ayant conservé une structure
reconnaissable forme le « charbon minéral », les spores
résineuses résistèrent à la décomposition et on peut
encore les distinguer dans les houilles les moins altérées.
Les racines de *lépidodendrons* furent souvent préservées
par l'argile dans laquelle elles s'enfonçaient et devinrent
les *stigmariæ* fossiles.

Quand, à la longue, cette accumulation eut formé une
couche de terre végétale d'une épaisseur considérable, le
terrain s'affaissa lentement et la forêt primitive fut ensevelie au-dessous des dépôts de vase et de sable qui ont
constitué depuis, en durcissant, des schistes et des grès.
Comprimée par ces sédiments, la matière végétale subit
des modifications particulières qui aboutirent à la formation de la houille. Puis vint une époque à laquelle
les dépôts sédimentaires furent soulevés et, sur cette
terre nouvelle, une autre forêt grandit qui forma plus
tard une seconde couche de houille. Chaque veine de
houille accuse donc un mouvement nouveau du sol et
quand on songe que dans le bassin houiller des Galles du
Sud, on peut reconnaître parfois jusqu'à quatre-vingts
couches de houille distinctes, on voit que la formation
houillère offre un exemple frappant des changements de
niveau du sol. Entre chaque élévation et dépression, il
a dû s'écouler une période assez longue pour permettre
la formation d'une terre végétale épaisse et dans certains
cas cette période a dû être très considérable. Ainsi dans
le sud du Straffordshire, en Angleterre, il y a ou plutôt

il y avait une veine de houille fameuse qui ne mesurait
pas moins de neuf mètres d'épaisseur. Mais si l'on se
rappelle la lenteur de la croissance d'une forêt, la grande
épaisseur de certains filons de houille, et le nombre des
couches distinctes dans chaque formation houillère, on
est forcé d'admettre que le terrain houiller représente
un laps de temps qui se chiffre probablement par cen-
'aines de milliers d'années.

Avant qu'on eût prouvé et admis que sur l'emplacement de chaque couche de houille une forêt s'é-
levait jadis, beaucoup de géologues supposaient que la
houille était le résultat de l'altération du bois entraîné
par les eaux à la mer. On sait que le Mississipi, par
exemple, charrie au fil de ses eaux de grands radeaux
formés de troncs d'arbres et d'autres amas de matière
végétale ; cette matière, recouverte par la vase de l'estuaire, pourrait en effet subir une altération capable de
déterminer une formation de houille. Mais s'il est possible
que des dépôts peu considérables de houille aient une
origine semblable, il n'y a pas d'accumulation de bois
flotté qui ait pu produire des assises de houille pure
d'épaisseur uniforme et de vaste étendue comme celles
d'un quelconque des bassins houillers de la France ou
de l'Angleterre. En outre, les *stigmariæ* sont là pour
montrer que les plantes poussèrent jadis là où l'on
trouve aujourd'hui leurs restes.

Il existe cependant une sorte de houille imparfaite
qui montre par sa structure qu'elle dérive du bois. Sa
texture est même tellement ligneuse qu'on a l'habitude
de nommer *lignite* ce genre de charbon de terre. Dans
le bassin de la Seine, on trouve des lignites dans la vallée
de la Marne et, en grande abondance, dans le département de l'Aisne où ils donnent lieu à une exploitation
des plus actives ; dans nombre de contrées pauvres en
véritable houille, les lignites forment de vastes dépôts et

jouent un rôle important comme combustible. Il y a
quelques années, on découvrit dans une mine du Hartz
qu'un vieux boisage, qu'on savait remonter à environ
quatre cents ans, s'était transformé en lignite. Il n'est
donc guère douteux que dans certaines conditions, le
bois peut en se décomposant se convertir en une substance analogue à la houille.

On peut regarder le lignite comme une matière végétale incomplètement minéralisée. La houille ordinaire
de nos régions est elle-même sujette à altération et ses
caractères peuvent aussi changer avec le temps. Ainsi,
dans le bassin houiller des Galles du Sud, on peut constater un curieux changement en passant d'une extrémité
du bassin à l'autre. Dans la section orientale, la houille
appartient à l'espèce ordinaire que nous voyons dans nos
seaux à charbon et qu'on appelle *houille grasse*. Dans le
centre du bassin, on trouve la variété connue sous le nom
de *houille maigre*. Cette variété fournit un combustible qui
brûle sans flamme brillante, mais qui est recherché pour
l'alimentation des machines de steamers, parce qu'elle
ne produit que peu de fumée. Enfin dans la partie occidentale du bassin, on extrait une houille désignée du
nom d'*anthracite*[1], qui est encore moins inflammable et
plus éloignée de la forme primitive de la matière végétale. Ces modifications dans les caractères de la houille
se rattachent à la présence de roches en fusion qui ont
jailli à travers les terrains carbonifères. C'est ainsi que
la plupart des dépôts de houille ont été modelés en
forme de bassins et que les couches ont été souvent
brisées ou autrement affectées par la présence des roches
ignées. Dans le voisinage de ces roches, la houille s'est
altérée et a formé l'anthracite. En fait, l'altération qui
s'est produite ressemble beaucoup à celle qui se mani-

1. *Anthracite*, du grec ἄνθραξ, charbon.

feste dans la distillation artificielle de la houille pour la fabricàtion du gaz d'éclairage ordinaire. La partie de la houille qui contribue à l'éclat du feu dans nos cheminées, est séparée et abandonne derrière elle le coke, qui n'est autre chose que le charbon de la houille.

Les modifications chimiques qui se produisent dans la conversion de la matière végétale en variétés multiples de houille, s'éclairent par la comparaison de leurs analyses telles que les donne le tableau suivant :

	CARBONE	HYDROGÈNE	OXYGÈNE ET AZOTE [1]
Bois (chêne)	48.94	5.94	45.12
Tourbe (Irlande)............ ..	55.62	6.88	37.50
Lignite (Devonshire, Angleterre).	69.94	5.95	24.11 [2]
Houille grasse (Newcastle)	88.42	5.61	5.97
Houille maigre (Galles du Sud) ..	92.10	5.28	2.62
Anthracite (Galles du Sud)	94.05	3.38	2.57

Les modifications indiquées par ces analyses se sont accomplies sur une immense échelle dans les siècles passés de l'histoire de la terre, et l'étendue et la profondeur considérables des dépôts de houille produits de la sorte, témoignent de la grandeur du rôle qu'a joué la vie végétale dans la formation des roches qui constituent l'écorce terrestre.

1. On a joint à l'oxygène l'azote qui n'existe qu'en quantité médiocre. Les analyses laissent de côté la cendre ou les matières minérales contenues dans les houilles.

2. Non compris l'azote.

CHAPITRE XV

FORMATION DU SOL PAR LES AGENTS ANIMAUX. — LES TERRES DE CORAIL

Nous avons déjà remarqué qu'à la mort d'un animal aquatique, les parties dures de son corps, telles que la coquille ou les os, s'il en a, viennent le plus souvent s'ajouter aux matières solides qui composent la terre, si, enfouies dans la vase, elles se trouvent ainsi préservées de la destruction.

Certains noms comme « Shell-haven [1] », près de Tilbury, sur la côte d'Essex, et « Shell-ness », dans l'île de Sheppey, indiquent suffisamment l'abondance des coquilles accumulées dans certaines parties de l'estuaire de la Tamise, et en mille endroits, le long des côtes de la Grande Bretagne et de la France, la mer même sur ses plages ou ensevelit dans le sable et la vase, d'innombrables multitudes de coquillages.

D'énormes quantités de coquilles s'accumulent sur les bancs d'huîtres, et la drague rapporte des échantillons semblables partout où elle mord le lit de la mer autour de nos côtes. Il y a même, dans quelques parties de la Manche, de petits bancs formés par les habitations

---

1. « Le havre des coquillages », de *shell*, coquille, en anglais.

de sable que se construisent certains vers marins.

Les récifs et les îles de corail, dont nous parlent avec tant d'abondance les relations de voyages dans les mers tropicales, fournissent l'exemple le plus remarquable et le plus grandiose de cette formation de terres nouvelles par les agents animaux.

Rien n'est plus commun que d'entendre dire ou de lire que ces terres sont édifiées par des « insectes, » les coraux. Mais en fait les animaux qui interviennent dans la formation de ces dépôts, sont très différents de ce qu'on appelle des insectes ; ils ressemblent beaucoup au contraire à certains organismes marins d'une structure beaucoup plus simple que celle de n'importe quel insecte, et qui abondent le long de nos côtes.

Il n'y a guère de personne ayant visité le bord de la mer, à qui ne soient familiers ces êtres en forme de fleurs qu'on appelle vulgairement *anémones de mer*[1]. On les trouve d'ordinaire attachées aux rocs, dans les petites flaques d'eau salée que deux marées laissent entre elles. Le corps de l'anémone de mer est un sac charnu, de forme plus ou moins cylindrique ; ce sac est fermé à une de ses extrémités formant la base et au moyen de laquelle l'anémone s'attache à tout objet solide. A l'occasion, elle peut lâcher prise et ramper en mouvant cette base charnue sur le fond de la mer. Dans les aquariums, on voit parfois des anémones de mer se déplacer de la sorte sur les parois de verre du réservoir. A l'extrémité opposée de leur corps cylindrique se trouve une bouche environnée d'un grand nombre de palpes ou tentacules, disposées en cercle ou plus communément en une série de cercles concentriques. Ces tentacules sont tellement sensibles, que si l'on touche

---

1. *Anémone*, ainsi appelée de la fleur de ce nom, de ἄνεμος, vent, allusion à la facilité avec laquelle la brise émeut cette fleur.

légèrement l'un d'eux, tous se contractent aussitôt et l'anémone se resserre en une petite masse conique ressemblant à une plaque transparente de gelée qui serait collée à une pierre. Mais quand les tentacules s'épanouissent librement, ils forment une couronne gracieuse, aux couleurs variées, qui donne à l'animal l'aspect d'une fleur assez semblable à la reine-marguerite ou à quelque autre membre de la grande famille de plantes représentée par les pâquerettes, les dahlias et les laitues.

Si quelque menu gibier, tel qu'une crevette, vient à passer à portée des tentacules déployés, il est aussitôt entraîné vers la bouche et introduit dans un sac qui occupe le centre du corps. Entre les parois de ce sac et celles du corps, s'étend un espace assez large; la disposition générale peut être comparée à celle d'un encrier ordinaire; le sac intérieur représente le gobelet de verre qui contient l'encre, et le reste de l'animal le corps de l'écritoire dans lequel pénètre l'encrier proprement dit. Et, de même que des trous sont disposés pour recevoir les porte-plumes sur le pourtour de l'encrier et dans l'espace intermédiaire entre l'encrier proprement dit et le corps de l'écritoire, ainsi tout autour de la partie supérieure du corps de l'anémone de mer, sont disposées des ouvertures qui font communiquer les cavités des tentacules avec l'espace intermédiaire entre le sac intérieur et le sac extérieur. Il existe cependant deux différences importantes entre l'anémone de mer et l'écritoire. Le sac intérieur est ouvert au fond; l'espace intermédiaire entre les deux sacs intérieur et extérieur d'une part, et les cavités des tentacules de l'autre, communique donc librement avec la cavité du sac intérieur, c'est-à-dire, par la bouche, avec le dehors. Il en résulte que toutes les cavités sont remplies d'eau de mer. En second lieu, dans l'anémone de mer un grand nombre de cloisons verticales s'étendent du sac intérieur à la

paroi extérieure du corps et l'intervalle compris entre
les deux est conséquemment divisé en chambres nombreuses.

La nourriture introduite dans le sac intérieur est
soumise à la digestion ; les parties nutritives sont dissoutes et passent dans le liquide qui remplit le corps
et qui joue ainsi le rôle de sang, tandis que les parties
dures non susceptibles de digestion sont rejetées par la
bouche. Le corps d'un insecte véritable est partagé en
segments distincts ; il renferme un canal digestif qui ne
débouche pas dans la cavité du corps, des organes spéciaux de circulation et de respiration et un système
nerveux d'une forme particulière. Aucun de ces caractères ne convient à l'anémone de mer, qui est par conséquent un animal d'un rang bien inférieur à celui qu'occupe l'insecte. Elle est même beaucoup plus voisine des
méduses au corps gélatineux qui flottent dans la mer et
des polypes d'eau douce de nos étangs. En effet, on
applique également à l'anémone de mer et à ces derniers
le nom générique de *polype*[1].

La substance qui forme le corps de l'anémone de mer
commune est tout à fait molle et aucun de ces polypes
n'acquiert une consistance plus grande que celle d'un
morceau de peau. Mais il existe un petit nombre d'animaux vivant à des profondeurs considérables dans nos
mers et d'innombrables dans les autres parties de
l'océan, dont la structure est, dans tous les caractères
essentiels, semblable à celle de l'anémone de mer, mais
en diffère en ce qu'ils possèdent une charpente très
dure (fig. 75). Formée par la solidification de la base
et des parois latérales du corps du polype, cette charpente affecte nécessairement la forme d'un calice ;

---

1. *Polype*, de πολύς, beaucoup, et πούς, pieds, animal à plusieurs pieds
ou tentacules.

c'est cette forme particulière qui distingue cette espèce de coraux des autres, telles que le *corail rouge*, qui, quoique provenant d'animaux semblables, revêtent une forme différente. Ce ne sont pas les seules parois du corps qui sont ainsi durcies, mais des cloisons verticales de même nature s'étendent des parois du calice à son centre et correspondent aux cloisons qui divisent la cavité entre le sac intérieur et la paroi du corps. Le durcissement de la partie inférieure du corps du polype de corail et celui des cloisons est l'œuvre du carbonate de chaux qui se dépose dans leur substance même, et est extrait de l'eau de mer dans laquelle vit l'animal, exactement comme les sels calcaires des os sont extraits du lait et se déposent dans les parties du corps qui, se développant chez un enfant, sont en train de devenir des os. Ce

FIG. 75. — *Caryophyllia Smithii*, polype de corail (côte du Devonshire, Angleterre).

dépôt convertit la base du polype en un ciment solide qui fixe l'animal à la surface à laquelle il est attaché; et, si le polype croît non seulement en hauteur, mais en largeur, le support calcaire se développant avec l'animal lui-même, le corail prendra nécessairement la forme conique représentée dans la figure 75. Il faut bien comprendre que le dépôt de matière calcaire ne s'étend pas jusqu'à la région des tentacules ni jusqu'au sac intérieur, en sorte que la formation de cette charpente calcaire n'arrête pas plus l'accomplissement des fonctions du corps chez le polype que le développement des os d'un homme n'empêche cet homme de manger et de boire.

Tôt ou tard le polype de corail meurt; alors les tentacules, le sac intérieur, toutes les parties molles du haut du corps et celles qui recouvrent la charpente, se décomposent et se dissolvent, tandis que la charpente ou le *corallum*, comme on l'appelle, subsiste et constitue une addition permanente aux matières solides du lit de la mer (fig. 76).

Ces polypes de corail solitaires que nous venons de décrire donnent naissance à des œufs nombreux; les jeunes polypes qui en sortent flottent entraînés au loin et, tôt ou tard, se fixant eux-mêmes, prennent la forme du père. Très souvent ils ont d'autres modes de multiplication. Ainsi il arrive que d'un polype se détachent de petits bourgeons, dont chacun devient un animal parfait, avec son estomac, sa bouche et ses tentacules à lui, mais n'en demeure pas moins attaché au père. Dans d'autres cas, le corail se sépare spontanément en deux moitiés; et celles-ci à leur tour peuvent se diviser et se subdiviser, chaque division produisant un polype parfait. Par la répétition fréquente de ces procédés de bourgeonnement et de division, les coraux arrivent à former des masses de dimensions considé-

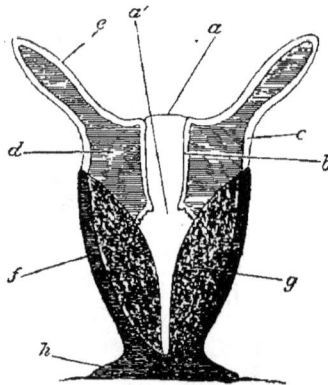

FIG. 76. — Section verticale d'un corail isolé montrant la structure générale du polype et le rapport de la charpente aux parties molles.

a, bouche; *b*, sac intérieur ou estomac; *a'*, son ouverture intérieur; *c*, paroi molle extérieure du corps; *d*, intervalle entre le sac intérieur et la paroi du corps, avec ses divisions; *e*, tentacules; *f*, paroi calcaire du corps ou calice du corail; *g*, cloison dure du corail; *h*, base par laquelle le corail se fixe.

rables, se ramifiant dans certains cas, comme un arbre, avec des polypes qui s'épanouissent dans toutes les directions, et dans d'autres cas, se déployant en un amas confus comme ces éponges de corail si connues que l'on peut voir dans tous les musées. La multiplication des polypes pouvant être presque indéfinie, il est évident que quelque petit que soit individuellement chaque polype, ces agrégations de coraux peuvent à la longue finir par constituer une masse énorme. Ce sont en effet

Fig. 77. — *Thecopsammia socialis*, Pourtalès.

les coraux qui, en se développant de la manière que nous venons d'indiquer, ont formé ces étendues considérables de terre connues sous les noms de *récifs* et d'*îles de corail*.

On dit vulgairement que le corail « construit » ces terres nouvelles, qu'il en est l'architecte; mais il ne faut pas entendre par là un ouvrage de construction comme le nid d'un oiseau ou le rayon d'une abeille. Les terres édifiées ne sont que l'accumulation des restes calcaires ou des charpentes de polypes de corail. La formation d'une terre semblable rappelle celle des

tourbières, décrite dans le précédent chapitre. On a
montré que la mousse des marais meurt dans sa partie inférieure tandis qu'elle continue à se développer dans sa
partie supérieure; c'est d'une manière analogue que les
polypes de corail meurent en bas, abandonnant leurs
carcasses calcaires, tandis qu'ils continuent à bour-
geonner et à se développer par en haut; si donc l'on
peut dire que les coraux construisent une île de corail,
c'est seulement dans le sens où l'on dit d'un dépôt tourbeux qu'il est l'œuvre des plantes dont les restes le
constituent.

Beaucoup d'îles des mers tropicales sont bordées de
récifs de coraux très bas. A haute mer, la surface des
coraux est en majeure partie submergée, et leur position
n'est plus indiquée que par une longue ligne blanche
de brisants. Mais à basse mer la surface en est plus ou
moins exposée et forme un large plateau découvert
qui s'élève légèrement au-dessus du niveau des eaux.
Certaines îles sont entièrement bordées d'une ceinture de ces roches de corail, tandis que d'autres en sont
garnies seulement à quelques endroits comme d'une
frange coupée çà et là. A l'embouchure des fleuves qui
apportent des sédiments à la mer, on ne voit pas généralement de ces récifs, dits *récifs frangeants*, car les polypes
de corail ne se développent pas dans l'eau limoneuse.

Dans d'autres cas, les récifs de corail ne sont pas reliés
directement à la côte, mais se dressent comme une barrière, à une certaine distance au large, parfois à plusieurs kilomètres de la terre : ce sont les *récifs-barrières*.
Entre le littoral et le récif, il y a un chenal relativement
peu profond qui forme un port auquel on arrive par des
brèches disséminées dans le récif; le récif lui-même
constitue alors comme un brise-lames naturel. Des roches
de corail formant de petits écueils isolés sont parfois
semées dans ce chenal aux eaux tranquilles et la barrière

même peut se rompre en une chaîne de récifs détachés.
Le long de la côte nord-est de l'Australie, la *Grande
Barrière* forme une chaîne de récifs qui se prolonge
pendant près de 1900 kilomètres, à une distance moyenne
de trente à cinquante kilomètres du rivage. Le chenal
entre cette barrière de récifs et la terre est un véritable
passage intérieur, et c'est aussi le nom qu'on lui donne;
il a une profondeur de trente-cinq à quarante-cinq mètres, tandis que les fonds s'abaissent brusquement à
plusieurs centaines de mètres au delà de la Grande
Barrière.

Outre ces formes de récifs de corail, il existe une autre
formation de coraux qui diffère des précédentes en ce
qu'elle est entièrement isolée de toute terre. La roche
corralligène constitue une île véritable, qui surgit ordinairement de la mer sous la forme d'une bande de terres
basses, plus ou moins annulaire, mais généralement de
contours irréguliers. Çà et là, cette bande de terre se
décore parfois d'une riche végétation de cocotiers et
d'autres essences des forêts tropicales; à l'intérieur de
la bordure circulaire formée par le rivage, s'étend un lac
sans profondeur, une *lagune*, aux eaux d'un vert clair
offrant un contraste frappant avec la blancheur éblouis-
sante des roches de corail de la plage. Une brèche dans
le rivage donne accès à la lagune, et l'île présente ainsi
la forme d'un fer à cheval. Parfois il existe plusieurs
ouvertures dans la ceinture que forme la terre, et l'île
se scinde alors en une chaîne d'îlots. L'Océan Pacifique
et l'Océan Indien sont semés de ces îles de corail; on
les désigne du nom d'*atolls*, emprunté à la langue mal live.

Quand on explique la formation des terres de corail,
il faut se rappeler que les coraux n'ont pas eux-mêmes le
pouvoir d'élever leurs constructions au-dessus du niveau
des basses mers, car les polypes meurent quand ils sont
exposés au-dessus de l'eau. C'est mécaniquement que

la terre ferme se forme; des polypiers de corail mort
sont arrachés par les vagues à un endroit de la roche et
entassés sur un autre. Les blocs branlants sont cimentés
en masses compactes par le sable et la vase que produit
l'usure de la roche de corail. Quand il s'agit de récifs
frangeant la côte, le côté qui fait face à la mer, est
d'ordinaire plus élevé; dans les attolls, c'est la partie de
l'anneau tournée vers les régions d'où soufflent les vents
habituels, car c'est là que se développent en plus grande
abondance les polypes de corail; et d'autre part, le choc
des lames contre les brisants, pendant les tempêtes, bat
la roche en brèche, la met en pièces, et accumule les
débris sur ce côté. Enfin il faut noter que ces terres de
corail ne sont pas uniquement l'œuvre des coraux;
d'autres êtres vivant dans la lagune et sur les bords du
récif, concourent à leur édification, en accroissant de
leurs débris la masse émergée. La vie végétale ne laisse
pas elle-même de contribuer à la formation de cette
terre nouvelle; et la bordure extérieure d'un récif est
même souvent formée en grande partie de *nullipores*,
algue marine dont les tissus sont fortement imprégnés
de carbonate de chaux.

Bien qu'on puisse trouver dans presque toutes les
mers quelques espèces de coraux, les espèces particulières qui croissent en masses compactes et forment
ainsi des bancs et des îles sont limitées aux parties les
plus chaudes du monde. M. le professeur Dana, qui a recueilli une ample matière d'observations, croit que les
coraux constructeurs de récifs n'existent que dans les
eaux où la moyenne de la température mensuelle, ne
s'abaisse jamais, même dans la saison la plus froide, au-
dessous de 20 degrés centigrades[1]. Si donc on tire une
ligne, au nord de l'équateur, à travers toutes les parties

---

1. *Corals and Coral Islands*, par James D. Dana. 1875.

de l'océan où le mois le plus froid présente cette tempé
rature moyenne, et une ligne semblable au sud de l'équateur, ces deux lignes renfermeront la zone à l'intérieur
de laquelle sont situés tous les récifs de corail du monde.
Il est à peine besoin de dire que ces deux lignes ne
seront pas des lignes directes, dessinant des cercles par-
faits autour du monde, comme les degrés de latitude,
mais bien des lignes irrégulières s'élevant et s'abaissant
selon que la température locale est affectée par la présence de courants océaniques ou par la proximité de la
terre. Cette ceinture d'eau tiède que recherchent les
coraux ouvriers ne s'étend jamais à une distance supérieure à 30 degrés de l'équateur.

Mais bien que les coraux constructeurs de récifs
abondent en mille endroits de cette zone, on ne les y
rencontre pas partout. Ainsi ils font défaut sur les côtes
occidentales de l'Afrique et de l'Amérique, et, aux embouchures des grands fleuves, les sédiments et l'eau
douce empêchent le développement des polypes de corail.
En outre, ce n'est pas seulement dans leur distribution
superficielle que sont limités à certaines *latitudes* les
coraux architectes de terres nouvelles, c'est aussi dans
leur distribution verticale qu'ils sont limités à certaines
profondeurs. Les conditions nécessaires au développement des polypes ne se rencontrent même que dans une
eau relativement peu profonde. Des observations de
M. Darwin, il résulte que ces coraux ne se développent
pas à des profondeurs supérieures à 40 ou 60 mètres, et
même la plupart ne vivent pas au delà de 27 mètres. Il
semble qu'on pourrait assez naturellement conclure de
ce fait que les récifs et les îles de corail doivent toujours
être limités aux mers sans profondeur. Mais, en fait,
la sonde révèle au contraire des profondeurs énormes à l'extérieur d'un atoll ou de récifs-barrières, la
paroi extérieure de la roche s'enfonçant brusquement,

comme un mur de corail. Les anciens navigateurs n'ignoraient pas que ces îles de corail étaient souvent environnées d'eaux très profondes; mais l'explication de ce fait n'offrit aucune difficulté jusqu'au jour où les naturalistes connurent les limites étroites de l'étendue verticale où peuvent vivre les coraux. On mit alors en avant plusieurs hypothèses pour concilier ces deux faits en apparence contradictoires, mais la question restait entière lorsqu'il y a environ quarante ans, M. Darwin proposa une explication des plus ingénieuses qui, non seulement fournit la solution de la difficulté, mais établit un étroit rapprochement entre les différentes formations corallines.

D'après la théorie de M. Darwin, la roche coralligène se forme à l'origine dans une eau dont la profondeur ne dépasse pas 40 mètres environ; quand elle s'enfonce à des profondeurs supérieures, c'est qu'elle s'est abaissée par suite de l'affaissement du terrain sur lequel les polypes ont vécu et sont morts.

Les détails de cette explication si simple, et cependant si complète, méritent un examen attentif.

Nous avons déjà montré que les polypes de corail peuvent se multiplier par bourgeonnement et sisiparité; mais il faut ajouter qu'ils peuvent aussi se multiplier au moyen de germes qui se détachent des parents sous la forme de corps flottant d'une manière indépendante. Que quelques-uns de ces embryons de coraux se fixent sur un rivage en pente, dans une eau peu profonde où les conditions d'existence soient favorables, ils peuvent s'y multiplier jusqu'à former des masses d'une étendue considérable, en bordure de la terre, mais ne s'étendant jamais du côté de la mer à une profondeur supérieure à 40 ou 50 mètres. Qu'ensuite la terre avec sa bordure de récifs-frangeants vienne à s'affaisser lentement, la partie qui s'abaissera au-dessous de 40 mètres consistera exclusi-

vement en corail mort, mais la partie supérieure du
banc continuera à se développer, et si l'affaissement n'est
pas plus rapide que l'accroissement qui se continue par
en haut, le niveau du banc semblera demeurer stationnaire et ne s'écartera pas sensiblement du niveau de la
mer. On a déjà dit que le polype de corail se développe
de préférence sur la paroi extérieure du récif, là où il
est baigné par le ressac. Pour cette raison et pour
d'autres, c'est de ce côté que le récif est le plus élevé, et
c'est aussi pourquoi, entre l'arête extérieure du récif et
le rivage, il existe un chenal formé par l'eau qui s'est

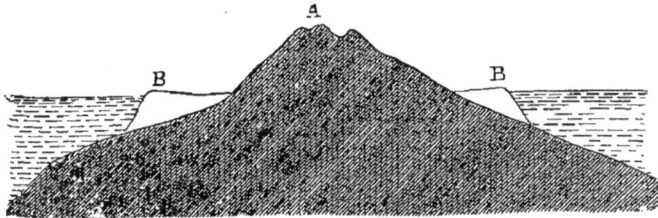

FIG. 78. — Coupe verticale d'une île entourée de récifs-frangeants.

introduite durant l'affaissement. En fait, la frange de
récifs s'est transformée en une véritable barrière au fur
et à mesure de son affaissement. On comprendra facilement cette transformation en se reportant aux coupes
représentées dans les figures 78 et 79. Dans la figure 78,
une île, A, est bordée de récifs-frangeants, BB; dans
l'affaissement de la terre tel que le représente la figure 79,
le banc de corail, BB, devient plus épais, par suite de la
croissance du corail supérieur, et un chenal, CC, se
forme entre la barrière et le rivage.

En dehors de la barrière, sur le côté qui fait face à
la mer, il peut y avoir une grande profondeur d'eau,
variant en raison de l'étendue du mouvement de dépression. Par suite de l'affaissement continu d'une île en-

tourée d'une barrière de récifs, la lagune, CC, s'élargit
de plus en plus. Finalement, il ne reste plus que quelques
rocs dans le centre du lac ; et ceux-ci mêmes peuvent

Fig. 79. — Coupe verticale d'une île entourée de récifs-barrières
avec lagune intermédiaire.

finir par disparaître sans rien laisser qu'une nappe d'eau
cernée par le récif, la barrière devenant alors un atoll,
comme l'indique la figure 80. Ici la terre primitive, A, a
disparu entièrement sous les constructions des coraux,
BB, qui entourent la lagune C.

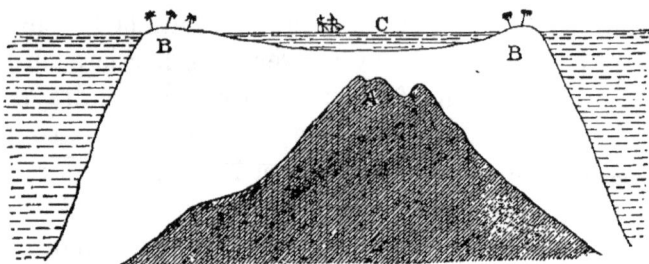

Fig. 80. — Coupe verticale d'une île de corail ou atoll avec lagune centrale.

Concluant que l'existence des récifs de barrière et
des îles de corail dénote des régions d'affaissement,
Darwin a pu tracer sur la carte les zones de l'Océan
Pacifique et de l'Océan Indien où les terres se sont dé-

primées ou se dépriment encore lentement[1]. Ces zones
alternent avec des régions où s'opère probablement un
soulèvement, comme l'indique la présence de volcans
actifs. Les récifs-frangeants ne nous donnent pas autant
d'informations sur les mouvements du fond de la mer,
car ils peuvent exister là même où la terre est, soit stationnaire, soit en voie de soulèvement. Il y a tel endroit
où l'on trouve, se dressant à pic et à sec au-dessus de
l'eau, un ancien récif-frangeant, ce qui indique clairement que le sol a subi un exhaussement.

1. *Les coraux, leur structure et leur distribution,* par Charles Darwin,
2° édit., 1879, traduit de l'anglais par M. Cosserat. 1 vol. in-8 (Félix
Alcan, éd.).

CHAPITRE XVI

FORMATION DU SOL PAR LES AGENTS ANIMAUX. —
L'ŒUVRE DES FORAMINIFÈRES.

Le travail des polypes de corail constructeurs de récifs, tel que nous l'avons décrit dans le dernier chapitre,
s'exécute sur une échelle gigantesque. La Grande Barrière de l'Australie recouvre à elle seule, d'un dépôt
calcaire coralligène, une superficie supérieure à celle de
l'Écosse[1], et la surface totale sur laquelle ces récifs sont
semés dans l'Océan Pacifique dépasse la superficie de
l'Asie. Ces récifs et ces atolls frappent les yeux et s'im-
posent à l'attention du voyageur par leur beauté et leur
singularité, comme ils éveillent celle du navigateur par
le danger qu'ils lui font courir. Mais il existe d'autres
agents qui travaillent à convertir en roche solide les
matières contenues dans l'océan, et cette conversion ne
cesse de s'accomplir sur une échelle encore plus vaste
et avec une rapidité probablement égale; les agents dont
elle est l'œuvre ne sont nullement en évidence, ils
échappent même, en grande partie, au regard, non
seulement par leur petitesse, mais parce que les produits

1. La superficie de la Grande Barrière est évaluée à 85 000 kilomètres
carrés; celle de l'Écosse à 82 000 kilomètres carrés.

de leur travail s'amoncellent, non dans des eaux peu profondes, mais loin de nos yeux dans les profondeurs de l'océan ; ils auraient pu même échapper à notre connaissance comme à nos regards, si diverses circonstances n'avaient, dans ces dernières années, provoqué l'exploration attentive des profondeurs de la mer.

C'est dans ces quarante dernières années que nous avons appris presque tout ce que nous connaissons aujourd'hui du lit des eaux profondes et de leurs habitants. Quand on eut proposé pour la première fois de mettre l'ancien monde en relation avec le nouveau, au moyen d'un câble télégraphique, il devint nécessaire de sonder avec soin le lit sur lequel le câble devait reposer. C'est en 1853, pour la première fois, que le fond de l'Atlantique septentrional fut exploré en détail par le lieutenant Berrymann, de la marine des États-Unis ; en 1857, il fut exploré d'un bout à l'autre, entre l'Irlande et Terre-Neuve, par le capitaine Dayman, à bord du navire anglais le *Cyclops*. Dans ces explorations, on réussit à se procurer de nombreux échantillons du sol constituant le fond de l'océan ; ceux que rapporta l'expédition américaine furent soumis à Ehrenberg et à Bailey, je fus chargé d'examiner ceux que recueillit l'expédition anglaise. Depuis lors, l'enquête sur la nature du fond de la mer, poursuivie activement dans diverses parties du globe, et l'ensemble précieux des observations recueillies durant l'expédition du *Challenger*, nous ont donné ample information sur la constitution du lit des océans en des régions très diverses.

Dans le système ordinaire de sondage, c'est-à-dire dans l'appareil employé pour reconnaître la profondeur de la mer, on se sert d'une masse de plomb attachée à l'extrémité d'une ligne graduée qui se déroule rapidement jusqu'à ce que le plomb vienne frapper le fond. Pour obtenir un échantillon de la nature de ce fond, on arme le plomb, c'est-à-dire que l'extrémité inférieure de la masse du métal à forme légèrement concave est enduite de suif; une petite quantité de la vase ou des autres matières constituant le lit se fixe à cette graisse et peut, de la sorte, être amenée à la surface et soumise à l'examen. Cet appareil rudimentaire suffit quand il s'agit d'un sondage dans des eaux peu profondes, mais les sondages en pleine mer exigent des instruments compliqués. La plupart de ces instruments sont construits d'après le principe imaginé par le lieutenant Brooke, de la marine des États-Unis, et qui consiste à faire se détacher de lui-même le poids, au contact du fond. La ligne de sonde descend ainsi avec le poids, mais remonte seulement avec l'échantillon du fond recueilli sur le lit de la mer dans un godet, un tube ou une petite pelle.

Sans parler des différentes formes d'appareils de sondage dont se sont servies les expéditions successives [1], il suffira de décrire celui dont on a fait un usage fréquent dans la célèbre croisière du *Challenger*. Cet appareil est représenté dans la figure en perspective et en coupe. C'est une modification de celui dont se servit le capitaine Shortland à bord de l'*Hydra;* mais sa forme présente est due au lieutenant Baillie.

Cet appareil consiste en un tube de métal, *a*, en fer, de $1^m,60$ de longueur et de six centimètres de diamètre. Son extrémité supérieure est garnie d'un cylindre de cuivre, *b*, dans lequel se meut de haut en bas et de bas en haut une pièce de fer pesante, à la façon d'un piston dans un cylindre. En *c*, cette pièce de fer est munie d'un épaulement qui porte l'élingue en fil de fer à laquelle sont

---

1. On trouvera les descriptions et les figures de ces instruments dans l'ouvrage *The Depths of the Sea*, par C. Wyville Thomson, 1873.

attachés les poids qui font descendre l'appareil. Ces poids, *d*, sont en fer, de forme cylindrique, et chacun est percé d'un trou à son centre; ils sont munis de dents et d'entailles, de manière à pénétrer l'un dans l'autre; de la sorte, plusieurs de ces poids peuvent, en se juxtaposant, former une masse compacte que traverse en son centre un conduit par lequel passe le tube. Quand l'instrument descend, l'eau pénètre dans le tube *a*, par son extrémité ouverte *e*, et sort par les trous pratiqués dans la partie supérieure. Au contact du fond, le tube s'enfonce dans la vase ou dans toute autre matière et un peu de cette vase y pénètre; pour l'empêcher d'en sortir, une paire de valves s'ouvrant en dedans est attachée à l'extrémité *e*. En atteignant le fond de la mer, le cylindre en cuivre *b* est repoussé par le choc vers le haut et venant frapper l'épaulement *c* du piston en fer, il détache l'élingue et abandonne ainsi le poids. Quand donc on retire la corde à laquelle est attaché l'instrument et qu'elle revient à la surface, elle ne tire plus que

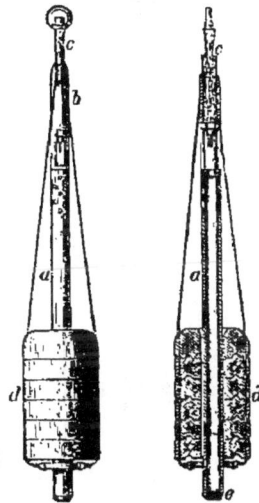

FIG. 81. — Appareil de sondage pour grandes profondeurs employé à bord du *Challenger*.

le tube rempli de la matière qui forme le fond de la mer. C'est au moyen d'instruments de ce genre qu'on a sondé les mers profondes et ramené à la surface, pour les soumettre ensuite à un examen scientifique, des échantillons du fond.

Les sondages soigneusement exécutés dans ces explorations ont révélé la configuration remarquable du lit de l'Atlantique. Cette configuration est représentée dans la figure 82 qui montre le nivellement général du fond de la mer entre l'île Valentia (Irlande) et Saint-John

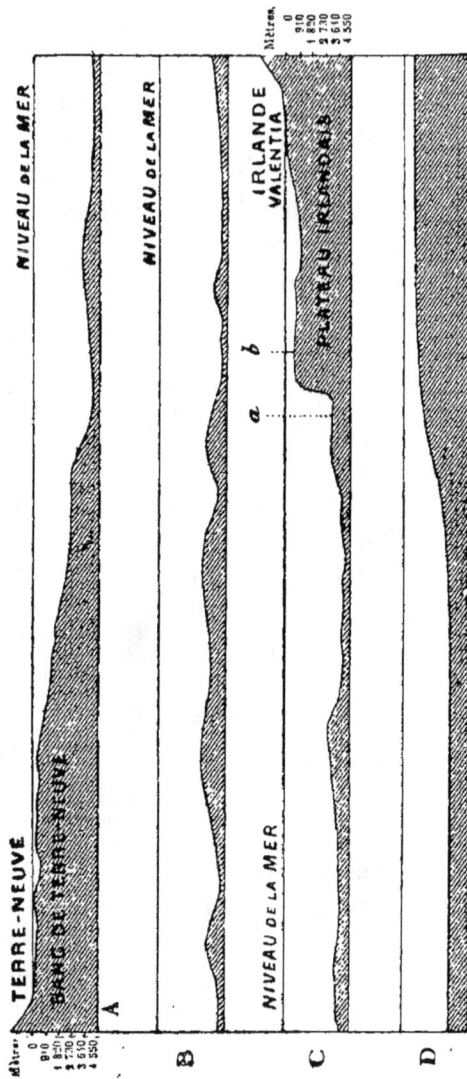

FIG. 82. — A,B,C. Coupe du lit de l'Atlantique entre Terre-Neuve et l'Islande, d'après les sondages du capitaine Dayman. L'échelle verticale est exagérée, par rapport à l'échelle horizontale, dans la proportion de 15 à 1.
D. Coupe de la pente comprise entre a et b, dans la figure C, représentée à l'échelle naturelle.

(Terre-Neuve). On peut voir qu'il y a une pente graduelle à partir de la côte d'Irlande, pendant 300 kilomètres

environ; puis une dépression plus rapide[1] conduit à
une vaste plaine ondulée qui coupe l'Atlantique jusqu'à
500 kilomètres environ de Terre-Neuve et, de là, s'élève
graduellement jusqu'à la côte d'Amérique. Cette grande
plaine sous-marine, qu'on a appelée le « Plateau du Télégraphe », a une largeur de plus de 1600 kilomètres et une
profondeur moyenne de plus de 1800 mètres. Elle est
recouverte presque uniformément d'un vaste dépôt
d'une vase fine crémeuse ou grisâtre. Quand cette vase
est desséchée, elle forme, en durcissant, une substance
grise et friable dont on peut se servir pour écrire sur un
tableau noir, comme on se sert de la craie. En outre,
quand on verse un acide sur cette vase, elle se dissout, en
majeure partie, avec effervescence, comme fait un morceau de craie dans les mêmes conditions : on peut ainsi
promptement s'assurer que cette vase, comme la craie,
se compose principalement de carbonate de chaux.

Cependant cette vase calcaire n'est pas une matière
purement minérale; quand on en soumet une petite
quantité au microscope, on voit qu'elle est formée en
majeure partie de corps tels que ceux représentés dans
la figure 83, en A. Chacun de ces corps se compose de
plusieurs loges globulaires dont une est la plus petite,
une autre la plus grande, et le reste de dimensions
intermédiaires. Chaque loge a une ouverture sur le
côté qui est tourné vers le centre; à l'état de vie, toutes
les cellules sont remplies d'une substance protoplasmique qui recouvre la surface des loges et projette en
forme de rayons de longs fils contractiles. Les parois

---

1. Dans la figure, cette dépression ressemble à la pente d'une colline
abrupte. Mais c'est là une représentation erronée qui résulte de l'exagération de la hauteur verticale. A l'échelle véritable, en D, fig. 82, on voit
que l'inclinaison de la pente n'est pas supérieure à celle d'une colline
d'une déclivité modérée. A ne tenir compte que des rampes, on pourrait
sans aucune difficulté aller en chemin de fer d'Irlande à Terre-Neuve en
suivant le fond de la mer.

des loges sont dures et cassantes, par suite de la grande
quantité de carbonate de chaux qu'elles contiennent;
dans les loges les plus petites, elles sont très minces et
tout à fait transparentes. Dans les plus grandes, elles
s'épaississent et la partie extérieure de leur substance
acquiert une structure prismatique. Dans les échantillons
enlevés avec grand soin au fond de la mer, les surfaces
extérieures des loges sont hérissées d'appendices longs

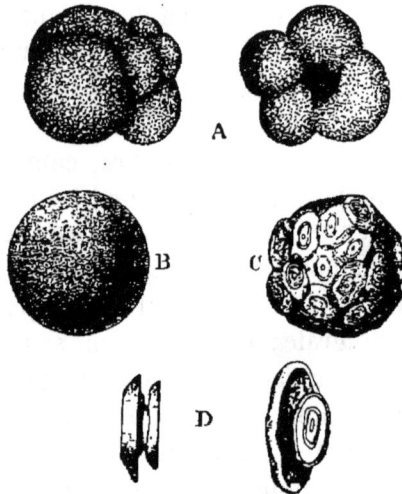

Fig. 83. — A, *Globigerina bulloïdes* d'Orb.; B, *Orbulina universa*, d'Orb.;
C, Coccosphère; D, Coccolithe, de profil et de trois quarts.

et ténus comme des fils de verre, et comme eux très
fragiles.

Les corps que nous venons de décrire sont ceux d'animaux d'une nature très simple, connus sous le nom de
globigerina bulloïdes, et appartenant au groupe qu'on
désigne sous le nom de *foraminifères* [1], d'après les
nombreux pertuis que l'on peut voir d'ordinaire dans

1. *Foraminifères*, du lat. *foramen*, pertuis, et *fero*, porter.

leurs parties dures. On s'est longtemps demandé si les *globigerinæ* vivent et meurent au fond de la mer où nous trouvons leurs carapaces, ou bien si ces animalcules vivent à la surface et si en conséquence les coquilles que l'on trouve dans la vase du lit de l'Atlantique sont simplement les carapaces de ceux qui sont morts à la surface, puis tombés au fond. Les recherches de l'expédition du *Challenger* ont mis hors de doute que, vivant ou non au fond de la mer, ils pullulent en nombre prodigieux à la surface même et à quelque mètres au-dessous. La sonde en a rapporté dans toutes les latitudes, sur une surface s'étendant jusqu'à 50 et 60 degrés des deux côtés de l'équateur; et, bien qu'on les ait surtout rencontrés en abondance dans les climats chauds et tempérés, on a constaté qu'ils ne disparaissaient pas entièrement aux limites extrêmes vers le nord et vers le sud de cette zone.

Nous devons donc imaginer que sur le fond de cette zone immense de l'océan, il ne cesse de s'abattre une pluie incessante de coquilles de *globigerinæ;* ces coquilles, après être tombées de la surface en traversant des couches liquides d'une épaisseur de deux ou trois kilomètres peut-être, finissent par atteindre la vase du fond et par s'ajouter à sa masse. C'est probablement une estimation exagérée que d'admettre $\frac{1}{60000}$ de centimètre cube comme le volume moyen de la matière calcaire contenue dans chaque *globigerina* adulte[1]. Néanmoins, l'exemple que nous avons donné des effets de la dénudation pluviatile qui, quelque lente et insignifiante que semble être l'œuvre de détérioration du sol accomplie par la pluie et les fleuves, n'en va pas moins, quand elle se continue à travers les âges, à détruire

---

1. D'après Ehrenberg, 20 centimètres cubes de craie renferment plus d'un million de ces coquilles, et un kilogramme de craie plus de 20 millions.

les éléments solides du globe, prépare l'esprit à voir, dans cette chute incessante de particules calcaires, un agent non moins puissant de reconstruction. En supposant que l'épaisseur totale du dépôt de matière solide produit par la chute des foraminifères sur le fond de la mer égale un millimètre par an, et que l'Océan Atlantique et l'Océan Pacifique existent dans leur état actuel seulement depuis cent mille ans, cette opération, d'une importance en apparence si minime, aura suffi pour recouvrir le lit de ces océans d'une couche de calcaire d'une épaisseur de 100 mètres.

Quoique les coquilles des *globigerinæ* constituent en majeure partie la roche pâteuse du lit de la mer, on y trouve mêlés les restes d'autres organismes. Parmi ces organismes, abondent d'autres formes de foraminifères, une surtout, l'*orbulina* (fig. 83, B), très voisine de la *globigerina*, si même elle n'en est pas simplement une condition particulière.

On y trouve de plus d'innombrables multitudes de disques très petits, en forme de soucoupe, les *coccolithes*, que l'on rencontre souvent groupés en agrégations sphéroïdales, et les *coccosphères* de Wallich (fig. 83, C, D). On ne connaît point encore la nature exacte de ces corps si curieux.

Outre les restes organiques calcaires qui en constituent la plus grande partie, la masse molle et pâteuse du lit de l'Atlantique septentrional contient d'innombrables carapaces siliceuses dont quelques-unes appartiennent à des formes animales très simples telles que les éponges, tandis que d'autres sont des organismes végétaux appartenant au groupe des *diatomées* décrit dans le dernier chapitre. Les *diatomées* habitent la surface de l'Océan avec les *globigerinæ* et les *orbulinæ*, mais les éponges vivent au fond. Çà et là, les restes d'autres animaux qui peuplent les profondeurs de la mer, tels que les étoiles de mer, les oursins et divers coquillages, sont aussi enfouis dans la vase et contribuent à la formation d'un dépôt sous-marin solide.

Il est très intéressant de noter que, de même que la dénudation pluviatile produit une conversion seulement partielle de la matière solide en matière liquide et qu'elle se borne pour le reste à un simple déplacement des matières solides, ainsi la reconstitution des solides qui s'opère dans les parties superficielles de l'océan par l'intermédiaire des *globigerinæ* n'est pas elle-même permanente. En d'autres termes, on a des raisons de croire que les coquilles de *globigerinæ* trouvées dans la substance pâteuse du lit de la mer ne représentent pas tout le travail accompli à sa surface par les *globigerinæ* dans la sécrétion des matières calcaires en dissolution dans l'eau de mer.

On a vu que les *globigerinæ* vivent dans les couches supérieures de la mer et dans presque toutes les régions chaudes et tempérées du globe. Il semblerait donc que la vase formée par leurs débris dût recouvrir le fond de la mer dans toute l'étendue de ces régions, et en effet on la rencontre à toutes les profondeurs entre 400 et 5000 mètres sur une étendue immense dans l'Atlantique et le Pacifique.

Mais il y a certaines zones dans ces océans, embrassant des milliers de kilomètres carrés, dans lesquelles le lit de la mer est recouvert, non de la vase formée par les amas de *globigerinæ*, mais d'une vase rouge qui semble n'être qu'une argile divisée en particules très fines. Cette vase ne se rencontre habituellement qu'à des profondeurs très grandes, supérieures à 4500 mètres, et les naturalistes du *Challenger* observèrent qu'en passant d'une région où le fond est recouvert par la vase ordinaire de *globigerina* dans une des zones où il est formé d'argile rouge, on traverse une surface recouverte d'une

sorte de vase grise intermédiaire dans ses caractères
entre la vase de *globigerina* et l'argile rouge. Dans le
voisinage de cette vase grise, les coquilles de *globigerina*
semblaient altérées comme si elles avaient été attaquées
par un acide, et aux approches de l'argile rouge, elles
devenaient de plus en plus fragmentaires et finissaient
par disparaître entièrement.

On ne peut douter que la pluie de foraminifères
s'abatte sur la surface recouverte par la vase grise et par
l'argile rouge, d'une manière aussi continue qu'ailleurs.
Que deviennent donc les coquilles? Il y a une conclusion,
semble-t-il, à laquelle on ne peut échapper : c'est que la
matière calcaire dont elles sont composées a dû être
dissoute. Les *globigerinæ* sont si minces que leurs coquilles doivent mettre très longtemps à traverser les
couches liquides de quatre ou cinq mille mètres d'é-
paisseur qui recouvrent le lit des mers très profondes.
Mais l'eau de mer contient beaucoup d'acide carbonique
et on sait déjà que le carbonate de chaux, surtout quand
il est divisé en particules très fines, est soluble dans
l'eau chargée de cet acide. Il est donc très probable que
cette pluie de foraminifères est partiellement dissoute
avant d'atteindre le fond de la mer et que, les autres
conditions demeurant les mêmes, plus la profondeur
est grande, plus grande aussi doit être la perte qui se
produit de la sorte.

La difficulté est de comprendre, non pourquoi les
globigerinæ ne se rencontrent pas dans le lit des eaux
les plus profondes de l'océan, mais pourquoi la dissolution s'accélère si rapidement entre les profondeurs
de 4500 et 5500 mètres, qu'à la première de ces profondeurs il subsiste des restes abondants de coquilles
non dissoutes, et nulle trace à la seconde. C'est là un
problème dont on n'a pu encore donner la solution.

On s'est demandé, en outre, ce qu'est cette « argile

rouge » qui succède à la vase de *globigerina* et on a supposé qu'elle n'était que le résidu qui subsiste après la dissolution de la *globigerina*, mais il n'est pas suffisamment prouvé que les coquilles de *globigerina*, dans leur état naturel de pureté, contiennent une proportion appréciable de cette matière minérale.

Une autre hypothèse, c'est que l'argile rouge est simplement formée des particules les plus fines des débris de la terre qui seraient descendues peu à peu jusqu'aux profondeurs les plus grandes de l'océan ; enfin on a proposé une explication nouvelle, d'après laquelle cette argile serait le produit de la décomposition des matières volcaniques entraînées par les vents, puis disséminées finalement sur la surface de l'océan, et qu'on trouve en effet flottant de tous côtés sous forme de ponce. On constate partout dans la vase de *globigerina* la présence de fragments de matières volcaniques et il est très probable qu'une pluie de matières volcaniques se mêle à la pluie de foraminifères qui tombe sur le lit de l'océan. Si tel est le cas, dans les régions où les foraminifères sont dissous avant d'atteindre le fond, les matières volcaniques demeureraient les seuls éléments constitutifs de la vase du fond et, en se décomposant, pourraient donner naissance à l'argile rouge.

Il résulte de ce que nous avons dit que si, à la suite d'un de ces soulèvements dont nous avons précédemment parlé, le lit actuel de l'Atlantique était porté jusqu'à la surface et venait à émerger, les millions de kilomètres carrés de terres nouvelles, sorties des flots, apparaîtraient recouverts d'un lit de calcaire tendre d'une épaisseur inconnue, mais montant peut-être et même très probablement à des centaines de mètres. Cette roche calcaire serait, en majeure partie, constituée par des coquilles de *globigerina* et d'*orbulina* intactes ou fragmentaires ; mais elle contiendrait en outre d'autres fora-

minifères, valves de coquillages, restes d'étoiles de mer,
d'oursins et d'autres animaux pourvus d'une carapace
dure, tels qu'on les trouve vivant aujourd'hui dans l'Atlantique.

Ce calcaire serait en définitive un calcaire « fossili-
fère » contenant plus ou moins de silice sous forme de
spicules d'éponges et d'autres débris agglutinés dans
sa masse, et il entrerait comme un élément de grande
importance dans la composition de la croûte terrestre.

CHAPITRE XVII

GÉOLOGIE DU BASSIN DE LA SEINE

Dans les chapitres précédents, nous avons étudié la nature générale de la Seine et la configuration de la surface dont elle reçoit les eaux ; ces eaux, nous les avons accompagnées jusqu'à la mer, puis nous les avons vues revenir à la surface de la terre en passant par l'atmosphère ; nous avons analysé l'atmosphère elle-même ainsi que les eaux de la terre et des mers et nous avons ramené les unes et les autres aux corps élémentaires qui les composent. Nous avons ensuite considéré le fleuve et les pluies qui l'alimentent comme une vaste machine à broyer et à triturer dont l'action dissolvante use insensiblement la surface du bassin de la Seine et entraîne à l'océan les éléments qui la composent ; nous avons montré en même temps que la mer, celle qui baigne les plages et les hauts-fonds de l'estuaire de la Seine et des côtes adjacentes, concourait par un travail non moins persistant à la destruction de la terre. Après avoir assisté ainsi à l'œuvre de dénudation et de dissolution qu'accomplissent tous les fleuves et tous les océans, il devenait intéressant de rechercher quelles opérations naturelles peuvent tendre à compenser cette usure incessante des terres fermes. Ces agents compensateurs, nous les avons découverts dans les forces qui tendent à soulever les terres submergées, dans les volcans qui transportent des matières fluides à la surface où elles se solidifient, et enfin dans la matière

animée qui, vue d'ensemble, travaille constamment à
accroître les matériaux solides du globe aux dépens de
ses constituants liquides et gazeux.

Après nous être ainsi formé une conception de la
nature générale des agents qui travaillent actuellement
à modifier l'écorce de la terre, nous sommes à même
de nous engager avec profit dans une autre série de con
sidérations.

Il ne faut pas confondre le bassin de la Seine avec le
bassin géologique de Paris. Le bassin fluvial est presque
tout entier compris dans le bassin géologique qui,
presque partout, en dépasse de beaucoup les limites.
Tandis que le bassin de la Seine présente sur toutes ses
frontières un relèvement plus ou moins accusé qui
forme sa *ceinture*, le bassin de Paris n'est pas moins
nettement défini par l'origine et la nature des couches
qui le constituent. Mais, les caractères du bassin fluvial
sont tout superficiels et extérieurs[1], ceux du bassin géo-

1. Rien de moins exact que la méthode géographique qui consiste à
rapporter la direction des cours d'eau uniquement à la direction des
montagnes et à décrire le système orographique d'une région comme une
sorte de tronc dont les rameaux enferment les bassins de rivières. En
effet, loin de couler toujours des niveaux les plus élevés aux niveaux les
plus bas, les rivières traversent souvent des crêtes, dont l'altitude dépasse celle de la ceinture de leur bassin, en s'engageant dans des défi-
lés étroits, véritables brèches pareilles à une porte de communication
ouverte entre deux régions presque toujours très différentes de nature et
d'aspect. Une série de « bassins fermés », s'étageant comme les degrés
irréguliers d'un escalier gigantesque et percés chacun d'une issue par
où les eaux s'échappent vers la mer, voilà ce qui constitue essentiellement la plupart des bassins fluviaux. Il en résulte que dans les cartes
où l'on figure la division du sol par bassins fluviaux, l'exactitude du relief
est sacrifiée à l'encadrement du bassin, le niveau des contours étant
exagéré pour mieux faire ressortir la ceinture. Il en est ainsi des cartes
qui représentent par une arête montagneuse la séparation des bassins
hydrographiques de la Manche et de la mer du Nord ou celle des bassins de la Seine et de la Loire. Entre la mer du Nord et la Manche, la
ligne de faîte est si peu marquée qu'il a suffi d'une simple rigole pour
détourner vers le versant de la Manche un ruisseau, le Boué, jadis affluent de la Sambre. Quant au bassin de la Seine, la ride de terrain qui

logique dérivent de la structure profonde du sol. Nulle
part, si ce n'est au sud-est, le bassin de la Seine n'est
séparé des régions voisines par une barrière naturelle ;
aussi ses frontières géographiques[1] n'ont-elles jamais été
des frontières historiques entre les anciennes provinces.
C'est là qu'est en partie le secret de l'influence de Paris
sur le reste de la France, et de sa puissance de rayonnement. Au contraire, le bassin géologique de Paris forme
une région autonome, une véritable région géologique.
La ceinture en est très nettement dessinée par les Ar-
dennes, les Vosges et les terrains granitiques du Plateau
Central et de la Bretagne. Au nord, la région parisienne
englobe une partie de la Belgique ; elle se continue vers le
nord-ouest au-delà de la Manche, dont l'existence est due
à une fracture du sol relativement assez récente et où le
relief sous-marin, les seuils qui rattachent la Grande-Bretagne à la France, entre le cap Lizard et la côte bretonne,
le Cotentin à l'île de Wight, et les deux rives du Pas
de Calais l'une à l'autre, accusent l'existence d'anciens
terrains émergés ; c'est vers Oxford qu'on peut au nord-
ouest placer la limite du bassin parisien. Mais, quoique
les frontières des deux régions, le bassin géographique
et le bassin géologique, ne coïncident pas, le bassin de
la Seine offre, au centre même du bassin parisien, un
ample champ à nos investigations et le plus souvent
nous n'aurons pas à nous écarter de Paris même pour
étudier les faits les plus intéressants.

Le bassin de la Seine présente une surface diversifiée
par des collines et des vallées ; cette surface est recou-

le sépare de la Loire au nord d'Orléans est si légère qu'il y a avantage à
faire coïncider les limites de la région parisienne avec les frontières
du bassin géologique de Paris plutôt qu'avec la ceinture du bassin fluvial.

1. Elles comprenaient l'Ile-de-France et la Champagne en entier,
mais n'enfermaient qu'en partie la Bourgogne, la Lorraine, la Picardie
et la Normandie qui se prolongeaient sur les bassins voisins.

verte d'une mince couche de terre végétale plus ou
moins modifiée par l'agriculture, et connue sous le nom
de terre arable. Le sous-sol sur lequel elle s'étend forme
comme la partie supérieure du fond du bassin. On a vu
que ce sous-sol varie de nature : il est, en effet, tantôt
argileux, tantôt siliceux ou crayeux. Parfois, il a même
composition que la terre arable; ainsi, sur les plateaux
que leur niveau mettait à l'abri des eaux, la terre arable
n'est que le sous-sol lui-même gercé, fendu, exfolié par
l'influence séculaire de l'atmosphère, de la gelée ou de
la végétation même. Nous avons mentionné incidemment
que les matériaux dont le sous-sol se compose sont disposés en assises ou strates, de telle sorte que si l'on
pouvait couper verticalement le fond du bassin de la
Seine, la section exposerait une série de couches s'étendant exactement l'une au-dessus de l'autre. Les carrières, comme celles de Meudon, auprès de Paris, et les
tranchées de chemins de fer, permettent d'examiner les
couches dans leurs relations naturelles et leur ordre de
superposition. Mais de telles sections effleurent à peine
le sol; les forages des puits artésiens (chap. II) fournissent, au contraire, un grand nombre de renseignements. Les forages de cette nature exécutés dans le
bassin de la Seine accusent, comme le montre la coupe
du puits de Grenelle donnée dans la figure 95, l'existence de lits de graviers, de limons, de sables, de calcaires
et d'argiles d'épaisseurs variables reposant sur une
couche puissante de craie; la craie recouvre elle-même
des roches d'une nature entièrement différente, telles que
des grès et des argiles. Le lit de craie, qui s'étend au-
dessous de Paris jusqu'à une profondeur supérieure à
480 mètres, se relève dans tous les sens autour de
Paris, de manière à affecter la forme d'une cuvette, ou
plutôt d'une assiette légèrement creuse dont le fond
est recouvert de couches horizontales de sables et d'ar-

giles, et dont le rebord occidental, indenté çà et là par
les estuaires des fleuves côtiers, escarpe le littoral de la
Manche, de la Seine à la Somme[1]. Toutes ces strates qui
forment le fond du bassin de la Seine contiennent des
restes fossiles d'animaux ou de plantes, souvent des uns
et des autres.

Voilà ce que nous connaissons de la structure générale du fond du bassin de la Seine. Comment faut-il
interpréter ces faits? Nous pouvons nous éclairer en étudiant la méthode qu'emploient les archéologues pour

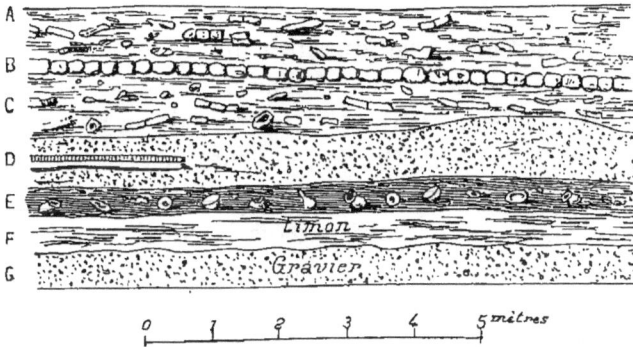

FIG. 84. — Tranchée creusée dans Cannon Street, à Londres, en 1851.

reconstituer une époque à l'aide des monuments humains.

En 1851, en exécutant une tranchée dans Cannon
Street, à Londres, on mit à jour les couches de terrain
superposées que représente la fig. 84. On y voit en B et
en D les restes d'anciens pavages d'époques différentes,
dans les couches A C E divers débris, en C et en E no-
tamment des fragments de poteries et des pièces de monnaie; enfin en F et en G deux couches inférieures consti-

---

1. Cette disposition de l'étage de la craie est indépendante de celle du
bassin même de la Seine, quoique les deux correspondent dans une certaine mesure. Toute surface drainée par une rivière affecte plus ou moins
cette forme de bassin ou d'assiette, quelle que soit la disposition des
strates qui en constituent le fond.

tuées, F par un dépôt de limon, G par un lit de graviers, d'où tout vestige du séjour de l'homme est absent.

De la présence des divers débris et ustensiles recueillis dans les couches supérieures, on pouvait conclure que des êtres humains avaient habité cette localité pendant très longtemps, quoiqu'on ne pût dire sans autre preuve extérieure pendant combien de temps. En outre, les poteries trouvées dans les couches C et E présentant des caractères différents, on était en droit d'en inférer que les populations qui vivaient dans cette région aux époques attestées par les deux couches, étaient de races très différentes, ou que, si elles étaient de même race, la postérité des plus anciennes avait dû subir un grand changement.

Si ces restes ne ressemblaient à rien de connu, ces conclusions seraient très légitimes, mais on ne pourrait rien savoir au delà. Or, les poteries trouvées dans la couche E ne diffèrent point des poteries romaines, tandis que les monnaies contenues dans la couche supérieure en C sont celles de l'Angleterre du XIe au XVIe siècle. On peut donc conclure que les deux couches remontent respectivement, celle qui renferme les poteries romaines à l'époque romaine, et celle où l'on a trouvé les monnaies, au plus tard au XVIe siècle.

Ces conclusions sont confirmées par des preuves indépendantes; mais ces faits archéologiques suffiraient, en dehors de ce qu'on sait d'ailleurs et à supposer qu'on ne connût rien de l'histoire ancienne de l'Angleterre, pour attester l'occupation romaine et en accuser l'âge relatif.

Les principes sur lesquels repose cette interprétation sont : 1° la couche supérieure est la plus récente, la couche inférieure la plus ancienne; 2° l'analogie de corps ayant une forme et une structure définies est une présomption en faveur de l'analogie de leur origine. Toutes les conclusions relatives à l'histoire de la terre telle qu'on peut la déduire de la structure de l'écorce

terrestre, sont fondées sur des principes analogues. Si
on peut établir que certaines couches ont été déposées
par les eaux, la couche supérieure sera la plus moderne[1],
la couche inférieure la plus ancienne, et les couches
moyennes intermédiaires. Si on peut établir que les
fossiles encastrés dans ces couches sont semblables aux
parties solides d'animaux ou de végétaux vivant actuellement, par là même sera établie l'existence de ces animaux ou de ces végétaux à une époque antérieure aux
dépôts qui ont constitué ces couches, ou contemporaine de leur formation.

A .Paris comme à Londres, au-dessous des couches
superficielles composant le terrain actuel, s'étendent
des dépôts de limons et de graviers dans lesquels ni
Romain ni Gaulois n'a laissé de trace. Ces graviers
recouvrent une grande partie de la vallée inférieure
de la Seine. Le long des rives de la Seine, de la Tamise
et d'autres fleuves, il est commun de trouver ces lits de
graviers disposés en terrasses. Ces étages successifs
(fig. 85) indiquent la hauteur à laquelle le fleuve coulait
à différentes époques. Le dépôt le plus élevé est alors
le plus ancien, le dépôt inférieur le plus récent. Le
gravier des terrasses supérieures doit donc contenir les
restes d'animaux qui peuplaient la vallée du fleuve avant
qu'il eût atteint un niveau inférieur. L'origine même de
ces graviers n'est pas certaine. Les uns y voient l'œuvre de
fleuves gigantesques qui coulaient à pleins bords et, par
leur vitesse torrentielle, creusaient peu à peu leur lit.
Le niveau de leurs eaux s'abaissant ainsi, les galets et
les sables qui voyageaient le long du lit se seraient déposés en étages successifs attestant les différents ni-

_____

1. Dans les régions qui ont subi de grandes perturbations, les couches
pourront être placées en quelque sorte sens dessus dessous, les plus anciennes étant relevées au-dessus des plus récentes, mais c'est là une
exception qui n'infirme pas le principe général.

veaux du fleuve. D'autres, se fondant sur la présence de
cailloux striés dans certaines couches des environs de
Paris, en ont attribué le transport à des glaciers ou à des
glaces flottantes. Enfin on en a parfois rapporté l'origine
à l'intervention de la mer qui, après avoir recouvert
tout le bassin de la Seine, serait rentrée dans son lit en
laissant sur son chemin ces vestiges de la détérioration
qu'elle avait accomplie. Mais il est plus probable que,
dans la série des siècles, la Seine rongea tantôt l'une,
tantôt l'autre de ses rives ; qu'elle erra à droite et à
gauche dans sa vallée ainsi élargie ; et qu'elle put, à la
longue, dans ses divagations séculaires, semer les graviers

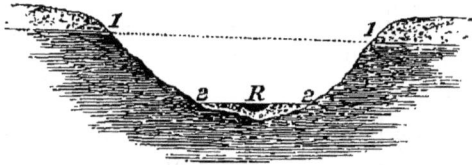

Fig. 85. — Coupe d'une rivière montrant l'ordre des dépôts de graviers.

qu'elle charriait sur une surface bien plus étendue que
celle recouverte par ses eaux. Quant à la différence de
niveau des terrasses de gravier et à la dépression du lit
du fleuve, on peut en rendre compte par les mouvements très lents du sol, qui se manifestent encore aux
environs de Paris [1].

Autour de Paris les dépôts de graviers sont recouverts par des alluvions fluviatiles telles que le *lœss* et le
limon des plateaux. Ces alluvions constituent une terre

1. M. Stanislas Meunier (*Géologie des environs de Paris*), d'après lequel ces détails sont résumés, constate que le sol des environs de Paris
ne s'est pas exhaussé de moins de 170 mètres. C'est ainsi que lorsque la
Seine, après une divagation séculaire, serait revenue vers un endroit
antérieurement recouvert du limon de ses eaux, le niveau du sol ayant
changé, l'ancien dépôt n'aurait pu être submergé.

argileuse d'une fertilité célèbre qui, de la Seine-et-Marne
s'étend jusqu'en Artois et en Flandre. Ces dépôts sont
aussi exploités comme terre à briques aux portes mêmes
de Paris. Ils se formèrent sans doute dans les débordements et dans les divagations de la Seine, ou bien
à une époque où le fleuve s'élargissait çà et là en lacs
et en bassins fermés et tranquilles. Les bandes d'alluvions déposées le long des rives du fleuve sont relativement modernes. Elles renferment des coquilles, des
os et d'autres restes organiques en même temps que
des restes végétaux dont on a déjà fait mention (tourbières).

On trouve aussi des fossiles en quantités innombrables
dans les dépôts plus anciens tels que le *diluvium* [1] *gris*.
La plupart consistent en coquilles terrestres ou d'eau
douce qui vivent encore de nos jours. Quelques-unes
n'habitent plus les rivières de nos contrées, mais vivent
ailleurs. Il en va autrement des os trouvés dans le même
lit. Beaucoup sont ceux d'animaux très différents de
ceux qui vivent actuellement en France ou qui ont habité nos régions dans les temps historiques. De même
que les monnaies et les poteries trouvées à Londres
sont les restes des populations qui habitaient cette ville
aux époques diverses où se formèrent les couches qui
les renferment, ou antérieurement à leur formation,
de même ces os représentent des animaux qui vivaient
dans le bassin de la Seine à l'époque où les dépôts
dans lesquels ils se rencontrent étaient en voie de formation.

Alors que le limon des plateaux et le diluvium étaient
en train de se déposer, la faune ou population animale
du bassin de la Seine comprenait, outre nombre d'animaux qui y vivent encore, des mammifères éteints, comme

---

1. Nom donné à tort, car l'origine diluvienne de ce dépôt n'est rien
moins que prouvée.

le mammouth (fig. 86), éléphant gigantesque dont la
hauteur atteignait six mètres et qui était, selon Cuvier,
« couvert d'une laine grossière et rousse et de longs poils
roides et noirs qui lui formaient une crinière le long du
dos[1] ». On y trouvait en outre l'hippopotame aujourd'hui
relégué en Afrique, le rhinocéros, l'ours brun, l'ours
gris, une espèce de lion éteinte, l'hyène tachetée, le
bison, etc. La plupart sont représentés par des restes
abondants, et cette abondance même dénote qu'ils

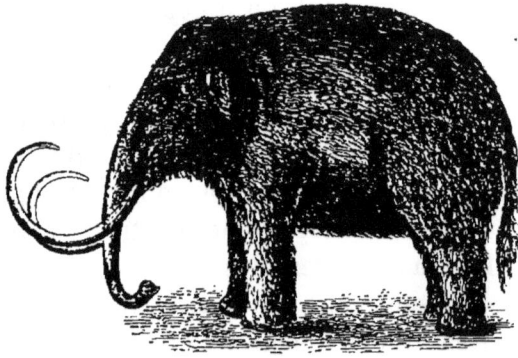

FIG. 86. — Mammouth (*Elephas Primigenius*).

constituaient une partie importante de la faune de ces
âges.

Parmi ces animaux, les uns sont éteints, d'autres ont
émigré au nord, quelques-uns se sont réfugiés au sud et
un certain nombre est demeuré dans nos pays. Étrange
est l'association dans le même dépôt de formes septentrionales et méridionales, dénotant les unes un climat
froid, les autres un climat chaud. On ne peut déduire
de leur présence que des renseignements douteux quant
aux conditions climatériques de la région parisienne à

1. Il existe au Muséum de Paris un humérus d'*Elephas primigenius*
(Mammouth) trouvé dans Paris même.

l'époque où ils vivaient. Mais le climat était certainement très froid, car les dépôts accusent parfois des conditions glaciaires. Il y eut donc un temps où le bassin de la Seine fut recouvert de glace terrestre et marine, et nous avons vu que, d'après certains géologues, ce sont ces glaces qui auraient charrié les graviers et le limon du diluvium.

Il est intéressant de savoir si l'homme partageait la possession de la vallée de la Seine avec les animaux dont on trouve les restes dans le diluvium. La figure 87 représente un ustensile paléolithique qu'on a trouvé près de Londres associé avec une défense d'éléphant. On a recueilli et on recueille encore journellement un très grand nombre de silex taillés ; longtemps on crut qu'ils provenaient de fractures accidentelles, mais il est bien établi aujourd'hui qu'ils sont le produit de l'industrie primitive de l'homme, « que, par conséquent, l'homme a été contemporain des animaux quaternaires, en d'autres termes,

Fig. 87. — Outil paléolithique.

qu'il existe réellement des hommes fossiles[1] ». C'est ce qu'ont vérifié des découvertes nombreuses ; la première, faite dans le département de la Somme, près d'Abbeville, fut celle d'une mâchoire humaine, mais depuis, dans les environs de Paris et à Paris même, à Clichy, à Grenelle, à Villeneuve-Saint-Georges, on a exhumé en grand nombre, du diluvium, des débris de squelettes humains associés avec des silex taillés et des os d'animaux contemporains. Parmi ces restes humains,

1. Stanislas Meunier, *ouvr. cité*, p. 375.

les uns accusent une race de taille exiguë et qu'on rapporte au groupe hyperboréen, les autres, comme l'homme de Grenelle, une race de grande taille, unissant dans une alliance étrange les caractères les plus élevés à ceux de la bestialité. Cet homme primitif dont on avait si longtemps révoqué en doute l'existence, on le connaît si bien aujourd'hui qu'on peut le décrire plus complètement encore que les animaux ses contemporains. « Ce précurseur de la civilisation, dit M. Stanislas Meunier, devait nécessairement allier à l'esprit qui conçoit la force qui exécute. » Et on a pu même, dans certains cas, reconstituer l'histoire de sa vie de chaque jour, son alimentation, son industrie, ses occupations, ses habitudes.

Les outils de pierre qui, les premiers, révélèrent l'existence de l'homme à cette époque, dénotent un âge où l'homme ne connaissait pas l'usage des métaux. Les silex appartiennent eux-mêmes à trois époques différentes ; la première est celle de la *pierre éclatée*, où chaque éclat, détaché de la pierre par le percuteur ou marteau, constitue la lame de silex ; dans la deuxième, celle de la *pierre taillée* (fig. 88), l'homme primitif, déjà plus habile, donnait au silex la forme requise en le taillant peu à peu à coups de percuteur ; enfin la troisième est celle de la *pierre polie* (fig. 89). Mais les silex de cette dernière époque ne se rencontrent que dans les dépôts superficiels ; on ne les trouve jamais dans les couches les plus anciennes, ou associés aux squelettes d'animaux éteints. Ces trois époques forment l'*âge de pierre* que Sir J. Lubbock divise en deux périodes seulement : la plus ancienne, ou *âge paléolithique* (pierre éclatée et pierre taillée) ; la plus moderne, ou *âge néolithique* (pierre polie). La figure 88 représente un outil paléolithique, la figure 89 un outil néolithique.

Tous les dépôts décrits jusqu'ici consistent en matières meubles répandues çà et là, et comme plaquées sur la

surface du bassin de la Seine. Aussi les appelle-t-on
terrains de transport, et d'ordinaire ils ne sont pas représentés sur les cartes géologiques. Une carte géologique représente, en effet, les roches qui seraient exposées
à la surface si les dépôts superficiels n'existaient pas.
Parfois ces dépôts n'existent pas et la roche, qui forme
ailleurs le sous-sol, est en effet exposée. La carte du bassin
de la Seine donnée à la fin de ce volume (pl. II) est colo-
riée de manière à montrer les roches du sous-sol comme

FIG. 88. — Hache en silex taillé.

FIG. 89. — Outil
en silex poli.

on les verrait à la surface du pays, si elles n'étaient pas cachées par les sables, graviers, galets et limons des dépôts
superficiels. Une remarque importante doit se placer ici :
c'est que si partout les différentes formations se succèdent dans le même ordre, les couches supérieures des terrains de sédiment étant toujours les plus récentes et les
couches inférieures les plus anciennes, l'épaisseur des
formations peut cependant varier au point que quelques-
unes manquent parfois absolument, comme le montre
bien la figure 37 représentant une coupe de Meudon à

Montmartre. Il importe aussi de noter que la constitution du sol change selon l'altitude : c'est ainsi que, dans Paris, les bords mêmes de la Seine ne présentent pas toutes les couches qu'offre la butte Montmartre, qui ne possède pas elle-même les roches d'un niveau supérieur à son altitude, telles que les offrira, par exemple, la Beauce. Nous nous supposerons, dans notre examen des terrains parisiens, placés au niveau le plus élevé auquel les terrains du bassin de Paris se soient déposés, et comme si, au-dessous de nous, toutes les formations étaient représentées.

Sous le nom de terrains tertiaires, on désigne les terrains de sédiment dont la formation, antérieure à l'époque géologique actuelle, est postérieure à celle de la craie (voir pl. II). Ce sont des dépôts marins et d'eau douce qui se formèrent dans des bassins d'étendue variable ou sur le littoral de la mer, à l'embouchure des grands fleuves.

La série des terrains tertiaires s'ouvre dans le bassin parisien par les *sables de Saint-Prest* [1]. Ces sables renferment les restes d'une faune très étendue, et on y a découvert aussi des vestiges d'une industrie humaine très grossière : têtes de lances ou de flèches, poinçons et grattoirs. L'homme semble donc être apparu dès le terrain tertiaire supérieur ou *pliocène* [2].

Au-dessous des sables de Saint-Prest, en suivant l'ordre de superposition des terrains tertiaires de haut en bas, le *terrain de Beauce* ou *calcaire de l'Orléanais* est un terrain surtout d'eau douce, quoiqu'il renferme certaines couches marines. C'est à cette formation qu'appartiennent les meulières, dont les amas, exploités pour les constructions, couronnent les sommets des collines les

---

1. Ainsi nommés d'une localité voisine de Chartres.

2. *Éocène*, de ἕως, aurore, καινός, récent; le terrain dans lequel on assiste à la première apparition des espèces animales actuelles; *pliocène*, de πλέιον, plus; le terrain qui contient proportionnellement plus d'espèces vivantes que le terrain *miocène* (μεῖον, moins).

plus élevées des environs de Paris, Montmorency, Meudon, le mont Valérien.

Ces dépôts recouvrent les terrains que les géologues désignent du nom de *sables de Fontainebleau*. Ce sont des dépôts marins d'une grande puissance et d'une étendue considérable, qui constituent plus ou moins entièrement les sommets de la plupart des plateaux des hauteurs et des buttes qui cernent ou dominent Paris. Ils doivent à des infiltrations ferrugineuses leur coloration jaunâtre. Ces sables, en s'agglutinant, forment les grès de Fontainebleau. A l'origine, ces grès sont enveloppés de sable, mais les agents atmosphériques, la pluie, les eaux courantes les mettent à nu peu à peu et entraînent le sable qui les supporte; ils glissent alors jusqu'aux amas déjà écroulés, et forment de leurs vastes blocs ces entassements curieux et magnifiques que l'on admire dans la forêt de Fontainebleau, et ailleurs au sud de Paris. Bien des rues de Paris ont été pavées avec les grès que l'on exploite auprès de Palaiseau. Ces dépôts abondent en huîtres et en coquilles marines.

Les *sables de Fontainebleau* sont la couche la plus basse du terrain tertiaire moyen ou miocène. Le terrain tertiaire inférieur ou éocène qu'ils recouvrent s'appelle encore *terrain parisien* parce qu'il constitue le sol de Paris et de ses environs; on le trouve ailleurs, dans le bassin de la Garonne, autour d'Aix et de Narbonne en France, puis en Belgique et dans le bassin de Londres, mais nulle part cette formation n'est aussi puissante ni aussi complète que dans la région parisienne. On peut y reconnaître trois séries successives caractérisées la première par le *gypse* ou *pierre à plâtre*, la seconde par le *calcaire grossier* ou *pierre à bâtir*, et le système inférieur enfin par l'*argile plastique*.

A la formation gypseuse est superposé le *travertin de Brie;* c'est à ce terrain qu'appartient l'étage des *meulières de Brie* dont le nom indique assez l'usage et dont l'exploitation a rendu célèbre La Ferté-sous-Jouarre. Le système gypseux lui-même est caractérisé par un minéral, le gypse ou sulfate de chaux hydraté. Il ne forme pas une masse unique et compacte, mais plusieurs amas entre lesquels sont insérées des couches de *marnes feuilletées* de diverses couleurs, vertes, grises ou blanchâtres, et généralement dépourvues de fossiles. Le gypse s'altérant très facilement sous l'action des agents extérieurs, le terrain gypseux n'est nulle part exposé; partout en effet où il affleurait, la gelée et la pluie l'ont effrité et dissous. C'est ainsi que tandis qu'à l'origine la formation gypseuse s'étendit dans un vaste rayon autour de Paris, de Mantes à Épernay, de Pont-Saint-Maxence à Melun, des dénudations successives l'ont déchiquetée en lambeaux dont quelques-uns constituent en grande partie la butte Montmartre, Belleville et Pantin aux environs de Paris. C'est dans l'épaisseur de ces monticules que le gypse est renfermé. La *pierre à plâtre* donne lieu à Montmartre, à Belleville, à Argenteuil, à une exploitation des plus importantes; elle offre, dans les carrières de ces différentes localités, trois variétés principales : la première consiste en cristaux agglutinés et grenus, et se présente en masses informes, c'est la pierre dont on use communément pour les constructions. La deuxième consiste en sulfate de chaux presque pur et se présente sous la forme de lentilles aplaties ou de cristaux groupés en rosaces, en fer de lance (fig. 90) et en lames tantôt transparentes et limpides, tantôt blanches ou jaunâtres; c'est cette deuxième variété qu'on emploie dans la préparation du plâtre fin. La troisième variété forme des masses compactes rayées de zones jaunâtres; c'est la pierre à plâtre proprement dite dont les qualités les plus pures sont connues sous le nom d'*albâtre*. Le plâtre lui-même n'est autre chose que du gypse cuit, c'est-à-dire privé de son eau par la calcination. On s'en sert pour les constructions, les moulages et aussi, depuis le milieu du siècle dernier, pour l'amendement des terres, en agriculture.

Les plâtrières de Montmartre sont célèbres dans l'histoire de la géologie : elles furent en effet le premier théâtre des découvertes de Cuvier ; c'est là qu'il dirigea d'abord ses investigations dont le succès affermit et enhardit son génie sagace. Il y a donc un intérêt historique à examiner la faune dont l'étude permit à Cuvier de fonder l'anatomie comparée et la paléontologie. Les poissons y sont en petit nombre, mais les squelettes de reptiles abondent ; parmi eux, Cuvier a étudié et décrit le *crocodilus parisiensis*. On a extrait des plâtrières beaucoup d'oiseaux et d'animaux dont les espèces et les genres sont aujourd'hui éteints. De ce nombre sont des débris de mammifères terrestres qui apparaissent ici pour la première fois en multitudes innombrables. Telle est la *sarigue des plâtrières* dont l'aspect et la taille étaient assez voisins de ceux de la marmotte. Parmi les carnassiers,

Fig. 90. — Gypse en fer de lance.

Cuvier a relevé le *loup* ou *chien des plâtrières;* parmi les pachydermes, le *palæotherium* et l'*anoplotherium*, animaux caractéristiques de la formation gypseuse. Le *palæotherium* rappelait l'antilope par sa forme générale, mais par nombre de caractères il était voisin des tapirs. Ces pachydermes habitaient en troupes nombreuses près des fleuves et des lacs. Quant à l'*anoplotherium*, il se rapprochait, par ses caractères très variés, à la fois du rhinocéros, du cheval et de l'hippopotame. « Ce qui le distinguait le plus, dit Cuvier, c'était une énorme queue ; elle lui donnait quelque chose de la loutre et il est très probable qu'il se portait souvent, comme ce carnassier, sur et dans les eaux, surtout dans les lieux marécageux. Mais ce n'était sans doute point pour pêcher; notre *anoplotherium* étant surtout herbivore, il allait donc chercher les racines et les tiges succulentes des plantes aquatiques. D'après ses habitudes de plongeur et de nageur, il devait avoir le poil lisse comme la loutre... La longueur de son corps était à peu près la même que celle d'un âne, mais sa hauteur n'était pas tout à fait aussi considérable. »

Le gypse n'est qu'une modification du carbonate de chaux qui s'est transformé en sulfate de chaux, l'acide sulfurique ayant remplacé l'acide carbonique. On a donc été conduit, pour expliquer sa formation, à l'attribuer à des sources thermales assez semblables aux éruptions de boues volcaniques et chargées d'acide sulfurique.

Au-dessous du gypse, le *calcaire de Saint-Ouen* est d'origine lacustre et renferme, avec des coquilles d'eau douce, des os de mammifères précurseurs de la faune du gypse. Les *sables de Beauchamp* ou *sables moyens*, auxquels il est superposé, affleurent à Maisons-Alfort, dans les forêts de Chantilly et de Villers-Cotterets dont ils forment le sol. Ils renferment des milliards de petits foraminifères appelés *nummulites*. Ces sables sont d'origine marine, mais les couches supérieures sont moins exclusivement marines que les dernières, comme si elles avaient subi les premiers effets du changement de régime qui s'est manifesté dans la suite par la formation du dépôt du calcaire d'eau douce de Saint-Ouen.

Les *sables moyens* recouvrent la puissante formation du *calcaire grossier;* c'est un dépôt marin et d'eau saumâtre d'où l'on tire la pierre à bâtir de Paris et de ses environs. Il consiste tantôt en un calcaire gras, tendre et de couleur jaunâtre, tantôt en une pierre de taille au grain dur et fin, ailleurs enfin en moellons, comme à la base des carrières de Bas-Meudon, Gentilly et Vaugirard.

Parmi les fossiles de cette formation, le *cerithium giganteum* est une grande coquille qui a parfois jusqu'à 50 centimètres de longueur et 20 centimètres de grosseur (fig. 91). Dans le calcaire supérieur, les coquilles d'eau douce abondent; à Passy et à Gentilly, on y a trouvé des dents de crocodile et des restes de pachydermes herbivores (*lophiodon*). Les végétaux qui appartiennent à cette formation sont surtout des algues, des fougères et des palmiers.

L'étage du *terrain tertiaire inférieur* ou éocène s'étend immédiatement au-dessous du *calcaire grossier*. La première formation qu'il renferme est celle des *sables supérieurs* du Soissonnais. Les foraminifères y sont innombrables et on y a trouvé des poissons, des tortues, des serpents dont une espèce assez voisine par la taille du *boa* actuel. Plus bas vient l'étage des *lignites* abondants en coquilles d'eau saumâtre et qui renferment des pyrites de fer. La faune de cette formation n'offre rien

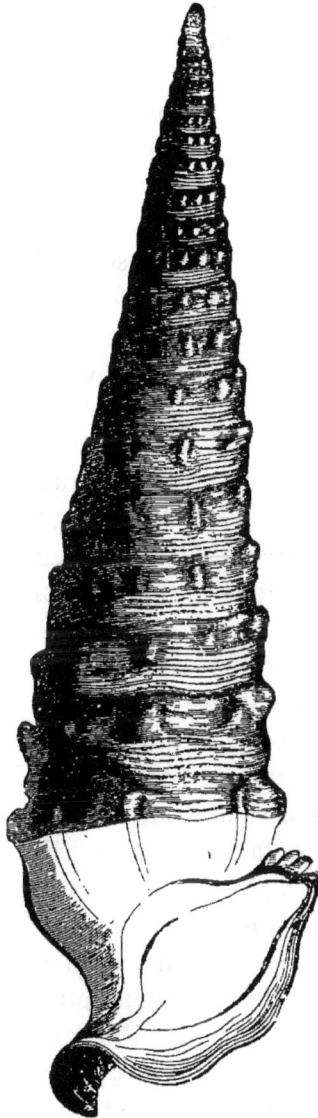

FIG. 91. — Cérite géante, 50 centimètres de longueur.

de caractéristique et quant à la flore des lignites, il est assez mal aisé de l'étudier, puisque les lignites proviennent de la décomposition des végétaux qu'il s'agirait d'examiner.

Au-dessous des lignites s'étend la puissante formation de l'argile plastique qui atteint parfois jusqu'à 50 mètres d'épaisseur; elle est tantôt blanche et pure, tantôt grise ou rouge et ferrugineuse. On l'exploite à Montereau, où l'on rencontre ses différentes variétés, pour la fabrication des faïences, des poteries et des tuiles. On n'y trouve point de coquilles marines ou d'eau douce, et on lui attribue une origine analogue à celle des produits des volcans boueux. Enfin, à la base de la série tertiaire, le *conglomérat* à ossements de Meudon paraît être le produit d'une dénudation qu'auraient accomplie des eaux violemment agitées; les *poudingues de Nemours* qui appartiennent au même niveau ont une origine analogue : les rognons de silex confusément agglomérés qui les composent proviennent du ravinement de la craie sous-jacente par les eaux, à la fin de la période secondaire.

La craie qui forme l'étage supérieur des terrains secondaires occupe une étendue considérable dans le nord-ouest de la France et la partie de l'Angleterre qui fait face à notre littoral de la Manche; elle affleure aux portes de Paris, au pied de la colline de Meudon et à Bougival; sur les côtes de la Manche et du Pas de Calais où elle forme ces falaises friables si bizarrement et parfois si magnifiquement déchiquetées; en Picardie, en Champagne, le travail séculaire de la dénudation l'a mise à découvert partout où elle n'affleurait pas. Çà et là, le manteau de terrains tertiaires qui recouvrait autrefois ces plaines de craie s'est conservé et ces lambeaux de terrains échappés à la dénudation, argile sablonneuse ou limon, forment des îlots de végétation dont la verdure émerge agréablement de la surface blanchâtre et maussade de la craie.

Dans la région parisienne, le terrain crétacé forme comme le fond du bassin où les couches plus modernes sont venues se déposer. Les géologues divisent d'ordinaire le terrain crétacé en deux étages : l'*étage supérieur* ou de la *craie blanche*, et l'*étage inférieur*. Dans un grand nombre de localités, la craie blanche est recouverte par un calcaire crayeux généralement friable, mais qui durcit promptement à l'air. Il renferme des fossiles qui annoncent les terrains tertiaires. De nombreux édifices en sont construits dans la Champagne et, en Égypte où il est très abondant, il a servi à bâtir les pyramides.

La craie blanche est une roche calcaire, homogène et compacte, sillonnée dans sa masse de rognons de silex disposés en bandes horizontales. La faune de la craie blanche, moins riche que celle des couches infé-

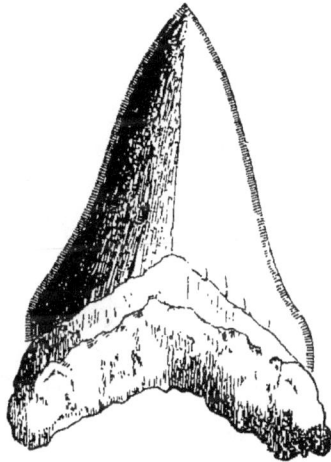

FIG. 92. — Dent de squale.

rieures, est caractérisée surtout par les foraminifères microscopiques. Outre ces foraminifères et de nombreuses coquilles marines, la craie blanche a fourni, à Meudon même, des squales représentés par leurs dents (fig. 92), des reptiles tels que les *mosasaures*, sauriens qui vraisemblablement vivaient dans la mer.

Quelle est l'origine de la craie ? Sa structure en partie organique s'oppose à ce qu'on voie dans la craie le résultat de la trituration d'une roche plus ancienne ou de l'intervention de sources incrustantes. On peut presque

toujours découvrir dans la craie des carapaces de foraminifères, et parfois elles y abondent. Leur forme la
plus commune est celle d'une *globigerina* entièrement
semblable à celle qui constitue la vase du lit de l'Atlantique. On trouve aussi dans la craie d'immenses quantités de coccolithes et de coccosphères; la craie diffère
donc de la vase du lit de l'Atlantique surtout en ce que
la proportion des particules granulaires sans forme définie, aux restes organiques faciles à reconnaître, y est

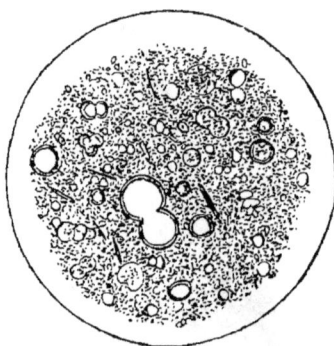

FIG. 93. — Section microscopique
d'un morceau de craie. (Diamètre
amplifié 220 fois environ.)

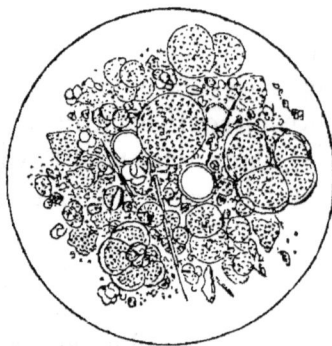

FIG. 94. — Vase du lit de l'Atlantique recueillie à une profondeur
de 4100 mètres. (Diamètre amplifié 220 fois environ.)

plus considérable, et en ce qu'on n'y rencontre aucune
de ces charpentes et de ces coquilles siliceuses qui ne
font jamais défaut dans les échantillons de la vase océanique (fig. 93 et 94).

La première de ces différences s'explique sans difficulté. La craie en effet a pu se former de la même manière que la vase de *globigerina* qui se dépose actuellement; et la proportion des coquilles qui ont été
réduites en poussière a pu être accrue par la pression
que la craie a subie. En certains endroits aussi, l'infiltration de l'eau a pu faire disparaître plus ou moins

complètement leur structure primitive, exactement
comme dans un récif de corail la structure individuelle
des coraux qui le constitue s'est évanouie, et comme
dans les dépôts diatomacés (chap. xiv) les diatomées ont
été transformées en une sorte d'opale par la même
influence.

Quant à la seconde différence, il n'y a pas de raison
pour mettre en doute que l'océan dont le lit est représenté par la craie contînt en aussi grande abondance
que l'Atlantique actuel, des organismes munis d'enveloppes et de charpentes siliceuses. Il faut donc conclure
que les restes de ces organismes siliceux existèrent
jadis dans la craie, mais qu'ils ont été dissous ; cette
conclusion est confirmée par un fait particulier, c'est que
les éponges dont on trouve des restes très abondants
dans la craie, ont perdu ces spicules de matière siliceuse que les éponges actuelles des espèces semblables
possèdent toujours. D'autre part, la craie renferme des
silex, corps dont on ne trouve pas de trace dans la vase
de l'Atlantique. Mais il est probable que ces silex représentent les organismes siliceux que contenait la
vase crétacée, quand elle se déposa, mais qui, dissous
dans la suite par l'infiltration de l'eau, se sont déposés
de nouveau sous la forme de silex amorphes, comme
les diatomées des couches de tripoli ont été dissoutes,
puis déposées à nouveau comme substance opaline.

Darwin[1] a d'ailleurs montré qu'il se forme de nos
jours des sédiments crayeux tout autour des atolls des
mers tropicales. « Autour de ces îles madréporiques,
vit toute une population d'animaux corallophages qui
broutent les zoophytes comme les moutons paissent
des herbes. Le produit de la digestion de ces polypiers
va constamment s'accumuler autour des atolls où il ne

---

1. Darwin. *Les récifs de corail, leur structure et leur distribution.*

tarde pas à former des couches épaisses. Or on retrouve
dans ces couches tous les caractères de la craie. »

Que conclure de là, sinon que la craie représente la
vase d'un ancien fond de mer, puisqu'elle est constituée
par des débris d'animaux marins, et qu'elle renferme
une foule de fossiles dont la plupart sont ceux d'animaux exclusivement marins. Il est donc certain que la
surface crayeuse du bassin de la Seine a dû être recouverte par la mer, et même que la mer qui flottait au-
dessus de cette surface était éloignée de tout rivage,
car on ne trouve pas sur le lit de cet océan le mélange
d'argile et de sable qui résulterait de la dénudation. La
mer de la craie était un océan profond, et sa profondeur
dépassait même 200 mètres.

Au *terrain crétacé inférieur*, la formation la plus profonde qu'ait atteinte le sondage du puits de Grenelle,
appartiennent des argiles et des sables bleus ou ver-
dâtres que les géologues appellent *gault* ou *grès vert;*
nous avons dit (p. 34) que c'est cette assise argileuse
du gault qui donne l'eau des puits artésiens de Paris.
On peut voir par la coupe du puits de Grenelle (fig. 95)
que ce grès vert est au-dessous de Paris à 510 mètres de
profondeur et que l'épaisseur de la formation crayeuse
sous la capitale atteint presque 500 mètres. Enfin les
restes organiques qu'on a trouvés dans les terrains
oolithiques et liasiques qui s'étendent au-dessous de la
craie, sont ceux d'animaux marins et on sait par là que
la mer recouvrait la partie orientale du bassin de la
Seine à une époque encore plus reculée.

En rassemblant tous ces faits, on peut conclure que
l'état actuel de la Seine a été précédé par un autre où le
fleuve coulait à un niveau très élevé et où le climat était
beaucoup plus froid qu'à présent : c'est la période pendant laquelle se formèrent les dépôts quartenaires.
Antérieurement il y avait eu, dans l'histoire du bassin

de la Seine, une période où la région que recouvre une
série de dépôts alternativement marins et d'eau douce,
formait un vaste estuaire et où le climat était beaucoup
plus chaud que de nos jours.

Cette deuxième période fut elle-
même précédée d'une troisième
durant laquelle la craie se déposa; la plus grande partie du
bassin de la Seine était alors recouverte par les eaux, et cette
condition semble avoir dominé
aussi loin que nous puissions
remonter.

En outre nous savons que l'é-
paisseur tout entière du fond du
bassin consiste dans une vase
accumulée par différents agents
sur le lit de la mer et qui fut
plus tard soulevée. Cette vase
représente en partie la dénudation des surfaces du sol contemporain de ces dépôts, mais elle
est plus encore l'œuvre de la vie
animale.

Quand cet ancien lit de mer
eut émergé, la pluie tritura,
éroda sa surface et se réunit en
courants, ruisseaux et rivières,
qui creusant de plus en plus leur
chenal, ont fini par produire la

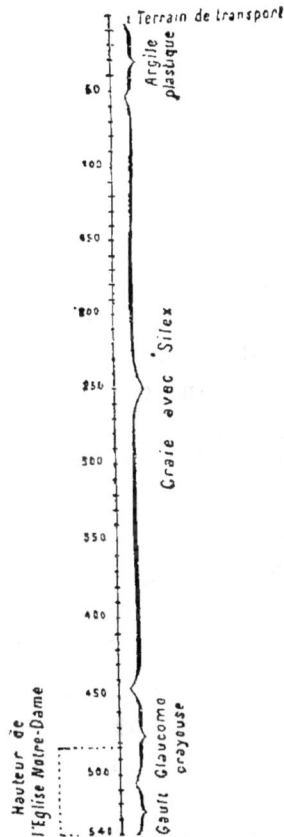

FIG. 95. — Coupe du puits de
Grenelle.

surface accidentée du bassin de la Seine. Ainsi, quelque
paradoxale qu'une telle affirmation puisse paraître, le
fleuve est plus ancien que les collines, monticules, buttes
et tertres parmi lesquels il déroule ses méandres et qui
semblent commander son cours.

Pouvons-nous dire combien de temps mirent à se former les dépôts qui constituent le fond du bassin de la Seine? Très certainement leur formation suppose une énorme durée, mais il n'y a pas moyen de la mesurer exactement. La masse entière s'en est édifiée des produits de la dénudation ou de ceux des opérations de la vie. Or il n'y a pas la moindre raison de supposer que ces produits se formaient alors plus rapidement que de nos jours, et nous savons par des preuves indépendantes que quelques-unes de ces roches, telles que la craie, se déposèrent très lentement. On peut admettre comme certain que l'épaisseur de la couche crayeuse représentant l'accumulation d'une année dans l'océan crétacé n'est qu'une petite fraction d'un centimètre [1]. Mais en admettant que ce fût un centimètre, l'épaisseur du terrain crétacé étant au-dessous de Paris de 490 mètres environ, on voit que cette formation seule ne représente pas moins de 49 000 ans.

En fait, non seulement il est certain qu'on serait bien plus près de la vérité en supposant que la craie qui s'étend au-dessous de Paris a mis dix fois plus de temps à se déposer, mais on peut prouver que les couches superposées à la craie dans le bassin parisien ne représentent qu'une minime fraction de celles qui se sont déposées ailleurs depuis le temps où se forma le terrain crétacé. En réalité il y a plusieurs centaines de milliers d'années que l'océan dont les eaux eurent pour lit la craie ne flotte plus sur l'emplacement de Paris.

L'examen des fossiles des divers terrains du bassin parisien met en lumière d'autres faits remarquables. Les animaux et les plantes les plus voisins de nous dans le temps sont les plus semblables à ceux qui peuplent

1. Dans la Manche, l'une des mers les plus corrosives que l'on connaisse, l'épaisseur du dépôt ne croît que de quatre centimètres par siècle.

et animent aujourd'hui la terre, mais l'analogie s'efface et les dissemblances s'accentuent dans la faune et dans la flore, à mesure que l'on remonte aux âges les plus reculés. C'est ainsi qu'en redescendant de ces âges jusqu'à nos jours, les premiers venus dans les créations successives qui animèrent la surface du bassin de la Seine furent quelques coquillages; puis des poissons, des amphibies, et dans le sud-est du bassin de la Seine[1], de gigantesques sauriens, « dont quelques-uns, pourvus d'ailes, paraissent avoir réalisé les formes fantastiques des animaux de la fable », peuplèrent les mers ou hantèrent les humides forêts. Mais les conditions d'existence s'améliorent, l'organisation animale se modifie et progresse, et pendant que les reptiles rampent encore au fond des marécages, les grands mammifères apparaissent. L'homme est le dernier hôte de cette création qui l'étreint d'abord, mais dont il s'empare et qu'il fait sienne peu à peu. La plupart des espèces peuplant la surface du bassin de la Seine ont donc dû être renouvelées, non à la suite de destructions totales violemment et mille fois répétées, mais par des modifications lentes et des transitions ménagées. Enfin nous avons vu que les couches qui forment le fond du bassin de la Seine doivent leur origine aux mêmes agents de dénudation et de reconstitution qui sont à l'œuvre sous nos yeux : témoignage irrécusable de l'uniformité des voies de la nature à travers des centaines de milliers d'années.

En étudiant le passé de ce bassin, nous avons constaté le progrès ininterrompu qui a conduit les différentes formations des conditions marines aux conditions terrestres, comme si un soulèvement s'était produit. Mais les dépôts stratifiés ne se forment qu'au fond des eaux et une surface terrestre ne laisse pas d'indications de

1. Dans les terrains jurassiques.

son existence quand elle a disparu. Il est donc possible
que les roches des terrains plus anciens que recouvre la
craie aient été soulevées et exposées jadis, qu'elles aient
formé des continents pendant une immense période
après s'être déposées, puis qu'elles aient fini par être
submergées comme plus tard le fut la craie. Et comme il
n'y a pas de raison pour que chacun de ces changements
se soit accompli autrement que graduellement, l'esprit
reste confondu devant l'immensité de la durée de ces
révolutions du globe dont l'histoire de la terre n'est qu'un
chapitre et celle du bassin de la Seine à peine une
page.

Si maintenant nous cherchons à éclairer le présent par
le passé, et les formes extérieures du bassin de la Seine
par sa structure profonde telle qu'elle nous est connue,
la région parisienne nous fournit une admirable illustra-
tion des rapports de la géologie avec la géographie et l'histoire. Non seulement, en effet, Paris a trouvé dans son sol
les matériaux de ses constructions, le plâtre, la pierre
de taille et l'argile de ses briques, mais les destinées de
cette ville, de l'Ile-de-France et du bassin de la Seine se
lisent en quelque sorte dans les traits du milieu géologique. L'intérieur du bassin dont Paris occupe le centre
et le fond est rempli par une série de couches dont
chacune figure comme la laisse d'une mer géologique et
qui s'emboîtent les unes dans les autres, selon l'expression d'Élie de Beaumont, « comme une série de
vases semblables entre eux qu'on fait entrer l'un dans
l'autre pour occuper moins d'espace. » Ces différentes
formations se relèvent sur les bords du bassin et leurs
affleurements successifs se dressent en six arêtes ou crêtes
concentriques doucement inclinées vers Paris, mais s'es-
carpant brusquement à l'extérieur vers l'est [1]. Ces crêtes

1. Les rivières du bassin de la Seine franchissent ces escarpements
par des brèches qu'elles ont creusées et souvent les localités du voisi-

forment, par suite de l'orientation de leurs escarpes,
comme autant de lignes de défense[1] ; elles entourent Paris
d'une sextuple circonvallation qui s'oppose naturellement
aux invasions du nord et de l'est et se trouve être ainsi le
réduit de la défense nationale. Vers le nord, les crêtes
s'effacent, la région parisienne se relie à la Belgique par
un large seuil découvert et les fortifications ont dû
suppléer à l'absence de défenses naturelles. Au sud de
Paris, les terrains tertiaires s'étendent dans la Beauce
en un vaste plateau d'une élévation très médiocre, mais
qui a suffi pour rejeter vers l'ouest la Loire que Paris
serrerait entre ses quais, sans ce changement de direction.

La Loire et toutes les autres rivières du bassin géologique de Paris convergent en effet vers Paris et, si les
grandes rivières qui découlent de la ceinture de ce bassin ont été souvent des routes naturelles d'invasion, du
moins ces « chemins qui marchent » ont fait affluer vers
l'Ile-de-France les produits et les richesses des régions
excentriques. L'Ile-de-France a été bien nommée ; c'est
une île en effet, mais protégée, desservie, non isolée par
les eaux. On a dit avec vérité que le dôme de l'Auvergne
et le bassin de Paris étaient les deux pôles du sol français ; l'un tout en relief, âpre par le climat et le sol,
déverse dans tous les sens ses habitants et ses eaux :
c'est l'Auvergne, le *pôle répulsif*[2] de la France ; l'autre,
son *pôle attractif*, est en creux : c'est Paris, placé à l'in-

nage portent des noms significatifs, comme Bar-sur-Seine, Bar-sur-Aube,
Bar-sur-Ornain.

1. Elles ont joué un grand rôle dans l'histoire militaire de la France :
sur la première crête formée par l'affleurement des terrains tertiaires se
trouvent les champs de bataille de Montereau, Nogent, Sézanne, Vauchamps,
Montmirail, Champaubert, Craonne et Laon ; sur la deuxième, formée par
l'affleurement de la craie, Troyes, Brienne, Vitry, Sainte-Menehould,
Valmy.

2. Élie de Beaumont et Dufrénoy, *Explication de la Carte géologique
de la France.*

tersection des grandes voies naturelles et des dépressions remarquables qui rattachent l'est à l'ouest de la
France et relient au nord les bassins divergents du sud-
est et du sud-ouest. Là confluent les vallées, les eaux
et les populations, là fut longtemps la France, et c'est
là, non au centre du territoire, comme à l'endroit où
les forces du pays se font équilibre, qu'elle est encore
le plus vivante, car Paris attire la France à lui, et, à la
différence de tant d'autres capitales, l'histoire ici n'a
pas violenté la nature, et la nature a servi la politique.
C'est ainsi qu'on ne saurait pas plus concevoir Paris
sans la France que la France sans Paris. Au dedans
Paris est bien « le cœur de la France », au dehors il
en est l'effigie. Et son expansion y est d'autant plus
grande que « rien ne la limitant au nord-est, Paris,
placé vers le nord de la France, se trouve, autant que
possible, au centre de son influence morale, qui est bien
plus grande à Berlin qu'elle ne l'est au delà des Pyrénées [1]. »

1. Élie de Beaumont et Dufrénoy, *Explication de la Carte géologique
de la France*.

CHAPITRE XVIII

Nos investigations dans les chapitres précédents ont porté exclusivement sur la description et l'éclaircissement des phénomènes qu'offre à l'observation ordinaire un seul bassin de fleuve, celui de la Seine. Mais nous avons remarqué incidemment que ce bassin n'est qu'un des nombreux bassins de rivières de la France, et nous devons maintenant nous enquérir de ce qui se trouve au delà de ses limites. Traversez la ligne des collines qui forment la ceinture du bassin de la Seine, vous pénétrerez au nord dans le bassin de la Somme, que l'on peut considérer comme une annexe de celui de la Seine, au sud dans celui de la Loire, au sud-est dans celui du Rhône, à l'est dans celui de la Meuse. Chacun de ces bassins et tout autre même aurait pu servir de texte à notre étude, quoique aucun ne répondît aussi complètement à notre dessein que celui de la Seine.

En passant d'un bassin à l'autre, de celui de la Seine dans celui de la Loire, par exemple, on rencontrerait des reliefs plus considérables que ceux de la vallée de la Seine dans ces collines du Morvan qui se haussent presque à la taille de montagnes. Ailleurs le sous-sol géologique aurait une composition différente et contiendrait des restes organiques d'autres espèces; parfois enfin la chute de pluie et les autres conditions climatologiques différeraient grandement de ce qu'on rencontre dans le bassin de la Seine, mais pourtant l'étude de ces phénomènes nouveaux n'ajouterait rien à la connaissance que nous avons déjà acquise des vérités générales qu'ils démontreraient.

De forme hexagonale, la France mesure environ 960 kilomètres du nord au sud sous le méridien de Paris, et 1080 dans sa plus grande largeur, de la pointe Saint-Mathieu à la Roya; sa superficie, depuis la perte de l'Alsace-Lorraine, n'est plus que de 528 600 kilomètres carrés, en y comprenant la Corse et les îles du littoral. En d'autres termes, sa superficie est égale à celle d'un carré de 727 kilomètres de côté ($727 \times 727 = 528\,529$).

Il n'y a pas de sujet sur lequel on possède d'ordinaire des idées plus vagues que sur les superficies relatives des différentes parties de la surface de la terre. Il sera donc utile, quand nous aurons à considérer d'autres parties du monde, de prendre la superficie de la France comme unité de mesure de surface représentée par le chiffre romain 1. Ainsi I représentera 528 000 kilomètres carrés; II, 1 056 000; $\frac{1}{2}$ 264 000, et ainsi de suite. La superficie de l'Europe, qui est d'environ 10 millions de kilomètres carrés, est donc dix-neuf fois plus grande que celle de la France (XIX); celle de la Russie d'Europe, égale à 5 700 000 kilomètres carrés, onze fois supérieure à celle de la France (XI).

Les sondages exécutés dans les mers qui baignent la France au nord et à l'ouest montrent que la France s'élève d'une sorte de plaine sous-marine qui va en s'abaissant de l'est à l'ouest. Dans la mer du Nord et dans la Manche, la profondeur des flots dépasse rarement 80 mètres; sur les côtes mêmes de l'Atlantique, pour atteindre une profondeur supérieure à

18 mètres, il faut aller au large du littoral jusqu'à une distance de 150 à 200 kilomètres.

La France, tête géographique du continent européen, se rattache à la plus grande masse de terre compacte et continue qui existe au monde. En se dirigeant vers

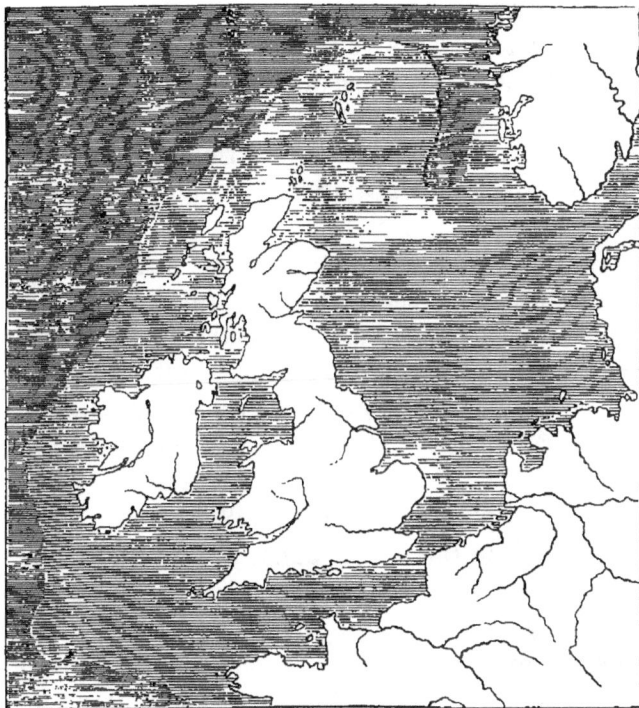

FIG. 96. — Carte montrant l'effet d'un soulèvement de 200 mètres du lit de la mer autour des Iles Britanniques, des côtes de la Manche et de la mer du Nord.

l'est et en inclinant légèrement vers le nord, on pourrait voyager pendant plus de 11 000 kilomètres à travers l'Europe septentrionale et la Sibérie sans voir la mer, jusqu'aux rives du détroit de Behring, et ce détroit n'est lui-même, dans sa partie la plus rétrécie, séparé que par une manche de 58 kilomètres, du rivage opposé de

l'Amérique du Nord. Une route plus détournée à travers
la Russie orientale et, de là, par l'Arménie et la Syrie
à travers l'Égypte, permettrait au piéton de marcher
presque directement vers le sud jusqu'à ce qu'il ren-
contrât de nouveau la mer au cap de Bonne-Espérance, à
près de 9500 kilomètres en droite ligne de son point de
départ. Un voyageur, parti d'un point quelconque de cette
immense étendue de terre ferme, pourrait atteindre en
marchant la Chine, la Birmanie, l'Inde, la Perse, l'Ara-
bie, l'Algérie, le Maroc et la Guinée ; la plus grande largeur de ce continent, de la côte orientale de l'Afrique
au détroit de Behring, atteint presque 24 000 kilomètres.

La superficie totale de cette grande surface de terre
émergée qui, avec ses îles, constitue l'*ancien continent* des géographes, est de 53 000 000 kilomètres
carrés (C). Quoique entourée d'eau de tous côtés, elle ne
reçoit pas le nom d'île, mais bien celui de *continent ;* et
même on la considère plus généralement comme composée des trois continents d'Europe, d'Asie et d'Afrique.
Entre les deux premiers, il n'y a nulle démarcation naturelle, et il vaudrait mieux, dans la plupart des cas, les
réunir en une seule région sous le nom d'*Eurasie*. Mais
l'Afrique a évidemment une place à part des deux autres
continents, puisqu'elle n'est rattachée à l'Eurasie que
par une langue de terre très étroite, l'isthme de Suez,
coupé aujourd'hui par le canal de Suez.

La surface de l'Eurasie et de l'Afrique est divisée en
bassins de fleuve par des lignes de partage des eaux, et
elle est accidentée par des élévations et des dépressions,
comme celles que l'on rencontre en France, mais sur une
échelle proportionnelle à sa grandeur relative. En étudier la configuration dans le détail serait dépasser le
but de cet ouvrage ; mais nous pouvons esquisser à
grands traits une vue du vaste système dont le bassin

de la Seine ne forme qu'un des accidents les plus minimes. Les montagnes de l'Eurasie coïncident avec les lignes

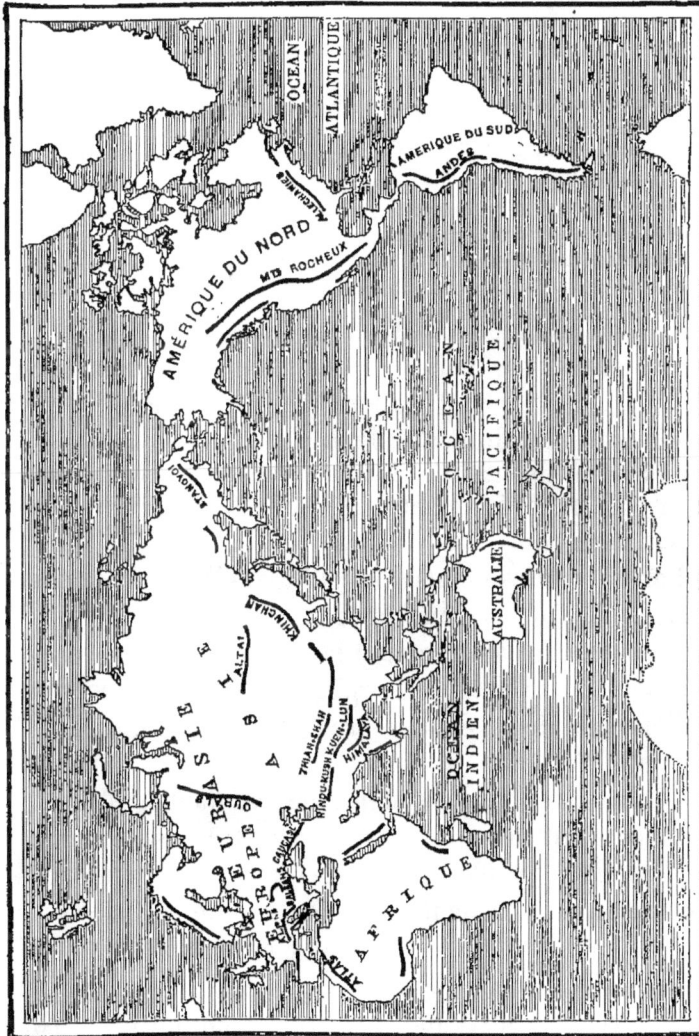

Fig. 97. — Mappemonde montrant la direction des principales chaînes de montagnes.

de séparation des grands versants[1]. Une bande sinueuse

1. Il n'en est pas ainsi partout ; en Angleterre, par exemple, la ligne

de terres élevées qui s'élèvent souvent à 1500 mètres
au-dessus du niveau de la mer, et dont les plus hauts
pics atteignent parfois cinq ou six fois cette hauteur,
coupe l'Eurasie presque sans interruption, des flots de
l'Atlantique à l'ouest à ceux du Pacifique à l'est (voy. la
carte, fig. 97).

A son extrémité occidentale, cette zone de hautes régions est étroite et n'atteint pas une très grande altitude ;
elle sépare alors, sous le nom de Pyrénées, la France de
l'Espagne. A cette chaîne fait suite la masse plus épaisse
et plus élevée des Alpes, qui se divise pour entourer la
plaine de Hongrie et se continue ensuite à l'est par les
Balkans, les montagnes de l'Asie Mineure et de l'Arménie
et le Caucase. Les hauts plateaux de la Perse et du
Bélouchistan rattachent ces dernières montagnes à l'Hin-
dou-Kouch. Plus loin, la ligne de faîte s'élargit en
une masse immense de forme semi-circulaire, dont
l'escarpement est formé au sud et à l'est par l'Himalaya
et les rameaux qui s'en détachent vers la Chine, au nord
et à l'ouest, par les monts Altaï et Thian-Shan. Entre ces
chaînes extrêmes s'étendent des plateaux inférieurs,
mais encore très élevés, et la superficie de ces hautes régions de l'Asie orientale est probablement égale à vingt-
cinq fois celle de la Grande-Bretagne ou à quinze fois
celle de la France.

Au nord de ce grand système de montagnes s'étend
une plaine immense qui se prolonge à travers l'Eurasie
septentrionale jusqu'à l'Océan Arctique. Elle commence
en Europe, dans la contrée si bien nommée les Pays-
Bas, ou plutôt on peut la faire commencer dans les districts plats des comtés orientaux de l'Angleterre ; car la
Grande-Bretagne n'est que le prolongement de l'Europe
vers le nord-ouest. Elle se continue ensuite par la grande

de partage des eaux ne coïncide pas avec les montagnes les plus élevées,
celles du pays de Galles.

plaine de l'Allemagne du Nord qui coupe l'Europe jusqu'à la Russie, où la chaîne basse des monts Ourals rompt sa continuité ; mais elle se reforme sur leur versant oriental avec les steppes immenses et plats de la Sibérie. Au sud du grand système orographique qui coupe l'Eurasie de l'ouest à l'est, on ne trouve point de plaine analogue et les montagnes viennent expirer beaucoup plus près du rivage de la mer. En effet cette grande ligne de hauteurs ne coupe pas le centre du continent de manière à le diviser en deux moitiés égales, l'une au nord et l'autre au sud ; mais elle court en se rapprochant bien plus des rivages méridionaux que des rivages septentrionaux du continent. Par suite de cette disposition,

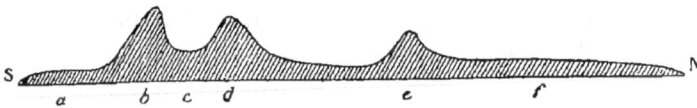

Fig. 98 — Coupe de l'Eurasie du sud au nord.

une section prise du nord au sud à travers l'Eurasie montrerait d'abord une pente rapide, le sol s'élevant assez brusquement de la mer au sommet des montagnes ; puis, sur le versant opposé de la chaîne, une inclinaison prolongée s'abaissant graduellement au niveau de la mer vers le nord. Ce relief est représenté, en proportions exagérées, dans la figure 98 où a reproduit une section prise à travers l'Inde ; le point culminant en est aux monts Himalaya en b ; en d, la section coupe une autre chaîne, celle des monts Koun-Loun, dont la direction générale est parallèle à celle de l'Himalaya. Entre ces deux chaînes de montagnes s'étend le plateau du Thibet, c ; en e, la section coupe les monts Altaï, et l'espace intermédiaire entre les deux chaînes d, e, représente les plaines de la Mongolie et le désert de Gobi ; elle se continue enfin des monts Altaï jusqu'à l'Océan Arctique à travers les plaines immenses de la Sibérie. C'est dans l'Eurasie que se trouve le point le plus élevé de la terre. La cime la plus haute connue est celle du mont Everest, dans l'Himalaya, qui s'élève à une hauteur de 8840 mètres au-dessus du niveau de la mer. Plusieurs autres montagnes dans la même chaîne atteignent une altitude presque aussi grande : ainsi le Kanchinjanga monte à 8590 mètres et le Doulagiri à 8200 mètres.

C'est aussi dans l'Eurasie que se rencontrent les plus grandes dépressions. La plus remarquable est celle qui a formé le bassin de la mer Caspienne. C'est une mer méditerranée, vaste nappe d'eau salée qui recouvre une superficie presque égale à celle de la France ; le niveau de ses eaux est à 24 mètres environ au-dessous de celui de la mer Noire, et son lit à près de 1000 mètres au-dessous du niveau de l'océan. La mer Caspienne elle-même occupe la partie la plus profonde d'une dépression immense qui semble avoir été rattachée, à une période géologique assez rapprochée, à notre mer Méditerranée. Ce grand bassin, qui comprend aussi la mer intérieure d'Aral, recouvre une superficie égale au moins à celle de l'Europe centrale. La mer Caspienne seule occupe une superficie de 441 000 kilomètres carrés. La mer Morte est un autre lac salé très inférieur au niveau de la mer, le niveau de sa surface étant à 390 mètres environ au-dessous de celui de la Méditerranée.

Comme l'eau coule naturellement vers le niveau le plus bas qui lui soit accessible, on peut prévoir que ces dépressions doivent recevoir les eaux des contrées environnantes. Un grand nombre de rivières, en effet, se déchargent dans ces grands lacs, et ces rivières diffèrent des autres fleuves, tels que la Seine, en ce qu'elles n'arrivent jamais à l'océan. On pourrait les appeler *rivières continentales*, car elles ne confinent qu'à des continents

et leurs bassins sont tout entiers méditerranéens.
Ainsi la mer Morte reçoit le Jourdain ; la mer Caspienne
reçoit l'Oural et le Volga, le fleuve le plus long de l'Europe ; enfin le lac d'Aral reçoit l'Amou-Daria (Oxus) et le
Sir-Daria (Iaxartes) qui descendent du haut plateau du
Pamir, dans l'Asie centrale. Comme aucun de ces lacs
salés ou mers intérieures n'est en communication avec
l'océan, l'eau que leur apportent ces rivières ne peut
diminuer que par évaporation, et les matières solubles
dissoutes par ces cours d'eau dans l'étendue de leurs
bassins s'accumulent dans le lac où ils se déversent.

L'Afrique (30 millions de kilomètres carrés ou LVII),
comme on l'a déjà fait observer, peut être regardée
comme un appendice de l'Eurasie. Dans les temps historiques, c'est à l'Asie seule qu'elle a été rattachée par
l'isthme de Suez ; mais on a de sérieuses raisons de croire
que, même dans les temps postérieurs à la période tertiaire, l'Afrique a dû être unie aussi à l'Europe par une
terre qui comblait alors le détroit de Gibraltar, et se
reliait à l'Italie par un isthme dont Malte et la Sicile sont
des tronçons encore émergés. Dans la partie septentrionale, la masse principale du continent africain s'étend
de l'est à l'ouest, comme le continent eurasien. Et,
quoiqu'il n'y ait pas d'axe général de soulèvement, c'est
aussi la direction qu'affecte la ligne de faîte des montagnes de l'Afrique. C'est ce que l'on voit, par exemple,
dans l'Atlas au nord-ouest de l'Afrique, et dans les
hauteurs parallèles au rivage septentrional du golfe de
Guinée. La partie méridionale de ce continent s'étend au
contraire dans la direction du nord au sud, et les hauts
plateaux de l'Abyssinie et du Zanguebar ont la même
orientation.

Un des traits physiques les plus frappants de l'Afrique,
c'est la grande plaine septentrionale qui forme le désert
du Sahara. Ce désert a une superficie égale à cinquante

fois la superficie de la Grande-Bretagne; il se déprime
en quelques endroits au-dessous du niveau de la mer,
mais s'élève en d'autres jusqu'à 600 mètres au-dessus
de ce niveau. L'abondance des coquilles marines dans les
dépôts superficiels et d'autres raisons ont fait croire que
le Sahara est un ancien lit de mer qui dut être encore
immergé à une époque géologique relativement récente.
On a très sérieusement conçu le projet d'introduire arti-
ficiellement les eaux de la Méditerranée dans les parties
les plus basses du désert.

On rencontre des régions relevant de bassins inté-
rieurs dans quelques-uns des plateaux du cœur de
l'Afrique. Le lac Tchad, par exemple, est une nappe d'eau
peu profonde qui reçoit les eaux de la contrée environnante. On connaissait ce lac depuis très longtemps. Mais
dans ces trente dernières années, on a découvert dans la
partie orientale de l'Afrique centrale d'immenses nappes
d'eau douce, le lac Taganyika et le lac Nyassa, le Victoria
Nyanza, l'Albert Nyanza et l'Alexandra Nyanza. La magnifique nappe d'eau qu'on nomme le Victoria Nyanza est
à 1140 mètres au-dessus du niveau de la mer; c'est probablement la plus vaste masse d'eau douce connue à une
telle altitude; on décrit une des îles qu'elle renferme
comme ayant une superficie de 1800 kilomètres carrés.
Dans cette grande région des lacs se trouvent les sources
de deux des fleuves les plus remarquables de l'Afrique, le
Nil qui coule au nord et le Congo qui court à l'ouest. Le
Nil qui arrose l'Abyssinie, la Nubie et l'Égypte présente
cette particularité remarquable qu'il coule pendant
plus de 1700 kilomètres sans recevoir un seul tributaire.

Les rivages orientaux de l'Eurasie, comme nous l'avons
vu, sont baignés par l'Océan Pacifique. De même que
l'Islande et les îles Britanniques au large du littoral
occidental de l'Eurasie, les Canaries et les îles du cap

Vert, en avant de la côte occidentale de l'Afrique, sont jetées comme des promontoires isolés; ainsi une longue suite d'îles de dimensions variées frangent à distance et dans toute leur longueur les rivages orientaux de l'Eurasie : ce sont les Kouriles, les îles du Japon, Formose et les îles Philippines; ces îles se continuent au sud et à l'est par Célèbes et la Nouvelle-Guinée. D'autre part, le prolongement extrème du promontoire oriental de l'Eurasie, la presqu'île de Malacca, se continue au sud et à l'est par Sumatra et Bornéo et par d'autres îles plus petites. Ces îles surgissent d'une plaine sous-marine asiatique comme la Grande-Bretagne surgit d'une plaine sous-marine européenne (fig. 96). Bornéo est plus grande que la France[1], et Sumatra a aussi une superficie très considérable. Ces îles asiatiques qui constituent l'archipel malais sont séparées, entre Bali et Lombok, par un étroit mais profond canal, des îles de la Papouasie dont la plus vaste est la Nouvelle-Guinée. Séparé de la Nouvelle-Guinée seulement par le détroit resserré de Torrès, le continent australien a une superficie de 7 500 000 kilomètres carrés (XIV) et est donc considérablement moins vaste que l'Europe (9 933 000 kilomètres carrés ou XIX); il n'est lui-même séparé de la Tasmanie que par un bras de mer, le détroit de Bass. Presque parallèle à la côte orientale de l'Australie, mais distante d'elle de plus de 1700 kilomètres, s'étend une immense chaîne d'îles commençant près de la Nouvelle-Guinée avec la Nouvelle-Bretagne et les îles Salomon et, après une grande brèche au sud de la Nouvelle-Calédonie, finissant aux îles de la Nouvelle-Zélande.

Ces îles sont au continent australien dans la même relation que sont au continent asiatique les îles du Japon et les îles Philippines dont elles sont en un sens le pro-

---

1. On a dit de Bornéo qu'on pourrait y coucher la Grande-Bretagne dans un lit de forêts.

longement. Au delà de ces îles, à l'est, les petites îles
de la Polynésie sont disséminées dans une vaste zone
de l'Océan Pacifique.

La simple inspection sur une carte de la surface terrestre qui vient d'être décrite (fig. 97) montre que la
masse principale en est au nord, et qu'elle tend à
s'amincir vers le sud en se rompant en masses qu.
émergent comme des points de l'Océan. Les îles de la
Malaisie, la Papouasie, l'Australie à l'est, font équilibre
à l'Afrique à l'ouest et, si nous les regardons pour un
instant comme le prolongement vers le sud-est de l'Eurasie, on verra que la ligne des rivages orientaux est
grossièrement parallèle à celle du littoral occidental.
Vers le nord, la côte occidentale est convexe et le rivage
oriental concave, tandis qu'au sud, les rivages occidentaux
sont concaves, et le littoral oriental convexe.

Deux mille sept cents kilomètres de mer séparent la
partie la plus occidentale des îles Britanniques d'un
autre continent beaucoup moindre, mais vaste encore,
qui s'étend du nord au sud sur une longueur de 16 000 kilomètres et dont la superficie est de 41 millions de kilomètres carrés (LXXVII). C'est le nouveau monde, formé
de deux continents presque distincts, l'Amérique du
Nord et l'Amérique du Sud, réunis par l'isthme étroit
de Panama.

On peut observer que le littoral oriental du continent
américain présente avec le littoral occidental de l'ancien
continent le même parallélisme grossier qu'offrent entre
eux les rivages orientaux et occidentaux de l'Eurasie. Où
l'un est convexe, l'autre est concave, et *vice versa;*
l'Océan Atlantique s'étend entre les deux comme un
grand canal sinueux, large de 1300 à 6500 kilomètres.
La côte occidentale du continent américain reproduirait
la courbure de la côte occidentale de l'ancien continent
si, vers le nord, elle ne s'infléchissait fortement à l'ouest

à la rencontre de l'Asie, dans le détroit de Behring. En outre, dans le nouveau continent comme dans l'ancien, c'est au nord que se rencontre la masse de terre la plus considérable, la superficie de l'Amérique du Nord étant à celle de l'Amérique du Sud dans la proportion de 17 à 14. Enfin, il y a une remarquable analogie de forme entre l'Amérique du Sud et l'Afrique. Mais au lieu de se projeter beaucoup plus de l'est à l'ouest que du nord au sud, le continent américain s'allonge beaucoup plus du nord au sud que de l'est à l'ouest.

Dans le sens de cette direction générale, une ligne de faîte court du sud au nord à travers l'étendue presque entière des deux continents. Étroite dans le sud, elle atteint une épaisseur considérable et une grande élévation dans les Andes de la Bolivie, du Pérou et du Chili ; dans ce dernier pays, l'Aconcagua s'élève à 6834 mètres. Elle s'abaisse et se réduit à une simple chaîne de collines dans l'isthme, puis se relève et s'élargit en une région de vastes plateaux qui occupe plus d'un tiers de l'Amérique du Nord ; plusieurs chaînes de montagnes connues sous le nom général de montagnes Rocheuses, et dont la direction est plus ou moins du sud au nord, surgissent de ce plateau ou de ses escarpements dans le Mexique et dans les territoires de l'ouest des États-Unis.

De même que la ligne de faîte qui coupe l'Eurasie de l'est à l'ouest est plus voisine du littoral méridional que du littoral septentrional, ainsi l'axe de l'Amérique, dans sa direction du sud au nord, se rapproche plus de la côte occidentale que de la côte orientale. Il en résulte que le continent américain s'abaisse à l'ouest en une pente très abrupte, tandis qu'il s'incline graduellement à l'est, à la rencontre des vastes plaines qu'arrosent quelques-uns des plus nobles courants du monde, le Mississipi dans l'Amérique du Nord et l'Amazone dans l'Amérique du Sud. Une coupe de l'Amérique du Nord,

de l'ouest à l'est, offrirait donc un relief analogue à celui
que présente la figure 99. On y voit une brusque sur-
rection du sol, de la côte du Pacifique, à l'ouest, à la
chaîne des monts Washington en *a*, puis de là à l'arêt
de la chaîne parallèle des montagnes Rocheuses, en *b*.
Après avoir descendu le flanc oriental des montagnes
Rocheuses, la section de la figure 99 coupe le bassin du ·

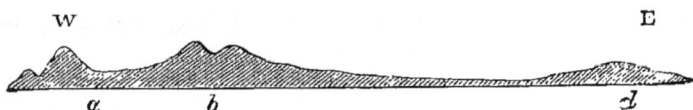

FIG. 99. Coupe de l'Amérique du Nord de l'ouest à l'est.

Mississipi, puis s'élève de nouveau avant d'atteindre la
côte orientale. Cet escarpement, *d*, figure les monts
Appalaches dont la chaîne est parallèle au rivage oriental
du continent, et reproduit ainsi, sur une moindre échelle,
les traits physiques du rivage opposé. Une coupe de
l'Amérique du Sud représente, de l'est à l'ouest, le

FIG. 100. — Coupe de l'Amérique du Sud de l'ouest à l'est.

même relief. Du Pacifique, le niveau du sol s'élève par
une pente très abrupte jusqu'à la Cordillère des Andes
en *a ;* de là, une vaste plaine se prolonge jusqu'à la côte
de l'Atlantique, et n'a pour tout relief que les hauts plateaux du Brésil, *b* (fig. 100).

M. le professeur Dana [1] a fait observer que, dans toutes

1. Dont le *Manual of Geology* nous a fourni les coupes des figures 99
et 100.

les parties du monde, les plus hautes montagnes servent
de ceinture aux plus vastes bassins océaniques. Le relief
du continent américain est une démonstration frappante
de cette loi. Ainsi les montagnes Rocheuses qui font
face à l'immense Océan Pacifique ont une altitude beaucoup plus considérable que les Appalaches ou Allégha-
nies qui s'opposent au bien moins vaste Atlantique.

L'Amérique possède les plus grandes nappes d'eau
douce du monde. Les dispositions de son système hydro-
graphique sont gigantesques : le bassin de l'Amazone,
par exemple, embrasse une superficie de 3 900 000 (VII)
kilomètres carrés et celui du Mississipi une superficie
de 2 500 000 (V) kilomètres carrés environ. Le système
d'écoulement des eaux de l'Amérique nord-occidentale
est remarquable en ce qu'il est relié à une chaîne de lacs
qui représentent une surface d'eau douce de 233 000 kilomètres carrés. Ce sont les lacs Supérieur, Michigan,
Huron, Erié et Ontario, dont les eaux se déversent finalement dans l'Océan Atlantique par le Saint-Laurent. C'est
en passant du lac Erié dans le lac Ontario que les eaux se
précipitent d'une hauteur de 49 mètres en formant les
chutes du Niagara. Le cañon du Colorado représenté
dans le frontispice de ce volume peut donner une idée
des ravins immenses de forme si singulière dans lesquels roulent leurs flots quelques-unes des rivières de
l'Amérique du Nord.

L'esquisse qui précède de la disposition et de la configuration générale des terres émergées ne comprend pas
nombre d'îles considérables; elle omet en particulier
celles qui, comme le Groënland, sont ensevelies sous la
glace et la neige et que rend presque inaccessibles l'accumulation des glaces dans les mers qui les entourent
(voy. fig. 101).

On a évalué la superficie totale de la terre ferme à
environ 135 500 000 kilomètres carrés (CCLVI). Qu'il se

dirige au nord ou au sud en partant des côtes des continents, le voyageur tôt ou tard est arrêté par les glaces
accumulées dans les mers des froides régions septentrionales et méridionales ; mais sans tenir compte des mers
glacées, la superficie de l'océan est deux fois plus grande

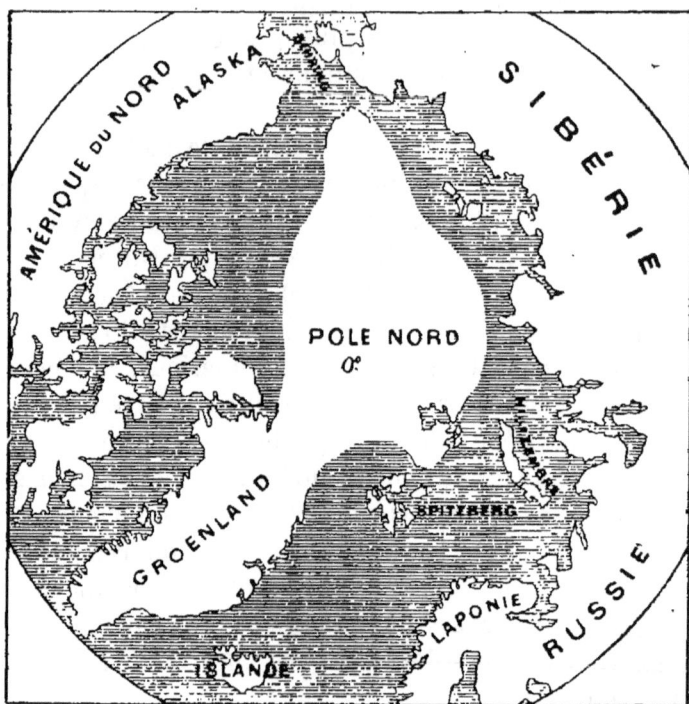

FIG. 101. — Carte des régions arctiques.

que celle de la terre. En outre, quoiqu'on puisse douter
que la mer atteigne nulle part une profondeur supérieure à l'élévation des plus hautes montagnes, la profondeur moyenne de la mer est supérieure à l'élévation
moyenne de la terre au-dessus de la mer, en sorte
qu'il y a réellement beaucoup plus d'eau que de terre.

On a calculé que l'eau recouvre 374 500 000 kilomètres

carrés de la surface totale de la terre, et comme les cinq parties du monde couvrent 135 500 000 kilomètres carrés, la quantité d'eau est en excès sur la quantité de terre à peu près dans la proportion de 8 à 3. En d'autres termes, pour chaque kilomètre carré de la surface de la terre, il y a presque trois kilomètres carrés d'eau.

D'autre part, il faut observer que l'eau et la terre ne

FIG. 102. — Hémisphère continental.   FIG. 103. — Hémisphère océanique.

sont pas uniformément distribuées de manière à conserver les mêmes proportions dans toutes les parties du monde. Les régions septentrionales renferment évidemment beaucoup plus de terre que d'eau, les régions méridionales beaucoup plus d'eau que de terre (fig. 102 et 103). Il y a en effet près de trois fois plus de terres émergées dans l'hémisphère septentrional que dans l'hémisphère méridional

CHAPITRE XIX

FORME DE LA TERRE. — CONSTRUCTION DES CARTES

En étudiant la forme, les dimensions et les autres caractères du bassin de la Seine, nous n'avons pas eu à nous inquiéter de la forme et des dimensions de l'ensemble de la terre; et comme ce qui est vrai en cela du bassin de la Seine est vrai de toutes les portions de la surface terrestre, il est évident que tous les faits constatés dans le dernier chapitre eussent pu se déterminer par le procédé ordinaire des levés topographiques et qu'ils ne supposent pas nécessairement une connaissance préalable de la configuration du monde.

Une de nos premières et de nos plus naturelles impressions, c'est que les surfaces de la terre et de la mer sont partout plates, si on laisse de côté les élévations locales, et, pendant bien des siècles, ce fut une opinion universellement accréditée que la terre était une énorme masse plate entourée de tous côtés par un océan sans limites. Mais quand, en 1520, Magellan, parti d'Europe et naviguant à l'ouest, eut doublé l'extrémité méridionale de l'Amérique du Sud et que ses vaisseaux, maintenus dans la même direction, eurent fini par atteindre les côtes de l'Asie, d'où ils revinrent à leur point de départ, il fut démontré que, tout au moins le long de la route qu'ils avaient suivie, la surface de la terre était ronde.

Sans qu'il soit d'ailleurs nécessaire de recourir à un voyage de circumnavigation, il est facile de démontrer que la surface de la terre est courbe, non pas seulement dans une direction, mais dans toutes, en d'autres termes, qu'elle a la forme d'une sphère.

Une des preuves les plus vulgaires et en même temps les plus convaincantes de la rotondité de la terre est fondée sur une observation bien simple que chacun peut faire pour son compte au bord de la mer. Si l'on regarde un navire, quand il quitte le port, on verra naturellement sa grandeur apparente diminuer et ses contours s'évanouir à mesure qu'il gagnera le large. Mais outre cette modification dans sa grandeur apparente et la netteté de son aspect, la forme du navire en subit une autre. En effet, la coque du vaisseau semble plonger graduellement dans la mer et finit par disparaître entièrement. Et cependant on devrait raisonnablement supposer que la coque, étant la partie la plus considérable du navire, resterait le plus longtemps visible. Quand la coque s'est ainsi évanouie, les voiles basses se dérobent de même au regard ; puis les voiles supérieures semblent s'enfoncer dans l'eau et enfin il ne reste plus au-dessus du niveau de la mer que le sommet des mâts (fig. 104[1]). Le télescope peut rendre plus distinct ce que l'on voit encore du navire, mais il ne ramènera pas en vue la partie inférieure quand elle aura une fois disparu. Il ne semble pas qu'on puisse rendre compte de cette disparition graduelle d'un navire au-dessous de la surface de la mer, si l'on admet que la surface de la terre est plane, mais au contraire l'explication n'offre aucune difficulté si on admet que la surface en est légèrement convexe. La

---

1. Les gravures des figures 98, 99 et 100 sont empruntées à l'ouvrage de M. Guillemin, le *Ciel*. (Hachette et Cie, éditeurs.)

figure 105 représente une section de la surface de la
mer montrant les positions successives d'un navire sur
la surface courbe. Le rayon visuel d'un observateur
placé sur la tour à gauche de la figure, peut être représenté par la ligne droite qui coupe la figure. Quand
un navire se trouve en un point éloigné à droite de la
figure, l'observateur ne voit que le sommet des mâts ;
car la surface de l'eau s'élève comme un dôme aplati

FIG. 104. — Disparition graduelle d'un navire en mer.

qui l'empêche de voir les parties basses du navire. Mais
à mesure que le navire approche du rivage, les hautes
voiles, puis les voiles inférieures, et en dernier lieu la
coque elle-même, se présentent à son regard.

Pour le marin qui se rapproche de la terre, les apparences sont analogues : les premiers points visibles sont
le sommet des collines ou le faîte des édifices. La convexité de l'eau qui s'étend entre lui et le rivage l'empêche de distinguer la base de ces mêmes objets. Mais

comme ces apparences ne sont point particulières à une
localité, qu'elles sont les mêmes dans toutes les parties
du monde, on peut en conclure que la terre doit avoir
une courbure générale. En effet, on peut démontrer que
sa convexité est à peu près la même partout ; il est donc
certain que la terre est un corps de forme sphérique.

On peut tirer de l'observation d'un navire stationnaire
une preuve analogue de la rotondité de la terre. Supposons qu'une personne sur le point de se baigner dans
une mer calme aperçoive une petite barque à un kilomètre ou deux du rivage. Qu'ensuite entrée dans l'eau,
les yeux placés à quelques centimètres seulement au-

Fig. 105. — Positions successives d'un navire approchant du rivage.
Courbure de la mer.

dessus du niveau de la mer, elle regarde au loin la
surface de l'eau dans la direction du bateau : elle découvrira que le bateau est plus ou moins caché, peut-
être même entièrement hors de vue. En effet la surface
de la mer intercepte la vue et l'obstacle est d'autant plus
grand que l'œil du baigneur est plus près de l'eau.
Quand un homme se tient debout sur le rivage, ses yeux
sont à 1m,50 environ au-dessus du sol ; mais quand
sa tête est dans l'eau, ils ne sont qu'à quelques centimètres au-dessus du niveau de la mer et sa vue est arrêtée
en conséquence. Au contraire, l'observateur placé dans
une position élevée est à même de regarder par-dessus
le petit monticule d'eau qui intercepte la vue à des niveaux inférieurs : c'est ainsi qu'on distingue un navire

dans le lointain plus complètement du haut que de la
base d'une tour.

Si une personne se trouvant dans une vaste plaine,
sans rien qui gêne sa vue, regarde autour d'elle, elle
peut constater que les limites de sa vision sont les
mêmes dans toutes les directions et qu'elles forment
une circonférence. Ces limites constituent ce qu'on appelle l'horizon[1]. Le mot horizon, du moins dans ce sens,
signifie donc le cercle de vision qui semble sépa-

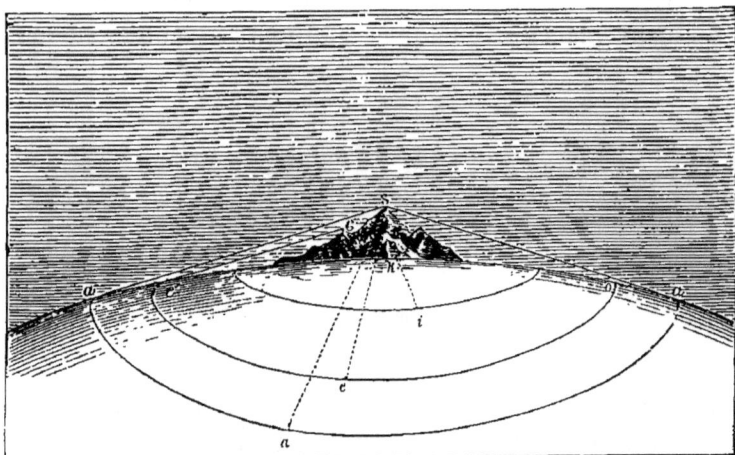

Fig. 106. — Élargissement graduel de l'horizon dans l'ascension d'une colline.

rer le ciel de la terre, quand on est sur terre, ou le ciel
de l'eau, quand on est en mer. Mais que l'observateur
gravisse une colline ou une hauteur, ou bien qu'il monte
au sommet du mât d'un navire, il découvrira que le
cercle ou le champ de sa vision s'est élargi et qu'il peut
voir des objets placés primitivement hors de la portée de
ses regards ; en d'autres termes, son horizon s'agrandit,
devient un cercle plus large. C'est ce que montre la
figure 106. Une personne placée au pied de la montagne

1. *Horizon*, du grec ὁρίζω, borner.

en *k* a sa vue limitée par le cercle *i*; si elle gravit la montagne et s'arrête à mi-chemin du sommet en *c*, son horizon élargi s'étend jusqu'au cercle *e*: si elle atteint le faîte lui-même S, il s'agrandit jusqu'à former le cercle *a*. Si les yeux d'un homme sont placés à 1^m,50 au-dessus du sol, comme il arrive quand cet homme se tient debout à la base de la colline, le rayon de son horizon sera inférieur à quatre kilomètres et demi; mais s'il était au sommet de la flèche des Invalides, le rayon de son horizon serait alors supérieur à trente-sept kilomètres.

En constatant que l'horizon est invariablement circulaire dans toutes les parties du monde, on prouve que la terre doit être sphérique. Car une sphère est le seul genre de solide qui présente un contour circulaire, de quelque point qu'on la considère.

L'observation de quelques-uns des corps célestes peut servir encore à démontrer que la surface de la terre est ronde et non plate. On peut en faire, à l'aide de la figure 107, une démonstration intéressante. Dans cette figure, la terre est représentée comme suspendue au centre d'un grand espace borné de tous côtés par une voûte étoilée. Supposons qu'une personne se tienne sur la surface de la terre au point O. Le point du ciel qu'elle voit directement au-dessus de sa tête, quand elle regarde en haut, est ce qu'on appelle le *zénith* et le point opposé qui est immédiatement au-dessous de ses pieds et qu'il lui est par conséquent impossible de voir, puisque toute la masse de la terre s'interpose, est le *nadir*[1]. La direction de la ligne droite joignant ces deux points est la direction du fil à plomb quand il est abandonné à lui-même. Un plan imaginaire passant à distance exactement

---

1. *Nadir* et *zénith* sont des mots empruntés aux Arabes.

égale entre le zénith et le nadir constitue l'horizon[1].

On a expliqué (p. 9) que, très près du pôle nord céleste se trouve une étoile appelée l'étoile polaire. Le point de l'horizon qui est immédiatement au-dessous du pôle nord céleste est le nord vrai et on peut aussi rapporter à l'horizon les autres points cardinaux de la surface de la

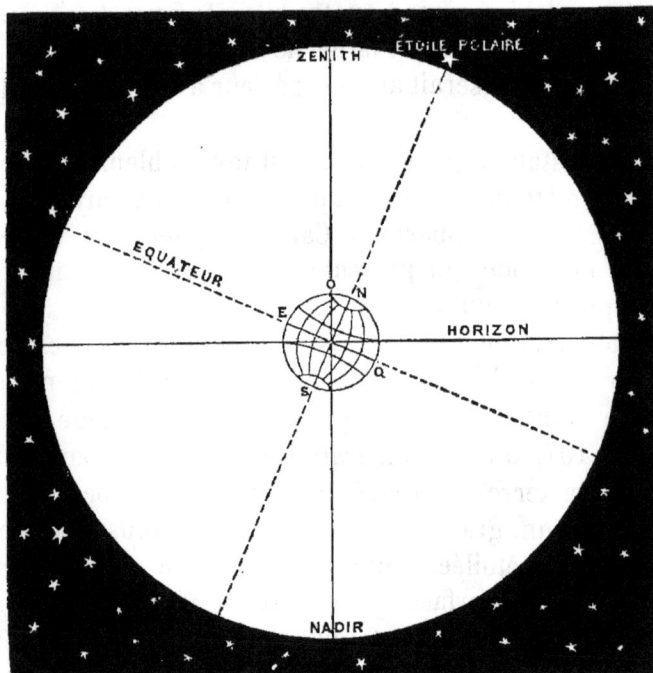

FIG. 107. — La terre dans la sphère céleste.

terre. Supposons maintenant qu'une personne en O dans la figure 107 observe à quelle hauteur l'étoile polaire se trouve au-dessus de l'horizon ; que, d'autre part, deux personnes parties de ce point marchent l'une directement au nord, l'autre directement au sud, et qu'elles

1. Il y a deux sortes d'horizon. On a dit plus haut (p. 356) que l'horizon est le cercle qui limite la vision d'une personne en un lieu quel-

observent à différents intervalles la hauteur apparente
de la même étoile, c'est-à-dire sa hauteur au-dessus de
leur horizon : à celle qui se dirigera vers le nord, l'étoile
polaire semblera s'élever de plus en plus dans le ciel ;
et si les glaces des régions arctiques ne lui barraient la
route, elle finirait par découvrir cette étoile au-dessus de
sa tête. En effet, la figure 107 montre que l'étoile polaire
est au zénith d'un observateur placé en N. Mais au voyageur qui aurait marché vers le sud, l'étoile polaire pa-
raîtrait s'abaisser rapidement et de plus en plus dans le
ciel ; et quand il serait à égale distance des deux pôles
nord et sud de la terre, sur la ligne appelée *équateur*,
l'étoile semblerait à ses yeux véritablement toucher
l'horizon ; enfin, s'il continuait sa course vers le sud, elle
finirait par disparaître entièrement. Mais la personne qui
fût demeurée chez elle en O n'eût observé aucun déplacement dans la position de l'étoile. En fait, nous pouvons supposer, dans l'intérêt de notre démonstration
présente, que cette étoile est fixe et que son déplacement régulier, tel qu'il est apparu à nos voyageurs, a été
le résultat de leur propre déplacement sur la surface
arrondie de la terre, comme l'indique la figure. Or, c'est
là une preuve que la terre est convexe, tout au moins
dans la direction du sud au nord.

Si nos voyageurs, au lieu de se diriger vers le nord et
vers le sud, avaient marché directement à l'est et à

conque. Ce cercle qui borne la vision, en tant qu'il est formé par la
surface de la terre, est désigné du nom d'*horizon apparent* ou *sensible*. Le
grand plan que la figure 107 représente passant par le centre de la terre et
se prolongeant jusqu'à la sphère céleste est connu sous le nom d'*horizon
rationnel* ; c'est un cercle imaginaire divisant la sphère céleste en deux
hémisphères égaux l'un au-dessus et l'autre au-dessous de l'horizon rationnel. Pratiquement ces deux horizons coïncident, car les distances des
étoiles à nous sont si grandes que si l'horizon sensible était prolongé
jusqu'à la rencontre de la sphère céleste, on pourrait le considérer comme
coïncidant avec l'horizon rationnel auquel il serait sensiblement parallèle, quoiqu'il en fût séparé par la moitié du diamètre de la terre.

l'ouest, ils n'eussent observé aucune variation dans la
hauteur de l'étoile polaire. Mais celui qui se fût dirigé
vers l'est eût constaté que le soleil se levait plus tôt et se
couchait plus tôt que lorsqu'il était lui-même en O; celui
qui eût marché vers l'ouest eût constaté que le soleil se
levait plus tard et se couchait plus tard. On peut démontrer que ces deux faits sont une preuve de la courbure de la terre dans la direction de l'est à l'ouest, et,
en combinant les deux séries d'observations, on établit
donc parfaitement la rotondité de la surface de la
terre.

Les ingénieurs et les géomètres qui ont à lever des
plans font entrer la sphéricité de la terre en ligne de
compte dans leurs calculs. Quand, par exemple, on
creuse un canal, il faut faire la part de la courbure de
la terre, afin de donner au canal une profondeur d'eau
égale d'un bout à l'autre. M. Wallace fit, en 1870, au
bief de Bedford une expérience convaincante pour prouver la rotondité de la terre. Trois signaux, élevés chacun de quatre mètres au-dessus du niveau de l'eau,
furent espacés à 4800 mètres l'un de l'autre. En regardant à travers un télescope disposé de manière à ce que
le rayon visuel touchât l'extrémité supérieure du premier et du dernier jalon, on constata que le signal intermédiaire dépassait de plus de $1^m,50$, le rayon visuel.

Les faits que nous avons indiqués dans ce chapitre
démontrent avec la dernière évidence que la terre a
une surface courbe et que sa courbure est celle d'un
corps sphérique. Des opérations très délicates ont permis de déterminer la forme de la terre avec la plus
rigoureuse exactitude et ont établi que sa forme n'est
pas absolument celle d'une véritable sphère. La sphère
terrestre est, en effet, légèrement aplatie dans le voisinage des pôles, si bien que, pour employer une assimi-
lation vulgaire, on peut comparer la forme de la terre

à celle d'une orange ; mais il faut se rappeler que l'aplatissement de la terre est proportionnellement bien moindre que celui de l'orange. Par suite de cet aplatissement, une ligne courant autour du globe en passant par les deux pôles n'est pas exactement un cercle, mais une ellipse ou quelque chose comme un cercle qui aurait été légèrement comprimé en des points opposés. La figure 108 représente une telle ellipse, mais l'aplatissement y est énormément exagéré. Le diamètre *polaire* ou petit axe, c'est-à-dire la ligne qui va d'un pôle à l'autre en passant par le centre de la terre, mesure 12 713 000 mètres ; mais le diamètre *équatorial* ou grand axe, c'est-à-dire la ligne qui va d'un point à un autre sur l'équateur en passant par le centre de la terre, n'est pas le même dans toutes les directions. Car l'équateur n'est pas exactement un cercle, mais est légèrement elliptique ; son diamètre le

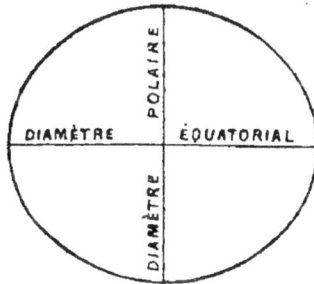

FIG. 108. — Différence entre le diamètre polaire et le diamètre équatorial. (Avec une exagération considérable.)

plus long mesure environ 4400 mètres de plus que son diamètre le plus court. Le diamètre équatorial moyen est d'environ 12 756 000 mètres : en d'autres termes, le diamètre équatorial excède le diamètre polaire de 43 kilomètres environ. Le rapport de 43 kilomètres à 12 756 kilomètres est très approximativement celui de 1 à 297 ; on dit donc que la terre a un *aplatissement* de $\frac{1}{297}$.

Mais cet écart entre la forme de la terre et celle d'une sphère véritable est si médiocre, relativement à la grandeur immense de la terre, que pratiquement on peut appeler la terre une sphère ; et on peut aussi la

considérer comme ayant la forme que représentent nos
globes ordinaires. En effet, la différence est trop légère
pour affecter un modèle de cette nature, à moins que ce
modèle soit d'une grandeur extraordinaire[1].

Pour représenter une contrée, en dessinant ses contours sur un globe ou sur une carte, il est nécessaire tout
d'abord d'avoir un moyen de déterminer la position des
lieux situés sur la surface de la terre. Il est facile de comprendre le système par lequel on y arrive. Supposons
qu'on désire déterminer la position du point P, dans la
figure 109; on tire deux lignes droites quelconques se
coupant à angle droit, telles que OA et OB, et on mesure la distance du point P à
l'une d'elles, OB. Si P est à 5 centimètres de OB, on saura alors
que le point doit se trouver
quelque part sur la ligne ponctuée CD supposée à 5 centimètres de OB. On a obtenu
de la sorte un renseignement
sur la position du point, mais
cette position n'est pas encore
définitivement déterminée. Pour qu'elle le soit, il
est nécessaire de savoir aussi à quelle distance de
l'autre ligne OA se trouve le point P; admettons que cette
distance soit égale à trois centimètres : il est clair que la
position du point doit être quelque part sur la ligne EF,
qui est elle-même partout à trois centimètres de distance
de OA. Mais comme il a été démontré que ce point est
aussi sur la ligne CD, il est évident que sa position est
fixée à P, car c'est le seul point où les deux lignes se
coupent. Les distances trois et cinq rapportées à ces

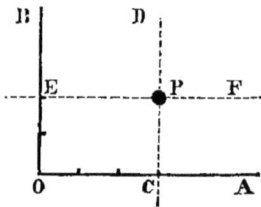

FIG. 109. — Coordonnées d'un
point.

1. Dans un globe de 0m,75 de diamètre, par exemple, la différence entre
le diamètre polaire et le diamètre équatorial ne serait que très peu supérieure à 2mm,5.

lignes OB, OA respectivement, indiqueront précisément
la position de P : les mathématiciens les appellent les
coordonnées du point.

Les géographes usent de même des coordonnées
pour indiquer la position des lieux sur la surface
de la terre. Quand ils veulent établir la situation
d'un point quelconque, ils la rapportent à certaines
lignes déterminées qu'ils supposent tracées sur la
surface du globe. Ils tracent une ligne autour de
la terre à égale distance des deux pôles ; ils nomment
équateur[1] cette ligne qui
pratiquement est un cer-
cle (fig. 110). L'équateur
partage donc le globe en deux
moitiés égales, un hémi-
sphère septentrional et un
hémisphère méridional. On
suppose de plus que sur
chacun de ces hémisphères
un certain nombre de cer-
cles courent parallèlement à
l'équateur, mais en se rétrécissant à mesure qu'ils se

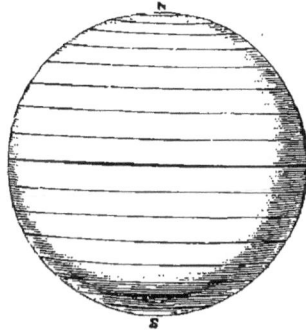

Fig. 110. — Degrés de latitude ou
parallèles.

rapprochent des pôles. On appelle ces cercles *petits
cercles*, l'équateur étant lui-même un *grand cercle*.
Le centre d'un grand cercle est le centre de la sphère
sur lequel le cercle est tracé ; il est donc évident que
si la terre était coupée par un plan à l'équateur, ce
plan passerait par le centre de la terre, mais qu'un plan
passant par un centre quelconque des petits cercles
parallèles à l'équateur ne passerait pas par ce point
central.

L'équateur remplit le rôle de la ligne OA dans la

---

1. *Équateur*, du lat. *œquo*, rendre égal.

figure 109; il est pour ainsi dire la borne géographique à partir de laquelle on mesure les distances. Chaque cercle est divisé pour la commodité des calculs en 360 parties égales, nommées *degrés;* et l'on suppose que la circonférence de la terre est divisée de la même manière. La distance d'un lieu à l'équateur, mesurée le long d'un cercle qui passe par les pôles et exprimée en degrés, se nomme la *latitude*[1] du lieu. La distance de l'équateur au pôle nord est un quart de la circonférence de la terre; on dit que la latitude du pôle est de 90 degrés ou du quart de 360 degrés mesurés en remontant vers le nord à partir de l'équateur. De même, le pôle sud est à 90 degrés de latitude méridionale. On décrit Paris comme étant par 48° 50′ 49″ [2] de latitude boréale; expression qui nous dit immédiatement que Paris est situé dans l'hémisphère septentrional à une distance de près de 49 degrés ou d'environ 5440 kilomètres de l'équateur. La latitude d'une ville de la grandeur de Paris varie naturellement selon les quartiers [3].

La latitude seule ne pourrait déterminer la position d'un lieu. Un grand nombre de lieux, par exemple, pourraient être situés comme Paris sur le cercle qui court autour de l'hémisphère septentrional à 48°50′49″ de l'équateur. Il faut donc deux lignes régulatrices, de même que deux lignes étaient nécessaires dans la figure 109. Les géographes ont été en conséquence

1. *Latitude*, du latin *latitudo*, largeur.
2. Chaque degré de latitude est divisé en 60 parties égales appelées *minutes* et chaque minute en 60 parties égales appelées *secondes*. Les degrés se représentent par le signe °, les minutes par ′ et les secondes par ″. Les minutes et les secondes de temps se distinguent par les initiales *m* et *s* respectivement. Une minute de latitude est un mille nautique, ce que les marins appellent un *nœud*. Le mille géographique de 15 au degré de l'équateur est de 7420 mètres, tandis que le mille marin de 60 au degré n'est que de 1852 mètres.
3. La latitude indiquée ici pour Paris est celle du Panthéon.

amenés à tracer autour du globe un certain nombre de
cercles imaginaires, passant tous par les deux pôles
comme dans la figure 111. Ces cercles ont reçu le nom
de cercles de *longitude* et ils diffèrent à plusieurs
égards, sans parler de la direction, des cercles de latitude. Tous les cercles de longitude sont des cercles ayant
le centre de la terre pour centre, en d'autres termes,
ils sont tous de grands cercles. Au contraire, tous
ceux de latitude à l'exception de l'équateur sont des
petits cercles. En outre les cercles de latitude forment
des plans équidistants et
reçoivent en conséquence
l'appellation de *parallèles* de
latitude. Mais on ne sau-
rait parler de « parallèles
de longitude », puisque ces
cercles ne sont pas parallèles, qu'ils se rencontrent
et se coupent tous à chacun
des pôles. On désigne donc
ces cercles imaginaires courant du nord au sud sous le
nom de *méridiens*, pour la

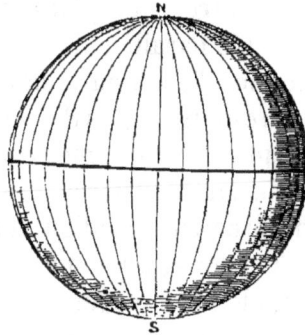

Fig. 111. — Degrés de longitude ou
méridiens.

raison que nous avons expliquée à la page 8.

Tandis que la latitude se mesure toujours à partir de
l'équateur, la longitude n'a pas de point de départ
naturel. On peut même la compter à partir d'un méridien quelconque et différents pays usent en effet de
méridiens différents. On appelle *premier méridien*, ou
méridien origine, celui auquel on rapporte les autres; en France, le premier méridien est celui qui passe
par l'observatoire de Paris. Paris n'a donc pas de longitude et de même tous les lieux directement au nord
et au sud de Paris n'ont pas de longitude, puisqu'ils sont
sur le même méridien. Mais tous les lieux à l'est ou à

l'ouest de ce premier méridien ont leur longitude particulière qui s'exprime en degrés, minutes ou secondes et se
décrit comme orientale ou occidentale selon la position du
lieu rapportée à Paris. Ainsi New-York est situé par 76°
20′12″ de longitude occidentale (76°20′12″O.). L'équateur
étant divisé en 360 degrés, on peut supposer qu'un
méridien passe par chacune de ces 360 divisions. Un degré de longitude mesuré à l'équateur est donc $\frac{1}{360}$
de la circonférence de la terre. Mais en allant au
nord ou au sud de l'équateur, les méridiens se rapprochent de plus en plus jusqu'à ce qu'ils finissent par se
rencontrer aux pôles, comme le montre la figure 111.
Chaque parallèle de latitude, grand ou petit, est divisé,
comme l'équateur, en 360 degrés; l'intervalle compris
entre deux degrés de longitude va donc en diminuant de
l'équateur, où il mesure 60 milles marins, aux pôles où
il disparaît entièrement. On compte la longitude à partir
du premier méridien vers l'est ou vers l'ouest jusqu'à
180 degrés; on compte la latitude à partir de l'équateur
vers le nord ou vers le sud jusqu'à 90 degrés. Nul lieu ne
peut donc avoir une latitude supérieure à 90 degrés ni
une longitude supérieure à 180 degrés.

Il serait trop long d'expliquer ici par quels moyens on
détermine pratiquement la latitude et la longitude; seuls
les marins, les géomètres ou les voyageurs sont dans la
nécessité de recourir à ces procédés pour déterminer leur
position. Mais cependant les latitudes et les longitudes
intéressent tout le monde, car c'est au moyen de ces
coordonnées que l'on peut trouver la position d'un
lieu quelconque sur une carte du globe. Les lignes de
latitude et de longitude forment en se croisant une
sorte de charpente sur laquelle le géographe dessine les
contours qui représentent la distribution des terres et
des eaux sur la surface du globe.

Il est assez facile de rapporter sur un globe terrestre

l s lignes de latitude et de longitude et de tracer ensuite
les contours d'une région quelconque. Mais quand il
s'agit d'une carte et non plus d'un globe, il est moins
facile de comprendre comment on peut tracer ces lignes.
Si on enlève la peau d'une moitié d'orange, on constate
qu'il est impossible d'étendre cette peau hémisphérique
sur une table plate sans que la peau se rompe à certains endroits. C'est pour cette raison qu'une mappemonde ne donne jamais une représentation exacte de la
surface de la terre.

On a dit dans le premier chapitre (p. 6) qu'une
carte de la Seine est une esquisse du cours de cette
rivière, telle que pourrait la tracer un dessinateur placé
en ballon à une grande hauteur immédiatement au-
dessus du lieu qui est marqué sur la carte. Cette assi-
milation est parfaitement exacte. Tant que le dessinateur
placé en ballon regarde le pays directement au-dessous
de lui, il l'aperçoit sous son aspect véritable; mais s'il
regarde au loin, la courbure de la terre produit une
déformation dans les contours éloignés. Pourtant il existe
un genre de cartes dans lesquelles le géographe est supposé, quand il dresse la carte, planer à une immense
hauteur et reproduire ce qu'il voit sur une surface plane
placée entre son œil et la terre[1] (fig. 112). Mais cette
reproduction est altérée à peu près comme les ombres
des objets sont déformées quand la lumière ne tombe pas
exactement sur leurs surfaces. Si l'on expose une assiette
à la lumière du soleil par-devant une surface plane, quand
la lumière tombera perpendiculairement sur cette
assiette, l'ombre sera un cercle parfait; mais si on
incline l'assiette, le cercle devient une ellipse, et à
mesure qu'on incline l'assiette davantage, l'ellipse se

---

1. C'est la méthode des *projections orthographiques*. Les parallèles de latitude y deviennent des lignes droites, comme on le voit dans la figure 112.

rétrécit de plus en plus jusqu'à ce que la lumière du
soleil effleurant le bord de l'assiette, l'ombre finisse par
être réduite à une ligne droite. On dit que cette ombre
est projetée sur la surface plane; et on appelle de
même projection la méthode qui consiste à représenter à plat sur le papier la surface arrondie de la
terre.

Dans la méthode de projection qui vient d'être expliquée — celle dans laquelle on suppose que l'œil du dessinateur de la carte est à une distance infiniment grande,
— les parties centrales de l'hémisphère sont représentées
avec exactitude, mais les
contrées situées au bord de la
circonférence sont resserrées
et amoindries. Ce défaut a fait
recourir à une autre méthode
de projection dans laquelle
le géographe est censé avoir
les yeux sur la surface
même du globe et regarder
à travers la sphère solide
comme si elle était un globe
de verre, de manière à voir
les pays situés sur la face opposée; les contours sont
alors représentés comme s'ils étaient projetés sur un
écran transparent coupant le milieu de la sphère, devant l'œil de l'observateur[1].

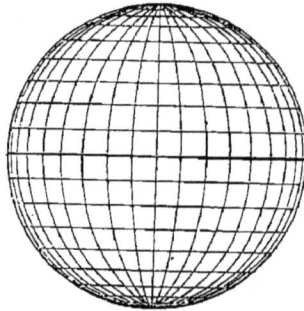

Fig. 112.— Projection orthographique.

Dans cette méthode, ce sont les contrées du centre qui
sont rétrécies et celles voisines de la circonférence qui
sont exagérées. L'altération qui se produit ici est donc
directement le contraire de la déformation à laquelle

1. C'est la méthode des *projections stéréographiques* où les parallèles
sont représentés comme des arcs de cercle. On peut considérer la
figure 113 comme représentant cette projection, car elle ne diffère pas
beaucoup de la *projection globulaire*.

donne lieu la projection précédente. Mais il semble
naturel qu'en se plaçant en un point intermédiaire, l'observateur n'ayant les yeux ni sur la surface de là sphère
ni à une distance illimitée de cette surface, puisse
obtenir une représentation exacte. On a calculé le point
de vue le plus favorable, et quoique la représentation
obtenue de la sorte soit encore altérée, l'altération est
moindre que dans les autres projections. Aussi cette
méthode est-elle communément adoptée dans la construction des planisphères (fig. 113).

Si au lieu de la représentation d'un hémisphère, le
géographe n'est tenu de fi-
gurer qu'une seule contrée,
par exemple, l'Europe, il re-
court d'ordinaire à un procédé différent. Imaginez un
rouleau de papier semblable
à un cornet placé sur un
globe terrestre à la façon
d'un éteignoir : cette sorte
de calotte ne recouvrira pas
le globe entièrement, mais

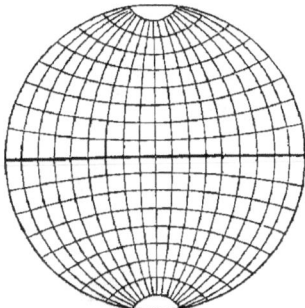

FIG. 113. — Projection globulaire.

on peut l'amener à effleurer
le parallèle de latitude placé au centre de la contrée qu'il
s'agit de représenter sur la carte. Projetez sur ce cône
les contours de la contrée; vous pourrez ensuite dé-
plier et étendre le papier sur une surface plate; de là
le nom de méthode des *développements coniques* qu'on a
donné à ce système (fig. 114). La plupart des cartes
d'Europe fournissent des exemples de cette construction.

Toutes ces cartes sont d'un service passable pour les
usages ordinaires, mais ne répondent nullement aux
nécessités des marins. Il faut aux marins des cartes qui
leur donnent le relèvement exact des lieux, de manière à

ce qu'ils puissent cingler directement d'un point vers un
autre; ces cartes leur sont fournies par l'emploi du
développement de Mercator [1]. Supposez que les contours
des différentes contrées du monde et des lignes de latitude et de longitude fussent représentés sur une vessie
globulaire placée à l'intérieur d'un cylindre de verre;
si on insuffle de l'air dans la vessie, celle-ci s'enflera
dans tous les sens et on peut la supposer suffisamment
élastique pour qu'elle presse de tous côtés contre la
surface intérieure du cylindre. Les parallèles de latitude
touchent alors le verre et forment des cercles autour

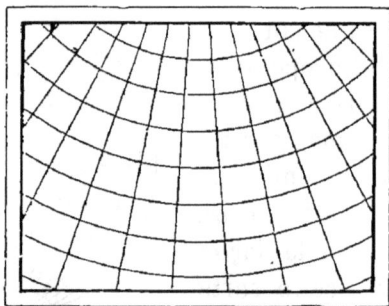

FIG. 114. — Développement conique.

du cylindre, tandis que les méridiens s'allongent et
forment des lignes qui montent et descendent le long
du cylindre. Si on pouvait ouvrir la vessie, quand elle
touche les parois intérieures du cylindre et la développer,
l'aplatir, elle formerait une projection de Mercator
(fig. 115). Tous les cercles de longitude y sont des lignes
droites à intervalles égaux; tous les cercles de latitude y
sont aussi des lignes droites, mais non pas à intervalles
égaux. Sur un globe, les méridiens se croisent aux

1. Mercator était originaire des Flandres où il naquit en 1512. Son véritable nom était Gérard Kauffman, mais selon la coutume de l'époque,
son surnom qui signifie *marchand* fut traduit en latin et devint *mercator*.

pôles, dans le développement de Mercator, ils sont
équidistants; il en résulte que les méridiens, aux
approches des pôles, sont évidemment trop espacés
vers l'est et vers l'ouest et, pour compenser cette déformation, les intervalles entre les parallèles de latitude sont aussi augmentés à mesure qu'on avance
vers le nord et vers le sud. En accroissant ainsi les dis-

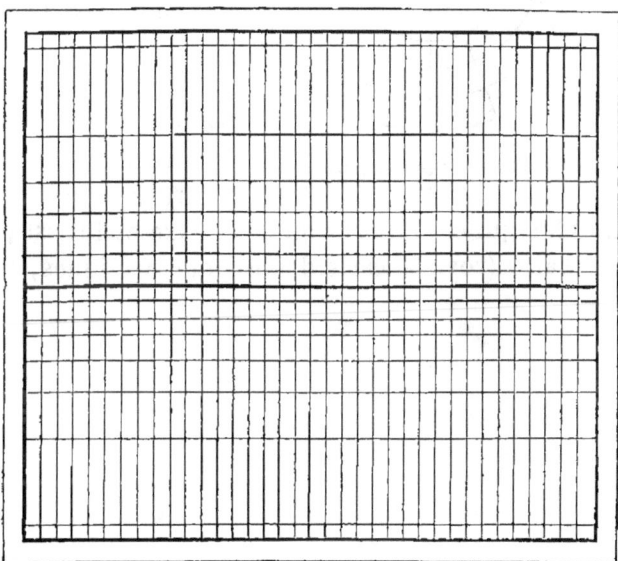

FIG. 115. — Projection de Mercator

tances entre les parallèles de latitude, à mesure qu'ils
s'écartent de l'équateur, on conserve la forme de la
terre, mais ses dimensions sont considérablement exagérées. Les régions polaires ne sont pas comprises dans la
projection de Mercator, car on suppose que les pôles,
dans le développement cylindrique, sont à une distance
infinie. Aussi ces cartes ne sont-elles pas en usage dans
la navigation des mers arctiques; mais partout ailleurs
elles sont universellement adoptées par les marins.

Pour les cartes arctiques, on se sert de la *projection polaire* représentée dans la figure 116. Ici les parallèles de latitude sont des cercles concentriques autour du pôle et les méridiens prennent la forme de lignes droites rayonnantes. Le géographe, dans la construction de cette carte, est supposé avoir les yeux au centre du globe et reproduire ce qu'il voit sur un plan qui est à l'extrémité de l'axe et lui est perpendiculaire (voy. la carte des régions arctiques, p. 350).

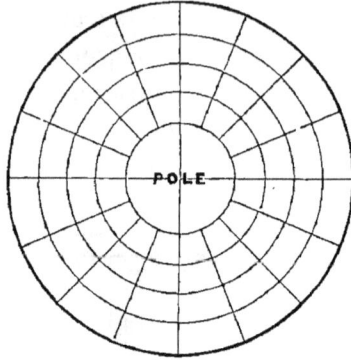

FIG. 116. — Projection polaire.

CHAPITRE XX

On a montré dans les chapitres précédents que les eaux de la terre sont dans un état de constante circulation ; que l'atmosphère n'est jamais en repos ; que les matières solides de la croûte terrestre changent lentement, mais incessamment de position et que la matière du monde organisé est soumise, à un degré encore plus marqué, à des transformations périodiques. Le repos absolu est à vrai dire un état entièrement inconnu sur la surface de la terre. Le globe lui-même n'échappe pas au mouvement et les mouvements qui l'affectent sont d'un ensemble bien plus grandiose encore. La boule immense qui a été décrite au dernier chapitre est constamment agitée. Elle est animée d'un double mouvement, un mouvement de rotation, car la terre tourne perpétuellement sur elle-même à la façon d'une toupie, et un mouvement de révolution, car elle s'avance à travers l'espace et est entraînée autour du soleil.

Si la terre était fixe dans l'espace sans être animée d'aucun de ces deux mouvements, il est évident que l'hémisphère tourné vers le soleil jouirait sans interruption de la lumière solaire, tandis que l'hémisphère opposé serait plongé dans une ombre permanente ; en d'autres termes, un jour perpétuel régnerait sur une moitié de la terre, et une nuit perpétuelle sur l'autre moitié. L'hémisphère éclairé sur lequel brilleraient constamment les rayons du soleil, subirait naturellement une chaleur intense, et l'hémisphère obscur un froid non moins intense par suite du libre rayonnement de sa chaleur dans l'espace. Dans ces conditions, la partie la plus chaude du monde serait le milieu de l'hémisphère faisant face au soleil, parce que les rayons du soleil tomberaient alors directement sur sa surface ; et la chaleur diminuerait sur les bords de cet hémisphère, parce que les régions les plus éloignées du centre de la partie éclairée recevraient obliquement les rayons du soleil.

Si la terre n'avait pas d'atmosphère, le contraste des climats des deux hémisphères serait des plus frappants, car la moitié de la terre tournée vers le soleil absorberait toute la chaleur qui lui serait envoyée, tandis que l'autre moitié ne cesserait de perdre de sa chaleur par rayonnement dans l'espace. Mais si la terre était entourée d'une enveloppe atmosphérique, des courants se formeraient dans l'air et ces courants tendraient à tempérer le climat. Du centre surchauffé de l'hémisphère éclairé, l'air brûlant s'élèverait et se répandrait de tous côtés, à travers les régions les plus hautes de l'atmosphère ; au contraire, l'air moins chaud et partant plus dense se précipiterait des régions environnantes à travers les couches les plus basses de l'atmosphère, pour prendre la place de l'air précédemment échauffé. Quiconque serait à la surface d'une terre ainsi disposée observerait des vents soufflant de tous les points cardinaux directement vers le milieu de l'hémisphère faisant face au soleil.

Si maintenant la terre commençait à tourner, les phénomènes nouveaux qui se produiraient alors dépendraient de la direction de la ligne imaginaire ou de l'axe

autour duquel la terre tournerait. L'axe de la terre coïncide avec le diamètre polaire et les points que nous
avons décrits dans le dernier chapitre comme étant les
pôles de la terre sont les extrémités de cette ligne imaginaire. Supposons d'abord que l'axe coïncide avec un
rayon prolongé du soleil, comme dans le premier dessin
de la figure 117 où l'axe est représenté par une ligne
noire épaisse, et où le soleil, supposé à une très

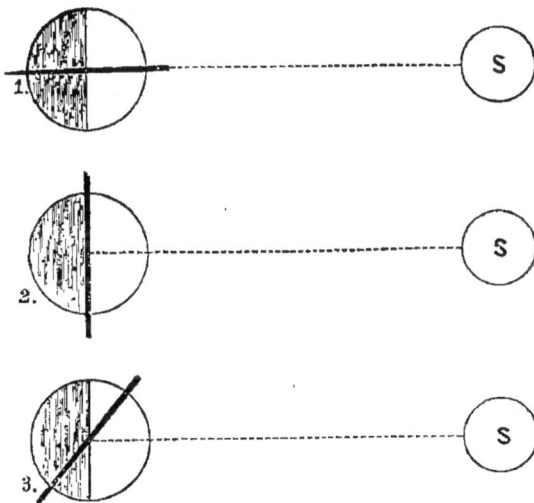

Fɪɢ. 117. — Effet produit par un changement de position de l'axe de la terre
relativement au soleil.

grande distance, est représenté par un petit cercle. Il est
clair qu'alors la même moitié de la terre serait toujours
tournée vers le soleil, et le seul effet de sa rotation rapide
serait de modifier la direction des vents de a manière
que nous expliquerons tout à l'heure. Mais supposons
maintenant que l'axe soit *perpendiculaire* à un rayon prolongé du soleil, comme le représente le second dessin : la
rotation de la terre amènerait alors successivement les
différentes parties de sa surface en face du soleil, et elles

seraient toutes ainsi à leur tour éclairées et échauffées.
En fait, cette rotation produirait l'alternance du jour et
de la nuit, et les jours et les nuits seraient égaux sur
toute la surface du globe et en tout temps. Les pôles
seraient les parties les plus froides, et tous les points de
la surface, à égales distances des pôles, seraient également échauffés et également éclairés. Enfin les vents
prenant naissance dans les courants inférieurs se diri-
geraient obliquement des pôles vers l'équateur et ceux
formés par les courants supérieurs souffleraient en sens
contraire.

Supposons enfin que l'axe de la terre ne soit ni dans la
première position que nous avons indiquée, ni dans
celle que représente le second dessin, mais qu'il occupe
une position intermédiaire, comme celle que l'on voit
dans la troisième figure. Il est évident qu'ici le pôle tourné
vers le soleil aurait abondance de lumière et de chaleur,
tandis que le pôle opposé, à l'écart du soleil, serait dans
une obscurité et dans un froid perpétuels.

Or, en fait, l'axe de notre terre est dans la position
que représente ce dernier cas ; mais par suite d'autres
mouvements qui seront expliqués plus loin, nulle partie
de sa surface n'est obscure et froide d'une manière permanente.

Si on considère pendant quelque temps les étoiles
par une nuit claire, on observe qu'elles semblent se
mouvoir à travers les cieux de l'est à l'ouest, comme fait
le soleil durant le jour, et si l'une de ces étoiles était
assez brillante pour projeter une ombre, on pourrait
faire un cadran sidéral pour la nuit, comme on fait des
cadrans solaires pour le jour. Si cette étoile était de
celles qui ne se couchent jamais en France, telle que,
par exemple, l'étoile qui est à l'extrémité de la queue de
la Grande Ourse (fig. 1), son ombre décrirait dans
le cours de la nuit un arc de cercle, de même que

l'ombre projetée par le soleil décrit un arc de cercle durant le jour. Supposons que le cercle fût complété et qu'il fût divisé en 86164 parties égales, l'observation montrerait alors que l'ombre projetée par l'étoile traverse ces parties égales en périodes égales de temps; chacune de ces périodes est ce qu'on appelle une *seconde*. L'ombre reviendrait donc au même endroit chaque nuit, précisément en 86164 secondes. Si une pendule très exacte et marquant les secondes avait un cadran dont le contour fût divisé en 86164 parties et une seule aiguille qui s'avançât de l'une à l'autre de ces divisions à chaque battement, le mouvement de cette aiguille correspondrait exactement à celui de l'ombre de l'étoile. Et si un point du cadran marquait deux heures en un certain point de la course de l'ombre, lorsque l'ombre de l'étoile reviendrait à cet endroit, l'aiguille de la pendule marquerait de nouveau deux heures.

Une pendule de ce genre indiquerait le temps *sidéral* et les 86164 secondes (ou 23 heures 56 minutes et 4 secondes) formeraient un jour mesuré par la pendule sidérale. Le mouvement apparent des étoiles étant dû à la rotation de la terre sur son axe, l'aiguille de la pendule sidérale mettrait pour revenir à son point de départ sur le cadran, exactement le même temps que la terre pour tourner sur son axe; c'est cette période de temps (86164 secondes) qu'on appelle *jour sidéral*.

Mais, en pratique, cette pendule serait de fort peu d'utilité. A moins d'être astronome, quand on demande l'heure, ce n'est pas qu'on désire savoir où en est la rotation de la terre sur son axe par rapport à une étoile particulière; on veut connaître l'heure du jour ou l'heure de la nuit, s'il est matin ou après-midi. Demander à notre pendule sidérale une réponse à ces questions serait pis qu'inutile. Car à supposer qu'un certain jour midi de la pendule sidérale correspondît exactement à midi indiqué

par le soleil, le jour suivant, la pendule sidérale marquerait midi près de quatre minutes en avance, et le
jour d'après l'avance sur la veille ne serait pas moindre ;
en sorte qu'au bout d'un trimestre, midi de la pendule
sidérale correspondrait à six heures du matin. Bref,
midi à la pendule sidérale pourrait indiquer une heure
quelconque du jour ou de la nuit. La raison de ce fait,
c'est que le jour et la nuit dépendent du soleil et que
le soleil ne marque pas le temps sidéral. En premier
lieu, l'intervalle entre le temps où l'ombre marque sur
un cadran solaire midi en un certain jour et le temps
où elle marque midi le jour suivant est toujours supérieur à 86 164 secondes ; et, en second lieu, la différence n'est pas toujours la même, mais est parfois
plus ou moins grande. Si le cadran solaire était une
pendule, nous dirions en effet de cette pendule qu'elle
ne va pas très bien ; et la seule manière de régler une
bonne pendule, de telle sorte qu'elle marque chaque
jour midi ou à peu près quand le soleil marque midi, est
de calculer la moyenne de toutes les irrégularités du
cadran solaire et d'ajouter cette moyenne au nombre de
secondes que marquerait la révolution de l'aiguille d'une
pendule sidérale dans le cours d'une journée.

Cette moyenne est de 236 secondes, lesquelles, ajoutées
à 86 164, donnent les 86 400 secondes qui composent les
24 heures ou *jour solaire moyen* du temps légal. Pour
la commodité de l'usage, on compte ces vingt-quatre
heures, non par une seule révolution de l'aiguille des
heures d'une pendule ordinaire, mais par deux révolutions ; c'est ainsi que le XII des cadrans de nos pen-
dules indique très approximativement midi et minuit
tels que les détermine le passage du soleil au méridien.
Cependant le midi marqué par la pendule ne coïncide
exactement avec le midi du cadran solaire que quatre fois
dans l'année ; dans les périodes intermédiaires, le cadran

solaire est soit en avance, soit en retard sur la pendule.

La forme de la terre étant à peu près celle d'une sphère, il s'ensuit que les différents points de la surface de la terre doivent se mouvoir, durant la rotation diurne, avec des vitesses inégales. Un point quelconque situé sur l'équateur décrira un cercle égal à la circonférence de la terre. La circonférence de la terre est d'environ 40 000 kilomètres; et comme la rotation s'achève en vingt-quatre heures environ, la vitesse dont est animée la région équatoriale doit être quelque chose comme 1666 kilomètres à l'heure. Mais en allant de l'équateur au nord ou au sud, le cercle décrit par un point quelconque sur la sphère tournante deviendra plus petit, ainsi que le montre la diminution de diamètre des cercles de latitude. Cependant tous les points de la surface mettent le même temps à tourner; la vitesse de la rotation doit donc diminuer de plus en plus à mesure que les cercles deviennent de plus en plus petits. En effet aux pôles la vitesse est nulle. Le pôle représente simplement l'extrémité de la ligne imaginaire sur laquelle tourne la terre et il est lui-même stationnaire.

Tout ce qui est à la surface de la terre se trouve nécessairement entraîné dans le mouvement de rotation du globe. L'atmosphère, comme il a été dit au chapitre VI, peut être regardée comme partie intégrante de la terre; elle forme, en effet, une enveloppe gazeuse qui entoure complètement le globe et participe à tous ses mouvements. L'atmosphère tourne donc avec la même vitesse que la surface qu'elle recouvre. Mais cette surface est animée d'un mouvement de rotation qui, comme on vient de l'expliquer, varie avec les latitudes; il en résulte que l'atmosphère, immobile au-dessus des pôles, se meut avec une vitesse croissante dans les latitudes plus basses et finit par atteindre la vitesse de 1666 kilomètres à l'heure à l'équateur. Si donc un courant d'air se dirige d'un des pôles vers l'équateur et se meut directement du nord au sud, c'est-à-dire le long d'un méridien, il tendra constamment à rester en arrière de la surface de la terre. Au point de départ, l'air est stationnaire, parce que le pôle lui-même n'est animé d'aucun mouvement ; et si l'on pouvait supposer qu'un tel courant d'air courût directement au sud sans entrer en contact avec aucun objet, les points successifs de la surface de la terre sur lesquels il passerait tourneraient au-dessous de lui avec une vitesse constamment croissante jusqu'à ce qu'à l'équateur ils finissent par tourbillonner vers l'est à la vitesse de 1666 kilomètres à l'heure. Imaginez que l'air ainsi transporté d'un pôle à l'équateur vienne en contact avec la surface de la terre dans cette dernière région. L'effet immédiat produit sur les corps de la surface serait le même que s'ils étaient transportés à travers un air calme vers l'est à la vitesse de 1666 kilomètres par heure. C'est dire qu'ils sembleraient soumis à un ouragan effroyable soufflant de l'est, de même que le voyageur passant en wagon, avec une vitesse de soixante-dix kilomètres à l'heure, à travers un air parfaitement calme, sent comme un coup de vent soufflant de la direction dans laquelle il est entraîné.

Mais l'air soufflant des pôles, à mesure qu'il s'avancerait vers le sud, serait bientôt influencé par le mouvement des régions au-dessus desquelles il flotterait. Il serait donc détourné vers l'est, et cette déviation augmenterait constamment jusqu'à ce qu'elle finît par atteindre son maximum à l'équateur. Dans son passage des hautes aux basses latitudes, la rapidité du mouvement imprimé vers l'est au courant d'air n'aurait cessé de s'accroître. Mais l'expérience journalière montre qu'un corps ne peut en un instant s'accommoder d'une modification considérable de mouvement. Si une voiture part tout d'un coup ou qu'elle accroisse tout d'un coup

la rapidité de son mouvement, le voyageur sera vraisemblablement projeté dans une direction opposée à celle
du mouvement. De même l'air, en passant des hautes aux
basses latitudes, est, pour ainsi dire, en retard et reste
en arrière; c'est ainsi que, tandis que la terre tourne
sur elle-même de l'ouest à l'est, l'air en allant vers le
sud acquiert un mouvement relatif de l'est à l'ouest.

Un mouvement relatif vers l'ouest serait donc imprimé
pendant sa course au courant parti du pôle nord; et, par
suite de la combinaison des deux mouvements, celui du
nord et celui de l'est, le vent ainsi produit semblerait
venir du nord-est; en d'autres termes, il semblerait être
un vent du nord-est et non du nord[1].

Un cas comme celui que nous venons de discuter n'est
nullement imaginaire. En fait, du voisinage de l'équateur où la chaleur est le plus grande et l'évaporation le
plus rapide, il s'élève constamment, par suite de la légèreté relative de l'air, un courant atmosphérique chaud
et humide. Un air plus froid et plus dense se précipite
des régions au nord et au sud du cercle équatorial, pour
prendre la place de l'air qui s'est ainsi élevé. Cependant
cet air qui fait ainsi irruption n'a point, dans l'hémisphère boréal, les apparences d'un vent du nord, ni
dans l'hémisphère austral, celles d'un vent du sud. Il
vient, en effet, de régions où la rapidité de la rotation
est moindre; il reste donc en arrière de la terre dans
sa rapide rotation de l'ouest à l'est. Aussi le courant
septentrional souffle-t-il du nord-est en atteignant la
zone équatoriale, et le courant méridional du sud-est.
De ce fait on est amené naturellement à induire que des
vents d'une direction plus ou moins constante doivent

---

1. Il peut être utile de remarquer que les vents tirent leurs noms des
points d'où ils soufflent. Au contraire les courants marins sont désignés
d'ordinaire d'après le point vers lequel ils se dirigent Ainsi un vent du
N. E. souffle du N. E., mais un courant N. E. coule vers le N. E.

souffler sur les régions de l'Océan Atlantique et de l'Océan Pacifique qui s'étendent jusqu'à une certaine distance des deux côtés de l'équateur et que leur direction sera du nord-est dans la zone tropicale du nord, et du sud-est dans la zone tropicale du sud. Ces vents constants ou *alizés* étaient d'une telle importance pour la navigation, avant que fussent venus les temps de la marine à vapeur, que le commerce du monde en dépendait dans une mesure importante : de là, le nom qu'on leur donne en Angleterre de « *Vents du Commerce* » (*Trade Winds*).

On vient de dire que les vents alizés soufflent dans une direction *plus ou moins constante*. Cette restriction est nécessaire, parce que la nature du vent est considérablement modifiée par les circonstances locales, telles que la distribution de la terre et de l'eau et l'altitude des terres voisines. Les vents alizés ne sont pas également caractérisés dans les deux grands océans, et leur force y varie selon les saisons.

On peut se demander ce qu'il advient de l'air qui s'élève des régions chaudes de l'équateur. Cet air, en atteignant des régions plus élevées de l'atmosphère, flotte au-dessus des courants qui glissent sur la surface au-dessous ; il produit ainsi des courants qui dérivent vers le nord dans l'hémisphère boréal et vers le sud dans l'hémisphère austral. Mais ces courants supérieurs passent de régions animées d'une vitesse de rotation considérable à des régions animées d'une vitesse moindre ; leur mouvement est donc plus rapide que celui de la surface terrestre immédiatement au-dessous d'eux, et ils dépassent ainsi la terre dans sa rotation. Ils sont donc déviés de la direction nord-sud, mais dans un sens opposé à celui des alizés ; c'est-à-dire qu'ils soufflent du sud-ouest dans l'hémisphère boréal et du nord-ouest dans l'hémisphère austral. On peut recon-

naître à leurs effets sur les nuages les plus élevés ces courants supérieurs qui se meuvent en sens inverse des vents
de surface. Ces courants se refroidissent dans les régions
les plus hautes de l'atmosphère, et, vers le trente-cin-
quième parallèle de latitude, leur densité devient assez
grande pour qu'ils descendent à la surface. Une partie de
cet air retourne alors, sous la forme d'un courant inférieur, à l'équateur où il s'échauffe de nouveau et d'où il
s'élève encore, complétant ainsi la circulation dans cette
région de l'atmosphère. Une autre partie de l'air que sa
densité fait descendre continue sa course et forme un vent
du sud-ouest, dans l'hémisphère boréal, un vent du nord-
ouest dans l'hémisphère austral ; mais ces vents sont loin
d'avoir la régularité des alizés. Telle est peut-être, en partie au moins, l'origine des vents du sud-ouest qui dominent dans les contrées de l'Europe occidentale, en France
en particulier ; ces vents sont ceux qui nous apportent la
plupart de nos pluies (p. 50) : c'est ainsi que la rotation de la terre n'est pas sans influer sur l'alimentation
des sources du bassin de la Seine.

Le mouvement diurne de la terre rend compte d'un
grand nombre des mouvements apparents des corps
célestes. Ainsi tous les jours le soleil semble se lever à l'est,
et après avoir traversé le ciel suivant une ligne courbe,
il paraît se coucher à l'ouest. Toutes les nuits aussi certaines étoiles semblent de même se lever et se coucher ;
et l'apparence ne ment pas, si, comme nous le savons
par des raisons indépendantes, la terre tourne sur son
axe de l'ouest à l'est.

Une observation que chacun a faite en voyageant en
chemin de fer, c'est que, si l'on se trouve en wagon dans
une station le long d'un autre train, on se figure toujours que ce train se déplace, tandis que c'est celui où
l'on est qui se met en marche en se déplaçant d'abord
doucement. En regardant par la fenêtre, il est réelle-

ment difficile, quand le train est lancé, de se per-
suader que les poteaux télégraphiques, les arbres et
les maisons les plus rapprochés ne fuient pas rapidement, par rapport aux objets plus éloignés et dans une
direction opposée à celle où le train se meut. Quand
on voit le soleil se lever ou se coucher, il semble contraire au témoignage des sens d'affirmer que c'est la
terre, et non le soleil, qui se meut ; ce n'est là pourtant
qu'un des cas nombreux où ce qu'on appelle le témoignage direct de nos sens n'est qu'une interprétation
hypothétique des faits que nous révèle la sensation. Il
y avait longtemps qu'on avait établi que c'est vraisemblablement la terre qui tourne et qu'on avait dénoncé
l'erreur probable d'une telle interprétation, à première
vue exacte et naturelle, du déplacement apparent du
soleil et des étoiles, interprétation pourtant universellement admise il y a encore quelques siècles ; mais les expériences de M. Foucault ont complété, il y a un certain
nombre d'années, la démonstration.

Le mouvement diurne de la terre n'explique pas tous
les mouvements apparents des corps célestes. Par exemple, on peut observer que le soleil ne se lève pas tous les
jours au même endroit. Au milieu du printemps et au
milieu de l'automne, il se lève, avec une précision presque absolue, directement à l'est ; mais au milieu de l'été
il se lève en des points qui sont plus voisins du nord
que du midi ; au milieu de l'hiver, il se lève en des points
plus voisins du midi que du nord. Le soleil semble en
effet tous les jours changer de place dans les cieux, mais
le cycle de ces changements est complet au bout d'une
année, et au milieu d'un été, il se retrouvera à la place
même qu'il occupait au milieu de l'été précédent. Son
mouvement apparent est dû en effet au mouvement de
translation de notre terre autour du soleil, dans la même
direction que celle de la rotation, de l'ouest à l'est. Et

de même que le temps que met la terre à tourner sur
son axe constitue un *jour*, de même le temps d'une
révolution de la terre autour du soleil forme une
année. Cette révolution s'accomplit en 365 ¼ jours à peu
près [1].

Les différences entre le temps sidéral et le temps solaire sont les conséquences de ce mouvement annuel de
la terre. On a dit plus haut que le jour sidéral est de près
de quatre minutes plus court que le jour solaire. Le jour
sidéral représente le temps d'une rotation complète de
la terre sur elle-même, mais le jour solaire correspond
non pas simplement à la rotation, mais à ce mouvement
combiné avec celui du déplacement progressif de la terre
à travers l'espace. Le sujet vaut la peine qu'on s'y arrête,
car il offre une des meilleures preuves du mouvement
annuel de la terre. Supposons qu'on pût voir passer au
méridien aujourd'hui à midi le soleil et aussi une certaine étoile ; demain on constaterait que l'étoile aurait
atteint le même méridien près de quatre minutes avant
le soleil. Mais il est clair que si la terre tournait simplement sur son axe, l'étoile et le soleil devraient passer
au méridien en même temps. Le retard dans l'arrivée
du soleil est dû à son mouvement apparent dans le ciel,
qui est en sens inverse du mouvement diurne des étoiles,
en sorte que le soleil semble, en se mouvant au milieu
d'elles, rester en arrière. Tel est l'éloignement infini des
étoiles, que leur position apparente n'est pas sensiblement affectée par notre voyage annuel autour du soleil ;
mais le soleil est beaucoup plus voisin de nous, si voisin
même, relativement, que sa position apparente en est

---

1. Plus exactement en 365 jours, 6 heures, 9 minutes, 10,75 secondes
du temps solaire moyen. Le calendrier de l'année renfermant 365 jours,
l'excédent forme un jour additionnel tous les quatre ans : c'est l'*année
bissextile*. Cette addition tient lieu de la correction qui serait nécessaire
pour faire tomber les saisons dans les mêmes mois chaque année.

matériellement affectée ; aussi semble-t-il être en retard
chaque jour sur le précèdent [1]. La révolution complète s'accomplissant en une année, $\frac{1}{365}$ du parcours
s'effectuera en un jour. Mais chaque cercle est divisé en
360 degrés : un peu moins d'un degré sera donc franchi
chaque jour. Or la 360ᵐᵉ partie de 24 heures est 4 minutes ;
le changement de position dû au mouvement *annuel*
apparent du soleil sera égal, pour un jour, au changement de position dû à un mouvement *diurne* apparent
de quatre minutes.

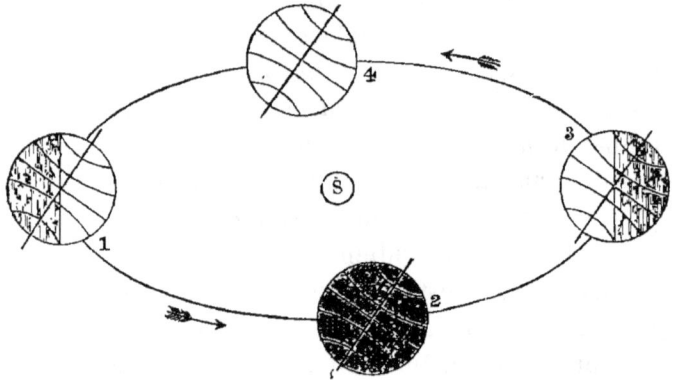

Fɪɢ. 118. — Relation de la terre au soleil dans les différentes saisons.

La position que la terre occupe, par rapport au soleil,
aux différentes périodes de son voyage annuel, peut être
bien saisie si l'on se réfère à la figure 118. Cette figure

1. Une ingénieuse comparaison d'Arago explique bien ce retard. Imaginez une mouche placée sur un globe en carton tournant d'orient en
occident autour de la ligne des pôles. La mouche sera entraînée dans
le sens de la rotation du globe, d'orient en occident ; mais si on suppose qu'elle marche en même temps d'occident en orient, elle sera
toujours entraînée vers l'occident, mais moins que si elle n'avait pas
bougé. A chaque révolution complète de la sphère, elle passera au
méridien de plus en plus tard. Le soleil n'agit pas autrement que cette
mouche

montre la terre dans quatre positions successives correspondant aux quatre saisons. L'orbite de la terre autour
du soleil s'appelle *écliptique*[1] ; et si l'on suppose un plan
passant par cette orbite et par les centres de la terre et
du soleil, ce plan formera le *plan de l'écliptique* ou le
plan de l'orbite de la terre.

De ce que nous avons déjà dit (p. 375), on peut conclure que l'axe de la terre ne se trouve pas dans ce plan,
et qu'il ne lui est pas perpendiculaire, mais qu'il est
incliné sur ce plan. Il est, en effet, incliné, comme le
représente la figure, d'un angle de 66° 32′ ; et cette inclinaison reste la même pendant tout le voyage de la
terre sur son orbite ; en d'autres termes, on peut dire
que l'axe reste parallèle à lui-même et tourné vers le
même point du ciel[2]. Si grand que soit le diamètre de
l'orbite de la terre, il est insignifiant quand on le compare aux distances énormes qui nous séparent des étoiles
dites fixes. Si donc le pôle nord de la terre est tourné vers
l'étoile polaire, en une partie de l'orbite de la terre,
il continuera à être tourné vers elle pendant toute la
révolution, quoique cette révolution forme un immense
circuit dans le ciel.

En se reportant maintenant à la figure 118, on verra
clairement comment l'inclinaison de l'axe de la terre affecte, quant à la quantité, la lumière et la chaleur que
le globe reçoit du soleil aux différentes saisons. Supposons que la terre soit dans la position qu'elle occupe le
21 juin et que représente le n° 1 de la figure. Il résulte,
on le voit, de l'inclinaison de l'axe que le pôle nord est

1. *Écliptique*, ainsi nommée parce que les *éclipses* ne se produisent que quand la lune se trouve sur cette orbite ou dans son voisinage.
2. Il convient cependant de dire que le pôle de la terre subit un
changement lent de position, de telle sorte qu'il n'est pas toujours
tourné exactement vers le même point du ciel. Mais ce mouvement est
si lent que le pôle mettrait 25 868 années à accomplir une révolution
complète.

entièrement exposé au soleil, et que la moitié de la terre
éclairée par le soleil comprend une portion bien plus
grande de l'hémisphère boréal que de l'hémisphère
austral. Comme la terre tourne autour de cet axe incliné,
le pôle nord et les régions environnantes continueront
à être éclairés durant tout le cours de la rotation. Le
soleil ne se couchera pas dans un cercle mesurant
$23°\frac{1}{2}$ à partir du pôle nord; et il ne se lèvera pas dans
un cercle égal autour du pôle sud. Partout, en dehors
des régions polaires, il y aura alternance de jour et de
nuit pendant les 24 heures; mais le jour et la nuit ne
seront nulle part égaux, si ce n'est à l'équateur. Ainsi
une contrée quelconque de l'hémisphère boréal, telle
que la France, aura des jours beaucoup plus longs
que n'y seront les nuits; car la figure montre qu'elle
demeurera pendant la rotation plus longtemps au
soleil qu'à l'ombre. En effet, quand la terre est dans
cette position, l'hémisphère boréal est au solstice [1] d'été
et, comme la figure le montre, l'hémisphère méridional
est au solstice d'hiver. La figure 119, qui est une représentation agrandie de la terre dans la même position que
celle du globe du n° 1 de la figure 118, donne une idée
plus claire de tous ces faits.

De juin à septembre, la terre, en tournant autour du
soleil, parcourt un quart de son orbite. Les jours dans
l'hémisphère boréal sont devenus de plus en plus courts
et les nuits de plus en plus longues; quand la terre est arrivée à la position du n° 2 dans la figure 118, c'est-à-dire le
22 septembre, elle est éclairée comme l'indique la
figure 120 [2]. La limite entre la moitié éclairée et la moitié

---

1. *Solstice*, du lat. *sol*, soleil, et *sisto*, je m'arrête, parce que le soleil
semble demeurer immobile dans le ciel en ce point de sa course.

2. Du point de vue où cette figure est supposée être prise, l'inclinaison de l'axe n'est pas d'abord apparente. Comme l'axe est toujours
dans une même direction, il ne peut s'incliner ici vers le soleil comme

laissée dans l'ombre se confond exactement avec un méridien, d'un pôle à l'autre. Tous les points de la surface
de la terre seront donc exactement aussi longtemps au
soleil qu'à l'ombre, et la nuit et le jour seront égaux
dans tout le globe.

En passant du n° 2 au n° 3 de la figure 118, on voit
que les nuits des latitudes septentrionales deviennent

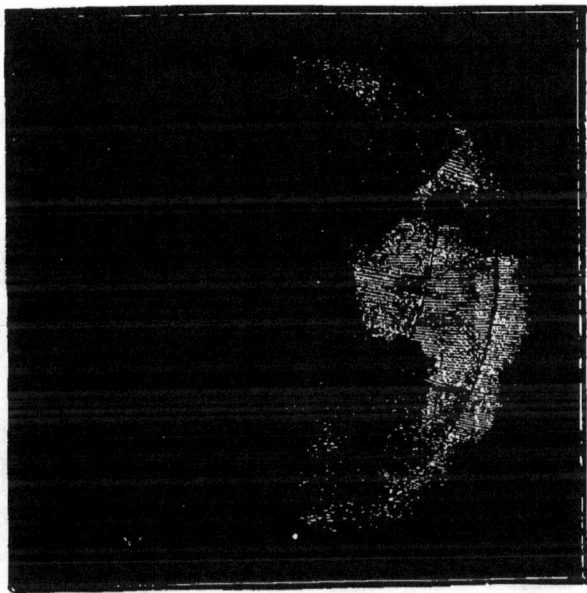

Fig. 119. — La terre au solstice d'été.

plus longues et les jours plus courts. Quand la terre est

il faisait dans la position représentée dans la figure 119. Dans ces deux
figures, on suppose qu'une ligne tirée de la terre au soleil s'étend dans
le sens du plan du papier de la figure 118. Un plan passant par les deux
pôles et le centre du soleil coïncide avec le plan du papier dans la
figure 119, mais la terre ayant parcouru un quart de cercle pour en
arriver à la position représentée dans la figure 120, le plan des pôles
et du centre du soleil forme alors un angle droit avec celui du papier et
on voit en raccourci dans la partie supérieure de la figure la région
circompolaire du nord.

dans la position du n° 3, c'est-à-dire vers le 21 décembre,
elle offre des conditions de lumière et d'ombre exactement opposées à celles représentées dans la figure 119.
En effet le pôle nord est alors aussi loin que possible
du soleil, et les régions polaires du nord se meuvent au
milieu de la nuit, tandis que les régions polaires du sud
jouissent de la clarté d'un jour ininterrompu.

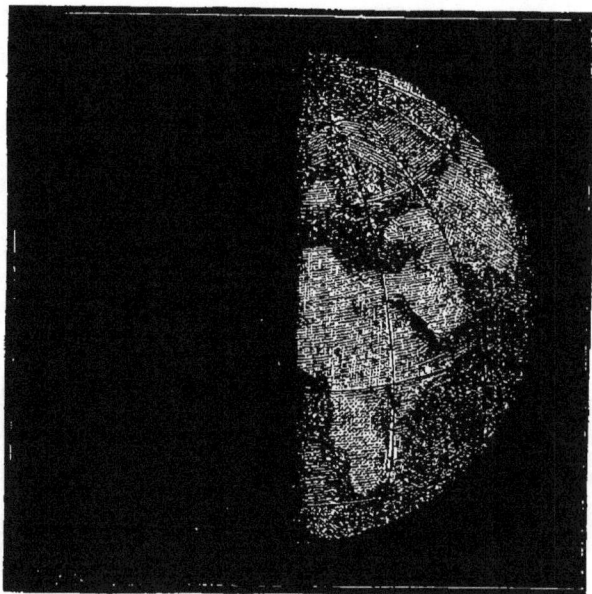

FIG. 120. — La terre à un équinoxe.

Durant l'autre moitié de sa révolution, du n° 3 au
n° 1, la terre passe par des phases successives semblables à celles qui viennent d'être décrites, mais en
sens inverse. Quand elle est en la position indiquée au
n° 4, c'est-à-dire le 22 mars, il y a de nouveau douze
heures de jour dans toutes les parties du monde.

On comprendra maintenant comment deux fois par
an, quand la terre se trouve à des points opposés de

son orbite, les jours et les nuits sont partout égaux.
On désigne ces deux périodes du nom d'*équinoxes* [1].
L'un tombe en mars, c'est l'*équinoxe du printemps* ou
équinoxe vernal; l'autre en septembre, c'est l'*équinoxe
d'automne.* Il y a, au contraire, deux autres périodes
dans lesquelles la terre se trouve à des points opposés de
son orbite et où l'inégalité des jours et des nuits est le
plus grande. On désigne ces périodes du nom de *sols-
tices.*

Quand on parle de la révolution de la terre autour du
soleil, il faut mentionner que l'orbite de la terre n'est

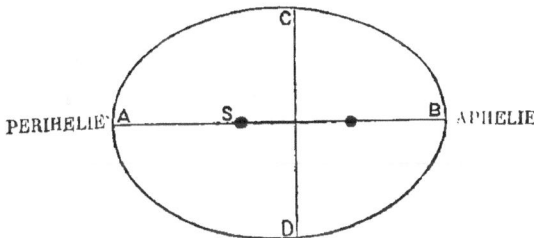

Fig. 121. — Périhélie et aphélie. La différence entre le grand et le petit axe
est considérablement exagérée.

pas strictement un cercle, mais une courbe de l'espèce
qui a été décrite dans le dernier chapitre sous le nom
d'ellipse. Dans une ellipse (fig. 121), le diamètre le plus
long, AB, s'appelle le grand axe et le plus court, CD, le
petit axe. Sur le grand axe, il y a deux points qui ont la
propriété suivante : Deux lignes quelconques étant
menées de ces deux points à un même point de la courbe,
la somme des longueurs de ces lignes est égale à une
longueur constante. Ces deux points sont les foyers de
l'ellipse. Dans l'orbite elliptique de la terre, le soleil occupe un de ces foyers, S. Il est donc évident que quand la
terre est en A, elle doit se trouver plus près du soleil

1. *Équinoxe,* du lat. *œquus,* égal, et *nox,* nuit.

que quand elle est en B. La plus courte distance s'appelle le *périhélie*[1], la plus grande l'*aphélie*[2].

A première vue, on croirait pouvoir induire que la terre doit être le plus échauffée quand elle est au périhélie, puisqu'elle est alors le plus rapprochée du soleil. En fait, la terre est au périhélie vers la Noël, c'est-à-dire à l'époque à peu près la plus froide de l'année dans l'hémisphère boréal, et elle est à l'aphélie vers le commencement de juillet. Il y a en effet plusieurs influences qui tendent à neutraliser les effets de la proximité relative du soleil. Ainsi, quand la terre est au périhélie, les jours sont courts, car le soleil ne demeure pas longtemps au-dessus de l'horizon. En outre il ne s'élève pas haut dans le ciel en cette saison ; il en résulte que ses rayons tombent sur la terre très obliquement, et qu'ils ont en conséquence moins de pouvoir échauffant que s'ils tombaient plus directement sur sa surface. De plus il faut se rappeler que la terre se meut plus rapidement à mesure qu'elle se rapproche du soleil. Ces influences compensent et au delà l'accroissement de chaleur qui pourrait résulter de la proximité plus grande de la source même de la chaleur. Ce paradoxe apparent, que la terre est plus voisine du soleil durant l'hiver que durant l'été, se comprend donc aisément.

Il est évident que la température d'un endroit quelconque dépend principalement de la durée du temps pendant lequel il est approvisionné des rayons du soleil et de la direction dans laquelle il reçoit ces rayons. Dans nos pays, par exemple, c'est quand le soleil a brillé pendant les jours les plus longs et quand il monte le plus haut dans le ciel que la température est le plus élevée. Mais la hauteur du soleil au-dessus de l'horizon, en France, ne

---

1. *Périhélie*, du grec περί, près de, et ἥλιος, le soleil.
2. *Aphélie*, de ἀπο, loin de, et ἥλιος.

dépasse jamais les deux tiers de la distance de l'horizon au zénith.

A l'équateur, on a le soleil directement au-dessus de la tête, en d'autres termes, le soleil est au zénith à midi au printemps et à l'automne, et il n'est jamais à plus de $23°\frac{1}{2}$ du zénith à l'un ou à l'autre solstice ; dans cette partie de la terre les jours et les nuits sont égaux toute l'année. Dans un cercle de $23°\frac{1}{2}$ de latitude, des deux côtés de l'équateur, s'étend la zone appelée *tropicale* ou *torride*. Dans tous les endroits situés à l'intérieur de cette zone, le soleil est au zénith deux fois par an et il n'est jamais à plus de 47° du zénith. De là la chaleur intense des régions tropicales. On appelle *tropiques* les limites de ces zones, et les contrées immédiatement extérieures à ces cercles forment les régions *subtropicales*.

On peut décrire autour de chaque pôle un cercle de $23°\frac{1}{2}$; ce cercle enfermera les régions *polaires* ou les zones *glaciales*. Le cercle du nord s'appelle *cercle arctique*, celui du sud *cercle antarctique*. Aux pôles mêmes le soleil est pendant six mois consécutifs au-dessus de l'horizon et au-dessous pendant une période égale. Mais malgré la longueur du jour polaire, l'obliquité extrême des rayons empêche le soleil d'avoir un pouvoir échauffant aussi considérable que dans les autres zones. En effet, aux pôles, le soleil ne s'élève jamais à plus de $23°\frac{1}{2}$ au-dessus de l'horizon.

Entre la zone torride et les zones glaciales, s'étend dans chaque hémisphère une large bande de la surface terrestre connue sous le nom de zone *tempérée*. La figure 122 montre la distribution en zones, de la surface du globe.

Ces zones se distinguent, comme on vient de l'expliquer, par leurs différences de climat. Dans la détermination des climats l'influence prépondérante est naturellement la chaleur solaire et le climat d'un lieu quelconque dépend avant tout de la longueur des jours et des nuits et de la durée relative des saisons. Mais le climat est aussi considérablement modifié par la nature de la surface, terrestre ou marine. L'eau perd sa chaleur bien plus lentement que la terre et elle en conserve de la sorte comme une réserve qui sert à égaliser

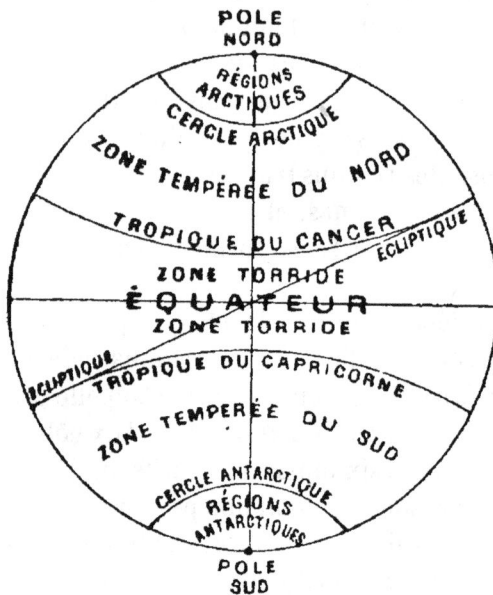

FIG. 122. — Zones de la surface de la terre.

la température. Dans l'intérieur des continents, le climat dépend, dans une très grande mesure, de l'altitude. En effet, le voyageur qui, dans un pays chaud, parti d'une plaine, gravit une montagne, observe mille changements dans les caractères de la vie animale et végétale, changements analogues à ceux qu'on peut observer en passant des basses latitudes aux latitudes élevées. Même dans la zone torride, les points les plus élevés des régions montagneuses sont recouverts d'une neige perpétuelle. Les vents, en transportant la chaleur et l'humidité d'un point à un autre, et les courants marins, tels que le Gulf Stream dont nous avons déjà décrit les effets (p. 200), influent aussi sur le climat.

Le climat détermine à un haut degré les caractères des animaux et des plantes d'un pays, sa faune et sa flore. En étudiant l'histoire passée du bassin de la Seine, telle que la révèlent les restes organiques décrits au chapitre XVII, on reconnaît que sa surface a été soumise à différentes époques à de grandes vicissitudes de climat ; il fut un temps où elle était revêtue d'une végétation tropicale ou subtropicale, tandis qu'à une autre époque elle offrit à des troupeaux de mammifères du nord tels que le renne, les pâturages et les herbes que ces animaux recherchent. On peut expliquer en partie ces différences de climat par des modifications intervenues dans la distribution des masses respectives de la terre et de l'eau ; mais certains changements climatériques ont été si extrêmes que les géologues ont été amenés à en chercher l'explication dans des causes astronomiques.

CHAPITRE XXI

LE SOLEIL

On a fait allusion fréquemment, dans le courant des chapitres précédents, aux effets de la chaleur solaire sur la terre. Mais on a parlé incidemment du soleil plutôt qu'on ne s'en est directement occupé, et on n'a rien dit, ou bien peu, de propos délibéré, du soleil lui-même. Nous nous proposons donc, dans ce dernier chapitre, d'esquisser ce que nous savons de la nature du soleil et de montrer qu'on peut regarder son influence comme la cause première de la plupart des phénomènes qu'expose au regard et à l'étude le bassin de la Seine.

Quand le soleil brille dans toute sa splendeur, il est trop éblouissant pour qu'on puisse le regarder sans protéger ses yeux. Mais vu à travers une atmosphère brumeuse ou un verre de couleur sombre, il offre l'apparence d'un disque lumineux, en général[1] de forme parfaitement circulaire et d'une surface entièrement homogène. Les dimensions de ce disque brillant ne restent cependant pas exactement les mêmes pendant toute l'année. On a

---

1. « En général, » parce que la forme du disque est altérée parfois par la réfraction atmosphérique, tandis que son uniformité est occasionnellement, quoique rarement, interrompue par des taches sombres assez larges pour être visibles à l'œil nu.

expliqué dans le dernier chapitre (p. 391) que, par suite
de la forme de l'orbite de la terre, nous ne sommes pas
toujours à la même distance du soleil, et que nous en
sommes, par exemple, beaucoup plus rapprochés en
décembre qu'en juillet. Cette variation dans l'éloignement du soleil cause une variation correspondante
dans la grandeur apparente du disque solaire. Les dimensions apparentes d'un objet, comme chacun sait,
varient avec la distance où l'on est placé pour le voir, si
bien qu'un sou tenu à la longueur du bras peut réellement paraître plus large que le soleil tout entier.

Supposons qu'un objet soit placé en AB (fig. 123) ;

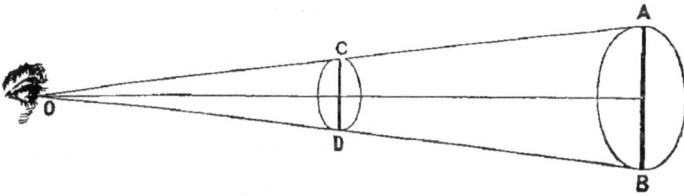

Fig. 123. — La grandeur apparente des objets dépend de l'angle visuel.

son diamètre apparent sera mesuré par l'angle des
deux lignes, AO, BO, qui sont menées des extrémités
opposées de l'objet au centre de l'œil. Un objet plus grand
donnera un angle plus grand, un objet moindre un angle
plus petit. La grandeur apparente d'un objet dépendra
donc de l'*angle visuel* ainsi formé. Si un objet très petit,
CD, s'interpose dans le rayon visuel, il peut se trouver
placé de manière à sous-tendre précisément le même
angle. Un objet très petit, posé près de l'œil, peut donc
paraître aussi gros qu'un objet bien plus considérable,
mais placé à une grande distance.

Il est facile de voir, par la figure 123, comment les
dimensions réelles du soleil peuvent se mesurer. Coupez

dans un morceau de carton fin un disque circulaire, de 25 millimètres de diamètre, par exemple, ou bien prenez le sou mentionné plus haut, car il a exactement 25 millimètres de diamètre. Placez le disque ou la pièce de monnaie à une distance de l'œil telle que le disque ou la pièce couvre le disque solaire, en maintenant, bien entendu, l'objet directement dans la ligne de vision. Vous constaterez que la distance requise est de $2^m,70$ environ. Mais en se reportant à la figure 123, on voit que l'objet AB a exactement deux fois la hauteur de l'objet CD, et qu'il est placé aussi à une distance double ; dans ces conditions, l'œil attribue aux deux objets exactement le même diamètre. D'une manière générale, les diamètres réels de deux corps ayant le même diamètre apparent sont directement proportionnels à leurs distances. Ainsi la distance du sou est à la distance du soleil, exactement dans le même rapport qu'est au diamètre réel du soleil le diamètre réel du sou. On trouve donc le diamètre réel par une simple règle de trois[1], pourvu, naturellement, que la distance du soleil soit connue. Les astronomes ont mesuré cette distance par des méthodes trop compliquées pour être décrites ici, et ils ont trouvé qu'elle est de 37 116 000 lieues ou 148 464 000 kilomètres[2]. Il suit de là que le diamètre du soleil, c'est-à-dire la distance mesurée d'un côté à l'autre à travers le centre du soleil est d'environ 1 375 056 kilomètres. Le diamètre du soleil est donc 108 fois plus grand que le diamètre de la terre.

---

1. Nous ne parlons ici de cette méthode grossière, on le comprendra, que pour éclairer le *principe* sur lequel reposent de tels calculs.

2. La terre étant plus près du soleil dans une saison que dans l'autre (p. 391), on peut prendre la distance *moyenne*. La plus petite distance du soleil à la terre est de 146 millions de kilomètres environ, la plus grande de 151 millions environ ; la distance moyenne est donc de 148 464 000 kilomètres ou environ 108 diamètres du soleil.

Cette comparaison ne s'applique qu'aux diamètres. Si l'on pouvait considérer des sections du soleil et de la terre prises par le centre de chacun d'eux, la *superficie* de la section du soleil serait 108×108 fois plus grande que celle de la section de la terre. Et, si l'on comparait les *volumes* ou masses des deux corps, on trouverait que le volume du soleil est $108 \times 108 \times 108$ fois plus grand que le volume de la terre. En d'autres termes, il faudrait plus de 1 300 000 corps de même volume que la terre et soudés en une masse unique pour former un globe égal en dimensions au soleil.

On ne saurait se faire une idée exacte des dimensions et de la distance du soleil en jetant les yeux sur des chiffres représentant de telles grandeurs. Mais on pourra, dans une certaine mesure, se figurer l'immensité de la masse du soleil en se reportant à la figure 124 qui représente une coupe du soleil, passant par son centre, comparée avec une coupe semblable de la terre. On a montré dans le chapitre XIX que la terre est un globe de dimensions considérables; mais on voit, par la figure 124, que ce globe énorme se réduit à un point quand on le compare à la sphère puissante autour de laquelle il accomplit sa révolution.

Quant à la distance qui sépare le soleil de la terre, on peut la représenter d'une foule de manières; mais nulle peut-être n'est plus frappante que celle qu'a employée Sir John Herschel. Il nous dit que le boulet de 100 livres d'une pièce Armstrong quitte le canon avec une vitesse d'environ 400 mètres à la seconde. Or, si cette vitesse pouvait se maintenir, il faudrait encore au boulet près de treize ans avant qu'il pût atteindre le soleil!

On employa le télescope, peu de temps après qu'on l'eut inventé, à l'examen du disque solaire. On constata ainsi, au commencement du dix-septième siècle, que la face du soleil, au lieu d'être uniformément brillante,

est d'ordinaire tachetée de places sombres. Une courte
observation suffit à montrer que ces taches ne sont
constantes ni dans leur forme ni dans leur position :
parfois, mais rarement, elles vont jusqu'à disparaître
entièrement, et la surface du soleil semble alors parfai-

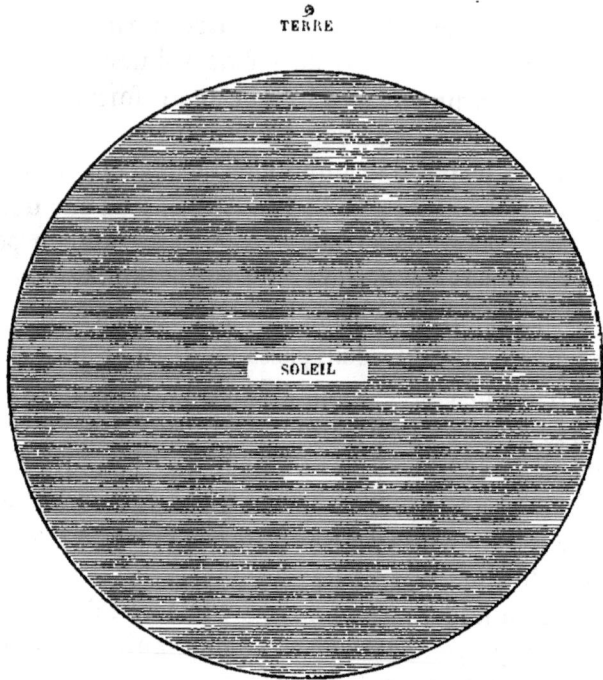

TERRE

SOLEIL

FIG. 124. — Dimensions comparées du soleil et de la terre;pour représenter la distance vraie de la terre au soleil, les deux figures devraient être à 8ᵐ,10 l'une de
l'autre.

tement pure. Si on étudie les taches chaque jour régulièrement, on les voit parfois se déplacer lentement à
travers le disque; elles se meuvent alors toutes dans la
même direction, du bord oriental à l'extrémité occidentale; elles mettent quatorze jours environ à compléter
leur voyage de l'est à l'ouest. Une quinzaine plus tard,

on peut voir reparaître sur le limbe oriental quelques-
unes des taches mêmes qui avaient disparu, mais leur
forme est alors altérée. Ce mouvement régulier des
taches du soleil nous apprend que le soleil tourne sur
son axe et ressemble par là à la terre. Cette rotation du
soleil s'accomplit en vingt-six environ de nos jours [1].

Des différents aspects que la même tache présente
en traversant le disque, on peut induire que la forme du
soleil est sphérique et cette induction est fortement

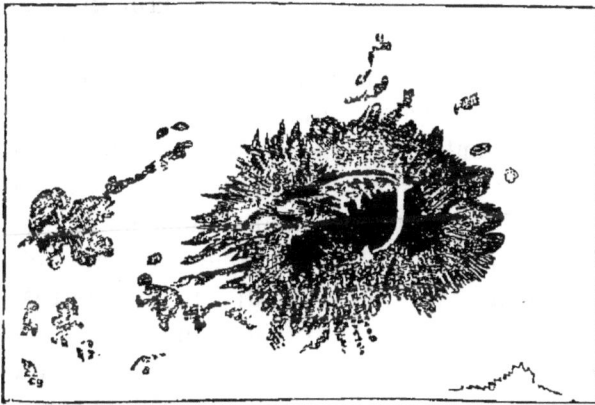

FIG. 125. — Grande tache solaire de 1865 telle qu'elle apparut le 14 octobre.

corroborée par d'autres observations. Une tache quelconque, quand elle est près du bord du disque, semble
raccourcie dans son extrémité antérieure et présente
une apparence tout à fait différente de celle qu'elle offre
quand elle est pleinement en vue près du centre du
disque. La figure 125 est une vue d'une grande tache
solaire qui fut observée en 1865.

1. Ce temps diffère du temps indiqué à la page précédente comme étant
celui de la disparition et de la réapparition d'une tache sur le même bord
du disque (28 jours). La différence est due à la révolution de la terre.

HUXLEY. — Physiographie.   26

Si les taches traversaient toujours le disque suivant des lignes droites parallèles à l'équateur du soleil, on pourrait en conclure avec certitude que le soleil accomplit sa révolution dans une position verticale, c'est-à-dire avec son axe perpendiculaire au plan de l'orbite terrestre. Mais en fait les taches ne se déplacent suivant cette direction qu'à certaines saisons, et à d'autres époques de l'année on les voit se mouvoir selon des courbes dirigées tantôt vers le nord, tantôt vers le sud. Ce changement de direction est représenté, avec beaucoup d'exagération, dans la figure 126 où le premier dessin indique le sens apparent du mouvement en mars, le second en juin, le troisième en septembre et le quatrième en décembre. Ces directions variables du déplacement des taches dans des périodes différentes s'expliquent aisément si l'on suppose que l'axe du soleil n'est pas perpendiculaire, mais oblique au plan de l'écliptique ; il en résulte que l'axe du soleil est parfois incliné vers nous tandis qu'en d'autres temps il s'éloigne de nous. La rotation du soleil s'accomplit donc, comme la rotation de la terre, autour d'un axe incliné sur l'écliptique. Cependant l'inclinaison de l'axe du soleil est bien moindre que celle de l'axe de la terre; l'axe du soleil ne s'écarte en effet de la perpendiculaire au plan de l'écliptique que de $7° \frac{1}{2}$.

Les observations faites sur le mouvement des taches du soleil ont également démontré que le soleil n'est pas un corps fixe, autour duquel tourne la terre, mais qu'il est animé d'un mouvement qui lui est propre à travers l'espace. Non seulement en effet la terre décrit autour du soleil une orbite presque circulaire, mais cette orbite est elle-même entraînée avec le soleil à une vitesse énorme. L'orbite réelle que la terre décrit dans le ciel est donc composée de ces deux mouvements et doit probablement être une spirale.

Puisque ces taches donnent tant d'information sur le soleil, il vaut la peine d'étudier de plus près leur nature. La figure 125 montre qu'une tache n'est point également sombre sur toute sa surface; le bord dentelé, qu'une teinte claire représente dans la figure, est la *pénombre* [1] et la teinte plus noire est l'*ombre*. Dans l'ombre elle-même on peut parfois découvrir une partie encore plus sombre qu'on appelle le *nucléus*. On a des raisons de croire que ces taches ne sont que des cavités gigantesques et que les différences d'ombre correspondent aux différences de profondeur, le nucléus représen-

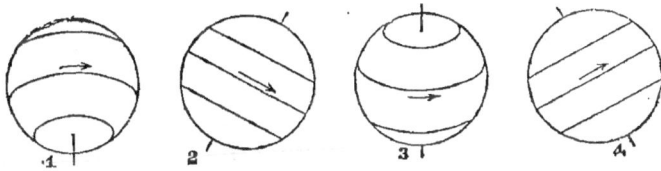

FIG. 126. — Déplacement apparent des taches du soleil à différentes époques de l'année.

tant ainsi la partie la plus profonde de ces dépressions. On a donné le nom de *photosphère* [2] à la région intensément lumineuse du soleil qui est le siège de ces taches. Elle semble consister en une matière gazeuse incandescente qui est sujette à des perturbations violentes; ces perturbations produisent des dépressions dans lesquelles l'atmosphère solaire se précipite des régions plus hautes. Les changements rapides qui se manifestent dans la forme de certaines taches solaires révèlent la violence de cette action. Quelques-unes de ces taches sont assez vastes pour occuper des

1. *Pénombre*, du lat. *pæne*, presque; et *umbra*, ombre.
2. *Photosphère*, de φῶς, lumière, la sphère qui donne la lumière.

millions de kilomètres carrés sur la surface du soleil.

Vue à travers un télescope puissant, la surface du soleil paraît dans son ensemble grossièrement mouchetée. Ces mouchetures sont probablement dues aux irrégularités de la surface gazeuse. Les taches sombres accusent des régions de niveaux plus bas où la lumière se perd par absorption dans les couches supérieures de l'atmosphère. Partout au contraire où la lumière a un éclat extraordinaire, les vapeurs formant les nuages solaires sont probablement à une hauteur extraordinaire. Ces espaces brillants apparaissent en général comme des raies près du bord du disque solaire : on les nomme des *facules* [1].

Au-dessus de la photosphère lumineuse, il y a une autre enveloppe connue sous le nom de *chromosphère*. Durant une éclipse totale de soleil, quand le soleil est occulté par l'ombre de la lune, on peut voir le disque sombre entouré d'une auréole ou d'une frange de lumière rayonnante qu'on appelle la *couronne* (fig. 127). A l'intérieur de la couronne, tout autour du bord du disque, des protubérances versicolores s'aperçoivent ; on peut voir des langues de flamme rouge aux formes fantastiques jaillir parfois à une distance de 100 000 kilomètres et bien plus loin encore. Dans les circonstances ordinaires, ces phénomènes ne sont pas visibles par suite de l'intensité lumineuse de la photosphère. Mais MM. Janssen et Lockyer ont fondé une méthode nouvelle qui permet d'examiner ces protubérances sans avoir à attendre une éclipse. L'examen ainsi conduit a montré que les flammes rouges consistent principalement en gaz hydrogène (p. 116). Il paraît y avoir, au-dessus de la région de l'hydrogène incandescent, une énorme enveloppe du même gaz dans un état relativement froid. Il

---

1. *Facules*, petites torches, diminutif du lat. *fax*.

est curieux de constater que le gaz qui entre pour une proportion si considérable dans la constitution des eaux de la terre est lui-même un des éléments les plus importants du soleil. Le principal élément chimique des eaux de la Seine est donc aussi le principal élément du flambeau qui nous éclaire et qui est le centre de notre monde.

Il semble presque incroyable que des habitants de la

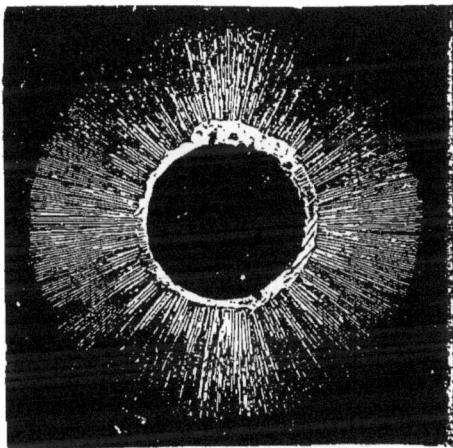

Fig. 127. — Couronne et protubérances solaires telles qu'on les vit durant une éclipse totale en 1851.

terre soient à même de connaître quelque chose de la constitution chimique du soleil séparé de nous par 146 millions de kilomètres. Il eût été, on le comprend, tout à fait inutile de tenter de soumettre le soleil à aucune des expériences chimiques ordinaires de nos laboratoires; mais dans ces vingt dernières années, on a appliqué une nouvelle méthode d'analyse qui donne souvent beaucoup de renseignements sur la composition chimique et la constitution physique d'un corps inconnu; ces informations sont fournies par un examen particulier de la lumière qu'émet un corps quand il est chauffé jusqu'à devenir lumineux.

Sans entrer dans une description approfondie de cette méthode qu'on a appliquée avec un si grand succès à l'étude de la constitution du soleil, il suffit de remarquer que, quand on laisse pénétrer dans une chambre obscure par une étroite ouverture un rayon de soleil, si ce rayon vient à traverser un prisme de verre à trois faces, tel qu'une pendeloque de lustre, il ne tombe pas sous forme d'une tache de lumière blanche, mais est détourné de sa course et s'étend en une large bande qui présente toutes les couleurs de l'arc-en-ciel. Cette bande colorée est ce qu'on appelle le *spectre*. La figure 128 représente la course d'un rayon de lumière ainsi brisé; en S est la fente par laquelle passe la lumière; P est le prisme de verre : au lieu de tomber en *i* sous forme de lumière blanche, le rayon est dévié de sa route première et s'élargit en une bande aux couleurs multiples, Vr, rouge à une extrémité et violette à l'autre.

En examinant de près le spectre solaire ainsi obtenu, on constate qu'il est coupé par une foule de petites raies sombres qui forment comme autant d'intervalles dans la bande brillante. Le spectre que donnent une flamme de gaz ordinaire ou la lumière électrique diffère du spectre solaire en ce qu'il est dépourvu de ces raies sombres, la lumière de la flamme y demeurant ininterrompue d'un bout à l'autre. Mais si l'on brûle sur le passage d'un jet de lumière artificielle certains gaz ou vapeurs, tels que l'hydrogène ou la vapeur de sodium, des raies se produisent immédiatement dans le spectre. Si la température de la substance qui produit les raies est plus basse que celle de la substance qui donne le spectre continu, les raies paraîtront sombres; si la température en est plus haute, elles paraîtront brillantes. Les raies qui se produisent ainsi ont une position définie dans le

spectre, si bien que le même élément chimique, dans
les mêmes conditions, donne toujours la même série de
raies. Il est donc évident qu'en observant la position des
raies dans le spectre solaire, et en les comparant aux
raies que produit la combustion de certains éléments
terrestres, on est amené à conclure à la présence ou à
l'absence de ces éléments dans le soleil. On emploie pour
l'examen du spectre des instruments spéciaux appelés
spectroscopes; et on désigne du nom d'*analyse spectrale*

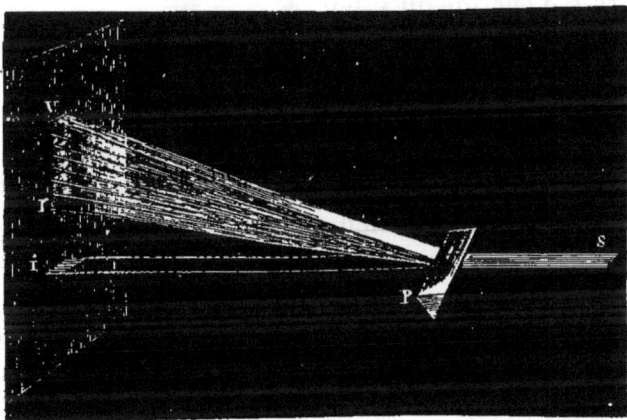

Fig. 128. — Formation du spectre solaire.

cette méthode même de recherches qu'ont inventée et
appliquée MM. Bunsen et Kirchhoff.

L'analyse spectrale a révélé que le soleil renferme,
outre l'hydrogène, un grand nombre d'éléments, tels
que le sodium, le lithium, le calcium, le barium, le magnésium, le zinc, le fer, le manganèse, le nickel, le co-
balt, le chrome, le titane, l'aluminium et le cuivre[1].

De la surface du soleil, d'énormes quantités de lu-

1. Pour plus de détails sur la constitution du soleil, voy. les *Contributions to Solar Physics*, par J. Norman Lockyer, 1874.

mière et de chaleur ne cessent de rayonner ou d'être dispersées dans l'espace en tous sens. La terre, par suite de sa petitesse et de son éloignement, ne reçoit qu'une proportion extrêmement minime de la quantité totale qui se déverse ainsi. On a calculé, en effet, que notre globe ne reçoit pas même la deux-billionième partie de la quantité totale de la lumière et de la chaleur émises par le soleil. Tous les phénomènes terrestres qui dépendent de la lumière et de la chaleur solaires s'accomplissent donc au moyen de cette fraction infinitésimale des réserves d'énergie du soleil.

Le soleil n'est pas seulement pour notre terre la source principale de chaleur et de lumière; il est aussi le centre d'attraction qui maintient la révolution du globe dans son orbite régulière. Un morceau de fer placé devant un aimant puissant s'élance vers l'aimant quoiqu'il n'y ait nul lien visible entre eux. Ce même morceau de fer abandonné en l'air ne reste pas suspendu, mais tombe à terre immédiatement; en d'autres termes, il est attiré ou poussé vers la terre comme il était attiré ou poussé vers l'aimant, quoique dans les deux cas il n'y ait aucune cause visible d'attraction. On appelle *magnétisme* la force invisible qui attire le fer vers l'aimant, *gravitation*[1] la force qui l'attire vers la terre.

C'est en vertu de cette force de gravitation que les corps à la surface de la terre possèdent du poids; et plus les corps placés sur la croûte terrestre sont près du centre de la terre, plus l'attraction est grande et plus grand est leur poids. Par suite de la forme sphéroïdale de la terre, un corps est plus éloigné du centre de la terre à l'équateur qu'aux pôles. Un objet qui pèse un kilogramme à Paris pèsera donc un peu plus d'un kilogramme dans les régions polaires et un peu moins

---

1. *Gravitation,* du lat. *gravitas*, pesanteur.

d'un kilogramme dans la zone équatoriale. Mais si l'on
pouvait isoler ce même corps dans l'espace et le sous-
traire à l'influence de la gravitation, son poids dispa-
raîtrait entièrement, quoique en lui la quantité de matière demeurât la même.

. La gravitation n'est nullement confinée à la terre : c'est
une force qu'exerce dans une mesure plus ou moins
grande toute masse de matière dans l'univers. Deux corps
renfermant des quantités inégales de matière étant mis
en présence, chacun a une tendance à se déplacer vers
l'autre, mais c'est la masse la plus faible qui prend le
mouvement le plus rapide. C'est ce que l'on exprime en
disant que deux corps s'attirent et que plus la masse est
grande, plus est grande l'intensité de la force attrac-
tive. Le soleil, masse gigantesque de matière, tend à
attirer vers son centre tous les corps, y compris la terre,
qui circulent autour de lui. Actuellement (janvier
1892) les astronomes connaissent 331 corps, appelés
planètes, qui tournent autour du soleil en décrivant des
orbites régulières. La plupart de ces corps sont comparativement petits et sans importance, mais huit sont de
grandes planètes : la terre est de ce nombre, mais est
loin d'être la plus considérable. Toutes ces planètes sont
maintenues dans leurs orbites par la gravitation et tournent autour du soleil qui forme le grand centre du système solaire.

Attachez une boule à un morceau de ficelle et faites-
la tourner rapidement; puis coupez soudainement la
corde. La boule ne continue pas à se mouvoir en cercle,
mais elle s'échappe en ligne droite jusqu'à ce que la
gravitation la fasse retomber à terre. La terre se précipiterait de même en ligne droite dans l'espace, si le lien
de la gravitation, la chaîne invisible qui l'attache au soleil, venait à se rompre. C'est donc la gravitation qui
maintient la révolution de la terre dans une orbite pres-

que circulaire. Mais la gravitation est une force dont
la puissance varie avec la distance dans un rapport tel
que si la distance est doublée, l'intensité de la gravitation est réduite à un quart; si elle est triplée, l'intensité est réduite à un neuvième, et ainsi de suite. On a
montré (p. 392) que la terre est plus près du soleil pendant une partie de l'année qu'aux autres époques;
l'attraction entre le soleil et la terre variera donc avec
les saisons.

L'attraction est en effet plus grande quand la terre
est au périhélie, et la vitesse de la révolution est par
conséquent alors plus grande aussi que quand elle est à
l'aphélie. Ce défaut d'uniformité dans la vitesse du
voyage de la terre à travers le ciel suffit à expliquer
pourquoi le jour solaire n'a pas toujours la même longueur. De là l'adoption du *jour solaire moyen* dans la
mesure légale du temps.

Il n'y a rien sur la surface de la terre qui ne soit soumis à l'action de la pesanteur. Chaque molécule d'eau
tend à tomber vers le centre de la terre et c'est ainsi
que les eaux de l'océan se pressent vers le centre de manière à envelopper le globe d'un manteau liquide. Mais,
tout en étant ainsi attachée à la terre, l'eau est également
attirée par toutes les autres masses qui composent l'univers; et comme les molécules de l'eau ont leurs mouvements libres, c'est d'après l'équilibre de toutes ces at-
tractions que doit se déterminer, les autres conditions
restant les mêmes, la position d'une particule quelconque
et partant la forme de la surface de l'océan tout entier.
La plupart des corps qui sont perdus dans l'espace
sont tellement distants de la terre que leur influence est
inappréciable; mais il en est autrement du soleil et de la
lune. Chacun de ces corps attire l'eau qui recouvre la
face du globe tournée vers lui et tend à la détacher de
la croûte solide, tandis qu'en même temps il tend à dé-

tacher la masse solide de la terre des couches liquides qui recouvrent la face opposée du globe.

Dans un parallèle de latitude ne coupant que des mers, le contour de l'océan, s'il est abandonné à l'attraction de la terre seule, sera sensiblement un cercle. Mais supposons que le soleil ou la lune viennent à passer à un méridien de ce parallèle, l'attraction qu'ils exerceront convertira le contour de l'océan en une ellipse dont le grand axe passera par les régions où l'attraction sera la plus forte et l'épaisseur de la masse liquide la plus grande, et le petit axe par celles où l'attraction et l'épaisseur de la masse liquide seront les moindres.

Si, avant l'intervention du soleil ou de la lune, la masse liquide avait partout la même profondeur, c'est aux deux méridiens 0° et 180° qu'elle serait maintenant le plus profonde et à 90° et 270° qu'elle le serait le moins. En d'autres termes, il serait alors *haute mer* aux premiers méridiens et *basse mer* aux derniers.

En supposant que le soleil ou la lune fussent immobiles, il est évident que, dans le cours du mouvement diurne de la terre, chaque point de l'océan situé sous le parallèle de latitude en question se fût deux fois soulevé au niveau de la haute mer et deux fois abaissé au niveau de la basse mer. L'effet serait le même que si une vague dont la crête s'élèverait au niveau de la haute mer et le creux se déprimerait à celui de la basse mer, avait fait deux fois le tour du parallèle dans le même espace de temps.

C'est ainsi que la rotation de la terre combinée avec l'attraction exercée sur l'océan par le soleil et par la lune donne naissance aux marées solaires et lunaires. Si la forme de la terre ne s'opposait au libre mouvement des eaux de l'océan et si la lune n'existait pas, il y aurait toujours mer haute un peu après midi et après minuit, et mer basse un peu après six heures le matin et le soir. En outre l'ascension et le retrait de ces marées solaires se-

raient bien inférieurs à ceux de nos marées actuelles. Car
le grand éloignement du soleil affaiblit dans une telle
mesure son action sur les marées que son influence, comparée à celle de la lune, est dans la proportion de 4 à 9
ou à peu près.

Les marées lunaires sont donc beaucoup plus importantes. Si la lune passait toujours au méridien en même
temps que le soleil (comme c'est le cas à la nouvelle
lune), la marée lunaire viendrait renforcer la marée
solaire : les hautes et basses mers solaires et lunaires
coïncideraient alors.

Si, d'autre part, la lune était toujours à 180 degrés du
soleil (comme c'est le cas à la pleine lune), l'attraction
exercée par la lune et celle exercée par le soleil
conspireraient encore, mais non pas aussi complètement, dans le même sens, et les heures des basses et
hautes mers solaires et lunaires coïncideraient encore.

Si maintenant la lune passait toujours au méridien six
heures plus tôt ou plus tard que le soleil, les deux marées
tendraient évidemment à se neutraliser l'une l'autre. Il
y aurait basse mer solaire quand il y aurait haute mer
lunaire, et *vice versa*. Dans le premier cas, la haute ou la
basse mer serait la somme, ou à peu près, des hautes ou
des basses mers solaires et lunaires ; dans le dernier, elle
en serait la différence.

En réalité, la lune, accomplissant sa révolution autour
de la terre en un mois lunaire, passe au méridien avec
cinquante minutes environ de retard chaque jour et
change constamment de position par rapport au soleil.
Il en résulte que dans le cours d'un mois lunaire il y a
deux périodes, celles de la nouvelle et de la pleine lune,
où les heures des hautes mers solaires et lunaires coïncident et où le mouvement vertical de l'eau est le plus
grand ; et deux autres, le premier et le troisième quartier,
où les hautes mers solaires coïncident avec les basses

mers lunaires et réciproquement, et où, par conséquent,
le mouvement vertical de l'eau est le moindre. Les premières sont les *marées de vive eau* ou *grandes marées*,
les dernières les *marées de morte eau* [1].

En pleine mer, l'eau est soulevée par l'attraction de la
lune ou par l'attraction combinée de la lune et du soleil,
puis elle s'affaisse, en sorte que les marées ne représentent véritablement qu'un mouvement d'oscillation de
haut en bas et de bas en haut. La marée lunaire monte,
en plein océan, à la hauteur de $0^m,75$ environ et la
marée solaire à $0^m,30$. Mais dans les détroits resserrés,
le mouvement oscillatoire de la marée fait place à un
mouvement de translation et l'eau avance et recule tour
à tour (p. 206). C'était, on se le rappelle, le cas dans la
région de la basse Seine dont nous avons parlé au début
de cet ouvrage.

C'est, en effet, le mouvement des eaux de la Seine dans
son cours inférieur qui a formé le point de départ de ces
études élargies peu à peu jusqu'à fournir la matière
de ces vingt et un chapitres. « Quelle est la source de la
Seine? » Voilà la première question que nous nous
sommes posée; mais, si facile qu'elle parût, la réponse
n'a pu être donnée, même dans les termes les plus
simples, que dans ce dernier chapitre, lorsque nous avons
connu quelque chose de la masse immense, distante de
nous de plus de 148 millions de kilomètres, autour de
laquelle circule incessamment la terre.

C'est la pluie qui, directement ou indirectement, alimente la Seine, et la pluie n'est que la condensation des
vapeurs que la chaleur solaire a aspirées et répandues
dans l'atmosphère. Ainsi, sans le soleil, il n'y aurait ni
pluie ni rivières, et il n'y a nulle exagération à dire qu'il

1. On comprendra que nous ne voulons donner ici qu'un aperçu très
général de l'origine des marées. Un sujet aussi complexe dépasse la
portée de ce livre.

faut faire remonter jusqu'au soleil la source de la Seine.
La distribution des pluies dépend des courants atmosphériques, mais ces courants sont dus à des perturbations d'équilibre dont le soleil est encore l'auteur. Sans
le soleil, il n'y aurait donc pas de vents. Dans une autre
partie de ce volume, nous nous sommes occupés des
courants marins; mais ici encore le soleil est la cause
dernière. Quelque origine que l'on attribue à ces courants, qu'ils soient dus à l'action immédiate des vents,
aux variations de la température des eaux ou à l'excès
de l'évaporation en une région sur une autre, il est évident que le soleil est le grand agent dans la formation
des courants océaniques.

Dans un autre chapitre, nous avons étudié les phénomènes que présente le froid, et en particulier, la formation des glaciers; ici ou jamais, on pourrait supposer que
le soleil n'intervient en rien. Et pourtant il faut se rappeler que la glace d'un glacier n'est que l'eau distillée par
la chaleur du soleil, et que la chute de la neige en une
localité accuse l'évaporation de l'eau dans un autre endroit. Sans le soleil, il ne pourrait donc y avoir de glaciers.

Nous avons étudié, dans plusieurs chapitres, avec beaucoup d'attention le phénomène de la vie, en tant qu'il se
rattachait au sujet que nous traitions. Mais tout le monde
sait que la chaleur et la lumière sont des conditions tellement nécessaires des manifestations de la vie, que la
terre serait dépeuplée de tout ce qui l'anime si on
lui retirait les rayons du soleil. Sans la chaleur que verse
le soleil, la température de la terre s'abaisserait bien au-
dessous de la limite nécessaire à l'entretien de la vie. Les
plantes vertes ne décomposent l'acide carbonique et
n'obtiennent leur approvisionnement de carbone que
sous l'influence de la lumière du soleil; aussi a-t-on souvent fait remarquer que nos réserves de houille repré-

sentent une quantité immense de lumière solaire de la période carbonifère. Ce n'est pas là une vaine imagination, car il est certain que, sans le soleil, il n'y aurait pas eu de houille.

En étudiant la structure géologique du bassin de la Seine, on a montré que notre pays avait subi des changements considérables de climat aux différentes périodes de son histoire; or, de tels changements ne peuvent dépendre que de modifications intervenant dans les rapports de la terre avec le soleil. Sans le soleil, en effet, le bassin de la Seine n'aurait pu avoir d'histoire géologique, car les couches supérieures de ce bassin sont presque exclusivement formées de débris enlevés au sol antérieur par l'action des eaux courantes dont l'écoulement dépend directement ou indirectement de l'action du soleil.

Nous voilà ainsi parvenus au terme de notre enquête. Au point extrême où nous avons conduit notre investigation des causes du phénomène si simple qui s'offrait à nos regards, qu'avons-nous trouvé? Le soleil révélé comme le principe moteur de toute la circulation de matière dont le bassin de la Seine est actuellement, et a été depuis des âges sans nombre, le théâtre. Le spectacle du flux et du reflux des eaux, qui fut le point de départ de nos études, se trouve être ainsi le symbole du jeu des forces qui s'étendent de planète à planète et d'étoile en étoile à travers l'univers.

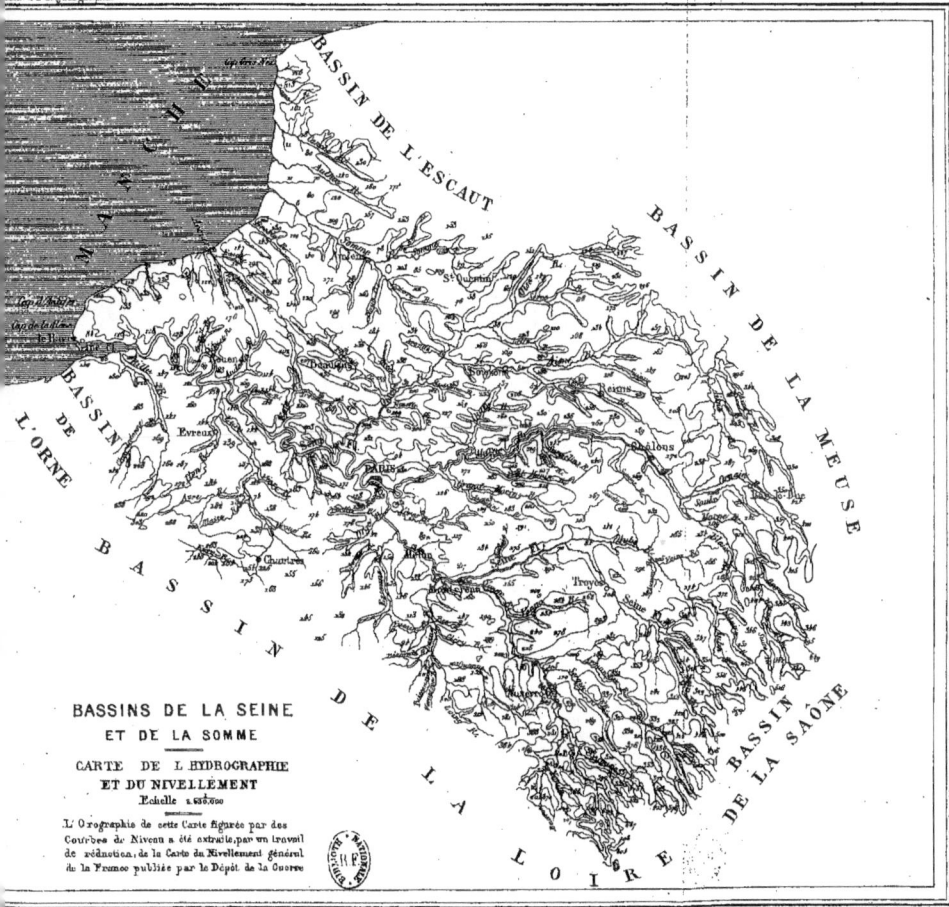

BASSIN DE L'ESCAUT

MANCHE

BASSIN DE LA MEUSE

BASSIN
DE
L'ORNE

BASSIN DE LA MEUSE

Evreux

BASSIN

Chartres

Troyes

DE
LA
LOIRE

BASSIN
DE LA SAÔNE

BASSINS DE LA SEINE

ET DE LA SOMME

CARTE DE L HYDROGRAPHIE
ET DU NIVELLEMENT
Echelle 1.680.000

L'Orographie de cette Carte figurée par des
Courbes de Niveau a été extraite, par un travail
de réduction, de la Carte du Nivellement général
de la France publiée par le Dépôt de la Guerre

par Erhard, 12, rue Duguay-Trouin, Paris   Librairie Félix Alcan.   DRESSÉ PAR G. LAMY

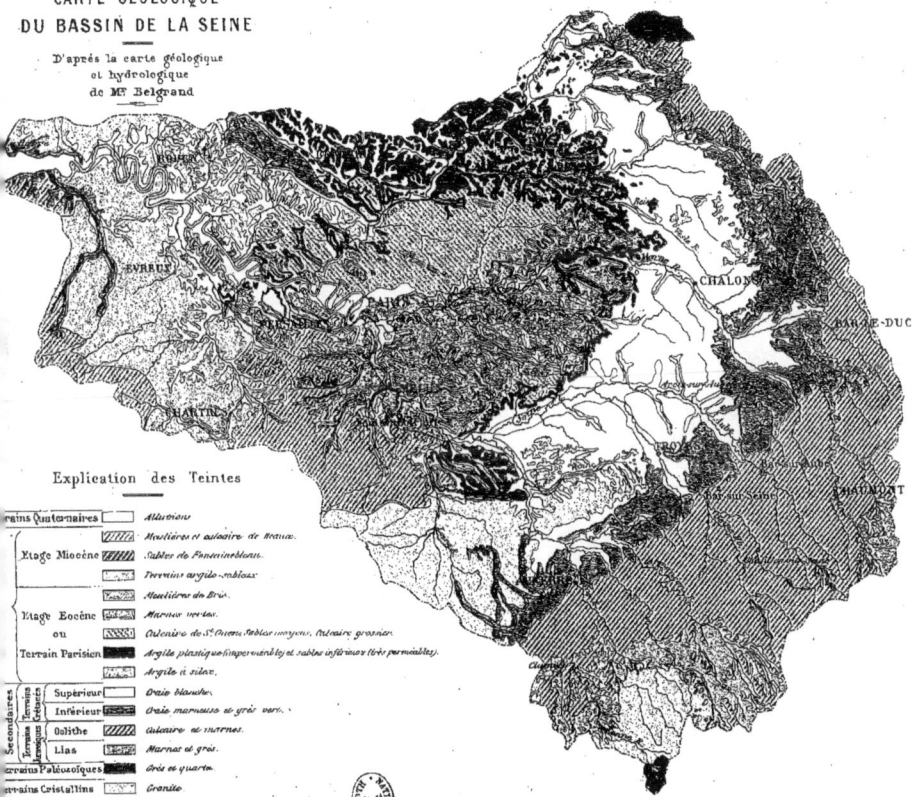

CARTE GÉOLOGIQUE
DU BASSIN DE LA SEINE

D'après la carte géologique
et hydrologique
de M. Belgrand

Explication des Teintes

Terrains Quaternaires		Alluvions
Étage Miocène		Meulières et calcaire de Beauce.
		Sables de Fontainebleau.
		Terrains argilo-sableux
		Meulières de Brie.
Étage Éocène ou Terrain Parisien		Marnes vertes.
		Calcaire de St Ouen, Sables moyens, Calcaire grossier.
		Argile plastique (imperméable) et sables inférieurs (très perméables).
		Argile à silex.
Secondaires — Terrains Jurassique — Terrains Crétacés — Supérieur		Craie blanche.
Inférieur		Craie marneuse et grès vert.
Oolithe		Calcaire et marnes.
Lias		Marnes et grès.
Terrains Paléozoïques		Grès et quartz.
Terrains Cristallins		Granite

Les rayures indiquent les terrains perméables,
les teintes plates les terrains imperméables.

par Erhard, 12, rue Duguay-Trouin, Paris.

Librairie Félix Alcan

Dressé par G. Lang.

ANCIENNE LIBRAIRIE GERMER BAILLIÈRE ET Cie
FÉLIX ALCAN, Éditeur

PHILOSOPHIE — HISTOIRE

CATALOGUE

DES

Livres de Fonds

*On peut se procurer tous les ouvrages
qui se trouvent dans ce Catalogue par l'intermédiaire des libraires
de France et de l'Étranger.*

On peut également les recevoir franco *par la poste,
sans augmentation des prix désignés, en joignant à la demande
des* TIMBRES-POSTE FRANÇAIS *ou un* MANDAT *sur Paris.*

PARIS
108, BOULEVARD SAINT-GERMAIN, 108
Au coin de la rue Hautefeuille.

SEPTEMBRE 1891

Les titres précédés d'un *astérisque* sont recommandés par le Ministère de l'Instruction publique pour les Bibliothèques des élèves et des professeurs et pour les distributions de prix des lycées et collèges. — Les lettres V. P. indiquent les volumes adoptés pour les distributions de prix et les Bibliothèques de la Ville de Paris.

BIBLIOTHÈQUE DE PHILOSOPHIE CONTEMPORAINE

Volumes in-12, brochés, à 2 fr. 50.

Cartonnés toile. 3 francs. — En demi-reliure, plats papier. 4 francs.

Quelques-uns de ces volumes sont épuisés, et il n'en reste que peu d'exemplaires imprimés sur papier vélin; ces volumes sont annoncés au prix de 5 francs.

ALAUX, professeur à la Faculté des lettres d'Alger. **Philosophie de M. Cousin.**

ARRÉAT (L.). **La morale dans le drame, l'épopée et le roman.** 2e édit., refondue. 1889.

AUBER (Ed.). **Philosophie de la médecine.**

BALLET (G.), professeur agrégé à la Faculté de médecine. **Le Langage intérieur et les diverses formes de l'aphasie,** avec figures dans le texte. 2e édit. 1888.

BARTHÉLEMY-SAINT-HILAIRE, de l'Institut. * **De la Métaphysique.** 1889.

BEAUSSIRE, de l'Institut. * **Antécédents de l'hégélianisme dans la philosophie française.**

BERSOT (Ernest), de l'Institut. * **Libre Philosophie.** (V. P.)

BERTAULD, de l'Institut. * **L'Ordre social et l'Ordre moral.**

— **De la Philosophie sociale.**

BERTRAND (A.), professeur à la Faculté des lettres de Lyon. **La psychologie de l'effort et les doctrines contemporaines.** 1889.

BINET (A.). **La Psychologie du raisonnement,** expériences par l'hypnotisme.

BOST. **Le Protestantisme libéral.** Papier vélin. 5 fr.

BOUILLIER. * **Plaisir et Douleur.** Papier vélin. 5 fr.

BOUTMY (E.), de l'Institut. * **Philosophie de l'architecture en Grèce.** (V. P.)

CHALLEMEL-LACOUR. * **La Philosophie individualiste,** étude sur G. de Humboldt. (V. P.)

CONTA (B.). **Les Fondements de la métaphysique,** traduit du roumain par D. Tescanu. 1890.

COQUEREL Fils (Ath.). **Transformations historiques du christianisme.** Papier vélin. 5 fr.

— **Histoire du Credo.** Papier vélin. 5 fr.

COSTE (Ad.). **Les Conditions sociales du bonheur et de la force.** 3e édit. (V. P.)

DELBŒUF (J.), professeur à l'Université de Liège. **La Matière brute et la Matière vivante.**

ESPINAS (A.), doyen de la Faculté des lettres de Bordeaux. * **La Philosophie expérimentale en Italie.**

FAIVRE (E.), professeur à la Faculté des sciences de Lyon. **De la Variabilité des espèces.**

FÉRÉ (Ch.). **Sensation et Mouvement.** Étude de psycho-mécanique, avec figures.

— **Dégénérescence et Criminalité,** avec figures. 1888.

FONTANÈS. **Le Christianisme moderne.** Papier vélin. 5 fr.

FONVIELLE (W. de). **L'Astronomie moderne.**

FRANCK (Ad.), de l'Institut. * **Philosophie du droit pénal.** 3e édit.

— **Des Rapports de la religion et de l'Etat.** 2e édit.

— **La Philosophie mystique en France au XVIIIe siècle.** 5 fr.

GARNIER. * **De la Morale dans l'antiquité.** Papier vélin.

GAUCKLER. **Le Beau et son histoire.**

GUYAU. **La Genèse de l'idée de temps.** 1890.

HARTMANN (E. de). **La Religion de l'avenir.** 2e édit.

— **Le Darwinisme,** ce qu'il y a de vrai et de faux dans cette doctrine. 3e édit.

HERBERT SPENCER. * **Classification des sciences.** 4e édit.

— **L'Individu contre l'État.** 2e édit.

JANET (Paul), de l'Institut. * **Le Matérialisme contemporain.** 5e édit.

— * **Philosophie de la Révolution française.** 4e édit. (V. P.)

Suite de la *Bibliothèque de philosophie contemporaine*, format in-12
à 2 fr. 50 le volume.

JANET. * Saint-Simon et le Saint-Simonisme.
— Les Origines du socialisme contemporain.
— La philosophie de Lamennais. 1890.
LAUGEL (Auguste). * L'Optique et les Arts. (V. P.)
— * Les Problèmes de la nature.
— * Les Problèmes de la vie.
— * Les Problèmes de l'âme.
— * La Voix, l'Oreille et la Musique (V. P.). Papier vélin.   5 fr.
LEBLAIS. Matérialisme et Spiritualisme. Papier vélin.   5 fr.
LEMOINE (Albert). * Le Vitalisme et l'Animisme.
— * De la Physionomie et de la Parole. Papier vélin.   5 fr.
LEOPARDI. Opuscules et Pensées, traduit par M. Aug. Dapples.
LEVALLOIS (Jules). Déisme et Christianisme.
LÉVÊQUE (Charles), de l'Institut. * Le Spiritualisme dans l'art.
— * La Science de l'invisible.
LÉVY (Antoine). Morceaux choisis des philosophes allemands.
LIARD, directeur de l'Enseignement supérieur. * Les Logiciens anglais con-
   temporains. 3e édit.
— Des définitions géométriques et des définitions empiriques. 2e édit.
LOMBROSO. L'anthropologie criminelle et ses récents progrès. 2e édit. 1891.
— Nouvelles observations d'anthropologie criminelle et de Psychiatrie. 1892.
LUBBOCK (Sir John). Le bonheur de vivre. 1891.
MARIANO. La Philosophie contemporaine en Italie.
MARION, professeur à la Sorbonne. * J. Locke, sa vie, son œuvre.
MILSAND. * L'Esthétique anglaise, étude sur John Ruskin.
MOSSO. La Peur. Étude psycho-physiologique (avec figures). (V. P.)
PAULHAN (Fr.). Les Phénomènes affectifs et les lois de leur apparition. Essai
   de psychologie générale.
MAUS (1), avocat à la Cour d'appel de Bruxelles. De la justice pénale, étude phi-
   losophique sur le droit de punir.   2 fr. 50.
RÉMUSAT (Charles de), de l'Académie française. * Philosophie religieuse.
RIBOT (Th.), directeur de la *Revue philosophique*. La Philosophie de Schopen-
   hauer. 4e édition.
— * Les Maladies de la mémoire. 7e édit.
— Les Maladies de la volonté. 7e édit.
— Les Maladies de la personnalité. 4e édit.
— La Psychologie de l'attention. 1888. (V. P.)
RICHET (Ch.), professeur à la Faculté de médecine. Essai de psychologie géné-
   rale (avec figures). 2e édit.
ROBERTY (E. de). L'inconnaissable, sa métaphysique, sa psychologie. 1889.
ROISEL. De la Substance.
SAIGEY. La Physique moderne. 2e tirage. (V. P.)
SAISSET (Emile), de l'Institut. * L'Ame et la Vie.
— * Critique et Histoire de la philosophie (fragm. et disc.).
SCHMIDT (O.). Les Sciences naturelles et la Philosophie de l'inconscient.
SCHŒBEL. Philosophie de la raison pure.
SCHOPENHAUER. * Le Libre arbitre, traduit par M. Salomon Reinach. 5e édit.
— * Le Fondement de la morale, traduit par M. A. Burdeau. 4e édit.
— Pensées et Fragments, avec intr. par M. J. Bourdeau. 10e édit.
SELDEN (Camille). La Musique en Allemagne, étude sur Mendelssohn. (V. P.)
SICILIANI (P.). La Psychogénie moderne.
STRICKER. Le Langage et la Musique, traduit par M. Schwiedland.
STUART MILL. * Auguste Comte et la Philosophie positive. 4e édit. (V. P.)
— * L'Utilitarisme. 2e édit.
TAINE (H.), de l'Académie française. L'Idéalisme anglais, étude sur Carlyle.
— * Philosophie de l'art dans les Pays-Bas. 2e édit. (V. P.)

Suite de la *Bibliothèque de philosophie contemporaine*, format in-12, à 2 fr. 50 le volume.

TAINE (H.). * Philosophie de l'art en Grèce. 2ᵉ édit. (V. P.)
TARDE. La Criminalité comparée. 2ᵉ édition.
THAMIN (R)., professeur à la faculté de lettres de Lyon. Education et positivisme 1892.
TISSIÉ. * Les rêves, avec préface du professeur Azam. 1890.
VIANNA DE LIMA. L'Homme selon le transformisme. 1888. (V. P.)
ZELLER. Christian Baur et l'École de Tubingue, traduit par M. Ritter.

BIBLIOTHÈQUE DE PHILOSOPHIE CONTEMPORAINE
Volumes in-8.

Brochés à 5 fr., 7 fr. 50 et 10 fr. — Cart. anglais, 1 fr. en plus par volume.
Demi-reliure. .... 2 francs.

AGASSIZ. * De l'Espèce et des Classifications. 1 vol.   5 fr.
BAIN (Alex.). * La Logique inductive et déductive. Traduit de l'anglais par M. G. Compayré, 2 vol. 2ᵉ édit.   20 fr.
— * Les Sens et l'Intelligence. 1 vol. Traduit par M. Cazelles. 2ᵉ édit.   10 fr.
— * L'Esprit et le Corps. 1 vol. 4ᵉ édit.   6 fr.
— La Science de l'Éducation. 1 vol. 6ᵉ édit.   6 fr.
— Les Émotions et la Volonté. Trad. par M. Le Monnier. 1 vol.   10 fr.
BARDOUX. * Les Légistes, leur influence sur la société française. 1 vol. 5 fr.
BARNI (Jules). * La Morale dans la démocratie. 1 vol. 2ᵉ édit. (V. P.).   5 fr.
BARTHÉLEMY-SAINT HILAIRE (de l'Institut). La philosophie dans ses rapports avec les sciences et la religion. 1 vol. 1889.   5 fr.
BERGSON, docteur ès lettres, professeur au collège Rollin. Essai sur les données immédiates de la conscience. 1 vol. 1889.   3 fr. 75
BUCHNER. Nature et Science. 1 vol. 2ᵉ édit. Traduit par M. Lauth.   7 fr. 50
CARRAU (Ludovic), professeur à la Sorbonne. La Philosophie religieuse en Angleterre, depuis Locke jusqu'à nos jours. 1 vol. 1888.   5 fr.
CLAY (R.). L'Alternative, contribution à la psychologie. 1 vol. Traduit de l'anglais par M. A. Burdeau, député, ancien prof. au lycée Louis-le-Grand.   10 fr.
COLLINS (Howard). La philosophie de M. Herbert Spencer. 1 vol., précédé d'une préface de M. Herbert Spencer, traduit de l'anglais par H. de Varigny 1891.   10 fr.
EGGER (V.), professeur à la Faculté des lettres de Nancy. La Parole intérieure. 1 vol.   5 fr.
ESPINAS (Alf.), doyen de la Faculté des lettres de Bordeaux. Des Sociétés animales. 1 vol. 2ᵉ édit.   7 fr. 50
FERRI (Enrico). La sociologie criminelle. 1 vol. (*sous presse*).
FERRI (Louis), professeur à l'Université de Rome. La Psychologie de l'association, depuis Hobbes jusqu'à nos jours. 1 vol.   7 fr. 50
FLINT, professeur à l'Université d'Edimbourg. La Philosophie de l'histoire en France. 1 vol.   7 fr. 50
— * La Philosophie de l'histoire en Allemagne. 1 vol.   7 fr. 50
FONSEGRIVE, Professeur au lycée Buffon. Essai sur le libre arbitre. Sa théorie, son histoire. 1 vol. 1887.   10 fr.
FOUILLÉE (Alf.), ancien maître de conférences à l'École normale supérieure.
— * La Liberté et le Déterminisme. 1 vol. 2ᵉ édit.   7 fr. 50
— Critique des systèmes de morale contemporains. 1 vol. 2ᵉ édit.   7 fr. 50
— L'Avenir de la Morale, de l'Art et de la Religion, d'après M. Guyau. 1 vol.   3 fr. 75
— L'Avenir de la métaphysique fondée sur l'expérience. 1 vol. 1890.   5 fr.
— La Psychologie des idées forces. 1 vol. 1890.   7 fr.
— * L'Évolutionnisme des idées forces. 1 vol. 1890.   7 fr. 50
FRANCK (A.), de l'Institut. Philosophie du droit civil. 1 vol.   5 fr.
GAROFALO, agrégé de l'Université de Naples. La Criminologie. 1 vol. 2ᵉ éd. 7 fr. 50
GURNEY, MYERS et PODMORE. Les Hallucinations télépathiques, traduit et abrégé des « Phantasms of The Living » par L. MARILLIER, maître de conférences à l'École des hautes études, préface de CH. RICHET, 1 vol. 1891   7 fr. 50

Suite de la *Bibliothèque de philosophie contemporaine*, format in-8.

GUYAU. La Morale anglaise contemporaine. 1 vol. 2ᵉ édit.   7 fr. 50
— Les Problèmes de l'esthétique contemporaine. 1 vol.   5 fr.
— Esquisse d'une morale sans obligation ni sanction. 1 vol.   5 fr.
— L'Irréligion de l'avenir, étude de sociologie. 1 vol. 2ᵉ édit.   7 fr. 50
— L'Art au point de vue sociologique. 1 vol. 1889.   7 fr. 50
— Hérédité et éducation, étude sociologique. 1 vol. 1889.   5 fr.
HERBERT SPENCER *. Les Premiers Principes. Traduit par M. Cazelles. 1 fort v. 10 fr.
— Principes de biologie. Traduit par M. Cazelles. 2 vol.   20 fr.
— * Principes de psychologie. Trad. par MM. Ribot et Espinas. 2 vol.   20 fr.
— * Principes de sociologie. 4 vol., traduits par MM. Cazelles et Gerschel :
Tome I. 10 fr. — Tome II. 7 fr. 50. — Tome III. 15 fr. — Tome IV.   3 fr. 75
— * Essais sur le progrès. Traduit par M. A. Burdeau. 1 vol. 5ᵉ édit.   7 fr. 50
— Essais de politique. Traduit par M. A. Burdeau. 1 vol. 3ᵉ édit.   7 fr. 50
— Essais scientifiques. Traduit par M. A. Burdeau. 1 vol. 2ᵉ édit.   7 fr. 50
* De l'Education physique, intellectuelle et morale. 1 vol. 5ᵉ édit.   5 fr.
— * Introduction à la science sociale. 1 vol. 9ᵉ édit.   6 fr.
— Les Bases de la morale évolutionniste. 1 vol. 4ᵉ édit.   6 fr.
— * Classification des sciences. 1 vol. in-18. 4ᵉ édit.   2 fr. 50
— L'Individu contre l'État. Traduit par M. Gerschel. 1 vol. in-18. 2ᵉ édit. 2 fr. 50
— Descriptive Sociology, or Groups of sociological facts. *French* compiled by
James COLLIER. 1 vol. in-folio.   50 fr.
HUXLEY, de la Société royale de Londres. * Hume, sa vie, sa philosophie. Traduit
de l'anglais et précédé d'une Introduction par G. COMPAYRÉ. 1 vol.   5 fr.
JANET (Paul), de l'Institut. * Les Causes finales. 1 vol. 2ᵉ édit.   10 fr.
— * Histoire de la science politique dans ses rapports avec la morale.
2 forts vol. 3ᵉ édit., revue, remaniée et considérablement augmentée.   20 fr.
JANET (Pierre), professeur au Collège Rollin. L'automatisme psychologique,
essai sur les formes inférieures de l'activité mentale. 1 vol. 1889.   7 fr. 50
LAUGEL (Auguste). Les Problèmes (Problèmes de la nature, problèmes de la
vie, problèmes de l'âme). 1 vol.   7 fr. 50
LAVELEYE (de), correspondant de l'Institut. De la Propriété et de ses formes
primitives. 1 vol. 4ᵉ édit. revue et augmentée, 1891.   10 fr.
— Le Gouvernement de la démocratie. 2 vol. 1892.   15 fr.
LIARD, directeur de l'enseignement supérieur. * La Science positive et la Méta-
physique. 1 vol. 2ᵉ édit.   7 fr. 50
— Descartes. 1 vol.   5 fr.
LOMBROSO. L'Homme criminel (criminel-né, fou-moral, épileptique). Étude anthro-
pologique et médico-légale, précédée d'une préface de M. le docteur LETOURNEAU.
1 vol.   10 fr.
— Atlas de 40 planches, avec portraits, fac-similés d'écritures et de dessins, tableaux
et courbes statistiques pour accompagner le précédent ouvrage. 2ᵉ édition.   12 fr.
— L'Homme de génie, traduit sur la 8ᵉ édition italienne par FR. COLONNA D'ISTRIA,
et précédé d'une préface de M. CH. RICHET. 1 vol. avec 11 pl. hors texte.   10 fr.
LYON (Georges), maître de conférences à l'École normale. L'Idéalisme en An-
gleterre au XVIIIᵉ siècle. 1 vol. 1888.   7 fr. 50
MARION (H.), professeur à la Sorbonne. De la Solidarité morale. Essai de
psychologie appliquée. 1 vol. 3ᵉ édit. (V. P.)   5 fr.
MATTHEW ARNOLD. La Crise religieuse. 1 vol.   7 fr. 50
MAUDSLEY. La Pathologie de l'esprit. 1 vol. Trad. par M. Germont.   10 fr.
NAVILLE (E.), correspond. de l'Institut. La Logique de l'hypothèse. 1 vol.   5 fr.
— La physique moderne. 1 vol. 2ᵉ édit. 1890.   5 fr.
PAULHAN (Fr.). L'activité mentale et les éléments de l'esprit. 1 vol. 1889. 10 fr.
PÉREZ (Bernard). Les trois premières années de l'enfant. 1 vol. 4ᵉ édit.   5 fr.
— L'Enfant de trois à sept ans. 1 vol. 2ᵉ édit.   5 fr.
— L'Éducation morale dès le berceau. 1 vol. 2ᵉ édit. 1888.   5 fr.
— L'Art et la Poésie chez l'enfant. 1 vol. 1888.   5 fr.
— Le Caractère de l'enfant à l'homme. 1 vol. 1891.   5 fr.
PICAVET (E.), maître de conférences à l'École des hautes études. Les Idéologues,
essai sur l'histoire des idées, des théories scientifiques, philosophiques, religieuses,
etc. en France depuis 1789. 1 fort volume.   10 fr.

Suite de la *Bibliothèque de philosophie contemporaine*, format in-8.

PIDERIT. **La Mimique et la Physiognomonie.** Trad. de l'allemand par M. Girot. 1 vol. avec 95 figures dans le-texte. 1888. (V. P.) 5 fr.

PILLON (F.), ancien rédacteur de la critique philosophique. **L'année philosophique** 1re année 1890. 1 vol. 1891 5 fr.

PREYER, professeur à l'Université de Berlin. **Éléments de physiologie.** Traduit de l'allemand par M. J. Soury. 1 vol. 5 fr.

— **L'Ame de l'enfant.** Observations sur le développement psychique des premières années. 1 vol., traduit de l'allemand par M. H. C. de Varigny. 1887. 10 fr.

PROAL. **Le Crime et la Peine,** ouvrage couronné par l'Académie des sciences morales et politiques. 1 vol. 1892. 10 fr.

RAUH (F.) chargé d'un cours complémentaire de philosophie à la Faculté des lettres de Toulouse. **Essai sur le fondement métaphysique de la morale.** un vol. 1891. 5 fr.

RIBOT (Th.), directeur de la *Revue philosophique.* **L'Hérédité psychologique.** 1 vol. 4e édit. 7 fr. 50

— * **La Psychologie anglaise contemporaine.** 1 vol. 3e édit. 7 fr. 50

— * **La Psychologie allemande contemporaine.** 1 vol. 2e édit. 7 fr. 50

RICARDOU (A), docteur ès lettres. De l'Idéal, étude philosophique. 1 vol. 1891. 5 fr.

RICHET (Ch.), professeur à la Faculté de médecine de Paris. **L'Homme et l'Intelligence.** Fragments de psychologie et de physiologie. 1 vol. 2e édit. 10 fr.

ROBERTY (E. de). **L'Ancienne et la Nouvelle philosophie.** 1 vol. 7 fr. 50

— **La Philosophie du siècle** (positivisme, criticisme, évolutionnisme.) 1 vol. 1891. 5 fr.

ROMANES. **L'évolution mentale chez l'homme.** Traduit de l'angl. par H. de Varigny 1891. 1 vol. 7 fr. 50.

SAIGEY (Emile). **Les Sciences au XVIIIe siècle.** La physique de Voltaire. 1 vol. 5 fr.

SCHOPENHAUER. **Aphorismes sur la sagesse dans la vie.** 3e édit. Traduit par M. Cantacuzène. 1 vol. 5 fr.

— **De la quadruple racine du principe de la raison suffisante,** suivi d'une *Histoire de la doctrine de l'idéal et du réel.* Trad. par M. Cantacuzène. 1 vol. 5 fr.

— **Le monde comme volonté et comme représentation.** Traduit par M. A. Burdeau. 3 vol., chacun séparément. 7 fr. 50

SÉAILLES, maître de conférences à la Sorbonne. **Essai sur le génie dans l'art.** 1 vol. 5 fr.

SERGI, professeur à l'Université de Rome. **La Psychologie physiologique,** traduite de l'italien par M. Mouton. 1 vol. avec figures. 1888. 7 fr. 50

SOLLIER (Dr Paul). * **Psychologie de l'idiot et de l'imbécile.** 1 vol. avec 12 planches hors texte. 1891. 5 fr.

SOURIAU (Paul), professeur à la Faculté des lettres de Lille. **L'Esthétique du mouvement.** 1 vol. in-8e. 1889. 5 fr.

STUART MILL. * **La Philosophie de Hamilton.** 1 vol. 10 fr.

— * **Mes Mémoires.** Histoire de ma vie et de mes idées. 1 vol. 5 fr.

— * **Système de logique déductive et inductive.** 3e édit. 2 vol. 20 fr.

— * **Essais sur la religion.** 2e édit. 1 vol. 5 fr.

SULLY (James). **Le Pessimisme.** Trad. par MM. Bertrand et Gérard. 1 vol. 7 fr. 50

VACHEROT (Et.), de l'Institut. **Essais de philosophie critique.** 1 vol. 7 fr. 50

— **La Religion.** 1 vol. 7 fr. 50

WUNDT. **Éléments de psychologie physiologique.** 2 vol. avec figures, trad. de l'allem. par le Dr Élie Rouvier, et précédés d'une préface de M. D. Nolen. 20 fr.

ÉDITIONS ÉTRANGÈRES

Éditions anglaises.

AUGUSTE LAUGEL. The United States during the war. In-8. 7 sh. 6 p.

ALBERT RÉVILLE. History of the doctrine of the deity of Jesus-Christ. 3 sh. 6 p.

H. TAINE. Italy (Naples et Rome). 7 sh. 6 p.

H. TAINE. The philosophy of Art. 3 sh.

PAUL JANET. The Materialism of present day 1 vol. in-18, rel. 3 sh.

Éditions allemandes.

JULES BARNI. Napoléon Ier. In-18. 3 m.

PAUL JANET. Der Materialismus unsere Zeit. 1 vol. in-18. 3 m.

H. TAINE. Philosophie der Kunst. 1 volume in-18. 3 m.

COLLECTION HISTORIQUE DES GRANDS PHILOSOPHES

PHILOSOPHIE ANCIENNE

ARISTOTE (Œuvres d'), traduction de J. Barthélemy-Saint Hilaire.
— **Psychologie** (Opuscules), avec notes. 1 vol. in-8 .... 10 fr.
— **Rhétorique**, avec notes. 1870. 2 vol. in-8 .... 16 fr.
— **Politique**, 1868, 1 v. in-8. 10 fr.
— **La Métaphysique d'Aristote.** 3 vol. in-8, 1879 .... 30 fr.
— **Traité de la production et de la destruction des choses**, avec notes. 1866. 1 v. gr. in-8... 10 fr.
— **De la Logique d'Aristote**, par M. Barthélemy Saint-Hilaire. 2 vol. in-8 .... 10 fr.
— **L'Esthétique d'Aristote**, par M. Bénard. 1 vol. in-8. 1889. 5 fr.
SOCRATE. * **La Philosophie de Socrate**, par M. Alf. Fouillée. 2 vol. in-8 .... 16 fr.
— **Le Procès de Socrate.** Examen des thèses socratiques, par M. G. Sorel, 1 vol. in-8. 1889. 3 fr. 50
PLATON. **Études sur la Dialectique dans Platon et dans Hegel**, par M. Paul Janet. 1 vol. in-8 6 fr.
— **Platon et Aristote**, par Van der Rest. 1 vol. in-8 ...... 10 fr.
ÉPICURE. **La Morale d'Épicure** et ses rapports avec les doctrines contemporaines, par M. Guyau. 1 vol. in-8. 3e édit.... 7 fr. 50
ÉCOLE D'ALEXANDRIE. * **Histoire de**

l'**École d'Alexandrie**, pár M. Barthélemy-St-Hilaire. 1 v. in-8. 6 fr.
MARC-AURÈLE. **Pensées de Marc-Aurèle**, traduites et annotées par M. Barthélemy Saint-Hilaire. 1 vol. in-18................. 4 fr. 50
BÉNARD. **La Philosophie ancienne**, histoire de ses systèmes. 1re partie : La Philosophie et la Sagesse orientales. — La Philosophie grecque avant Socrate. — Socrate et les socratiques. — Etudes sur les sophistes grecs. 1 v. in-8. 1885 9 fr.
BROCHARD (V.). **Les Sceptiques grecs** (couronné par l'Académie des sciences morales et politiques). 1 vol. in-8. 1887........ 8 fr.
FABRE (Joseph).* **Histoire de la philosophie, antiquité et moyen âge.** 1 vol. in-18. ...:. 3 fr. 50
FAVRE (Mme Jules), née Velten. **La Morale des stoïciens.** 1 volume in-18. 1887.......... 3 fr. 50
— **La Morale de Socrate.** 1 vol. in-18. 1888.......... 3 fr. 50
— **La Morale d'Aristote.** 1 vol. in-18. 1889............ 3 fr. 50
OGEREAU. **Essai sur le système philosophique des stoïciens.** 1 vol. in-8. 1885......... 5 fr.
TANNERY (Paul). **Pour l'histoire de la science hellène** (de Thalès à Empédocle). 1 v. in-8. 1887. 7 fr. 50

PHILOSOPHIE MODERNE

LEIBNIZ. * **Œuvres philosophiques**, avec introduction et notes par M. Paul Janet. 2 vol. in-8. 16 fr.
— **Leibniz et Pierre le Grand**, par Foucher de Careil. 1 v. in-8.
— **Leibniz et les deux Sophie**, par Foucher de Careil. In-8. 2 fr.
DESCARTES, par L. Liard. 1 v. in-8 5 fr
— **Essai sur l'Esthétique de Descartes**, par Krantz. 1 v. in-8. 6 fr.
SPINOZA. **Benedicti de Spinoza opera** quotquot reperta sunt, recognoverunt J. Van Vloten et J.-P.-N. Land. 2 forts vol. in-8 sur papier de Hollande.......... 45 fr.
SPINOZA. **Inventaire des livres formant sa bibliothèque**, publié d'après un document inédit avec des notes biographiques et bibliographiques et une introduction par A. J. Servaas van Rvoijen, 1 v. in-4 sur papier de Hollande, 1891.. 15 fr.
GEULINX (Arnoldi). **Opera philoso-**

phica recognovit J. P. N. Land, tome I. sur papier de Hollande, gr. in-8, 1891 .... 17 fr. 50.
GASSENDI. **La philosophie de Gassendi**, par M. F. Thomas. 1 vol. in-8. 1889............. 6 fr.
LOCKE. * **Sa vie et ses œuvres**, par M. Marion. 1 vol. in-18. 2 fr. 50
MALEBRANCHE. * **La Philosophie de Malebranche**, par M. Ollé-Laprune. 2 vol. in-8...... 16 fr.
PASCAL. **Études sur le scepticisme de Pascal**, par M. Droz, 1 vol. in-8............. 6 fr.
VOLTAIRE. **Les Sciences au XVIIIe siècle.** Voltaire physicien, par M. Em. Saigey. 1 vol. in-8. 5 fr.
FRANCK (Ad.). **La Philosophie mystique en France au XVIIIe siècle** 1 vol. in-18... 2 fr. 50
DAMIRON. **Mémoires pour servir à l'histoire de la philosophie au XVIIIe siècle.** 3 vol. in-8. 15 fr.

PHILOSOPHIE ÉCOSSAISE

DUGALD STEWART. ***Éléments de la philosophie de l'esprit humain**, traduits de l'anglais par L. PEISSE. 3 vol. in-12... 9 fr.

HAMILTON. *** La Philosophie de Hamilton**, par J. STUART MILL, 1 vol. in-8............ 10 fr.

HUME. *** Sa vie et sa philosophie**, par Th. HUXLEY, trad. de l'angl. par M. G. COMPAYRÉ. 1 vol. in-8. 5 fr.

BACON. **Étude sur François Bacon**, par M. J. BARTHÉLEMY-SAINT-HILAIRE, 1 vol. in-18. 2 fr. 50

* Philosophie de François Bacon, par M. CH. ADAM (ouvrage couronné par l'Iustitut). 1 volume in-8°. 7 fr. 50

PHILOSOPHIE ALLEMANDE

KANT. **La Critique de la raison pratique**, traduction nouvelle avec introduction et notes, par M. PICAVET. 1 vol. in-8. 1888... 6 fr.

— **Critique de la raison pure**, trad. par M. TISSOT. 2 v. in-8. 16 fr.

— Même ouvrage, traduction par M. Jules BARNI. 2 vol. in-8. 16 fr.

— **Éclaircissements sur la Critique de la raison pure**, trad. par M. J. TISSOT. 1 vol. in-8... 6 fr.

— **Principes métaphysiques de la morale**, augmentés des *Fondements de la métaphysique des mœurs*, traduct. par M. TISSOT. 1 v. in-8. 8 fr.

— Même ouvrage, traduction par M. Jules BARNI. 1 vol. in-8... 8 fr.

— *** La Logique**, traduction par M. TISSOT. 1 vol. in-8..... 4 fr.

— *** Mélanges de logique**, traduction par M. TISSOT. 1 v. in-8. 6 fr.

— *** Prolégomènes à toute métaphysique future qui se présentera comme science**, traduction de M. TISSOT. 1 vol. in-8... 6 fr.

— *** Anthropologie**, suivie de divers fragments relatifs aux rapports du physique et du moral de l'homme, et du commerce des esprits d'un monde à l'autre, traduction par M. TISSOT. 1 vol. in-8..... 6 fr.

— **Traité de pédagogie**, trad. J. BARNI; préface et notes par M. Raymond THAMIN. 1 vol. in-12. 2 fr.

— **Principes métaphysiques de la science de la nature**, traduits pour la 1re fo's en français et accompagnés d'une introduction sur la Philosophie de la nature dans Kant, par CH. AUDLER et ED. CHAVANNÈS, anciens élèves de l'Ecole normale supérieure, agrégés de l'Université, 1 vol. grand in-8, 1891. 4 fr. 50

FICHTE. *** Méthode pour arriver à la vie bienheureuse**, trad. par M. Fr. BOUILLIER. 1 vol. in-8. 8 fr.

— **Destination du savant et de l'homme de lettres**, traduit par M. NICOLAS. 1 vol. in-8. 3 fr.

— **Doctrines de la science**. 1 vol. in-8............ 9 fr.

SCHELLING. **Bruno**, ou du principe divin. 1 vol. in-8....... 3 fr. 50

HEGEL. *** Logique**. 2e édit. 2 vol. in-8................. 14 fr.

— *** Philosophie de la nature**. 3 vol. in-8............ 25 fr.

— *** Philosophie de l'esprit**. 2 vol. in-8............ 18 fr.

— *** Philosophie de la religion**. 2 vol. in-8............ 20 fr.

— **La Poétique**, trad. par M. Ch. BÉNARD. Extraits de Schiller, Gœthe, Jean, Paul, etc., et sur divers sujets relatifs à la poésie. 2 v. in-8. 12 fr.

— **Esthétique**. 2 vol. in-8, traduit par M. BÉNARD....... 16 fr.

— **Antécédents de l'hegelianisme dans la philosophie française**, par E. BEAUSSIRE. 1 vol. in-18......... 2 fr. 50

— *** La Dialectique dans Hegel et dans Platon**, par M. Paul JANET. 1 vol. in-8.......... 6 fr.

— **Introduction à la philosophie de Hegel**, par VÉRA. 1 vol. in-8, 2e édit.............. 6 fr. 50

HUMBOLDT (G. de). **Essai sur les limites de l'action de l'État**. 1 vol. in-18......... 3 fr. 50

— *** La Philosophie individualiste**, étude sur G. de HUMBOLDT, par M. CHALLEMEL-LACOUR. 1 v. in-18. 2 fr. 50

RICHTER (Jean-Paul-Fr.). **Poétique ou Introduction à l'Esthétique**, trad. par ALEX. BUCHNER et LÉON DUMONT, 2 vol. in-8, 1862. 15 fr.

STAHL. *** Le Vitalisme et l'Animisme de Stahl**, par M. Albert LEMOINE. 1 vol. in-18.... 2 fr. 50

PHILOSOPHIE ALLEMANDE CONTEMPORAINE

BUCHNER (L.). **Nature et Science.** 1 vol. in-8. 2ᵉ édit...... 7 fr. 50

— * **Le Matérialisme contemporain**, par M. Paul JANET. 4ᵉ édit. 1 vol. in-18........ 2 fr. 50

CHRISTIAN BAUR **et l'École de Tubingue**, par M. Ed. ZELLER. 1 vol. in-18.......... 2 fr. 50

HARTMANN (E. de). **La Religion de l'avenir.** 1 vol. in-18.. 2 fr. 50

— **Le Darwinisme**, ce qu'il y a de vrai et de faux dans cette doctrine. 1 vol. in-18. 3ᵉ édition.. 2 fr. 50

O. SCHMIDT. **Les Sciences naturelles et la Philosophie de l'inconscient.** 1 v. in-18. 2 fr. 50

PIDERIT. **La Mimique et la Physiognomonie.** 1 v. in-8. 5 fr.

PREYER. **Éléments de physiologie.** 1 vol. in-8........ 5 fr.

— **L'Ame de l'enfant.** Observations sur le développement psychique des premières années. 1 vol. in-8. 10 fr.

SCHŒBEL. **Philosophie de la raison pure.** 1 vol. in-18. 2 fr. 50

SCHOPENHAUER. **Essai sur le libre arbitre.** 1 vol. in-18. 5ᵉ éd. 2 fr. 50

— **Le Fondement de la morale.** 1 vol. in-18.......... 2 fr. 50

— **Essais et fragments**, traduit et précédé d'une Vie de Schopenhauer, par M. BOURDEAU. 1 vol. in-18. 6ᵉ édit........ 2 fr. 50

— **Aphorismes sur la sagesse dans la vie.** 1 vol. in-8. 3ᵉ éd. 5 fr.

— **De la quadruple racine du principe de la raison suffisante.** 1 vol. in-8....... 5 fr.

— **Le Monde comme volonté et représentation.** 3 vol. in-8 ; chacun séparement....... 7 fr. 50

— **La Philosophie de Schopenhauer**, par M. Th. RIBOT. 1 vol. in-18. 3ᵉ édit.......... 2 fr. 50

RIBOT (Th.) * **La Psychologie allemande contemporaine.** 1 vol. in-8. 2ᵉ édit........ 7 fr. 50

STRICKER. **Le Langage et la Musique.** 1 vol. in-18...... 2 fr. 50

WUNDT. **Psychologie physiologique.** 2 vol. in-8 avec fig. 20 fr.

PHILOSOPHIE ANGLAISE CONTEMPORAINE

STUART MILL.* **La Philosophie de Hamilton.** 1 fort vol. in-8. 10 fr.

— * **Mes Mémoires.** Histoire de ma vie et de mes idées. 1 v. in-8. 5 fr.

— * **Système de logique déductive et inductive.** 2 v. in-8. 20 fr.

— * **Auguste Comte** et la philosophie positive. 1 vol. in-18. 2 fr. 50

— **L'Utilitarisme.** 1 v. in-18. 2 fr. 50

— **Essais sur la Religion.** 1 vol. in-8. 2ᵉ édit........... 5 fr.

— **La République de 1848 et ses détracteurs**, trad. et préface de M. SADI CARNOT. 1 v. in-18. 1 fr.

— **La Philosophie de Stuart Mill**, par H. LAURET. 1 v. in-8. 6 fr.

HERBERT SPENCER. * **Les Premiers Principes.** 1 fort volume in-8................. 10 fr.

HERBERT SPENCER. **Principes de biologie.** 2 forts vol. in-8. 20 fr.

— * **Principes de psychologie.** 2 vol. in-8........... 20 fr.

— * **Introduction à la science sociale.** 1 v. in-8, cart. 6ᵉ édit. 6 fr.

— * **Principes de sociologie.** 4 vol. in-8.............. 36 fr. 25

— * **Classification des sciences.** 1 vol. in-18, 2ᵉ édition. 2 fr. 50

— * **De l'éducation intellectuelle, morale et physique.** 1 vol. in-8, 5ᵉ édit............. 5 fr.

— * **Essais sur le progrès.** 1 vol. in-8. 2ᵉ édit......... 7 fr. 50

— **Essais de politique.** 1 vol. in-8. 2ᵉ édit........ 7 fr. 50

— **Essais scientifiques.** 1 vol. in-8................. 7 fr. 50

HERBERT SPENCER. **Les Bases de la morale évolutionniste.** 1 vol. in-8. 3ᵉ édit........ 6 fr.

— **L'Individu contre l'État.** 1 vol. in-18. 2ᵉ édit........ 2 fr. 50

BAIN. * **Des sens et de l'intelligence.** 1 vol. in-8.... 10 fr.

— **Les Émotions et la Volonté.** 1 vol. in-8............ 10 fr.

— * **La Logique inductive et déductive.** 2 vol. in-8. 2ᵉ édit. 20 fr.

— * **L'Esprit et le Corps.** 1 vol. in-8, cartonné, 4ᵉ édit ..... 6 fr.

— * **La Science de l'éducation.** 1 vol. in-8, cartonné. 6ᵉ édit. 6 fr.

DARWIN. * **Descendance et Darwinisme,** par Oscar SCHMIDT. 1 vol. in-8 cart. 5ᵉ édit... 6 fr.

— **Le Darwinisme,** par E. DE HARTMANN. 1 vol. in-18.. 2 fr. 50

FERRIER. **Les Fonctions du Cerveau.** 1 vol. in-8........ 10 fr.

CHARLTON BASTIAN. **Le cerveau, organe de la pensée chez l'homme et les animaux.** 2 vol. in-8. 12 fr.

CARLYLE. **L'Idéalisme anglais,** étude sur Carlyle, par H. TAINE. 1 vol. in-18.......... 2 fr. 50

BAGEHOT. * **Lois scientifiques du développement des nations.** 1 vol. in-8, cart. 4ᵉ édit..... 6 fr.

DRAPER. **Les Conflits de la science et de la religion.** 1 volume in-8. 7ᵉ édit.............. 6 fr.

RUSKIN (JOHN). * **L'Esthétique anglaise,** étude sur J. Ruskin, par MILSAND. 1 vol. in-18 ... 2 fr. 50

MATTHEW ARNOLD. **La Crise religieuse.** 1 vol. in-8.... 7 fr. 50

MAUDSLEY. * **Le Crime et la Folie.** 1 vol. in-8, cart. 5ᵉ édit... 6 fr.

— **La Pathologie de l'esprit.** 1 vol in-8............ 10 fr.

FLINT. * **La Philosophie de l'histoire en France et en Allemagne.** 2 vol in-8. Chacun, séparément .... 7 fr. 50

RIBOT (Th.). **La Psychologie anglaise contemporaine.** 3ᵉ édit. 1 vol. in-8........... 7 fr. 50

LIARD. * **Les Logiciens anglais contemporains.** 1 vol. in-18. 2ᵉ édit.............. 2 fr. 50

GUYAU *. **La Morale anglaise contemporaine.** 1 v. in-8. 2ᵉ éd. 7 fr. 50

HUXLEY. * **Hume, sa vie, sa philosophie.** 1 vol. in-8..... 5 fr.

JAMES SULLY. **Le Pessimisme.** 1 vol. in-8........... 7 fr. 50

— **Les Illusions des sens et de l'esprit.** 1 vol. in-18, cart.. 6 fr.

CARRAU (L.). **La Philosophie religieuse en Angleterre, depuis** Locke jusqu'à nos jours. 1 volume in-8.......................... 5 fr.

LYON (Georges). **L'Idéalisme en Angleterre au XVIIIᵉ siècle.** 1 vol. in-8............. 7 fr. 50

PHILOSOPHIE ITALIENNE CONTEMPORAINE

SICILIANI. **La Psychogénie moderne.** 1 vol. in-18..... 2 fr. 50

ESPINAS. * **La Philosophie expérimentale en Italie,** origines, état actuel. 1 vol. in-18. 2 fr. 50

MARIANO. **La Philosophie contemporaine en Italie,** essais de philos. hégelienne. 1 v. in-18. 2 fr. 50

FERRI (Louis). **La Philosophie de l'association depuis Hobbes jusqu'à nos jours.** In-8. 7 fr. 50

MINGHETTI. **L'État et l'Église.** 1 vol. in-8................... 5 fr.

LEOPARDI. **Opuscules et pensées.** 1 vol. in-18.......... 2 fr. 50

MOSSO. **La Peur.** 1 v. in-18. 2 fr. 50

LOMBROSO. **L'Homme criminel.** 1 vol. in-8.......... 10 fr.

— **Atlas** accompagnant l'ouvrage ci-dessus............. 12 fr.

— **L'homme de génie.** 1 vol. in-8. 10 fr.

— **L'Anthropologie criminelle,** ses récents progrès. 1 volume in-18, 2ᵉ édit....... 2 fr. 50

— **Nouvelles observations d'anthropologie criminelle et de psychiatrie,** 1 v. in-18. 2 fr. 50

MANTEGAZZA. **La Physionomie et l'expression des sentiments.** 2ᵉ édit. 1 vol. in-8, cart... 6 fr.

SERGI. **La Psychologie physiologique.** 1 vol. in-8... 7 fr. 50

GAROFALO. **La Criminologie.** 1 volume in-8............ 7 fr. 50

OUVRAGES DE PHILOSOPHIE

PRESCRITS POUR L'ENSEIGNEMENT DES LYCÉES ET DES COLLÉGES

COURS ÉLÉMENTAIRE DE PHILOSOPHIE

Suivi de Notions d'histoire de la Philosophie
et de Sujets de Dissertations donnés à la Faculté des lettres de Paris
Par Émile BOIRAC
Professeur de philosophie au lycée Condorcet

1 vol. in-8°, 4° édition, 1892. Broché, 6 fr. 50. Cartonné à l'anglaise, 7 fr. 50

LA DISSERTATION PHILOSOPHIQUE

Choix de sujets — Plans — Développements
PRÉCÉDÉ D'UNE INTRODUCTION SUR LES RÈGLES DE LA DISSERSATION PHILOSOPHIQUE
PAR LE MÊME
1 vol. in-8, 2° édit., 1892. Broché, 6 fr. 50. Cartonné à l'anglaise, 7 fr. 50.

AUTEURS DEVANT ÊTRE EXPLIQUÉS DANS LA CLASSE DE PHILOSOPHIE
AUTEURS FRANÇAIS
Ces auteurs français sont expliqués également dans la classe de première (lettres)
de l'enseignement moderne.

CONDILLAC. — **Traité des Sensations,** livre I, avec notes, par Georges LYON, maître de conférences à l'École normale supérieure, docteur ès lettres. 1 vol. in-12...... 1 fr. 40

DESCARTES. — **Discours sur la Méthode** et première méditation, avec notes, introduction et commentaires, par V. BROCHARD, directeur des conférences de philosophie à la Sorbonne. 1 vol. in-12, 2° édition.. 2 fr.

DESCARTES. — **Les Principes de la philosophie,** livre I, avec notes, par LE MÊME. 1 vol. in-12, broché.. 1 fr. 25

LEIBNIZ. — **La Monadologie,** avec notes, introduction et commentaires, par D. NOLEN, recteur de l'Académie de Besançon. 1 vol. in-12. 2° édit............................ 2 fr.

LEIBNIZ. — **Nouveaux essais sur l'entendement humain.** Avant-propos et livre I, avec notes, par Paul JANET, de l'Institut, professeur à la Sorbonne. 1 vol. in-12........... 1 fr.

MALEBRANCHE. — **De la recherche de la vérité,** livre II (*de l'Imagination*), avec notes, par Pierre JANET, ancien élève de l'École normale supérieure, professeur agrégé au Collège Rollin 1 vol. in-12.. 1 fr. 80

PASCAL. — **De l'autorité en matière de philosophie. — De l'esprit géométrique. — Entretien avec M. de Sacy,** avec notes, par ROBERT, professeur à la Faculté des lettres de Rennes. 1 vol. in-12... 1 fr.

AUTEURS LATINS
CICÉRON. — **De natura Deorum,** livre II, avec notes, par PICAVET, agrégé de l'Université. professeur au Collège Rollin. 1 vol. in-12...................... 2 fr.

CICÉRON. — **De Officiis,** livre I, avec notes, par E. BOIRAC, professeur agrégé au lycée Condorcet. 1 vol. in-12................................... 1 fr. 40

LUCRÈCE. — **De natura rerum,** livre V, avec notes, par G. LYON, maître de conférences à l'École normale supérieure, 1 vol. in-12......................... 1 fr. 50

SÉNÈQUE. — **Lettres à Lucilius** (les 16 premières), avec notes, par DAURIAC, ancien élève de l'École normale supérieure, professeur à la Faculté des lettres de Montpellier. 1 vol. in-12. 1 fr. 25

AUTEURS GRECS
ARISTOTE. — **Morale à Nicomaque,** livre X, avec notes, par L. CARRAU, professeur à la Sorbonne. 1 vol. in-12...................................... 1 fr. 25

ÉPICTÈTE. — **Manuel,** avec notes, par MONTARGIS, ancien élève de l'École normale supérieure, professeur agrégé de philosophie au lycée de Troyes. 1 vol. in-12............... 1 fr.

PLATON. — **La République,** livre VI; avec notes, par ESPINAS, ancien élève de l'École normale supérieure, professeur à la Faculté des lettres de Bordeaux. 1 vol. in-12.......... 2 fr.

XÉNOPHON. — **Mémorables,** livre I, avec notes, par PENJON, ancien élève de l'École normale supérieure, professeur à la Faculté des lettres de Lille. 1 vol. in-12............... 1 fr. 25

CLASSE DE MATHÉMATIQUES ÉLÉMENTAIRES. — **Résumé de philosophie et analyse des auteurs** (*logique, morale, auteurs latins, auteurs français, langues vivantes*), à l'usage des candidats au baccalauréat ès sciences, par THOMAS, docteur ès lettres, professeur de philosophie au lycée de Brest, et REYNIER, professeur au lycée Buffon. 1 vol. in-12. 4° éd. 2 fr.

BIBLIOTHÈQUE D'HISTOIRE CONTEMPORAINE

Volumes in-18 brochés à 3 fr. 50. — Volumes in-8 brochés de divers prix
Cartonnage anglais, 50 cent. par vol. in-18; 1 fr. par vol. in-8.
Demi-reliure, 1 fr. 50 par vol. in-18; 2 fr. par vol. in-8.

EUROPE

SYBEL (H. de). * Histoire de l'Europe pendant la Révolution française, traduit de l'allemand par Mlle Dosquet. Ouvrage complet en 6 vol. in-8. 42 fr. Chaque volume séparément. 7 fr.

FRANCE

BLANC (Louis). Histoire de Dix ans. 5 vol. in-8. 25 fr.
Chaque volume séparément. 5 fr.
— 25 pl. en taille-douce. Illustrations pour l'*Histoire de Dix ans*. 6 fr.
BOERT. * La Guerre de 1870-1871, d'après le colonel fédéral suisse Rustow. 1 vol. in-18. (V. P.) 3 fr. 50
CARNOT (H.), sénateur. * La Révolution française, résumé historique. 1 volume in-18. Nouvelle édit. (V. P.) 3 fr. 50
DEBIDOUR. * Histoire diplomatique de l'Europe de 1815 à 1878, 2 vol. in-8°. 1891. 18 fr.
ÉLIAS REGNAULT. Histoire de Huit ans (1840-1848). 3 vol. in-8. 15 fr.
Chaque volume séparément. 5 fr.
— 14 planches en taille-douce, illustrations pour l'*Histoire de Huit ans*. 4 fr.
GAFFAREL (P.), professeur à la Faculté des lettres de Dijon. * Les Colonies françaises. 1 vol. in-8. 4° édit. (V. P.) 5 fr.
LAUGEL (A.). * La France politique et sociale. 1 vol. in-8. 5 fr.
ROCHAU (de). Histoire de la Restauration. 1 vol. in-18. 3 fr. 50
TAXILE DELORD. * Histoire du second Empire (1848-1870). 6 v. in-8. 42 fr.
Chaque volume séparément. 7 fr.
WAHL, professeur au lycée Lakanal. L'Algérie. 1 vol. in-8. 2° édit. (V. P.) Ouvrage couronné par l'Académie des sciences morales et politiques. 5 fr.
LANESSAN (de), député. L'Expansion coloniale de la France. Étude économique, politique et géographique sur les établissements français d'outre-mer. 1 fort vol. in-8, avec cartes. 1886. (V. P.) 12 fr.
— La Tunisie. 1 vol. in-8 avec une carte en couleurs. 1887. (V. P.) 5 fr.
— L'Indo-Chine française. Étude économique, politique et administrative sur la *Cochinchine, le Cambodge, l'Annam et le Tonkin*. (Ouvrage couronné par la Société de géographie commerciale de Paris, médaille. Dupleix.) 1 vol. in-8 avec 5 cartes en couleurs hors texte. 1889. 15 fr.
SILVESTRE (J.) L'empire d'Annam et les Annamites, publié sous les auspices de l'administration des colonies, 1 vol. in-8 avec 1 carte de l'Annam. 1889. 3 fr. 50

ANGLETERRE

BAGEHOT (W.). * Lombard-street. Le Marché financier en Angleterre. 1 vol. in-18. 3 fr. 50
GLADSTONE (E. W.). Questions constitutionnelles (1873-1878). — Le prince époux. — Le droit électoral. Traduit de l'anglais, et précédé d'une Introduction par Albert Gigot. 1 vol. in-8. 5 fr.
LAUGEL (Aug.). * Lord Palmerston et lord Russel. 1 vol. in-18. 3 fr. 50
SIR CORNEWAL LEWIS. * Histoire gouvernementale de l'Angleterre depuis 1770 jusqu'à 1830. Traduit de l'anglais. 1 vol. in-8. 7 fr.
REYNALD (H.), doyen de la Faculté des lettres d'Aix. * Histoire de l'Angleterre depuis la reine Anne jusqu'à nos jours. 1 vol. in-18. 2° édit. (V. P.) 3 fr. 50
THACKERAY. Les Quatre George. Traduit de l'anglais par Lefoyer. 1 vol. in-18. (V. P.) 3 fr. 50

ALLEMAGNE

VÉRON (Eug.). * Histoire de la Prusse, depuis la mort de Frédéric II jusqu'à la bataille de Sadowa. 1 vol. in-18. 4° édit. (V. P.) 3 fr. 50
— * Histoire de l'Allemagne, depuis la bataille de Sadowa jusqu'à nos jours. 1 vol. in-18. 2° édit. (V. P.) 3 fr. 50
BOURLOTON (Ed.). * L'Allemagne contemporaine. 1 vol. in-18. 3 fr. 50

AUTRICHE-HONGRIE

ASSELINE (L.). * Histoire de l'Autriche, depuis la mort de Marie-Thérèse jusqu'à nos jours. 1 vol. in-18. 3° édit. (V. P.) 3 fr. 50

SAYOUS (Ed.), professeur à la Faculté des lettres de Toulouse. **Histoire des Hongrois** et de leur littérature politique, de 1790 à 1815. 1 vol. in-18. 3 fr. 50

ITALIE

SORIN (Élie). **Histoire de l'Italie**, depuis 1815 jusqu'à la mort de Victor-Emmanuel. 1 vol. in-18. 1888. (V. P.) 3 fr. 50

ESPAGNE

REYNALD (H.). * **Histoire de l'Espagne** depuis la mort de Charles III jusqu'à nos jours. 1 vol. in-18. (V. P.) 3 fr. 50

RUSSIE

HERBERT BARRY. **La Russie contemporaine.** Traduit de l'anglais. 1 vol. in-18. (V. P.) 3 fr. 50
CRÉHANGE (M.). **Histoire contemporaine de la Russie.** 1 vol. in-18. (V. P.) 3 fr. 50

SUISSE

DAENDLIKER. **Histoire du peuple suisse.** Trad. de l'allem. par Mme Jules FAVRE et précédées d'une Introduction de M. Jules FAVRE. 1 vol. in-8. (V. P.) 5 fr.
DIXON (H.). **La Suisse contemporaine.** 1 vol. in-18, trad. de l'angl. (V. P.) 3 fr. 50

AMÉRIQUE

DEBERLE (Alf.). **Histoire de l'Amérique du Sud,** depuis sa conquête jusqu'à nos jours. 1 vol. in-18. 2e édit. (V. P.) 3 fr. 50
LAUGEL (Aug.). * **Les États-Unis pendant la guerre** 1861-1864. Souvenirs personnels. 1 vol. in-18, cartonné. 4 fr.

BARNI (Jules). * **Histoire des idées morales et politiques en France au dix-huitième siècle.** 2 vol. in-18. (V. P.) Chaque volume. 3 fr. 50
— * **Les Moralistes français au dix-huitième siècle.** 1 vol. in-18 faisant suite aux deux précédents. (V. P.) 3 fr. 50
BEAUSSIRE (Émile), de l'Institut. **La Guerre étrangère et la Guerre civile.** 1 vol. in-18. 3 fr. 50
DESPOIS (Eug.). * **Le Vandalisme révolutionnaire.** Fondations littéraires, scientifiques et artistiques de la Convention. 2e édition, précédée d'une notice sur l'auteur par M. Charles BIGOT. 1 vol. in-18. (V. P.) 3 fr. 50
CLAMAGÉRAN (J.), sénateur. * **La France républicaine.** 1 vol. in-18. (V. P.) 3 fr. 50
GUÉROULT (Georges). **Le Centenaire de 1789,** évolution politique, philosophique, artistique et scientifique de l'Europe depuis cent ans. 1 vol. in-18. 1889. 3 fr. 50
LAVELEYE (E. de), correspondant de l'Institut. **Le Socialisme contemporain.** 1 vol. in-18. 6e édit. augmentée. 3 fr. 50
MARCELLIN PELLET, ancien député. **Variétés révolutionnaires.** 3 vol. in-18, précédés d'une Préface de A. RANC. Chaque vol. séparém. 3 fr. 50
SPULLER (E.), député, ancien ministre de l'Instruction publique. **Figures disparues,** portraits contemporains, littéraires et politiques. 1re série. 1 vol. in-18. 2e édit. (V. P.) 3 fr. 50
— **Figures disparues.** 2e série. 1 vol. in-18. 1891. 3 fr. 50
— **Histoire parlementaire de la deuxième République.** 1 v. in-18. (V. P.). 3 fr. 50

BIBLIOTHÈQUE INTERNATIONALE D'HISTOIRE MILITAIRE

25 VOLUMES PETIT IN-8° DE 250 A 400 PAGES
AVEC CROQUIS DANS LE TEXTE
Chaque volume cartonné à l'anglaise............ **5 francs.**

VOLUMES PUBLIÉS :

1. — **Précis des campagnes de Gustave-Adolphe en Allemagne (1630-1632),** précédé d'une Bibliographie générale de l'histoire militaire des temps modernes.
2. — **Précis des campagnes de Turenne (1644-1675).**
3. — **Précis de la campagne de 1805 en Allemagne et en Italie.**
4. — **Précis de la campagne de 1815 dans les Pays-Bas.**
5. — **Précis de la campagne de 1859 en Italie.**
6. — **Précis de la guerre de 1866 en Allemagne et en Italie.**
7. — **Précis des campagnes de 1796 et 1797 en Italie et en Allemagne.**

BIBLIOTHÈQUE HISTORIQUE ET POLITIQUE

ALBANY DE FONBLANQUE. **L'Angleterre, son gouvernement, ses institutions.** Traduit de l'anglais sur la 14ᵉ édition par M. F. C. DREYFUS, avec Introduction par M. H. BRISSON. 1 vol. in-8. **5 fr.**

BENLOEW. **Les Lois de l'Histoire.** 1 vol. in-8. **5 fr.**

DESCHANEL (E.). *Le Peuple et la Bourgeoisie.* 1 vol. in-8. 2ᵉ éd. **5 fr.**

DU CASSE. **Les Rois frères de Napoléon Iᵉʳ.** 1 vol. in-8. **10 fr.**

MINGHETTI. **L'État et l'Église.** 1 vol. in-8. **5 fr.**

LOUIS BLANC. **Discours politiques** (1848-1881). 1 vol. in-8. **7 fr. 50**

PHILIPPSON. **La Contre-révolution religieuse au XVIᵉ siècle.** 1 vol. in-8. **10 fr.**

HENRARD (P.). **Henri IV et la princesse de Condé.** 1 vol. in-8. **6 fr.**

NOVICOW. **La Politique internationale,** précédé d'une Préface de M. Eugène VÉRON. 1 fort vol. in-8. **7 fr.**

COMBES DE LESTRADE. **Éléments de sociologie.** 1 vol. in-8. 1889. **5 fr.**

DREYFUS (F. C.). **La France, son gouvernement, ses institutions.** 1 vol. (*Sous presse.*)

PUBLICATIONS HISTORIQUES ILLUSTRÉES

HISTOIRE ILLUSTRÉE DU SECOND EMPIRE, par Taxile DELORD. 6 vol. in-8 colombier avec 500 gravures de FERAT, Fr. REGAMEY, etc. Chaque vol. broché, 8 fr. — Cart. doré, tr. dorées. **11 fr. 50**

HISTOIRE POPULAIRE DE LA FRANCE, depuis les origines jusqu'en 1815. — Nouvelle édition. — 4 vol. in-8 colombier avec 1323 gravures sur bois dans le texte. Chaque vol. broché, 7 fr. 50 — Cart. toile, tranches dorées. **11 fr.**

RECUEIL DES INSTRUCTIONS

DONNÉES

AUX AMBASSADEURS ET MINISTRES DE FRANCE

DEPUIS LES TRAITÉS DE WESTPHALIE JUSQU'A LA RÉVOLUTION FRANÇAISE

Publié sous les auspices de la Commission des archives diplomatiques au Ministère des affaires étrangères.

Beaux volumes in-8 cavalier, imprimés sur papier de Hollande :

I. — **AUTRICHE,** avec Introduction et notes, par M. Albert SOREL, membre de l'Institut. **20 fr.**

II. — **SUÈDE,** avec Introduction et notes, par M. A. GEFFROY, membre de l'Institut. **20 fr.**

III. — **PORTUGAL,** avec Introduction et notes, par le vicomte DE CAIX DE SAINT-AYMOUR. **20 fr.**

IV et V. — **POLOGNE,** avec Introduction et notes, par M. LOUIS FARGES, 2 vol. **30 fr.**

VI. — **ROME,** avec Introduction et notes, par M. G. HANOTAUX, **20 fr.**

VII. — **BAVIÈRE, PALATINAT ET DEUX-PONTS,** avec Introduction et notes par M. André LEBON. **25 fr.**

VIII et IX. — **RUSSIE,** avec introduction et notes par M. Alfred RAMBAUD. 2 vol. Le 1ᵉʳ volume, 20 fr. Le second volume **25 fr.**

La publication se continuera par les volumes suivants :

NAPLES ET PARME, par M. Joseph Reinach.
ANGLETERRE, par M. Jusserand.
PRUSSE, par M. E. Lavisse.
TURQUIE, par M. Girard de Rialle.

HOLLANDE, par M. H. Maze.
ESPAGNE, par M. Morel Fatio.
DANEMARK, par M. Geffroy.
VENISE, par M. Jean Kaulek.

— 15 —

INVENTAIRE ANALYTIQUE
DES
ARCHIVES DU MINISTÈRE DES AFFAIRES ÉTRANGÈRES
PUBLIÉ
Sous les auspices de la Commission des archives diplomatiques

I. — **Correspondance politique de MM. de CASTILLON et de MARILLAC, ambassadeurs de France en Angleterre (1538-1540)**, par M. Jean KAULEK, avec la collaboration de MM. Louis Farges et Germain Lefèvre-Pontalis. 1 beau vol. in-8 raisin sur papier fort   15 fr.

II. — **Papiers de BARTHÉLEMY, ambassadeur de France en Suisse, de 1792 à 1797 (Année 1792)**, par M. Jean KAULEK. 1 beau vol. in-8 raisin sur papier fort.......................... 15 fr.

III. — **Papiers de BARTHÉLEMY** (janvier-août 1793), par M. Jean KAULEK. 1 beau vol. in-8 raisin sur papier fort............... 15 fr.

IV. — **Correspondance politique de ODET DE SELVE, ambassadeur de France en Angleterre (1546-1549)**, par M. G. LEFÈVRE-PONTALIS. 1 beau vol. in-8 raisin sur papier fort............. 15 fr.

V. — **Papiers de BARTHÉLEMY** (Septembre 1793 à mars 1794,) par M. Jean KAULEK 1 beau vol. in-8 raisin sur papier fort........ 18 fr.

Correspondance des Deys d'Alger avec la cour de France (1759-1833), recueillie par Eugène PLANTET, attaché au Ministère des Affaires étrangères. 2 vol. in-8 raisin avec 2 planches en taille-douce hors texte.   30 fr.

ANTHROPOLOGIE ET ETHNOLOGIE

CARTAILHAC (E). **La France préhistorique.** 1 vol. in-8, avec nombreuses gravures dans le texte. cart. 1889.   6 fr.
EVANS (John). *** Les Ages de la pierre.** 1 vol. grand in-8, avec 467 figures dans le texte. 15 fr. — En demi-reliure.   18 fr.
EVANS (John). *** L'Age du bronze.** 1 vol. grand in-8, avec 540 gravures dans le texte, broché, 15 fr. — En demi-reliure.   18 fr.
GIRARD DE RIALLE. **Les Peuples de l'Afrique et de l'Amérique.** 1 vol. petit in-18.   60 c.
GIRARD DE RIALLE. **Les Peuples de l'Asie et de l'Europe.** 1 vol. petit in-18.   60 c.
HARTMANN (R.). *** Les Peuples de l'Afrique.** 1 vol. in-8, 2e édit. avec figures, cart.   6 fr.
HARTMANN (R.). **Les Singes anthropoïdes.** 1 vol. in-8, avec fig. cart. 6 fr.
JOLY (N.). *** L'Homme avant les métaux.** 1 vol. in-8, avec 150 gravures dans le texte et un frontispice. 4e édit. cart.   6 fr.
LUBBOCK (Sir John). **Les Origines de la civilisation.** État primitif de l'homme et mœurs des sauvages modernes. 1877. 1 vol. gr. in-8, avec gravures et planches hors texte. Trad. de l'anglais par M. Ed. BARBIER. 2e édit. 15 fr. — Relié en demi-maroquin, avec tranch. dorées. (V. P.) 18 fr.
LUBBOCK (Sir John). *** L'Homme préhistorique.** 3e édit., avec gravures dans le texte. 2 vol. in-8. (V. P.) cart.   12 fr.
PIÉTREMENT. **Les Chevaux dans les temps préhistoriques et historiques.** 1 fort vol. gr. in-8.   15 fr.
DE QUATREFAGES. *** L'Espèce humaine.** 1 vol. in-8. 6e édit. (V. P.) 6 fr.
TOPINARD. **L'Homme dans la Nature.** 1 vol. in-8 illustré, 1891, cart. 6 fr.
WHITNEY. *** La Vie du langage.** 1 vol. in-8. 3e édit. (V. P.) cart.   6 fr.
CARETTE (le colonel). **Études sur les temps antéhistoriques.** Première étude : Le Langage. 1 vol. in-8. 1878.   8 fr.
Deuxième étude : Les Migrations. 1 vol. in-8. 1888.   7 fr.

REVUE PHILOSOPHIQUE
DE LA FRANCE ET DE L'ÉTRANGER
Dirigée par TH. RIBOT
Professeur au Collège de France.
(16ᵉ année, 1891.)

La REVUE PHILOSOPHIQUE paraît tous les mois, par livraisons de 6 ou 7 feuilles grand in-8, et forme ainsi à la fin de chaque année deux forts volumes d'environ 680 pages chacun.

CHAQUE NUMÉRO DE LA REVUE CONTIENT :

1° Plusieurs articles de fond; 2° des analyses et comptes rendus des nouveaux ouvrages philosophiques français et étrangers; 3° un compte rendu aussi complet que possible des *publications périodiques* de l'étranger pour tout ce qui concerne la philosophie; 4° des notes, documents, observations, pouvant servir de matériaux ou donner lieu à des vues nouvelles.

Prix d'abonnement :

Un an, pour Paris, 30 fr. — Pour les départements et l'étranger, 33 fr.
La livraison................................ 3 fr.

Les années écoulées se vendent séparément 30 francs, et par livraisons de 3 francs.

Table générale des matières contenues dans les 12 premières années (1876-1887), par M. BÉLUGOU. 1 vol. in-8................... 3 fr.

REVUE HISTORIQUE
Dirigée par G. MONOD
Maître de conférences à l'École normale, directeur à l'École des hautes études.
(16ᵉ année, 1891.)

La REVUE HISTORIQUE paraît tous les deux mois, par livraisons grand in-8 de 15 ou 16 feuilles, et forme à la fin de l'année trois beaux volumes de 500 pages chacun.

CHAQUE LIVRAISON CONTIENT :

I. Plusieurs *articles de fond*, comprenant chacun, s'il est possible, un travail complet. — II. Des *Mélanges et Variétés*, composés de documents inédits d'une étendue restreinte et de courtes notices sur des points d'histoire curieux ou mal connus. — III. Un *Bulletin historique* de la France et de l'étranger, fournissant des renseignements aussi complets que possible sur tout ce qui touche aux études historiques. — IV. Une *analyse des publications périodiques* de la France et de l'étranger, au point de vue des études historiques. — V. Des *Comptes rendus critiques* des livres d'histoire nouveaux.

Prix d'abonnement :

Un an, pour Paris, 30 fr. — Pour les départements et l'étranger, 33 fr.
La livraison.................... 6 fr.

Les années écoulées se vendent séparément 30 francs, et par fascicules de 6 francs. Les fascicules de la 1ʳᵉ année se vendent 9 francs.

Tables générales des matières contenues dans les dix premières années de la Revue historique.

I. — Années 1876 à 1880, par M. CHARLES BÉMONT.
II. — Années 1881 à 1885, par M. RENÉ COUDERC.

Chaque Table formant un vol. in-8, 3 francs; 1 fr. 50 pour les abonnés.

ANNALES DE L'ÉCOLE LIBRE

DES

SCIENCES POLITIQUES

RECUEIL TRIMESTRIEL

Publié avec la collaboration des professeurs et des anciens élèves de l'école

SIXIÈME ANNÉE, 1891

COMITÉ DE RÉDACTION :

M. Émile BOUTMY, de l'Institut, directeur de l'École; M. Léon SAY, de l'Académie française, ancien ministre des Finances; M. ALF. DE FOVILLE, chef du bureau de statistique au ministère des Finances, professeur au Conservatoire des arts et métiers; M. R. STOURM, ancien inspecteur des Finances et administrateur des Contributions indirectes; M. Alexandre RIBOT, député; M. Gabriel ALIX; M. L. RENAULT, professeur à la Faculté de droit; M. André LEBON; M. Albert SOREL de l'Institut; M. PIGEONNEAU, professeur à la Sorbonne; M. A. VANDAL, auditeur de 1re classe au Conseil d'État; Directeurs des groupes de travail, professeurs à l'École.

Secrétaire de la rédaction : M. Aug. ARNAUNÉ, docteur en droit.

Les sujets traités dans les *Annales* embrassent tout le champ couvert par le programme d'enseignement de l'École : *Économie, politique, finances, statistique, histoire constitutionnelle, droit international, public et privé, droit administratif, législations civile et commerciale privées, histoire législative et parlementaire, histoire diplomatique, géographie économique, ethnographie, etc.*

MODE DE PUBLICATION ET CONDITIONS D'ABONNEMENT

Les *Annales de l'École libre des sciences politiques* paraissent tous les trois mois (15 janvier, 15 avril, 15 juillet et 15 octobre), par fascicules gr. in-8, de 186 pages chacun.

Un an (du 15 janvier) : Paris, 18 fr.; départements et étranger, 19 fr.

La livraison, 5 francs.

Les trois premières années (1886—1887—1888) *se vendent chacune* 16 *francs, la quatrième année* (1889) *et les suivantes se vendent* 18 *francs.*

Revue mensuelle de l'École d'Anthropologie de Paris

(1° *année*, 1891.)

PUBLIÉE PAR LES PROFESSEURS :

MM. A. BORDIER (Géographie médicale), Mathias DUVAL (Anthropogénie et Embryologie), Georges HERVÉ (Anthropologie zoologique), J.-V. LABORDE (Anthropologie biologique), André LEFÈVRE (Ethnographie et Linguistique), Ch. LETOURNEAU (Sociologie), MAHOUVRIER (Anthropologie physiologique), MAHOUDEAU (Anthropologie histologique), Adr. de MORTILLET (Ethnographie comparée), Gabr. de MORTILLET (Anthropologie préhistorique), HOVELACQUE. Directeur du comité d'Administration de l'École.

Cette revue paraît tous les mois depuis le 15 Janvier 1891 chaque numéro formant une brochure in-8 raisin de 32 pages, et contient une leçon d'un des professeurs de l'École, avec figures intercalées dans le texte et des analyses et comptes rendus des faits, des livres et des revues périodiques qui doivent intéresser les personnes s'occupant d'anthropologie.

ABONNEMENT : France et Étranger, 10 fr. — Le Numéro, 1 fr.

ANNALES DES SCIENCES PSYCHIQUES

(1° *année*, 1891.)

Dirigées par le Dr DARIEX

Les ANNALES DES SCIENCES PSYCHIQUES ont pour but de rapporter, avec forces preuves à l'appui, toutes les observations sérieuses qui leur seront adressées, relatives aux faits soi-disant occultes : 1° de télépathie, de lucidité, de pressentiment; 2° de mouvements d'objets, d'apparitions objectives. En dehors de ces chapitres de faits sont publiées des théories se bornant à la discussion des bonnes conditions pour observer et expérimenter; des analyses, bibliographies, critiques, etc.

Les ANNALES DES SCIENCES PSYCHIQUES paraissent tous les deux mois par numéros de quatre feuilles in-8 carré (64 pages), depuis le 15 janvier 1891.

ABONNEMENT : Pour tous pays, 12 fr. — Le Numéro, 2 fr. 50

BIBLIOTHÈQUE SCIENTIFIQUE
INTERNATIONALE
Publiée sous la direction de M. Émile ALGLAVE

La *Bibliothèque scientifique internationale* est une œuvre dirigée par les auteurs mêmes, en vue des intérêts de la science, pour la populariser sous toutes ses formes, et faire connaître immédiatement dans le monde entier les idées originales, les directions nouvelles, les découvertes importantes qui se font chaque jour dans tous les pays. Chaque savant expose les idées qu'il a introduites dans la science et condense pour ainsi dire ses doctrines les plus originales.

On peut ainsi, sans quitter la France, assister et participer au mouvement des esprits en Angleterre, en Allemagne, en Amérique, en Italie, tout aussi bien que les savants mêmes de chacun de ces pays.

La *Bibliothèque scientifique internationale* ne comprend pas seulement des ouvrages consacrés aux sciences physiques et naturelles, elle aborde aussi les sciences morales, comme la philosophie, l'histoire, la politique et l'économie sociale, la haute législation, etc.; mais les livres traitant des sujets de ce genre se rattachent encore aux sciences naturelles, en leur empruntant les méthodes d'observation et d'expérience qui les ont rendues si fécondes depuis deux siècles.

Cette collection paraît à la fois en français, en anglais, en allemand et en italien : à Paris, chez Félix Alcan ; à Londres, chez C. Kegan, Paul et Cⁱᵉ ; à New-York, chez Appleton ; à Leipzig, chez Brockhaus ; et à Milan, chez Dumolard frères.

LISTE DES OUVRAGES PAR ORDRE D'APPARITION [1]

73 VOLUMES IN-8, CARTONNÉS A L'ANGLAISE, PRIX : 6 FRANCS.

1. J. TYNDALL. * **Les Glaciers et les Transformations de l'eau**, avec figures. 1 vol. in-8. 5ᵉ édition. (V. P.)   6 fr.
2. BAGEHOT. * **Lois scientifiques du développement des nations** dans leurs rapports avec les principes de la sélection naturelle et de l'hérédité. 1 vol. in-8. 5ᵉ édition.   6 fr.
3. MAREY. * **La Machine animale**, locomotion terrestre et aérienne, avec de nombreuses fig. 1 vol. in-8. 5ᵉ édit. augmentée. (V. P.) 6 fr.
4. BAIN. * **L'Esprit et le Corps**. 1 vol. in-8. 5ᵉ édition.   6 fr.
5. PETTIGREW. * **La Locomotion chez les animaux**, marche, natation. 1 vol. in-8, avec figures. 2ᵉ édit.   6 fr.
6. HERBERT SPENCER. * **La Science sociale**. 1 v. in-8. 9ᵉ édit. (V.P.) 6 fr.
7. SCHMIDT (O.). * **La Descendance de l'homme et le Darwinisme**. 1 vol. in-8, avec fig. 5ᵉ édition.   6 fr.
8. MAUDSLEY. * **Le Crime et la Folie**. 1 vol. in-8. 5ᵉ édit.   6 fr.
9. VAN BENEDEN. * **Les Commensaux et les Parasites dans le règne animal**. 1 vol. in-8, avec figures. 3ᵉ édit. (V. P.)   6 fr.
10. BALFOUR STEWART. **La Conservation de l'énergie**, suivi d'une Étude sur la *nature de la force*, par M. P. DE SAINT-ROBERT, avec figures. 1 vol. in-8. 5ᵉ édition.   6 fr.
11. DRAPER. **Les Conflits de la science et de la religion**. 1 vol. in-8. 8ᵉ édition.   8 fr.
12. L. DUMONT. * **Théorie scientifique de la sensibilité**. 1 vol. in-8. 4ᵉ édition.   6 fr

13. SCHUTZENBERGER. **Les Fermentations**. 1 vol. in-8, avec fig. 5e édition. 6 fr.
14. WHITNEY. * **La Vie du langage**. 1 vol. in-8. 3e édit. (V. P.) 6 fr.
15. COOKE et BERKELEY. **Les Champignons**. 1 vol. in-8, avec figures. 4e édition. 6 fr.
16. BERNSTEIN. * **Les Sens**. 1 vol. in-8, avec 91 fig. 4e édit. (V. P.) 6 fr.
17. BERTHELOT. * **La Synthèse chimique**. 1 vol. in-8. 6e édit. (V. P.) 6 fr.
18. VOGEL. * **La Photographie et la Chimie de la lumière**, avec 95 figures. 1 vol. in-8. 4e édition. (V. P.) 6 fr.
19. LUYS. Le * **Cerveau et ses fonctions**, avec figures. 1 vol. in-8. 6e édition. (V. P.) 6 fr.
20. STANLEY JEVONS. * **La Monnaie et le Mécanisme de l'échange**. 1 vol. in-8. 4e édition. (V. P.) 6 fr.
21. FUCHS. * **Les Volcans et les Tremblements de terre**. 1 vol. in-8, avec figures et une carte en couleur. 4e édition. (V. P.) 6 fr.
22. GÉNÉRAL BRIALMONT. * **Les Camps retranchés et leur rôle dans la défense des États**, avec fig. dans le texte et 2 planches hors texte. 3e édit. 6 fr.
23. DE QUATREFAGES. * **L'Espèce humaine**. 1 vol. in-8. 10e édition. (V. P.) 6 fr.
24. BLASERNA et HELMHOLTZ. * **Le Son et la Musique**. 1 vol. in-8, avec figures. 4e édition. (V. P.) 6 fr.
25. ROSENTHAL. * **Les Nerfs et les Muscles**. 1 vol. in-8, avec 75 figures. 3e édition. (V. P.) 6 fr.
26. BRUCKE et HELMHOLTZ. * **Principes scientifiques des beaux-arts**. 1 vol. in-8, avec 39 figures. 3e édition. (V. P.) 6 fr.
27. WURTZ. * **La Théorie atomique**. 1 vol. in-8. 5e édition. (V. P.) 6 fr.
28-29. SECCHI (le père). * **Les Étoiles**. 2 vol. in-8, avec 63 figures dans le texte et 17 planches en noir et en couleur hors texte. 2e édition. (V. P.) 12 fr.
30. JOLY. * **L'Homme avant les métaux**. 1 vol. in-8, avec figures. 4e édition. (V. P.) 6 fr.
31. A. BAIN. * **La Science de l'éducation**. 1 vol. in-8. 7e édit. (V. P.) 6 fr.
32-33. THURSTON (R.) * **Histoire de la machine à vapeur**, précédée d'une Introduction par M. HIRSCH. 2 vol. in-8, avec 140 figures dans le texte et 16 planches hors texte. 3e édition. (V. P.) 12 fr.
34. HARTMANN (R.). **Les Peuples de l'Afrique**. 1 vol. in-8, avec figures. 2e édition. (V. P.) 6 fr.
35. HERBERT SPENCER. **Les Bases de la morale évolutionniste**. 1 vol. in-8. 4e édition. 6 fr.
36. HUXLEY. **L'Écrevisse**, introduction à l'étude de la zoologie. 1 vol. in-8, avec figures. 6 fr.
37. DE ROBERTY. **De la Sociologie**. 1 vol. in-8. 2e édition. 6 fr.
38. ROOD. **Théorie scientifique des couleurs**. 1 vol. in-8, avec figures et une planche en couleur hors texte. (V. P.) 6 fr.
39. DE SAPORTA et MARION. **L'Évolution du règne végétal** (les Cryptogames). 1 vol. in-8 avec figures. (V. P.) 6 fr.
40-41. CHARLTON BASTIAN. **Le Cerveau, organe de la pensée chez l'homme et chez les animaux**. 2 vol. in-8, avec figures. 2e éd. 12 fr.
42. JAMES SULLY. **Les Illusions des sens et de l'esprit**. 1 vol. in-8, avec figures. 2e édit. (V. P.) 6 fr.
43. YOUNG. **Le Soleil**. 1 vol. in-8, avec figures. (V. P.) 6 fr.
44. DE CANDOLLE. **L'Origine des plantes cultivées**. 3e édition. 1 vol. in-8. (V. P.) 6 fr.
45-46. SIR JOHN LUBBOCK. **Fourmis, abeilles et guêpes**. Études expérimentales sur l'organisation et les mœurs des sociétés d'insectes hyménoptères. 2 vol. in-8, avec 65 figures dans le texte et 13 planches hors texte, dont 5 coloriées. (V. P.) 12 fr.

OUVRAGES SUR LE POINT DE PARAITRE :

LISTE PAR ORDRE DE MATIÈRES

DE LA BIBLIOTHÈQUE SCIENTIFIQUE INTERNATIONALE

Chaque volume in-8, cartonné à l'anglaise... **6 francs.**

SCIENCES SOCIALES

PHYSIOLOGIE

PHILOSOPHIE SCIENTIFIQUE

* **Le Cerveau et ses fonctions**, par J. Luys, membre de l'Académie de médecine, médecin de la Salpêtrière. 1 vol. in-8 avec fig. 6ᵉ édit. (V. P.) 6 fr.

Le Cerveau et la Pensée chez l'homme et les animaux, par Charlton Bastian, professeur à l'Université de Londres. 2 vol. in-8 avec 184 fig. dans le texte. 2ᵉ édit. 12 fr.

Le Crime et la Folie, par H. Maudsley, professeur à l'Université de Londres. 1 vol. in-8, 5ᵉ édit. 6 fr.

* **L'Esprit et le Corps**, considérés au point de vue de leurs relations, suivi d'études sur les *Erreurs généralement répandues au sujet de l'esprit*, par Alex. Bain, professeur à l'Université d'Aberdeen (Écosse). 1 vol. in-8, 4ᵉ édit. (V. P.) 6 fr.

* **Théorie scientifique de la sensibilité** : *le Plaisir et la Peine*, par Léon Dumont. 1 vol. in-8, 3ᵉ édit. 6 fr.

La Matière et la Physique moderne, par Stallo, précédé d'une préface par M. Ch. Friedel, de l'Institut. 1 vol. in-8. 6 fr.

Le Magnétisme animal, par A. Binet et Ch. Féré. 1 vol. in-8, avec figures dans le texte. 2ᵉ édit. 6 fr.

L'Intelligence des animaux, par Romanes. 2 vol. in-8, précédés d'une préface de M. E. Perrier, professeur au Muséum d'histoire naturelle. (V. P.) 12 fr.

L'Évolution des mondes et des sociétés, par C. Dreyfus, député de la Seine. 1 vol. in-8. 6 fr.

ANTHROPOLOGIE

* **L'Espèce humaine**, par A. de Quatrefages, membre de l'Institut, professeur d'anthropologie au Muséum d'histoire naturelle de Paris. 1 vol. in-8, 9ᵉ édit. (V. P.) 6 fr.

* **L'Homme avant les métaux**, par N. Joly, correspondant de l'Institut, professeur à la Faculté des sciences de Toulouse. 1 vol. in-8, avec 150 figures dans le texte et un frontispice. 4ᵉ édit. (V. P.) 6 fr.

* **Les Peuples de l'Afrique**, par R. Hartmann, professeur à l'Université de Berlin. 1 vol. in-8, avec 93 figures dans le texte, 2ᵉ édit. (V. P.) 6 fr.

Les Singes anthropoïdes, et leur organisation comparée à celle de l'homme, par R. Hartmann, professeur à l'Université de Berlin. 1 vol. in-8, avec 63 figures gravées sur bois. 6 fr.

* **L'Homme préhistorique**, par Sir John Lubbock, membre de la Société royale de Londres. 2 vol. in-8, avec 228 gravures dans le texte. 3ᵉ édit. 12 fr.

La France préhistorique, par E. Cartailhac. 1 vol. in-8 avec gravures dans le texte. 6 fr.

L'Homme dans la Nature par Topinard. 1 vol. in-8 illustré. 6 fr.

ZOOLOGIE

* **Descendance et Darwinisme**, par O. Schmidt, professeur à l'Université de Strasbourg 1 vol. in-8, avec figures, 5ᵉ édit. 6 fr.

Les Mammifères dans leurs rapports avec leurs ancêtres géologiques, par O. Schmidt. 1 vol. in-8, avec 51 figures dans le texte. 6 fr.

Fourmis, Abeilles et Guêpes, par sir John Lubbock, membre de la Société royale de Londres. 2 vol. in-8, avec figures dans le texte et 13 planches hors texte, dont 5 coloriées. (V. P.) 12 fr.

* **Les sens et l'instinct chez les animaux**, et principalement chez les insectes, par Sir John Lubbock, 1 vol. in-8 avec grav. 6 fr.

L'Écrevisse, introduction à l'étude de la zoologie, par Th.-H. Huxley, membre de la Société royale de Londres et de l'Institut de France, professeur d'histoire naturelle à l'École royale des mines de Londres. 1 vol. in-8 avec 82 figures. 6 fr.

* **Les Commensaux et les Parasites dans le règne animal**, par P.-J. Van Beneden, professeur à l'Université de Louvain (Belgique). 1 vol. in-8, avec 82 figures dans le texte. 3ᵉ édit. (V. P.) 6 fr.

La Philosophie zoologique avant Darwin, par Edmond Perrier, professeur au Muséum d'histoire naturelle de Paris. 1 vol. in-8, 2ᵉ édit. (V. P.) 6 fr.

BOTANIQUE — GÉOLOGIE

Les Champignons, par Cooke et Berkeley. 1 vol. in-8 avec 110 fig. 4ᵉ édit. 6 fr.

L'Évolution du règne végétal, par G. de Saporta, correspondant de l'Institut, et Marion, correspondant de l'Institut, professeur à la Faculté des sciences de Marseille.

    I. *Les Cryptogames*. 1 vol. in-8, avec 85 figures dans le texte. (V. P.) 6 fr.

    II. *Les Phanérogames*. 2 v. in-8, avec 136 fig. dans le texte. 12 fr.

* **Les Volcans et les Tremblements de terre**, par Fuchs, professeur à l'Université de Heidelberg. 1 vol. in-8, avec 36 figures et une carte en couleur, 4ᵉ édition. (V. P.) 6 fr.

La période glaciaire, principalement en France et en Suisse, par A. FALSAN, 1 vol. in-8, avec 105 gravures et 2 cartes hors texte. (V. P.)   6 fr.

Les Régions invisibles du globe et des espaces célestes, par A. DAUBRÉE, de l'Institut, professeur au Muséum d'histoire naturelle. 1 vol. in-8, avec 78 gravures dans le texte. (V. P.)   6 fr.

L'Origine des plantes cultivées, par A. DE CANDOLLE, correspondant de l'Institut. 1 vol. in-8, 3e édit. (V. P.)   6 fr.

Introduction à l'étude de la botanique (le Sapin), par J. DE LANESSAN, professeur agrégé à la Faculté de médecine de Paris. 1 vol. in-8 avec figures dans le texte. (V. P.)   6 fr.

Microbes, Ferments et Moisissures, par le docteur L. TROUESSART. 1 vol. in-8, avec 108 figures dans le texte. 2e éd. (V. P.)   6 fr.

CHIMIE

Les Fermentations, par P. SCHUTZENBERGER, membre de l'Académie de médecine, professeur de chimie au Collège de France. 1 vol. in-8 avec figures, 5e édit.   6 fr.

* **La Synthèse chimique,** par M. BERTHELOT, membre de l'Institut, professeur de chimie organique au Collège de France. 1 vol. in-8. 6e édit.   6 fr.

* **La Théorie atomique,** par Ad. WURTZ, membre de l'Institut, professeur à la Faculté des sciences et à la Faculté de médecine de Paris. 1 vol. in-8, 5e édit., précédée d'une introduction sur la Vie et les travaux de l'auteur, par M. CH. FRIEDEL, de l'Institut.   6 fr.

* **La Révolution chimique** (Lavoisier), par M. BERTHELOT, 1 vol. in-8. 6 fr.

ASTRONOMIE — MÉCANIQUE

* **Histoire de la Machine à vapeur, de la Locomotive et des Bateaux à vapeur,** par R. THURSTON, professeur de mécanique à l'Institut technique de Hoboken, près de New-York, revue, annotée et augmentée d'une Introduction par M. HIRSCH, professeur de machines à vapeur à l'École des ponts et chaussées de Paris. 2 vol. in-8 avec 160 figures dans le texte et 16 planches tirées à part. 3e édit. (V. P.)   12 fr.

* **Les Étoiles,** notions d'astronomie sidérale, par le P. A. SECCHI, directeur de l'Observatoire du Collège Romain. 2 vol. in-8 avec 68 figures dans le texte et 16 planches en noir et en couleurs, 2e édit. (V. P.)   12 fr.

Le Soleil, par C.-A. YOUNG, professeur d'astronomie au Collège de New-Jersey. 1 vol. in-8 avec 87 figures. (V. P.)   6 fr.

PHYSIQUE

La Conservation de l'énergie, par BALFOUR STEWART, professeur de physique au collège Owens de Manchester (Angleterre), suivi d'une étude sur la Nature de la force, par P. DE SAINT-ROBERT (de Turin). 1 vol. in-8 avec figures, 4e édit.   6 fr.

* **Les Glaciers et les Transformations de l'eau,** par J. TYNDALL, professeur de chimie à l'Institution royale de Londres, suivi d'une étude sur le même sujet, par HELMHOLTZ, professeur à l'Université de Berlin. 1 vol. in-8, avec nombreuses figures dans le texte et 8 planches tirées à part sur papier teinté, 5e édit. (V. P.)   6 fr.

* **La Photographie et la Chimie** de la lumière, par VOGEL, professeur à l'Académie polytechnique de Berlin. 1 vol. in-8, avec 95 figures dans le texte et une planche en photoglyptie, 4e édit. (V. P.)   6 fr.

La Matière et la Physique moderne, par STALLO. 1 vol. in-8.   6 fr.

THÉORIE DES BEAUX-ARTS

* **Le Son et la Musique,** par P. BLASERNA, professeur à l'Université de Rome, suivi des Causes physiologiques de l'harmonie musicale, par H. HELMHOLTZ, professeur à l'Université de Berlin. 1 vol. in-8, avec 41 figures, 4e édit. (V. P.)   6 fr.

Principes scientifiques des Beaux-Arts, par E. BRUCKE, professeur à l'Université de Vienne, suivi de l'Optique et les Arts, par HELMHOLTZ, professeur à l'Université de Berlin. 1 vol. in-8 avec figures, 4e édit. (V. P.)   6 fr.

* **Théorie scientifique des couleurs** et leurs applications aux arts et à l'industrie, par O. N. ROOD, professeur de physique à Colombia-College de New-York (États-Unis). 1 vol. in-8, avec 130 figures dans le texte et une planche en couleurs. (V. P.)   6 fr.

PUBLICATIONS

HISTORIQUES, PHILOSOPHIQUES ET SCIENTIFIQUES
qui ne se trouvent pas dans les collections précédentes.

Actes du 1er Congrès international d'anthropologie criminelle.
Biologie et sociologie. 1887. 1 vol. gr. in-8. 15 fr.

ALAUX. **La Religion progressive.** 1 vol. in-18. 3 fr. 50
— **Esquisse d'une philosophie de l'être.** In-8. 1888. 1 fr.
— **Les problèmes religieux au XIXe siècle.** 1 vol. in-8°. 7 fr. 50
— Voy. p. 2.

ALGLAVE. **Des Juridictions civiles chez les Romains.** 1 vol. in-8. 2 fr. 50

ALTMEYER (J. J.). **Les Précurseurs de la réforme aux Pays-Bas.**
2 forts volumes in-8°, 1886. 12 fr.

ARRÉAT. **Une Éducation intellectuelle.** 1 vol. in-18. 2 fr. 50
— **Journal d'un philosophe.** 1 vol. in-18. 1887. 3 fr. 50

AUBRY. **La Contagion du meurtre.** 1 vol. in-8. 1887. 3 fr. 50

Autonomie et fédération, par l'auteur des *Éléments de science sociale.*
1 vol. in-18, traduit de l'anglais, par J. GERSCHEL. 1889. 1 fr.

AZAM. **Le Caractère dans la santé et dans la maladie.** 1 vol. in-8,
précédé d'une préface de Th. RIBOT. 1887. 4 fr.
— **Entre la raison et la folie. Les Toqués.** gr. in-8, 1891. 1 fr.

BALFOUR STEWART et TAIT. **L'Univers invisible.** 1 vol. in-8. 7 fr.

BARNI. **Les Martyrs de la libre pensée.** 1 vol. in-18. 2e édit. 3 fr. 50
— **Napoléon Ier.** 1 vol. in-18, édition populaire. 1 fr.
— Voy. p. 4 ; KANT, p. 8 ; p. 13 et 31.

BARTHÉLEMY SAINT-HILAIRE. Voy. pages 2, 4 et 7, ARISTOTE.

BAUTAIN. **La Philosophie morale.** 2 vol. in-8. 12 fr.

BEAUNIS (H.). **Impressions de campagne (1870-1871).** In-18. 3 fr. 50

BÉNARD (Ch.). **De la philosophie dans l'éducation classique.** 1862.
1 fort vol. in-8. 6 fr.
— Voy. p. 7, ARISTOTE ; p. 8, SCHELLING et HEGEL.

BERTAULD. **De la méthode.** Méthode spinosiste et méthode hégelienne,
2e édition, 1891. 1 vol in-18. 3 fr. 50
— **Méthode spiritualiste** Etude critique des preuves de l'existence de
Dieu, 2e édition. 2 vol. in-18. 7 fr.

BLACKWELL (Dr Elisabeth). **Conseils aux parents** sur l'éducation de
leurs enfants au point de vue sexuel. In-18. 2 fr.

BLANQUI. **L'Éternité par les astres.** In-8. 2 fr.
— **Critique sociale.** 2 vol. in-18. 1885. 7 fr.

BONJEAN (A.). **L'Hypnotisme,** ses rapports avec le droit, la thérapeutique,
la suggestion mentale. 1 vol. in-18. 1890. 3 fr.

BOUCHARDAT. **Le Travail,** son influence sur la santé. In-18. 2 fr. 50

BOUCHER (A.) **Darwinisme et socialisme,** 1890. In-8 1 fr. 25

BOUILLET (Ad.). **Les Bourgeois gentilshommes.** — **L'Armée de
Henri V.** 1 vol. in-18. 3 fr. 50
— (Ad.). **Types nouveaux.** 1 vol. in-18. 1 fr. 50
— (Ad.). **L'Arrière-ban de l'ordre moral.** 1 vol. in-18. 3 fr. 50

BOURBON DEL MONTE. **L'Homme et les Animaux.** 1 vol. in-8. 5 fr.

BOURDEAU (Louis). **Théorie des sciences.** 2 vol. in-8. 20 fr.
— **Les Forces de l'industrie,** progrès de la puissance humaine.
1 vol. in-8. (V. P.) 5 fr.
— **La Conquête du monde animal.** In-8. (V. P.) 5 fr.
— **L'Histoire et les Historiens.** 1 vol. in-8. 1888. 7 fr. 50

BOURDET (Eug.). **Principes d'éducation positive,** in-18. 3 fr. 50
— **Vocabulaire des principaux termes de la philosophie positive.** 1 vol. in-18. 3 fr. 50

BOURLOTON. Voy. p. 12.

BOURLOTON (Edg.) et ROBERT (Edmond). **La Commune et ses Idées à travers l'histoire.** 1 vol. in-18. 3 fr. 50

BUCHNER. **Essai biographique sur Léon Dumont.** in-18. 2 fr.

Bulletins de la Société de psychologie physiologique. 1re année, 1885. 1 broch. in-8, 1 fr. 50. — 2e année, 1886, 1 broch. in-8, 3 fr. — 3e année, 1887, 1 fr. 50. — 4e année, 1888. 1 fr. 50; — 5e année, 1889. 1 fr. 50; 6e année, 1890. 1 fr. 50

BUSQUET. **Représailles,** poésies. In-18. 1 vol. 3 fr.

BUSSIÈRE et LEGOUIS. **Le général Beaupuy** (1753-1796) avec un portrait original. 1 vol. in-8, 1891. 3 fr. 50

CARRAU (Lud.). Voy. p. 4 et FLINT p. 5.

CELLARIER (F.). **Études sur la raison.** 1 vol. in-12. 1888. 3 fr.

— **Rapports du relatif et de l'absolu,** 1 vol. in-18. 4 fr.

CLAMAGERAN. **L'Algérie.** 3e édit. 1 vol. in-18. 1884. (V. P.) 3 fr. 50

— **La réaction économique et la démocratie.** 1 v. in-8, 1891. 1 fr.

— Voy. p. 13.

CLAVEL (Dr). **La Morale positive.** 1 vol. in-8. 3 fr.

— **Critique et conséquences des principes de 1789.** 1 vol. in-18. 3 fr.

— **Les Principes au XIXe siècle.** In-18. 1 fr.

CONTA. **Théorie du fatalisme.** 1 vol. in-18. 4 fr.

— **Introduction à la métaphysique.** 1 vol. in-18. 3 fr.

COQUEREL fils (Athanase). **Libres Études.** 1 vol. in-8. 5 fr.

CORTAMBERT (Louis). **La Religion du progrès.** In-18. 3 fr. 50

COSTE (Adolphe). **Hygiène sociale contre le paupérisme** (prix de 5000 fr. au concours Pereire). 1 vol. in-8. 6 fr.

— **Les Questions sociales contemporaines,** (avec la collaboration de MM. A. BURDEAU et ARRÉAT.) 1 fort. vol. in-8. 10 fr.

— **Nouvel exposé d'économie politique et de physiologie sociale.** 1 vol. in-18. 1889. 3 fr. 50

— Voy. p. 2 et 32.

CRÉPIEUX-JAMIN. **L'Écriture et le caractère.** 1 vol. in-8 avec de nombreux fac-similés. 1 vol. in-8. 1888. 5 fr.

DANICOURT (Léon). **La Patrie et la République.** In-18. 2 fr. 50

DAURIAC. **Sens commun et raison pratique.** 1 br. in-8. 1 fr. 50

— **Croyance et réalité.** 1 vol. in-18. 1889. 3 fr. 50

— **Le réalisme de Reid.** In-8. 1 fr.

DAVY. **Les Conventionnels de l'Eure.** 2 forts vol. in-8. 18 fr.

DELBŒUF. **Examen critique de la loi psychophysique,** sa base et sa signification. 1 vol. in-18. 1883. 3 fr. 50

— **Le Sommeil et les Rêves,** et leurs rapports avec les théories de la certitude et de la mémoire. 1 vol. in-18. 3 fr. 50

— **De l'étendue de l'action curative de l'hypnotisme** L'hypnotisme appliqué aux altérations de l'organe visuel. in-8. avec planche 1891. 1 fr. 50

— **Le magnétisme animal,** visite à l'École de Nancy. In-8 de 128 pages, 1889. 2 fr. 50

— **Magnétiseurs et médecins.** 1 vol. in-8. 1890. 2 fr.

— **Les fêtes de Montpellier.** Promenades à travers les choses, les hommes et les idées. in-8, 1891. 2 fr.

— Voy. p. 2.

DESTREM (J.). **Les Déportations du Consulat.** 1 br. in-8. 1 fr. 50

DIDE. **Jules Barni, sa vie, son œuvre.** 1 v. in-18, avec le portrait de J. Barni, gravé en taille douce, 1891. 2 fr. 50

DOLLFUS (Ch.). **Lettres philosophiques.** In-18. 3 fr.

— **Considérations sur l'histoire.** In-8. 7 fr. 50

— **L'Ame dans les phénomènes de conscience.** 1 vol. in-18. 3 fr. 50

DUBOST (Antonin). **Des conditions de gouvernement en France.**
1 vol. in-8. 7 fr. 50
DUBUC (P.). **Essai sur la méthode en métaphysique.** 1 vol. in-8. 5 fr.
DUFAY. **Études sur la destinée.** 1 vol. in-18. 1876. 3 fr.
DUMONT (Léon). Voy. p. 19 et 22.
DUNAN. **Sur les formes à priori de la sensibilité.** 1 vol. in-8. 5 fr.
DUNAN. **Les Arguments de Zénon d'Élée contre le mouvement.**
1 br. in-8. 1884. 1 fr. 50
DURAND-DÉSORMEAUX. **Réflexions et Pensées,** précédées d'une Notice
sur l'auteur par Ch. YRIARTE. 1 vol. in-8. 1884. 2 fr. 50
— **Études philosophiques,** théorie de l'action, théorie de la connais-
sance. 2 vol. in-8. 1884. 15 fr.
DUTASTA. **Le Capitaine Vallé.** 1 vol. in-18. 1883. 3 fr. 50
DUVAL-JOUVE. **Traité de logique.** 1 vol. in-8. 6 fr.
DUVERGIER DE HAURANNE (Mme E.). **Histoire populaire de la Révo-
lution française.** 1 vol. in-18. 3e édit. 3 fr. 50
— **Éléments de science sociale.** 1 vol. in-18. 4e édit. 1885. 3 fr. 50
ELEVY (Dr) **Biarritz,** bains de mer et ville d'hiver. 1 vol. in-18. 1891. 3 fr.
ESCANDE. **Hoche en Irlande (1795-1798),** d'après des documents inédits.
1 vol. in-18 en caractères elzéviriens. 1888. (V. P.) 3 fr. 50
ESPINAS. **Du Sommeil provoqué chez les hystériques,** br. in-8. 1 fr.
— Voy. p. 2 et 4.
FABRE (Joseph). **Histoire de la philosophie.** Première partie : Antiquité
et moyen âge. 1 vol. in-12. 3 fr. 50
FAU. **Anatomie des formes du corps humain,** à l'usage des peintres et
des sculpteurs. 1 atlas de 25 planches avec texte. 2e édition. Prix, figu-
res noires, 15 fr. ; fig. coloriées. 30 fr.
FAUCONNIER. **Protection et libre échange.** In-8. 2 fr.
— **La morale et la religion dans l'enseignement.** 75 c.
— **L'Or et l'Argent.** In-8. 2 fr. 50
FEDERICI. **Les Lois du progrès.** 1 vol. in-8. 1888. 6 fr.
— **Les Lois du progrès,** déduites des phénomènes naturels. 2e partie,
1891. 1 vol. in-8. 6 fr.
FERBUS (N.). **La Science positive du bonheur.** 1 vol. in-18. 3 fr.
FÉRÉ. **Du traitement des aliénés dans les familles.** 1 vol. in-18.
1889. 2 fr. 50
FERRIÈRE (Em.). **Les Apôtres,** essai d'histoire religieuse, 1 vol. in-12. 4 fr. 50
— **L'Ame est la fonction du cerveau.** 2 volumes in-18. 1883. 7 fr.
— **Le Paganisme des Hébreux jusqu'à la captivité de Babylone.**
1 vol. in-18. 1884. 3 fr. 50
— **La Matière et l'Énergie.** 1 vol. in-18. 1887. (V.P.). 4 fr. 50
— **L'Ame et la Vie.** 1 vol. in-18. 1888. 4 fr. 50
— **Les erreurs scientifiques de la Bible.** 1 vol. in-18, 1891. 3 fr. 50
— Voy. p. 32.
FERRON (de). **Institutions municipales et provinciales** dans les diffé-
rents États de l'Europe. Comparaison. Réformes. 1 vol. in-8. 1883. 8 fr.
— **Théorie du progrès.** 2 vol. in-18. 7 fr.
— **De la division du pouvoir législatif en deux chambres,** histoire
et théorie du Sénat. 1 vol. in-8. 8 fr.
FOX (W.-J.). **Des idées religieuses.** In-8. 3 fr.
GASTINEAU. **Voltaire en exil.** 1 vol. in-18. 3 fr.
GAYTE (Claude). **Essai sur la croyance.** 1 vol. in-8. 3 fr.
GOBLET D'ALVIELLA. **L'Évolution religieuse** chez les Anglais, les Amé-
ricains, les Hindous, etc. 1 vol. in-8. 1883. 7 fr. 50
GOURD. **Le Phénomène.** 1 vol. in-8. 1888. 7 fr. 50
GRAEF (Guillaume de). **Introduction à la Sociologie.** Partie I : *Élé-
ments.* in-8. 1886. 4 fr. Partie II : *Fonctions et organes.* in-8.
1889. 6 fr.

GRESLAND. **Le Génie de l'homme,** libre philosophie. Gr. in-8. 7 fr.

GRIMAUX (Ed.). **Lavoisier (1748-1794),** d'après sa correspondance et divers documents inédits. 1 vol. gr. in-8 avec gravures. 1888. 15 fr.

GUILLAUME (de Moissey). **Traité des sensations.** 2 vol. in-8. 12 fr.

GUILLY. **La Nature et la Morale.** 1 vol. in-18. 2e édit. 2 fr. 50

GUYAU. **Vers d'un philosophe.** 1 vol. in-18. 3 fr. 50

— Voy. p. 2, 5, 7 et 10.

HAYEM (Armand). **L'Être social.** 1 vol. in-18. 2e édit. 2 fr. 50

HENRY (Charles). **Lois générales des réactions psycho-motrices** in-8. 1891. 2 fr.

— **Cercle chromatique,** avec introduction sur la *théorie générale de la dynamogénie,* grand in-f° cartonné. 40 fr.

— **Rapporteur esthétique** *avec notice sur ses applications à l'art industriel, à l'histoire de l'art, à la méthode graphique.* 20 fr.

HERZEN. **Récits et Nouvelles.** 1 vol. in-18. 3 fr. 50

— **De l'autre rive.** 1 vol. in-18. 3 fr. 50

— **Lettres de France et d'Italie.** In-18. 3 fr. 50

HUXLEY. **La Physiographie,** introduction à l'étude de la nature, traduit et adapté par M. G. Lamy. 1 vol. in-8 avec figures. 8 fr.

— Voy. p. 5 et 32.

ISSAURAT. **Moments perdus de Pierre-Jean.** 1 vol. in-18. 3 fr.

— **Les Alarmes d'un père de famille.** In-8. 1 fr.

JANET (Paul). **Le Médiateur plastique de Cudworth.** 1 vol. in-8. 1 fr.

— Voy. p. 3, 5, 7, 8 et 9.

JEANMAIRE. **L'Idée de la personnalité dans la psychologie moderne.** 1 vol. in-8. 1883. 5 fr.

JOIRE. **La Population, richesse nationale; le travail, richesse du peuple.** 1 vol. in-8. 1886. 5 fr.

JOYAU. **De l'Invention dans les arts et dans les sciences.** 1 v. in-8. 5 fr.

— **Essai sur la liberté morale.** 1 vol. in-18. 1888. 3 fr. 50

— **La théorie de la grâce et la liberté morale de l'homme.** 1 vol. in-8. 2 fr. 50

JOZON (Paul). **De l'écriture phonétique.** In-18. 3 fr. 50

KOVALEVSKY. **L'Ivrognerie,** ses causes, son traitement. 1 v. in-18. 1 fr. 50

KOVALEVSKI (M). **Tableau des origines et de l'évolution de la famille et de la propriété.** 1 vol. in-8. 1890. 4 fr.

LABORDE. **Les Hommes et les Actes de l'insurrection de Paris** devant la psychologie morbide. 1 vol. in-18. 2 fr. 50

LACOMBE. **Mes droits.** 1 vol. in-12. 2 fr. 50

LAGGROND. **L'Univers, la force et la vie.** 1 vol. in-8. 1884. 2 fr. 50

LAGRANGE (F.). **L'hygiène de l'exercice chez les enfants et les jeunes gens.** 1 vol. in 18. 3e édition. 1891. élégant cartonnage anglais, 4 fr. 3 fr. 50

— **De l'exercice chez les Adultes.** 1 vol. in-12 broché 3 fr. 50. Avec un élégant cartonnage anglais, 1891; 4 fr.

LA LANDELLE (de). **Alphabet phonétique.** In-18. 2 fr. 50

LANGLOIS. **L'Homme et la Révolution.** 2 vol. in-18. 7 fr.

LAURET (Henri). **Critique d'une morale sans obligation ni sanction.** In-8. 1 fr. 50

— Voy. p. 9.

LAUSSEDAT. **La Suisse.** Études méd. et sociales. In-18. 3 fr. 50

LAVELEYE (Em. de). **De l'avenir des peuples catholiques.** In-8. 21e édit. 25 c.

— **Lettres sur l'Italie (1878-1879).** In-18. 3 fr. 50

— **Nouvelles lettres d'Italie.** 1 vol. in-8. 1884. 3 fr.

— **L'Afrique centrale.** 1 vol. in-12. 3 fr.

— **La Péninsule des Balkans.** 2e édit. 2 vol. in-12, 1888. 10 fr.

— **La Propriété collective du sol en différents pays.** In-8. 2 fr.

LAVELEYE (Em. de). **La Monnaie et le bimétallisme international.** 1 vol. in-18, 2e édition, 1891. 3 fr. 50.
— Voy. p. 5 et 13.
LEDRU-ROLLIN. **Discours politiques et écrits divers.** 2 vol. in-8. 12 fr.
LEGOYT. **Le Suicide.** 1 vol. in-8. 8 fr.
LEMER (Julien). **Dossier des jésuites et des libertés de l'Église gallicane.** 1 vol. in-18. 3 fr. 50
LOURDEAU. **Le Sénat et la Magistrature dans la démocratie française.** 1 vol. in-18. 3 fr. 50
La lutte contre l'abus du tabac, publication de la Société contre l'abus du tabac. 1 vol. in-16 avec gravures, cart. à l'anglaise. 1889. 3 fr. 30
MAGY. **De la Science et de la Nature.** 1 vol. in-8. 6 fr.
MAINDRON (Ernest). **L'Académie des sciences** (Histoire de l'Académie, fondation de l'Institut national ; Bonaparte, membre de l'Institut). 1 beau vol. in-8 cavalier, avec 53 gravures dans le texte, portraits, plans, etc., 8 planches hors texte et 2 autographes. 12 fr.
MALON (Benoit). **Le Socialisme intégral.** 1 volume grand in-8, avec portrait de l'auteur. 1890. 6 fr.
MARAIS. **Garibaldi et l'Armée des Vosges.** In-18. (V. P.) 1 fr. 50
MARSAUCHE (L.). **La Confédération helvétique d'après la constitution**, préface de M. Frédéric Passy. 1 vol. in-18, 1891. 3 fr. 50
MASSERON (I.). **Danger et Nécessité du socialisme.** In-18. 3 fr. 50
MAURICE (Fernand). **La Politique extérieure de la République française.** 1 vol. in-12. 3 fr. 50
MENIÈRE. **Cicéron médecin.** 1 vol. in-18. 4 fr. 50
— **Les Consultations de Mme de Sévigné,** 1884. 1 vol. in-8. 3 fr.
MICHAUT (N.). **De l'Imagination.** 1 vol. in-8. 5 fr.
MILSAND. **Les Études classiques.** 1 vol. in-18. 3 fr. 50
— **Le Code et la Liberté.** In-8. 2 fr.
— Voy. p. 3.
MORIN (Miron). **Essais de critique religieuse.** 1 fort vol. in-8. 1885. 5 fr.
— (Frédéric). **Politique et Philosophie.** 1 vol. in-18. 3 fr. 50
NIVELET. **Loisirs de la vieillesse.** 1 vol. in-12. 3 fr.
— **Gall et sa doctrine.** 1 vol. in-8, 1890. 5 fr.
NOEL (E.). **Mémoires d'un imbécile**, préface de *Littré.* in-18. 3e édit. 3 fr. 50
NOTOVITCH. **La Liberté de la volonté.** In-18. 1888. 3 fr. 50
MYS (Ernest). **Les Théories politiques et le droit international.** 1 vol. in-8, 1891. 4 fr.
OLECHNOWICZ. **Histoire de la civilisation de l'humanité**, d'après la méthode brahmanique. 1 vol. in-12. 3 fr. 50
PARIS (Le colonel). **Le feu à Paris et en Amérique.** 1 v. in-18. 3 fr. 50
PARIS (comte de). **Les Associations ouvrières en Angleterre** (Trades-unions). 1 vol. in-18. 7e édit. 1 fr. — Édition sur papier fort, 2 fr. 50
— Sur papier de Chine, broché, 12 fr. — Rel. de luxe. 20 fr.
PAULHAN (Fr.). **Le nouveau mysticisme.** 1 vol in-18, 1891. 2 fr. 50
PELLETAN (Eugène). **La Naissance d'une ville** (Royan). In-18. 1 fr. 40
— *Jarousseau, le pasteur du désert.** 1 vol. in-18 (couronné par l'Académie française). 2 fr.
— *Un Roi philosophe, Frédéric le Grand.** In-18. (V. P.) 3 fr. 50
— **Le monde marche** (la loi du progrès). In-18. 3 fr. 50
— **Droits de l'homme.** 1 vol. in-12. 3 fr. 50
— **Profession de foi du XIXe siècle.** in-12. 3 fr. 50
— Voy. p. 31.
PELLIS (F.) **La Philosophie de la Mécanique.** 1 vol. in-8. 1888. 2 fr. 50
PÉNY (le major). **La France par rapport à l'Allemagne.** Étude de géographie militaire. 1 vol. in-8. 2e édit. 6 fr.
PÉRÈS (Jean). **Du Libre arbitre.** Étude de psychologie et de morale, grand in-8, 1891. 1 fr.

PEREZ (Bernard). **Thiery Tiedmann. — Mes deux chats.** In-12. 2 fr.
— **Jacotot et sa Méthode d'émancipation intellectuelle.** 1 vol.
in-18. 3 fr.
— Voy. p. 6.
PÉRGAMENI (H.). **Histoire générale de la littérature française,**
depuis ses origines jusqu'à nos jours. 1 vol. in-8. 1889. 9 fr.
PETROZ (P.). **L'Art et la Critique en France** depuis 1822. in-18. 3 fr. 50
— **Un Critique d'art au XIXᵉ siècle.** In-18. 1 fr. 50
— **Esquisse d'une histoire de la peinture au Musée du Louvre.**
1 vol. in-8. 1890. 5 fr.
PHILBERT (Louis). **Le Rire,** essai littéraire, moral et psychologique. 1 vol.
in-8. (Couronné par l'Académie française, prix Montyon.) 7 fr. 50
PICAVET (F.). **L'Histoire de la philosophie,** ce qu'elle a été, ce qu'elle
peut être. In-8, 1889. 2 fr.
— **La Mettrie et la critique allemande.** 1889, in-8. 1 fr.
POEY. **Le Positivisme.** 1 fort vol. in-12. 4 fr. 50
— **M. Littré et Auguste Comte.** 1 vol. in-18. 3 fr. 50
POULLET. **La Campagne de l'Est** (1870-1871), in-8. 7 fr.
PUTSAGE. **Études de science réelle.** 1 vol. gr. in-8. 1888. 5 fr.
QUINET (Edgar). **Œuvres complètes.** 30 volumes in-18. Chaque
volume.. 3 fr. 50

Chaque ouvrage se vend séparément :
*1. Génie des religions. 6ᵉ édition.
*2. Les Jésuites. — L'Ultramontanisme. 11ᵉ édition.
*3. Le Christianisme et la Révolution française. 6ᵉ édition.
*4-5. Les Révolutions d'Italie. 5ᵉ édition. 2 vol. (V. P.)
*6. Marnix de Sainte-Aldegonde. — Philosophie de l'Histoire de France. 4ᵉ édi-
tion. (V. P.)
*7. Les Roumains. — Allemagne et Italie. 3ᵉ édition.
8. Premiers travaux : Introduction à la Philosophie de l'histoire. — Essai sur
Herder. — Examen de la Vie de Jésus. — Origine des dieux. —
L'Église de Brou. 3ᵉ édition.
9. La Grèce moderne. — Histoire de la poésie. 3ᵉ édition.
*10 .Mes Vacances en Espagne. 5ᵉ édition.
11. Ahasverus. — Tablettes du Juif errant. 5ᵉ édition.
12. Prométhée. — Les Esclaves. 4ᵉ édition.
13. Napoléon (poème). (*Épuisé.*)
14. L'Enseignement du peuple. — Œuvres politiques avant l'exil. 8ᵉ édition.
*15. Histoire de mes idées (Autobiographie). 4ᵉ édition.
*16-17. Merlin l'Enchanteur. 2ᵉ édition. 2 vol.
*18-19-20. La Révolution. 10ᵉ édition. 3 vol. (V. P.)
*21. Campagne de 1815. 7ᵉ édition. (V. P.)
22-23. La Création. 3ᵉ édition. 2 vol.
24. Le Livre de l'exilé. — La Révolution religieuse au XIXᵉ siècle. —
Œuvres politiques pendant l'exil. 2ᵉ édition.
25. Le Siège de Paris. — Œuvres politiques après l'exil. 2ᵉ édition.
26. La République. Conditions de régénération de la France. 2ᵉ édit. (V. P.)
*27. L'Esprit nouveau. 5ᵉ édition.
28. Le Génie grec. 1ʳᵉ édition.
*29-30. Correspondance. Lettres à sa mère. 1ʳᵉ édition. 2 vol.
RÉGAMEY (Guillaume). **Anatomie des formes du cheval,** à l'usage des
peintres et des sculpteurs. 6 planches en chromolithographie, publiées
sous la direction de FÉLIX RÉGAMEY, avec texte par le Dʳ KUHFF. 8 fr.
*RIBERT (Léonce). **Esprit de la Constitution** du 25 février 1875.
1 vol. in-18. 3 fr. 50
RIBOT (Paul). **Spiritualisme et Matérialisme.** 2ᵉ éd. 1887. 1 v. in-8. 6 fr.
ROBERT (Edmond). **Les Domestiques.** 1 vol. in-18. 3 fr. 50

ROSNY (Ch. de). **La Méthode conscientielle.** 1 vol. in-8. 1887.   4 fr.

SANDERVAL (O. de). **De l'Absolu. La loi de vie.** 1887. 1 vol. in-8.   5 fr.

SECRÉTAN. **Études sociales.** 1889. 1 vol. in-18.   3 fr. 50

— **Les droits de l'humanité.** 1 vol. in-18. 1891.   3 fr. 50

SERGUEYEFF. **Physiologie de la veille et du sommeil.** 2 volumes grand in-8. 1890.   20 fr.

SIEGFRIED (Jules). **La Misère, son histoire, ses causes, ses remèdes.** 1 vol. grand in-18. 3e édition. 1879.   2 fr. 50

SIÉREBOIS. **Psychologie réaliste.** 1876. 1 vol. in-18.   2 fr. 50

SOREL (Albert). **Le Traité de Paris du 20 novembre 1815.** 1 vol. in-8.   4 fr. 50

SPIR (A.). **Esquisses de philosophie critique.** 1 vol. in-18. 1887. 2 fr. 50

STOLIPINE (D.). **Essais de philosophie des sciences.** 1889. In-8.   2 fr.

STRAUS. **Les origines de la forme républicaine du gouvernement dans les États-Unis d'Amérique.** Précédé d'une préface de M. E. DE LAVELEYE. 1 vol. in-8, traduit sur la 3e édition révisée, par Mme A. COUVREUR.   4 fr. 50

STUART MILL (J.). **La République de 1848 et ses détracteurs.** traduit de l'anglais, avec préface par M. SADI CARNOT. 1 vol. in-18, 2e édition. (V. P.)   1 fr.

STUART MILL. Voy. p. 4, 6 et 9.

TARDE. **Les lois de l'imitation.** Étude sociologique. 1 vol. in-8. 1890. 6 fr.

TÉNOT (Eugène). **Paris et ses fortifications** (1870-1880). 1 vol. in-8. 5 fr.

— **La Frontière** (1870-1881). 1 fort vol. grand in-8.   8 fr.

TERQUEM (A.). **La science romaine à l'époque d'Auguste.** Étude historique d'après Vitruve, 1885. 1 vol gr. in-8.   3 fr.

THIERS (Édouard). **La Puissance de l'armée par la réduction du service.** In-8.   1 fr. 50

THOMAS (J.). **Principes de philosophie morale.** 1 vol. in-8. 1889. 3 fr. 50

THULIÉ. **La Folie et la Loi.** 2e édit. 1 vol. in-8.   3 fr. 50

— **La Manie raisonnante du docteur Campagne.** In-8.   2 fr.

TIBERGHIEN. **Les Commandements de l'humanité.** 1 vol. in-18.   3 fr.

— **Enseignement et philosophie.** 1 vol. in-18.   4 fr.

— **Introduction à la philosophie.** 1 vol. in-18.   6 fr.

— **La Science de l'âme.** 1 vol. in-12. 3e édit.   6 fr.

— **Éléments de morale universelle.** In-12.   2 fr.

TISSANDIER. **Études de théodicée.** 1 vol. in-8.   4 fr.

TISSOT. **Principes de morale.** 1 vol. in-8.   6 fr.

— Voy. KANT, p. 7.

VACHEROT. **La Science et la Métaphysique.** 3 vol. in-18.   10 fr. 50

— Voy. p. 4 et 6.

VALLIER. **De l'intention morale.** 1 vol. in-8.   3 fr. 50

VAN ENDE (U.). **Histoire naturelle de la croyance,** *première partie :* l'Animal. 1887. 1 vol. in-8 (V. P.)   5 fr.

VERNIAL. **Origine de l'homme,** lois de l'évolution naturelle. in-8.   3 fr.

VILLIAUMÉ. **La Politique moderne.** 1 vol. in-8.   6 fr.

VOITURON. **Le Libéralisme et les Idées religieuses.** in-12.   4 fr.

WEILL (Alexandre). **Le Pentateuque selon Moïse et le Pentateuque selon Esra,** avec *vie, doctrine et gouvernement authentique de Moïse.* 1 fort vol. in-8.   7 fr. 50

— **Vie, doctrine et gouvernement authentique de Moïse.** 1 vol. in-8.   3 fr.

WUARIN (L.) **Le Contribuable,** ou comment défendre sa bourse. 1 vol. in-16. 1889.   3 fr. 50

YUNG (Eugène). **Henri IV écrivain.** 1 vol. in-8.   5 fr.

ZIESING (Th.). **Érasme ou Salignac.** Étude sur la lettre de François Rabelais, 1 brochure gr. in-8. 1887.   4 fr.

BIBLIOTHÈQUE UTILE

104 VOLUMES PARUS.

Le volume de 190 pages, broché, 60 centimes.

Cartonné à l'anglaise ou en cartonnage toile dorée, 1 fr.

Le titre de cette collection est justifié par les services qu'elle rend et la part pour laquelle elle contribue à l'instruction populaire.

Elle embrasse l'histoire, la philosophie, le droit, les sciences, l'économie politique et les arts, c'est-à-dire qu'elle traite toutes les questions qu'un homme instruit ne doit plus ignorer. Son esprit est essentiellement démocratique. La plupart de ses volumes sont adoptés pour les Bibliothèques par le *Ministère de l'instruction publique*, le *Ministère de la guerre*, la *Ville de Paris*, la *Ligue de l'enseignement*, etc.

HISTOIRE DE FRANCE

Les Mérovingiens, par BUCHEZ, ancien président de l'Assemblée constituante.

Les Carlovingiens, par BUCHEZ.

Les Luttes religieuses des premiers siècles, par J. BASTIDE. 4e édition.

Les Guerres de la Réforme, par J. BASTIDE. 4e édit.

La France au moyen âge, par F. MORIN.

Jeanne d'Arc, par Fréd. LOCK.

Décadence de la monarchie française, par Eug. PELLETAN. 4e édit.

*__La Révolution française__, par H. CARNOT (2 volumes).

La Défense nationale en 1792, par P. GAFFAREL.

Napoléon Ier, par Jules BARNI.

*__Histoire de la Restauration__, par Fréd. LOCK. 3e édit.

*__Histoire de Louis-Philippe__, par Edgar ZEVORT. 2e édit.

Mœurs et Institutions de la France, par P. BONDOIS. 2 volumes.

Léon Gambetta, par J. REINACH.

*__Histoire de l'armée française__, par L. BÉRE.

*__Histoire de la marine française__, par Alfr. DONEAUD. 2e édit.

Histoire de la conquête de l'Algérie, par QUESNEL.

PAYS ÉTRANGERS

L'Espagne et le Portugal, par E. RAYMOND. 2e édition.

Histoire de l'empire ottoman, par L. COLLAS. 2e édition.

*__Les Révolutions d'Angleterre__, par Eug. DESPOIS. 3e édition.

Histoire de la maison d'Autriche, par Ch. ROLLAND. 2e édition.

L'Europe contemporaine (1789-1879), par P. BONDOIS.

Histoire contemporaine de la Prusse, par Alfr. DONEAUD.

Histoire contemporaine de l'Italie, par Félix HENNEGUY.

Histoire contemporaine de l'Angleterre, par A. REGNARD.

HISTOIRE ANCIENNE

*__La Grèce ancienne__, par L. COMBES, 2e édition.

L'Asie occidentale et l'Égypte, par A. OTT. 2e édition.

L'Inde et la Chine, par A. OTT.

Histoire romaine, par CREIGHTON.

L'Antiquité romaine, par WILKINS (avec gravures).

L'Antiquité grecque, par MAHAFFY (avec gravures).

GÉOGRAPHIE

*__Torrents, fleuves et canaux de la France__, par H. BLERZY.

Les Colonies anglaises, par H. BLERZY.

Les Îles du Pacifique, par le capitaine de vaisseau JOUAN (avec 1 carte).

Les Peuples de l'Afrique et de l'Amérique, par GIRARD DE RIALLE.

Les Peuples de l'Asie et de l'Europe, par GIRARD DE RIALLE.

L'Indo-Chine française, par FAQUE.

*__Géographie physique__, par GEIKIE, prof. à l'Univ. d'Edimbourg (avec fig.).

Continents et Océans, par GROVE (avec figures).

*__Les Frontières de la France__, par P. GAFFAREL.

L'Afrique française, par A. JOYEUX avec une préface de M. DE LANESSAN.

COSMOGRAPHIE

Les Entretiens de Fontenelle sur la pluralité des mondes, mis au courant de la science par BOILLOT.

*__Le Soleil et les Étoiles__, par le P. SECCHI, BRIOT, WOLF et DELAUNAY. 2e édition (avec figures).

Les Phénomènes célestes, par ZURCHER et MARGOLLÉ.

A travers le ciel, par AMIGUES.

Origines et Fin des mondes, par Ch. RICHARD. 3e édition.

*__Notions d'astronomie__, par L. CATALAN, 4e édition (avec figures).

SCIENCES APPLIQUÉES

Le Génie de la science et de l'industrie, par B. GASTINEAU.

*__Causeries sur la mécanique__, par BROTHIER. 2e édit.

Médecine populaire, par le docteur TURCK. 4e édit.

La Médecine des accidents, par le docteur BROQUÈRE.

Les Maladies épidémiques (Hygiène et Prévention), par le docteur L. MONIN.

Hygiène générale, par le docteur L. CRUVEILHIER. 6e édit.

Petit Dictionnaire des falsifications, avec moyens faciles pour les reconnaître, par DUFOUR.

Les Mines de la France et de ses colonies, par P. MAIGNE.

Les Matières premières et leur emploi dans les divers usages de la vie, par H. GENEVOIX.

Les Procédés industriels, par le même.

La Machine à vapeur, par H. GOSSIN, avec figures.

La Photographie, par H. GOSSIN.

La Navigation aérienne, par G. DALLET, avec figures.

L'Agriculture française, par A. LARBALÉTRIER, avec figures.

Les Chemins de fer, par G. MAYER.

SCIENCES PHYSIQUES ET NATURELLES

Télescope et Microscope, par ZURCHER et MARGOLLÉ.

*__Les Phénomènes de l'atmosphère__, par ZURCHER. 4e édit.

*__Histoire de l'air__, par ALBERT LÉVY.

Histoire de la terre, par BROTHIER.

Principaux faits de la chimie, par SAMSON. 5e édit.

Les Phénomènes de la mer, par E. MARGOLLÉ. 5e édit.

*__L'Homme préhistorique__, par ZABOROWSKI. 2e édit.

Les Grands Singes, par le même.

Histoire de l'eau, par BOUANT.

Introduction à l'étude des sciences physiques, par MORAND. 5e édit.

Le Darwinisme, par E. FERRIÈRE.

*__Géologie__, par GEIKIE (avec fig.).

Les Migrations des animaux et le Pigeon voyageur, par ZABOROWSKI.

Premières Notions sur les sciences, par Th. HUXLEY.

La Chasse et la Pêche des animaux marins, par JOUAN.

Les Mondes disparus, par ZABOROWSKI (avec figures).

Zoologie générale, par H. BEAUREGARD (avec figures).

PHILOSOPHIE

La Vie éternelle, par ENFANTIN. 2e éd.

Voltaire et Rousseau, par Eug. NOEL. 3e édit.

Histoire populaire de la philosophie, par L. BROTHIER. 3e édit.

*__La Philosophie zoologique__, par Victor MEUNIER. 2e édit.

*__L'Origine du langage__, par ZABOROWSKI.

Physiologie de l'esprit, par PAULHAN (avec figures).

L'Homme est-il libre? par RENARD.

La Philosophie positive, par le docteur ROBINET. 2e édit.

ENSEIGNEMENT. — ÉCONOMIE DOMESTIQUE

De l'Éducation, par Herbert Spencer.

La Statistique humaine de la France, par Jacques BERTILLON.

Le Journal, par HATIN.

De l'Enseignement professionnel, par CORBON, sénateur. 3e édit.

Les Délassements du travail, par Maurice CRISTAL. 2e édit.

Le Budget du foyer, par H. LENEVEUX.

Paris municipal, par H. LENEVEUX.

Histoire du travail manuel en France, par H. LENEVEUX.

L'Art et les Artistes en France, par Laurent PICHAT, sénateur. 4e édit.

Premiers principes des beauxarts, par J. COLLIER (avec gravures).

Économie politique, par STANLEY JEVONS. 3e édit.

Le Patriotisme à l'école, par JOURDY, chef d'escadrons d'artillerie.

Histoire du libre-échange en Angleterre, par MONGREDIEN.

Économie rurale et agricole, par PETIT.

La Richesse et le bonheur, par COSTE, membre de la Société d'Économie politique.

DROIT

*__La Loi civile en France__, par MORIN. 3e édit.

La Justice criminelle en France, par G. JOURDAN. 3e édit.

Imprimeries réunies, rue Mignon, 2, Paris. — 6040.